Gmelin Handbuch der Anorganischen Chemie

Achte völlig neu bearbeitete Auflage

8th Edition

Volumes published on "Manganese" (Syst.-No. 56)
Bisher erschienene Bände zu „Mangan" (Syst.-Nr. 56)

Mangan A 1

Geschichte – 1980 (vorliegender Band)

Mangan B

Das Element – 1973

Mangan C 1

Verbindungen (Hydride. Oxide. Oxidhydrate. Hydroxide) – 1973

Mangan C 2

Verbindungen (Oxomanganionen. Permangansäure. Verbindungen und Phasen mit Metallen der 1. und 2. Haupt- und Nebengruppe des Periodensystems) – 1975

Mangan C 3

Verbindungen des Mangans mit Sauerstoff und Metallen der 3. bis 6. Gruppe des Periodensystems. Verbindungen des Mangans mit Stickstoff – 1975

Mangan C 4

Verbindungen des Mangans mit Fluor – 1977

Mangan C 5

Verbindungen des Mangans mit Chlor, Brom und Jod – 1978

Mangan C 6

Verbindungen des Mangans mit Schwefel, Selen, Tellur, Polonium – 1976

Mangan D 1

Koordinationsverbindungen 1 – 1979

Gmelin Handbuch der Anorganischen Chemie

Achte völlig neu bearbeitete Auflage

BEGRÜNDET VON Leopold Gmelin

ACHTE AUFLAGE BEGONNEN im Auftrag der Deutschen Chemischen Gesellschaft von R. J. Meyer

FORTGEFÜHRT VON E. H. E. Pietsch und A. Kotowski
Margot Becke-Goehring

HERAUSGEGEBEN VOM Gmelin-Institut für Anorganische Chemie der Max-Planck-Gesellschaft zur Förderung der Wissenschaften
Direktor: Ekkehard Fluck

Springer-Verlag
Berlin · Heidelberg · New York 1980

Gmelin Handbuch der Anorganischen Chemie

Achte völlig neu bearbeitete Auflage
8th Edition

Mn Mangan

A 1

Geschichte

Mit 7 Figuren

BEARBEITER (AUTHOR) Karl Rumpf

System-Nummer 56

Springer-Verlag
Berlin · Heidelberg · New York 1980

DIE LITERATUR IST BIS 1979 AUSGEWERTET

LITERATURE CLOSING DATE: 1979

Die vierte bis siebente Auflage dieses Werkes erschien im Verlag von Carl Winter's Universitätsbuchhandlung in Heidelberg

Library of Congress Catalog Card Number: Agr 25-1383

ISBN 3-540-93401-4 Springer-Verlag, Berlin · Heidelberg · New York
ISBN 0-387-93401-4 Springer-Verlag, New York · Heidelberg · Berlin

Wiesbadener Graphische Betriebe GmbH, Wiesbaden

Preface

Today manganese is a strategic metal, and first attempts are being made commercially to recover manganese nodules from the floor of the ocean, nodules that were discovered over a hundred years ago. But the interest in manganese was not always so great. As a result, the history of manganese is marred by a great number of uncertainties. This volume is an attempt to clarify the history. As a part of this effort, and because it is ever more difficult to get the originals, numerous and extensive quotations, both in the language they were written and in German translation, are given.

The uncertainties begin with the naming of the element. The name almost surely does not stem from the commonly accepted source, a town Magnesia. The literature shows that manganese, like zinc, was used as a component of an alloy without its true nature being recognized. This important alloy was *aes candidum,* the white copper of the ancients. It was prepared in the first century after Christ by the Greco-Egyptian metal workers. They observed the change in color of copper from reddish to white, believing that the metal had been transformed and that a "mercury" hidden in the manganese ore had been called forth. This was remembered over the centuries, even if it did earn them the ill-deserved reputation as the alchemists of the ancient world.

Manganese metal was first prepared in 1770 by Ignaz Gottfried Kaim in Vienna, four years before its preparation by J. G. Gahn, who is usually credited with the discovery. The preparation of pure metal is quite difficult and may explain why some properties of the metal have only recently been accurately determined. Long after its discovery, there was almost no use for the metal, other than in steel.

The oxidic minerals of manganese generally were and still are called *Braunstein* in German, without regard to their actual composition. But man had learned very early to use these oxides in painting and in ceramic glazes. Natural manganese dioxide frequently has the characteristic properties of an ore. This led to its use in coloring glass. And some must have noticed that manganese dioxide decolorizes natural yellow or green glass. For centuries, it was the most important additive for clear glass. However, the universal presence of manganese and particularly its presence in wood ashes, an ingredient of ancient glass, places in question whether manganese dioxide was intentionally added as a "soap for glass".

Numerous statements and allusions in the ancient literature indicate that the ancients had divalent manganese salts in a raw form. Thus these salts would have also been available to the alchemists. Nevertheless, the *chamaeleon minerale,* which so accelerated the development of chemistry, was only discovered in the seventeenth century.

Frankfurt am Main
May 1980

Karl Rumpf

Vorwort

Die Geschichte des zu den „strategischen Elementen" zu rechnenden Mangan-Metalls, zu dessen Gewinnung man heute sogar beginnt, die vor 100 Jahren entdeckten Manganknollen aus der Tiefsee zu fördern, ist in der Vergangenheit meist sehr stiefmütterlich behandelt worden und wies dementsprechend einige Unklarheiten auf, die zu erhellen versucht worden ist. Es ist darum, und auch wegen der immer schwieriger werdenden Beschaffung der älteren Literatur, umfangreich zitiert worden, nicht nur in Übersetzungen, sondern auch in den Sprachen der Originale. Die Unsicherheiten beginnen schon bei der Benennung des Elementes, die wohl kaum, wie meist angenommen, von einer Stadt Magnesia herzuleiten ist. Die Durchsicht der Literatur ergab, daß das Metall – ähnlich dem Zink im Messing – unerkannt als Legierungsbestandteil eines *aes candidum* = Weißkupfer der Antike, vor allem den als Alchemisten verschrieenen griechisch-ägyptischen Metallarbeitern der ersten nachchristlichen Jahrhunderte „bekannt" war und mit seiner das Kupfer weißfärbenden Kraft die Vorstellungen von der Umwandlung der Metalle und des „Quecksilbers" der Metalle hervorrief, die viele Jahrhunderte Geltung hatten.

Die Erstdarstellung des Elementes geschah im Jahre 1770 durch Ignaz Gottfried Kaim in Wien, vier Jahre früher als dies dem meist als Entdecker angesehenen J. G. Gahn gelang. Die Schwierigkeiten der Reindarstellung dürften schuld daran sein, daß es fast 200 Jahre dauerte, bis die Eigenschaften des Metalles vollständig bekannt wurden. Daß man lange nicht wußte, zu was noch man das Metall, dessen Einfluß auf die Stahlherstellung schon bald erkannt worden war, würde verwenden können, sei nur erwähnt.

Die natürlich vorkommenden oxidischen Manganminerale, die ohne Rücksicht auf ihre wirkliche Zusammensetzung als Braunstein bezeichnet wurden und noch werden, hat der Mensch schon sehr früh bei seinen Malereien und seinen Irdenwaren als Pigment einzusetzen verstanden. Ihr teilweise deutlicher Erzcharakter lud auch bald zur Verwendung als Farbstoff bei Gläsern ein. Bei solchen Versuchen mag auch die entfärbende Wirkung des Braunsteins auf die grüne und gelbe Naturfarbe des Glases beobachtet worden sein, die ihn für lange Zeit zum wichtigsten Bestandteil des weißen Glases machte. Doch hat die „Allgegenwart" des Elementes und sein Vorkommen in dem wichtigsten Glasrohstoff Holzasche den frühen bewußten Einsatz des Braunsteins als „Glasseife" wieder fraglich gemacht.

Für die Möglichkeit, daß schon antike „Alchemisten" und ihre späteren Nachfolger Salze des zweiwertigen Mangans in roher Form in Händen hatten und verwendeten, sprechen eine ganze Reihe von Angaben schon in der antiken Literatur. Das „Chamaeleon minerale" aber, ohne dessen wohlgenutzte Eigenschaften vieles in der Entwicklung der modernen Chemie nur schlecht vorstellbar ist, bleibt eine Entdeckung des 17. Jahrhunderts.

Frankfurt am Main
Mai 1980

Karl Rumpf

Table of Contents

(Inhaltsverzeichnis s. S. V)

Page

Inhaltsverzeichnis

(Table of Contents see page I)

Seite

Inhaltsverzeichnis

(Table of Contents see page I)

Seite

Seite

Seite

Fig. 1

Manganknollen aus der Tiefsee, oberer Teil rohe Knollen, unten aufgeschnitten, die Schichtstruktur zeigend.

Beide Photographien wurden uns freundlicherweise von der Abteilung Meerestechnik der Metallgesellschaft AG, Frankfurt am Main, überlassen.

Mangan

Ordnungszahl 25 **Atomgewicht 54.938**

Geschichtliches

History

Allgemeine und zusammenfassende Literatur:

M. E. Weeks, H. M. Leicester, Discovery of the Elements, 7. Aufl., Easton, Pa., 1967, S. 163/9.
J. R. Partington, A History of Chemistry, Bd. 2, London 1961, S. 1/795, Bd. 3, London 1962, S.1/854, Bd. 4, London 1964, S. 1/1007.
A. H. Sully, Manganese, London 1954, S. 1/3.
E. Pilgrim, Entdeckung der Elemente mit Biographien ihrer Entdecker, Stuttgart 1950, S. 110/3.
J. R. Partington, Origins and Development of Applied Chemistry, London-New York-Toronto 1935, S. 1/597.
R. Meyer, Vorlesungen über die Geschichte der Chemie, Leipzig 1922, S. 50, 57, 127, 424/5.
E. O. v. Lippmann, Entstehung und Ausbreitung der Alchemie, Berlin 1919, S. 1/759.
A. Rössing, Geschichte der Metalle, Berlin 1909, S. 168/71.
E. v. Meyer, Geschichte der Chemie von den ältesten Zeiten bis zur Gegenwart, 3. Aufl., Leipzig 1905, S. 113, 133.
B. Neumann, Die Metalle, Halle an der Saale 1904, S. 414/5.
R. Jagneaux, Histoire de la Chimie, Bd. 2, Paris 1891, S. 314/6.
F. Hoefer, Histoire de la Chimie, 2. Aufl., Bd. 1, Paris 1866, S. 134, 136, Bd. 2, Paris 1869, S. 56, 160, 459/63.
F. X. M. Zippe, Geschichte der Metalle, Wien 1857, S. 256/60.
H. Kopp, Geschichte der Chemie, Bd. 4, Braunschweig 1847, S. 82/8.
G. F. C. Fuchs, Geschichte des Braunsteins, seiner Verhältnisse gegen andere Körper und seine Anwendung in Künsten, Jena 1791, S. 1/74.

Vorbemerkung

Preliminary Remarks

Farbige Manganverbindungen wie Umbra und einige Mineralien, die unter der Benennung Braunstein zusammenzufassen sind, wurden schon vor Jahrtausenden als Farbkörper zum Malen und zur Herstellung einer Töpferglasur benutzt, später lernte man sie zum Färben sowohl wie auch zum Entfärben von Gläsern einzusetzen; die Monopolstellung, die sie für den letztgenannten Zweck besaßen, ging erst in der jüngsten Vergangenheit verloren. – Dem Metall Mangan, so hat es den Anschein, war ein ähnliches Schicksal beschieden wie dem Zink, daß es, unerkannt, von kundigen Metallarbeitern, Betrügern und Alchemisten zum Färben des Kupfers, nicht wie mit Zink in eine goldene, sondern in eine silberweiße Farbe (Mangan-Neusilber) benutzt worden ist, eine Kunst, die verloren ging, nicht zuletzt auch wegen der Mehrdeutigkeit der Benennung für die in der Natur vorkommenden Manganverbindungen, die schon in der Antike begann und bis in die Neuzeit reicht. – Als es gegen Ende des 18. Jahrhunderts gelungen war, das Metall (scheinbar) rein darzustellen, wußte sein Entdecker nicht, zu was man es werde verwenden können, ja, die Zeitgenossen [1] meinten, „es ist aber niemals der Mühe werth, selbiges auszuschmelzen ...". Schon früh hatte man bemerkt, daß zwischen dem Mangangehalt und den Qualitäten eines Stahls ein Zusammenhang besteht, und wollte darum das Element nach dem griechischen Wort für Stahl benennen, doch dauerte es noch ziemlich lange, bis es als unentbehrlich für die Stahlherstellung erkannt wurde. Noch 100 Jahre nach der Erstdarstellung meinte der um die Reindarstellung des Elementes sehr bemühte englische Forscher H. Tamm [2], wenn es erst gelänge, das reine Metall billig herzustellen, würden sich schon Anwendungen finden lassen. Seit den achtziger Jahren des vergangenen Jahrhunderts nahm das Interesse am Element Mangan und seinen Verbindungen, merkbar am Ansteigen der wissenschaftlichen Veröffentlichungen darüber, deutlich zu [3], — zwei Jahrhunderte früher war das Chamaeleon minerale nur Kuriosum geblieben — ganz abgesehen davon, daß das Mangan für eine Überraschung sorgte, als F. Heusler um die Jahrhundertwende fand, daß der Zusatz dieses Elementes einige Mehrstofflegierungen ferromagnetisch machte und die gleiche Eigenschaft manchen Gliedern sehr vieler binärer Systeme des Mangans zukommt. Die hauptsächliche Verwendung liegt aber in der Stahlerzeugung, und der Bedarf an Mangan hierfür ist so stark angestiegen, daß die großen, leicht ausbeutbaren Vorkommen die nötigen Mengen nicht mehr zu liefern vermögen. Die Bedeutung des Mangans heute wird am deutlichsten dadurch, daß es mit Vanadium und noch einigen anderen Metallen zusammen unter die „strategischen" Metalle gerechnet wird. Dabei ist die Häufigkeit des Elementes recht groß, sie beträgt 1000 ppm in der Lithosphäre [4], doch ist sie weniger durch große Lagerstätten gekennzeichnet, als durch eine ‚Allgegenwart' in kleinen Mengen, wie es bereits im Jahre 1778 der Stockholmer Münzwardein und spätere Entdecker des Molybdäns, P. J. Hjelm [5] zu seiner Überraschung feststellte: „Bey genauerer Untersuchung verschiedener, auf Reisen in den Berggegenden vorgekommenen Stoffe, zeigte sich der Braunstein fast als ein allgemeiner Begleiter... Allenthalben fanden sich Spuren desselben... Lange traute ich den deutlichsten Versuchen nicht, aus Furcht, alles zu Braunstein zu machen, aber endlich mußte ... aller Zweifel aufhören". Wegen des großen Bedarfs an Mangan hat man versucht, auch bei diesem Metall zu erreichen, was beim Kupfer schon länger geschieht, nämlich durch konventionelle Methoden nicht mehr ausbeutbare Erzmengen durch die auslaugende Arbeit von Bakterien technisch nutzbar zu machen: Bereits im Jahre 1958 gelang es so, aus manganhaltigen Halden und Rückständen in Ansätzen von etwa 360 kg bis zu 93% des darin verteilten Mangans herauszulösen, wobei als Nährsubstrat der Bakterien Pflanzenextrakte dienten. Die Frage, ob die Gewinnung dieses Elementes unter Verwendung solch anspruchsvoller Bakterienstämme einmal ökonomisch lohnend sein wird, bleibt vorderhand unbeantwortet [6]. — Dagegen ist die Ausbeutung einer natürlichen Anreicherung der geringen Manganmengen im Meerwasser schon über das Versuchsstadium hinaus fortgeschritten: Die Gewinnung der in den Jahren 1873 bis 1876 von der Challenger-Expedition in der Tiefsee aufgefundenen kupfer- und nickelhaltigen Manganknollen, s. **Fig. 1**, vor Textseite 1, erstmals im Jahre 1876 von J. Murray [7] beschrieben und um die Jahrhundertwende vor allem im Pazifischen Ozean von der ozeanographischen Expedition der Harvard University unter der Leitung von A. Agassiz beobachtet [8]. Man schätzt den Manganvorrat der Knollen auf 10^9 bis 10^{12} Tonnen, dabei haben diese einen Mn-Gehalt bis 27% und durchschnittlich 1.3% Ni, 1.0% Cu und 0.2% Co [9]. Doch ist nach K. Zeitler [10] die Gewinnung nur bei einer Belegungsdichte des Meeresgrundes von 10 bis 15 kg Knollen je m^2 und einem zusätzlichen, genügend großen Nickel- und Kupfergehalt wirtschaftlich interessant; die Flächen müssen außerdem genügend groß sein, um etwa 1000 t Knollen je Tag fördern zu können. Die ersten Förderversuche des amerikanischen Förderversuchsschiffs Sedco 445, einem umgebauten Erdölbohrschiff, sind schon unternommen worden [9]. — Über die Entstehung der Knollen gibt es unterschiedliche Auffassungen [11, 12], ihre Bildung wird auch bakterieller Tätigkeit zugeschrieben und die Wachstumsgeschwindigkeit ist umstritten [13], eine zusammenfassende Übersicht über diese Fragenkomplexe gibt beispielsweise die Metallgesellschaft A.G. [14].

Literatur:

[1] J. G. Krünitz (Oeconomische Encyclopädie, Bd. 6, Berlin 1775, s. v. Braunstein, S. 554/6). – [2] H. Tamm (Chem. News **27** [1873] 249/50). – [3] R. Hadfield (J. Iron Steel Inst. [London] **115** [1927] 211/361, 213). – [4] V. M. Goldschmidt (Geochemistry, herausgegeben von A. Muir, Oxford 1954, S. 74). – [5] P. J. Hjelm (Kgl. Svenska Vetenskaps Acad. Handl. **39** [1778] 82/7 nach Neuesten Entdeckungen Chem. **6** [1782] 164/71).

[6] W. Schwartz (Bild Wissenschaft **13** Nr. 2 [1976] 60/5). – [7] J. Murray (Proc. Roy. Soc. [London] **24** [1876] 471/532). – [8] J. L. Mero (The Mineral Resources of the Sea, Amsterdam-London-New York 1965, S. 147/9). – [9] O. Summerer (Bild Wissenschaft **15** Nr. 8 [1978] 48/59). – [10] K. Zeitler (in: Metallgesellschaft A.G., Mitteilungen aus den Arbeitsbereichen Nr. 17, Frankfurt a. M. 1974, S. 3/16, 6/7).

[11] E. Goldberg, G. Arrhenius (Geochim. Cosmochim. Acta **13** [1958] 153/212, 194/201). – [12] E. Mann-Borghese (Bild Wissenschaft **14** Nr. 8 [1977] 63/72). – [13] P. J. Smith (Nature **265** [1977] 582/3). – [14] Metallgesellschaft A.G. (Mitteilung aus den Fachbereichen Nr. 18, Manganknollen-Metalle aus dem Meer, Frankfurt a. M. 1975, S. 1/87).

1 Geschichte des Elementes

History

1.1 Namen, Benennungen, Symbole

Names. Nomenclatures. Symbols

1.1.1 Das deutsche Mangan, latinisiert Manganium

The German "Mangan". The Latin "Manganium"

„Das Manganesium, vormals Magnesium, im Deutschen jetzt zur Abkurzung gewöhnlich Mangan genannt, ..." faßte im Jahre 1816 G. F. Hildebrandt (1764 bis 1816), Professor der Chemie und Physik in Erlangen, kurz die Entwicklungsgeschichte der Benennung dieses Elementes in Deutschland zusammen [1]. Die Wortform ‚Mangan' war neun Jahre zuvor durch J. F. John (1782 bis 1847), damals Professor der Chemie in Berlin, in die deutsche chemische Literatur eingeführt worden, er ging etwas genauer auf ihre Entstehung ein und nannte auch den Schöpfer der Benennung [2]: „... Als [T.] Bergman bewieß, daß der Braunstein aus einem eigenthümlichen Metalle bestehe, belegte er dieses mit dem Namen Magnesium, um die Magnesia – Bittererde – auch dem Worte nach von dem Metalle zu unterscheiden. [Absatz] In neueren Zeiten zog man den vom Albertus Magnus – de mineralibus L. II. Tract. II. Cap. XI. [8] – schon angeführten Namen Manganensis – deß sich die Italiener bedienten – wieder ans Licht und bildete daraus unser jetziges lateinisches Manganesium. Im Deutschen behielt man die Benennung Braunstein und zwar für das Erz als Masculinum; für das Metall aber als Neutrum. [Absatz] Herr Professor Buttmann [1764 bis 1829], der hinlänglich als Philosoph und Philolog bekannt ist, bewieß in einer Abhandlung, die er in der hiesigen philomatischen Gesellschaft vortrug, das Fehlerhafte dieser Benennung, indem er aufmerksam darauf machte, daß man für das Wort: das Braunstein, nothwendig nur die umschriebene Form: das Braunstein-Metall brauchen könne. Er machte daher den Vorschlag, im Lateinischen zwar das Wort Manganesium beizubehalten; dieses aber – da das Wort Manganes nicht allein sehr unangenehm lautet, sondern auch beim Schreiben Schwierigkeiten nachziehen könne – um 2 Silben abzukürzen, um daraus der Analogie und dem Systeme zufolge, das deutsche Neutrum: Mangan zu bilden. Da Herr B. ferner das griechische *Μάγγανον* dieser Benennung etymologisch verwandt hält – welches er nächstens zu beweisen verspricht – so macht er den

Vorschlag, die Benennung Manganesium, le Manganese, der Braunstein für das Erz und Manganum, le Mangane, für das Metall, oder überhaupt das Artefact festzusetzen."

J. J. Berzelius [3] stimmte kurz danach dieser Namensform zu, allerdings unter stillschweigender Angleichung der Endung des lateinischen Wortes an die der anderen künstlichen Wortschöpfungen für chemische Elemente, als das ‚Radical der Talkerde' entdeckt und eine eindeutig unterscheidende Benennung beider Elemente notwendig geworden war: „Magnesium ist der Name der deutschen Chemiker für dieses Metall anstelle von Manganesium, das zu lang ist und zu leicht mit der Magnesia [alba] verwechselt werden kann, dessen Radikal von Davy *Magnium* benannt wurde, um Verwechslungen zu vermeiden. Nimmt man den Namen Manganium für das [französische] manganèse, glaube ich, kann man das Radikal der Magnesia [alba] *Magnesium* benennen." Auch in seinem berühmten, in mehreren Auflagen erschienenen *Lehrbuch* trat J. J. Berzelius [4, 5] für diese Namensform ein; an einer anderen Stelle [6] erwähnt er auch den Schöpfer der Wortform und betonte, daß auch M. H. Klaproth (1743 bis 1817) diese Namensform trotz einiger möglicher Einwände sofort übernommen und empfohlen habe [11]. Im französischen und englischen Sprachbereich ist es jedoch bei der alten Form Manganese geblieben, sie gehört hier zu den wenigen Benennungen jüngerer Elemente, deren Wortform, zum Beispiel in den Atomgewichtstabellen, noch nicht latinisiert ist.

In ihrer großen Abhandlung: *Bemerkungen über Benennungen einiger Mineralien bei den Alten, vorzüglich des Magnetes und des Basaltes* gehen P. A. Wolf, P. Buttmann [7] für die Etymologie des Wortes Mangan, wie oben angegeben, von dem Bericht des Albertus Magnus [Graf Albert v. Bollstädt, 1193 bis 1280] aus, wo er im Zusammenhang mit der Glasherstellung berichtet: „Manesia, quem quidam Magnosiam vocant, lapis est niger, quo frequenter utuntur vitrarij ... [Manesia, die manche auch Magnosia nennen, ist ein schwarzer Stein, den die Glasmacher häufig verwenden ...]", so in dem vorliegenden Erstdruck [8] des wahrscheinlich echten Werkes [9]. Daß die oben von P. Buttmann angegebene Wortform im hohen Mittelalter aber gebräuchlich gewesen sein dürfte, zeigt die schwedisch geschriebene, aber in Italien abgefaßte *Glaskunst* des Peder Månsson (etwa 1462 bis 1534): „Es gibt einen schwarzen Stein, der Manganes heißt ..." [10]. Daß dies ein Trivialname war, bestätigt ausdrücklich A. Caesalpinus (1519 bis 1603) bei der Beschreibung des Glasmachens [12]: „... pseudomagnetem, quam Magnesiam vocat Albertus, vulgo autem Manganese ... [... den Pseudo-Magnet, den Albertus [Magnus] Magnesia nannte, in der Volkssprache aber Manganese...]." Daß es sich dabei um ein altes Wort handelt, geht aus dem Buch von J. C. Scaliger [13] hervor, der es aus einer Handschrift aus dem Besitz eines Venetianers namens Augustinus Pantheus kannte. Bei der weiteren Untersuchung der synonymen Bezeichnungen für Braunstein und den Magneteisenstein, kann sich P. Buttmann [7] nicht überzeugen, daß die Benennungen für den letzteren ‚magnes' oder ‚magnetis' von einer Stadt oder einer Landschaft herrühren sollen, und führt, eine neue Ableitung entwickelnd, die bisher übliche (s. dazu bei Magnesia, S. 93) völlig verwerfend, fort: „Ich verbinde mit diesen Zweifeln eine Vermuthung, welche vielleicht nicht geradehin verworfen zu werden verdient, obgleich ich gestehe, daß ich erst durch den Namen *Manganese*, den wir alle bloß als eine spätere Korrupzion betrachten, darauf geleitet worden bin. Es gibt ein gut griechisches Wort *μάγγανον* [manganon], welches unstreitig nur durch Mundart verschieden ist von dem Worte *μηχανὴ* [mechane], dor.[isch] *μαχανὰ* [machana], lat. *machina* und, so wie dieses, in der spätern Sprache hauptsächlich von zusammengesetzten Maschinen gebraucht wird. In der älteren Sprache aber hießen beide Formen weiter nichts als ein Kunstmittel, Kunststück. Dies ist von *μηχανὴ* bekant. Von *μάγγανον* zeigt es die davon zunächst abgeleitete Bedeutung: Zaubermittel, Trugmittel, von welcher man die alten und neuen Lexika nachsehn kann. Hesychius [14] (wahrscheinlich 5. Jahrhundert nach Chr.) erklärt den Plural *μάγγανα* durch *φάρμακα* [pharmaka = Heilmittel], *δίκτυα* [diktya = Fangnetze], *γοητεύματα* [goëteumata = Zauber], und Suidas [15] (10. Jahrhundert) *μάγγανον* durch *παράδοξόν τι* [paradoxon ti = etwas Verwunderliches]. Das davon abgeleitete

Wort μαγγανεία [manganeia] aber erklärt Photius [16] (9. Jahrhundert) in seinem Lexikon so: Μαγγανεία, ἣν ἡμεῖς Μαγείαν, μάλιστα ἡ τῶν ἀγυρτῶν **οὕτως** λέγεται. „Die Magie, besonders die der herumziehenden Gaukler." Ich denke, es muß jedermann in die Augen fallen, wie vortrefflich alle diese Erklärungen mit jenem Steine zusammenhangen, der vor allen andern geeignet ist, die Verwunderung der Menschen und die Industrie der Gaukler in Bewegung zu setzen. Wenn wir, so wie von μηχανή μηχανᾶσθαι [mechanasthai], so auch ein Verbum μαγγανᾶν, μαγγανᾶσθαι [manganan, manganasthai] annehmen, wofür in die Schriftsprache μαγγανεύειν [manganeuein] gekommen ist; so kommt davon ganz sprachgerecht das Femininum μαγγανῆτις [manganetis], das mit λίθος [Lithos = Stein] verbunden einen Wunderstein, Kunststein, Trugstein, je nachdem man es fassen will, andeutete. Durch den stets thätigen Trieb der Zusammenziehung entstand hieraus gleichsam von selbst μαγνῆτις [magnetis], welche Form durch jenen bekanten und geläufigen Völkernamen begünstigt ward. Doch es bedurfte dieses nicht: gerade so ward aus dem im Mittelalter gebräuchlichen Worte *manganella* oder *manganellus,* welches eine Kriegsmaschine bedeutete, *magnella, magnellus,* im Altfranzösischen *manganel* und *magnel* (s. Du Cange [17]). Die Überzeugung, die nun bald entstehen mußte, daß der Magnet von dem gleichnamigen Volke den Namen habe, gab der abgekürzten Aussprache μαγνῆτις [magnetis] das Ansehn der Korrektheit; und so kam nur diese in die Büchersprache, und die andere entzog sich der Nachwelt; wenn wir nicht annehmen, daß sie sich, als anscheinend fehlerhafte oder pöbelhafte Aussprache, immer neben der andern bei Griechen und Römern erhalten hat, und erst im inkorrekten Mittelalter in jenem *Manganese, lapis Manganensis,* ans Licht getreten ist. Diese Vorstellung hat viel für sich. Die heutige griechische und die italienische Sprache liefern dem Sprachforscher auffallende Beispiele von Wörtern und Formen aus den ältesten Zeiten, die sich bloß in ihnen erhalten haben, da sie im Alterthum als *lingua rustica* im Dunkeln blieben. – Dass in den beiden ältesten der auf uns gekommenen Stellen der Alten (im Euripides und Theophrast) die Magnetis nicht den Eisenzieher, sondern den Silber ähnlichen Stein bedeutet, steht meiner Vermuthung nicht entgegen, da, wie ich schon oben gezeigt habe, dies gegen das Alter der andern Bedeutung nichts beweiset. Ich nehme diese, als die allgemeinste, auch für die älteste an, finde es aber sehr natürlich, daß man jenen – ein Zauber- und Trugmittel bedeutenden – Namen, auch auf den andern Stein übergehn ließ, dessen trüglicher Schein, wie wir aus den Stellen der Alten gesehen haben, ihnen so merkwürdig war, von dem Volke angestaunt ward ..., und also wahrscheinlich auch zu Teuschungen und Gaukeleien Anlaß gab. Es läßt sich aber auch noch ein bestimmterer Sinn des Namens bei diesem letzteren Stein fassen, der zugleich auch auf das Manganese oder den Braunstein sich erstreckt. Beide Mineralien dienten seit langer Zeit zum Tünchen und Firnissen der Töpferwaaren. Vom Braunstein ist es bekant [s. S. 91] ... Mir ist sehr wahrscheinlich, daß auch die Alten, die so viel auf schöne Vasen hielten, etwas ähnliches mit ihrer Magnetis bewirkten, und daß eben dies eine Art war, wie dieses Mineral die Unerfahrenen teuschte. Der Braunstein hat überdies noch die Eigenschaft, dem Glas, wenn es in großer Menge zugefügt wird, eine schöne Purpurfarbe zu geben. Nun wird aber μαγγανεύειν von der Bedeutung μάγγανον, **φάρμακον** insbesondere auch gebraucht von jeder Art von Tünchen, Firnissen, Schminken und Verschönern der Waaren, welche Bedeutung auch auf das lat. *mango, mangonizare* übergegangen ist; wie alles dies die gewöhnlichen Wörterbücher lehren. Von dem lateinischen Worte leitet daher Mercati in seiner *Metallotheca* (*V.II.c.5.*) [18] den Trivialnamen seiner Zeit *manganese* ab. Und ich halte diese Ableitung für keineswegs verwerflich, nur daß ich sie natürlicher von dem griechischen Worte herhole, und, wenigstens muthmaßlich, auf die Magnetis ausdehne. So daß also der gemeinschaftliche Namen aller drei Mineralien in dem Begriffe der Teuschung seine Einheit findet. [Absatz] Sollte indessen der Name Manganese, und das daraus gebildete *Manganesium,* auch nur scheinbar mit dem griechischen Worte μάγγανον zusammenhangen, so wird dies hinreichend sein einen Vorschlag zu empfehlen, den ich kürzlich vor einer Versammlung kenntnisreicher Männer gethan habe. Weil nehmlich die Mineralogie sich noch nicht recht über die Form der

Benennung des beim Braunstein zum Grunde liegenden eignen Metalls hat vereinigen können, so rieth ich, die Formen Magnesia und Magnesium, welche nur Irrungen veranlaßten, ganz auszuschließen, den Namen *Manganesium,* franz. *le manganèse* (auch *magalaise*) und deutsch der Braunstein, bloß als Trivialnamen für die oxydirte oder steinartige Gestalt des Minerals beizubehalten, und das Metall an sich und im System *Manganum* zu nennen; welche Form sich an die übrigen Metallnamen analogischer anschließt und für die gewöhnliche Sprache eine wohllautende Abkürzung: das Mangan, *le mangane,* zuläßt. Zu meinem großen Vergnügen hatte, ohne alle Verabredung, Herr Professor Fischer, um dieselbe Zeit, bloß durch wissenschaftliches Bedürfnis geleitet, eben diesen Vorschlag gethan." – (Ob es sich bei dem eben erwähnten Gelehrten um J. C. Fischer (1760 bis 1853), den Herausgeber einer umfangreichen *Geschichte der Physik* und Professor in Jena, handelt, ist unklar, da er in einem Ergänzungsband seines *Physikalischen Wörterbuchs* [18] unter *Braunsteinmetall* die Wortformen Mangan (Manganium) bringt, sich aber auf J. F. John als Namensgeber bezieht.) – Im Jahre 1854 kam der Philologe L. Delâtre [19] auf die gleiche griechische Wurzel für das Wort Mangan – Manganèse, offenbar ohne die Buttmannsche Veröffentlichung zu kennen, er begründet nämlich die Namengebung mit der spröden, instabilen (leicht oxidierbaren) Natur des Metalls. Dagegen wendete schon M. P. Crosland [20] ein, daß die Wortform Manganese schon lange vor der ersten Darstellung des Metalls für dessen Oxid in Gebrauch war.

Literatur:

[1] G. F. Hildebrandt (Lehrbuch der Chemie als Wissenschaft und Kunst, Erlangen 1816, S. 324). – [2] J. F. John (Neues Allgem. J. Chem. Gehlen **3** [1807] 452/85, 453 Fußnote). – [3] J. J. Berzelius (J. Phys. Chim. Hist. Nat. Arts Delamétherie **43** [1811] 253/86, 282). – [4] J. J. Berzelius (Lehrbuch der Chemie, nach der 2. schwedischen Aufl. [übersetzt von K. Palmstedt], Dresden 1824, S. 653). – [5] J. J. Berzelius (Lehrbuch der Chemie [übersetzt von F. Wöhler], 4. Aufl., Bd. 3, Dresden-Leipzig 1836, S. 473).

[6] J. J. Berzelius (Jahresber. Fortschr. Chem. **9** [1830] 95/6). – [7] P. A. Wolf, P. Buttmann (Bemerkungen über Benennungen einiger Mineralien bei den Alten, vorzüglich des Magnetes und des Basaltes in: Museum der Alterthums-Wissenschaft, Bd. 2, Berlin 1810, S. 1/104). – [8] Albertus Magnus (De Mineralibus et Rebus Metallicis Libri V, Buch 2, Traktat 2, Kap. 11, Köln 1509, S. 161). – [9] F. Strunz (in: G. Bugge, Das Buch der großen Chemiker, Bd. 1, Berlin 1929 [Neudruck Weinheim/Bergstr. 1955] 32/41). – [10] O. Johannsen (Peder Månssons Schriften über technische Chemie und Hüttenwesen, Berlin 1941, S. 185).

[11] M. H. Klaproth, F. Wolff (Chemisches Wörterbuch, Bd. 3, Berlin 1808, S. 471). – [12] A. Caesalpinus (De Metallicis Libri Tres, Kap. 23, Nürnberg 1602 [Erstausgabe Rom 1596]). – [13] J. C. Scaliger (Exotericarum Exercitationum Liber XV de Subtililate ad Hieronimum Cardanum, Frankfurt a. M. 1607 [Erstausgabe Paris 1557], S. 399) – [14] Hesychius Alexandrinus (Lexicon, herausgegeben von M. W. K. Schmidt, Bd. 3, Leiden 1862 [Neudruck Amsterdam 1965], s.v.). – [15] Suidas (Lexicon, herausgegeben von I. Bekker, Berlin 1854, s.v.).

[16] Photius Patriarcha Constantinopolitanus (Lexicon, herausgegeben von S. A. Naber, Bd. 1, Leiden 1864 [Neudruck Amsterdam 1965], s.v.). – [17] C. F. du Cange (Glossarium Mediae et Infimae Latinitatis, herausgegeben von F. Favre 1883/87 [Neudruck Graz 1954], Bd. 4, s.v. Manganum). – [18] J. C. Fischer (Physikalisches Wörterbuch, Achter Theil als zweyter Supplement-Band, Göttingen 1823, S. 359/60). – [19] L. Delâtre (La Langue Française dans ses Rapports avec le Sanscrit et avec les Autres Langues Indo-Européennes, Bd. 1, Paris 1854, S. 316 nach J. W. Mellor, A Comprehensive Treatise on Inorganic and

Theoretical Chemistry, Bd. 12, London-New York-Toronto 1932, S. 140). – [20] M. P. Crosland (Historical Studies in the Language of Chemistry, London-Melbourne-Toronto 1962, S. 145).

1.1.2 Weitere Benennungen

Other Names

Die Zeitgenossen des Entdeckers nannten das aus dem Braunstein gewonnene Metall zunächst nach alter Sitte einfach Braunsteinregulus, so beispielsweise J. G. Leonhardi [1] noch im Jahre 1788 in seiner erweiterten Übersetzung des Macquerschen *Chymischen Wörterbuchs,* der auch die Übersetzungen Regule de manganèse, Regulus of manganese, Regolo di manganese und lateinisch Regulus magnesii der Vollständigkeit halber anführte. Ohne Herkunftsangabe fügt er noch die Benennung Magnesium an, die dem Metall im Jahre 1774 von T. Bergman [2] gegeben wurde, als er ausführlich das ihm von J. G. Gahn überlassene Metall beschrieb: „Metallum adquisitum, quod mihi Magnesium audit ... [das erhaltene Metall, das bei mir Magnesium heißt ...]". Diese Benennung hatte ihren Grund in dem lateinischen Namen des Braunsteins Magnesia vitrariorum.

Ein Jahr nach dem Erscheinen des eben zitierten Wörterbuchs machte der in russische Dienste getretene, ehemalige Professor der Technologie in Wien B. F. J. v. Hermann [3] einen Vorschlag zur Benennung dieses Metalls. Die Erkenntnis, „daß die mehrere oder geringere Fähigkeit eines Erzes, Stahl zu geben, hauptsächlich von der metallischen Materie abhange, die man Magnesium oder Braunsteinkönig nennt ... und nicht nur im Braunstein ... sondern auch in allen Eisenerzen in größerer oder geringerer Menge vorhanden ist, daher die Fähigkeit aller Eisenerze, Stahl zu geben ..." ließ ihn fragen: „Sollte man dieses Metall, das einen Hauptbestandtheil des Stahls ausmacht, nicht lieber Chalybium nennen?" Er griff dabei zurück auf einen der drei im [Alt-]Griechischen Stahl bedeutenden Ausdrücke, der sich ableitet von den *σιδηροτέκτονες Χάλυβες* [siderotektones Chalybes], den berühmten eisenverarbeitenden Chalybern, einem Volksstamm des Pontos-[Schwarzmeer]-Gebietes, nämlich *χάλυψ* [chalyps], lateinisch chalybs = Stahl; Näheres s. Gmelin-Durrer, 4. Aufl., Bd. 1, Weinheim/Bergstr. 1964, S. 6a, 8a. – Die Benennung ist nicht zur Anwendung gekommen.

Zwanzig Jahre nach dem Erscheinen des oben zitierten *Chymischen Wörterbuchs* hat sich das Bild der Benennungen des Elementes stark geändert: M. H. Klaproth, F. Wolff beschrieben es in ihrem *Chemischen Wörterbuch* [4] unter dem Stichwort *Manganes, Manganesium* und fügen *Braunsteinmetall* als letztes Synonym bei. Es hatte sich also die von den französischen antiphlogistischen Chemikern [5] vorgeschlagene Benennung manganèse durchgesetzt. Im Jahre 1824 meinte rückblickend J. J. Berzelius [6], die Annahme dieser Benennung sei vor allem darum geschehen, daß man „eine Verwechslung mit dem Namen Magnesia befürchtete".

Literatur:

[1] J. G. Leonhardi (in: P. J. Macquer, Chymisches Wörterbuch [deutsch von J. G. Leonhardi], 2. Aufl., Bd. 1, Leipzig 1788, S. 572). – [2] T. Bergman (Diss. de Mineris Ferri Albis [1774] in: Opuscula Physica et Chemica, Bd. 2, Uppsala 1780, S. 184/230, 203). – [3] B. F. J. v. Hermann (Ann. Chem. Crell **1789** I 195/7). – [4] M. H. Klaproth, F. Wolff (Chemisches Wörterbuch, Bd. 3, Berlin 1808, S. 461). – [5] L. B. Guyton de Morveau, A. L. Lavoisier, C. L. Berthollet, A. F. de Fourcroy (Méthode de Nomenclature Chimique, verbunden mit: J. H. Hassenfratz, P. A. Adet, Un Nouveau Système de Caractères Chimiques, Adaptés à cette Nomenclature, Paris 1787, S. 28/9, 288, 311/2).

[6] J. J. Berzelius (Lehrbuch der Chemie, Bd. 2 [übersetzt von K. Palmstedt], Dresden 1824, S. 653).

Symbols

1.1.3 Symbole

Ein den alchemistischen Symbolen ähnliches Zeichen für das Mangan-Metall, noch unter der Benennung ,Magnesium' findet sich in der von W. Nicholson [1] zusammengestellten Liste der von dem berühmten schwedischen Chemiker T. Bergman verwendeten Symbole und Zeichen, s. **Fig. 2.** Es muß aber bemerkt werden, daß die Symbolverwendung bei T. Bergman jedes alchemistischen Hintersinns entbehrt und nur zur raumsparenden Darstellung der Stoffe in den ,Verwandtschaftstabellen' und zur Konstruktion der Figuren der ,Attraktionstafeln' diente, die den Verlauf chemischer Reaktionen versinnbildlichen sollten [2]. M. P. Crosland [3] weist darauf hin, daß dieses Symbol erst im Anfang des 18. Jahrhunderts in der Literatur und zwar zur Bezeichnung des Minerals Braunstein auftaucht – er nennt dafür die erste Auflage des *Natursystems* von C. v. Linné [4], die zweite Auflage der *Metallurgischen Chemie* von C. E. Gellert [5] (beide konnten nicht eingesehen werden) und die *,Verwandtschaftstabelle'* einer Veröffentlichung von E. F. Geoffroy dem Älteren [6], die er abdruckt, das Zeichen für Braunstein aber nicht enthält; angetroffen wurde es in dem erst im Jahre 1786 erschienenen *,Grundriß der Experimentalchemie'* von K. G. Hagen [7]. Daß M. P. Croslands Behauptung über den Beginn der Verwendung des Symbols durchaus zutreffen kann, dafür spricht die Tatsache, daß J. J. Becher [8] im Jahre 1689 in seiner Zusammenstellung der für ein tragbares Reiselaboratorium benötigten Stoffe für fast alle die alchemistischen Symbole verwendet, nur nicht für Braunstein, Zaffera, Wismut und Zink. M. P. Crosland [3] macht auch darauf aufmerksam, daß das Mangan-Symbol eine Abwandlung der auch für Kupfer und Antimon benutzten Kombination aus Kreis und Kreuz darstellt, und möchte wohl darin, daß eine bestimmte natürliche Braunstein-Form oft genug mit Antimon verwechselt worden ist, s. S. 99, den Grund für die Symbolgestaltung sehen. Häufig scheint indessen das Braunsteinsymbol nicht angewendet worden zu sein, weder G. W. Gessmann [9] noch F. Lüdy [10] haben es in ihre Symbolzusammenstellungen, wobei die des Letztgenannten nach formanalytischen Grundsätzen aufgebaut ist, aufnehmen können.

Fig. 2

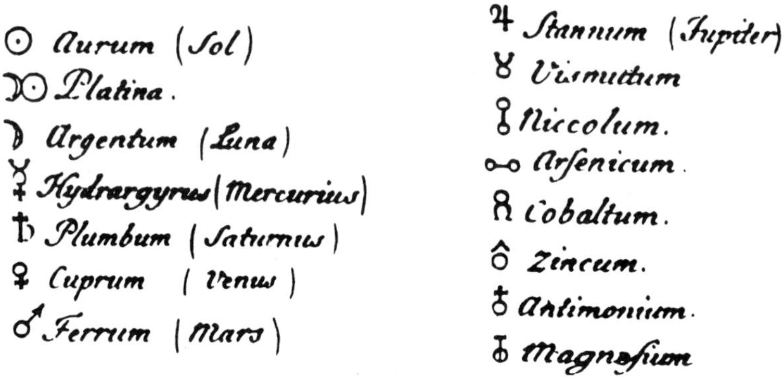

☉ Aurum (Sol)
Platina.
☽ Argentum (Luna)
☿ Hydrargyrus (Mercurius)
♄ Plumbum (Saturnus)
♀ Cuprum (Venus)
♂ Ferrum (Mars)
♃ Stannum (Jupiter)
Vismuthum
Niccolum.
Arsenicum.
Cobaltum.
Zincum.
Antimonium.
Magnesium

Ausschnitt aus den Bergmanschen Symbol-Listen in seiner Ausgabe der Schefferschen Vorlesungen (1775), wobei ,Magnesium' für Mangan steht.

Weite Verbreitung hat das Bergmansche Symbol für Mangan nicht gefunden, auch wenn es im Jahre 1817 noch einmal bei J. L. G. Meinecke [27] anzutreffen ist, da sich die französischen antiphlogistischen Chemiker mit der Reform der chemischen Nomenklatur auch Gedanken über eine Erneuerung und Systematisierung der Symbole für die chemischen Stoffe machten. Im Jahre 1787 haben in ihrer *Methode de Nomenclature Chimique* L. B. Guyton de Morveau, A. L. Lavoisier, C. L. Berthollet und A. F. de Fourcroy [11] die chemischen

Substanzen in sechs Kategorien eingeteilt, und die von ihnen zur Reform der damals gebrauchten Symbole aufgeforderten J. H. Hassenfratz und P. A. Adet schlugen vor, die Anfangsbuchstaben der Elemente – soweit sie damals als solche schon bekannt waren – als Symbole zu benutzen und den chemischen Charakter des jeweiligen Auftretens desselben durch andere Kennzeichen zu erläutern; so umschrieben sie den Anfangsbuchstaben M (von Manganèse) mit einem Kreis, wenn das Metall, mit einem auf der Spitze stehenden Dreieck, wenn die Mangan-„Erde" (das Oxid) gekennzeichnet werden sollte. In ihrem Bericht an die Pariser Akademie vom 27. Juni 1787 nannten die vier Auftraggeber das neue System „très ingenieux", wenn sie aber am Ende der Beurteilung meinten: „... nous n'examinerons point ici jusqu'à quel point l'usage des caractères et des signes peut être utile dans la chimie; mais nous croyons que ceux que MM. Hassenfratz et Adet proposent d'adopter, sont beaucoup préférables aux anciens ..." scheinen sie das Ganze doch sehr in Frage zu stellen [12]. Die neuen Zeichen fanden jedoch vor allem in Deutschland durch die Übersetzungen der französischen Werke von K. v. Meidinger [13] und ein Lehrbuch von A. N. v. Scherer [14] weite Verbreitung, auch gab es Übersetzungen in andere Sprachen [15]. In Schweden war der Gebrauch dieser Zeichen in den ersten Jahren des 19. Jahrhunderts üblich, und die Durchmusterung der Briefe von J. J. Berzelius an andere schwedische Chemiker [16] in den Jahren 1804 bis 1815 zeigt die Verwendung dieser Symbole als durchaus brauchbare Abkürzungen [15].

Die nächsten Symbole, die zu Beginn des 19. Jahrhunderts vorgeschlagen wurden, scheinen auf den ersten Blick den französischen zu gleichen, waren doch auch bei ihnen Buchstaben – in der Hauptmenge aber andere Symbole – von Kreisen umschlossen, die hier jedoch Projektionen der kugelförmig gedachten Atome auf die Papierebene darstellen sollten; dabei wählte ihr Urheber J. Dalton [17] zur Kennzeichnung des Elementes Mangan das Buchstabenpaar Ma. Es soll erwähnt werden, daß Dalton auch für ‚Magnesia' ein Symbol erfand (einfacher Kreuzstern in einem Kreis), doch war damit sicher die damals noch als unzerlegbar betrachtete ‚Bittererde' [MgO] gemeint, ist das Symbol doch in der Tafel zwischen ‚Kalkerde' und ‚Baryterde' angeordnet. – Das französische und das Daltonsche Symbolsystem hatten gemeinsam den Nachteil der Schwierigkeiten beim Druck chemischer Veröffentlichungen durch die Vielzahl ihrer Zeichen und der unterschiedlichen Benennungen der Elemente in den verschiedenen Sprachen. So kam es, daß noch im Jahre 1844 dem Daltonschen System wegen der knappen Verwendung von Buchstaben durch A. P. J. du Ménil [18], lange Zeit Mitherausgeber des ‚*Archiv des Apothekervereins für das nördliche Teutschland*' internationale Verständlichkeit nachgerühmt wurde. – Buchstaben allein hatte schon früher, im Jahre 1802, T. Thomson [19] als Symbole zur Charakterisierung der Zusammensetzung von Mineralien benutzt, indem er die Anfangsbuchstaben der englischen Bezeichnungen für die Stoffe, die er aus den betreffenden Mineralien abscheiden konnte, zum Beispiel W für water = Wasser, aneinanderreihte. Gegen die Verwendung einer modernen Sprache bei solchen Abkürzungen wandte sich im Jahre 1814 J. J. Berzelius [20] in seinem ‚*Versuch, durch Anwendung der electrisch-chemischen Theorie und der chemischen Proportion-Lehre ein rein wissenschaftliches System der Mineralogie zu begründen*', und schlug für die Ableitung der Symbole die lateinische Sprache vor, also Aq, aus aqua = Wasser. Außerdem sah er in seiner Symbolik noch die Möglichkeit, bestimmte Eigenschaften einfach auszudrücken, so schrieb er für Manganoxid *Mg*, für Manganoxydul jedoch *mg*. Berzelius benutzte also hier für Manganverbindungen das heute für Magnesium gebräuchliche Buchstabenpaar, die ‚Talkerde' [MgO] indessen kennzeichnete er durch *M* allein. Dieses System scheint bei Fachleuten Beifall gefunden zu haben, noch im Jahre 1824 benutzte der Generalinspekteur der französischen Bergwerke P. Berthier [21] diese Symbole.

Mußten noch die französischen antiphlogistischen Chemiker in ihrem Bericht [22] über die Hassenfratz-Adetschen Symbole hervorheben, daß diese „n'ont pas pu indiquer avec précision ... la proportion des substances qui entre dans les combinaisons", so basierten die Daltonschen Zeichen auf der Atomtheorie [23] und hatten damit eine quantitative Bedeutung. J. J. Berzelius [24] schrieb im Jahre 1814 darüber: „Wenn wir nun das Gewicht des Sauerstoffgas, das Centrum aller Chemie, als Einheit annehmen, und das Gewicht aller andern einfachen Körper in Gasgestalt bei gleichem Volumen mit dem Sauerstoffgas durch ein gewisses Zeichen ausdrücken, so werden wir ganz einfache Formeln für die Zusammensetzungen der Körper bekommen, welche etwas ganz Analoges mit Dalton's Atomentheorie haben, ohne auf eine willkührlich angenommene Hypothese zu beruhen ... Die Zeichen, deren ich mich bei diesen Formeln bediene, sind insgesammt Buchstaben, und zwar die Anfangsbuchstaben der lateinischen Namen der einfachen Körper..." Fünf Jahre später präzisierte Berzelius die Bedeutung seiner Symbole, die dazu bestimmt seien, „den Ausdruck der chemischen Proportionen zu erleichtern, und uns in den Stand zu setzen, ohne weite Umschweife, die Anzahl der elementaren Atome eines jeden zusammengesetzten Körpers ohne Schwierigkeit auszudrücken"; er schlug dabei für einige der damals bekannten 51 Elemente neue Symbole vor, so für das Mangan das noch heute übliche Mn [25], das er zum ersten Male im Jahre 1813 benutzt hatte [26], und gab als Bildungsprinzip an: „Wenn zwei Körper den gleichen Anfangsbuchstaben haben, füge ich den zweiten Buchstaben zu, und sollte dieser gleich sein, so füge ich dem Anfangsbuchstaben den ersten Konsonanten an, der sich unterscheidet ... Z. B. ... M = Muriaticum [Chlor], Ms = Magnesium, Mn = Mangan".

Literatur:

[1] W. Nicholson (Dictionary of Chemistry, London 1795 nach [2]). – [2] P. Walden (Zur Entwicklungsgeschichte der chemischen Zeichen in: J. Ruska, Studien zur Geschichte der Chemie, Festgabe für Edmund O. v. Lippmann, Berlin 1927, S. 87/8). – [3] M. P. Crosland (Historical Studies in Language of Chemistry, London-Melbourne-Toronto 1962, S. 238/41). – [4] C. v. Linnaeus (Systema Naturae, 1. Aufl., Leiden 1735 nach [2]). – [5] C. E. Gellert (Anfangsgründe der metallurgischen Chemie, 2. Aufl., Leipzig 1776, S. 227/9 nach [2]).

[6] E. F. Geoffroy (Hist. Mem. Acad. Roy. Sci. Paris **1718** 212 nach [2]). – [7] K. G. Hagen (Grundriß der Experimentalchemie, Königsberg-Leipzig 1786 nach W. Schneider, Lexikon alchemistisch-pharmazeutischer Symbole, Weinheim/Bergstr. 1962, Ausklapptafel). – [8] J. J. Becher (Schema Materialum pro Laboratorio Portabili in: Tripus Hermeticus Fatidicus, Frankfurt a. M. 1689 nach [2] in: Opuscula Chymica, Nürnberg-Altdorf 1719, Tafel vor S. 41). – [9] G. W. Gessmann (Die Geheimsymbole der Chemie und Medicin des Mittelalters, München 1900). – [10] F. Lüdy (Alchemistische und chemische Zeichen, Mittenwald 1929).

[11] L. B. Guyton de Morveau, A. L. Lavoisier, C. L. Berthollet, A. F. de Fourcroy (Méthode de Nomenclature Chimique, verbunden mit: J. H. Hassenfratz, P. A. Adet, Un Nouveau Système de Caractères Chimiques, Adaptés à cette Nomenclature, Paris 1787, S. 28/9, Tafel 1). – [12] L. B. Guyton de Morveau, A. L. Lavoisier, C. L. Berthollet, A. F. de Fourcroy (in: K. G. Hagen, Grundriß der Experimentalchemie, Königsberg-Leipzig 1786, S. 288, 311/2). – [13] K. v. Meidinger (Methode der chemischen Nomenklatur für das antiphlogistische System, Wien 1793; System der chemischen Zeichen für das antiphlogistische System von Hassenfratz und Adet, Wien 1793). – [14] A. N. v. Scherer (Nachträge zu den Grundzügen der neuen chemischen Theorie, Jena 1796 [Vorerinnerung]). – [15] M. P. Crosland (Historical Studies in the Language of Chemistry, London-Melbourne-Toronto 1962, S. 253).

[16] H. G. Söderbaum (Jac. Berzelius, Lettres, Bd. 8, Correspondance entre Berzelius et Wilhelm Hisinger, Uppsala 1921; Bd. 9, Correspondance entre Berzelius et Johan Gottlieb Gahn, Uppsala 1922). – [17] J. Dalton (New System of Chemical Philosophy, Bd. 1, Tl. 1, Manchester 1808, Tl. 2, Manchester 1810, Bd. 2, Tl. 1, London 1827 nach Ein neues System

des chemischen Theiles der Naturwissenschaft, Bd. 1, Berlin 1812, Bd. 2, Berlin 1813, Aushängetafel). – [18] A. P. J. du Ménil (Arch. Pharm. [1] **90** [1844] 321/5, 324). – [19] T. Thomson (A System of Chemistry, Bd. 3, Edinbourgh 1802, S. 431, 513). – [20] J. J. Berzelius (Schweiggers J. Chem. Physik **11** [1814] 193/233, 225/6).

[21] P. Berthier (Ann. Mines **6** [1824] 291/310). – [22] L. B. Guyton de Morveau, A. L. Lavoisier, C. L. Berthollet, A. F. de Fourcroy (Méthode de Nomenclature Chimique, Paris 1787, S. 290). – [23] P. Walden (in: Studien zur Geschichte der Chemie, Festgabe an Edmund O. v. Lippmann, herausgegeben von J. Ruska, Berlin 1927, S. 80/105, 93). – [24] J. J. Berzelius (Ann. Physik **46** [1814] 131/75, 154/5 Fußnote). – [25] J. J. Berzelius (Versuch über die Theorie der chemischen Proportionen und über die chemische Wirkung der Electrizität [deutsch von K. A. Blöde], Dresden 1820, S. 117 nach [23], S. 95).

[26] J. J. Berzelius (Ann. Phil. [London] **2** [1813] 357/68, 359 Fußnote). – [27] J. L. G. Meinecke (Trommsdorff Neues J. Pharm. [2] **1** [1817] 3/98, 28).

1.2 Frühe Beobachtung des Elementes

Early Observations

1.2.1 Das antike Weißkupfer als Mn-Cu-Legierung

Ancient White Copper as a Mn–Cu Alloy

Es finden sich in der antiken Literatur einige Stellen über ein weißes Kupfer, von denen die bekannteste sich in einem dem Aristoteles (384 bis 322 vor Chr.) zugeschriebenen Buch *De Mirabilibus Auscultationibus (Über Wundergeschichten)* [1] findet; die Schrift ist jedoch wesentlich jünger als der Verfassername vortäuschen möchte – ihr Hauptteil wurde wohl zwischen den Jahren 117 bis 138 nach Chr. von den Mitgliedern der peripatetischen Schule aus den biologischen Werken des Theophrastus von Eresos (372 bis 288/85 vor Chr.) und den historischen Werken des Timaios von Tauromenium (356 bis 260 vor Chr.) exzerpiert, nur der Anhang (Kapitel 152 bis 178) stammt frühestens aus dem 3. Jahrhundert unserer Zeitrechnung [2]. Das Kapitel 63 aus dem älteren Teil der Sammlung handelt von dem ‚Mossynökischen Erz', das meist als Messing gedeutet wird [3] und oft für eine falsche etymologische Ableitung der deutschen Benennung der Cu-Zn-Legierungen herhalten muß. Doch weisen E. R. Caley, J. F. C. Richards [41] nach, daß es sich hier keineswegs um eine Vorschrift zur Herstellung von Messing handeln kann, weil diese Legierung zu einer so frühen Zeit, wie sie für die Aufzeichnung der Vorschrift anzunehmen ist, überhaupt noch nicht bekannt war. Das Kapitel lautet [1]:

„*Φασὶ τὸν Μοσσύνοικον χαλκὸν λαμβρότατον καὶ λευκότατον εἶναι, οὐ παραμιγμένου αὐτῷ κασσιτέρου, ἀλλὰ γῆς τινὸς αὐτοῦ γιγνομένης καὶ συνεψομένης αὐτῷ. λέγουσι δὲ τὸν εὑρόντα τὴν κρᾶσιν μηδένα διδαξαι. διὸ τὰ προγεγονότα ἐν τοῖς τόποις χαλκώματα διάφουρα, τὰ δ' ἐπιγιγνόμενα οὐκέτι.*
[Das mossynökische Erz soll das glänzendste und w e i ß e s t e sein, nicht durch Zumischen von Zinn, sondern einer bestimmten, dort vorkommenden Erde, die mit ihm gekocht wird. Man erzählt sich, daß der Erfinder niemanden die Mischung gelehrt hat. Darum sind die in jener Gegend früher hergestellten Erzgegenstände vorteilhaft, die später hergestellten nicht mehr]."
Hierzu gehört wohl auch die sehr wenig präzise Bemerkung im *Steinbuch* des Theophrastus von Eresos [35]:

„*Ἰδιωτάτη δὲ ἡ τῷ χαλκῷ μιγνυμένη. πρὸς γὰρ τῷ τήκεσθαι καὶ μίγνυσθαι καὶ δύναμιν ἔχει περιττήν ὥστε τῷ κάλλει τῆς χρόας ποιεῖν διαφοράν.*

[Eine ganz besondere [Erde] ist die, welche man dem Kupfer zumischt; weil sie durch das Schmelzen und Mischen die auffallende Kraft hat, der Farbe eine vorteilhafte Schönheit zu geben]." – Die Mossynöken, die ihren Namen nach ihren turm- oder zuckerhutförmigen hölzernen Häusern erhalten haben [4], waren ein kleinasiatisches Volk am südöstlichen Ufer [5] des Pontos Euxeinos (Schwarzes Meer), Nachbarn und zeitweilig Herren der Chalyber, die durch ihren hervorragenden Stahl berühmt waren. Nach Xenophon [6] lag ihre Hauptstadt drei Tagemärsche westlich von Trapezunt (heute: Trabson), und diese Angabe führt nach Ruge [7] auf die heutigen Orte Vakfi Kebir oder Fol Bazar in der Türkei. – Daß es sich bei dem ,Mossynökischen Erz' sehr wahrscheinlich um ein Weißkupfer handelte, hat aus philologischen Gründen – die Superlative von λαμβρός [lambros = glänzend] und λευκός [leukos = weiß] zur Kennzeichnung der Legierung sprechen gegen Messing, für dessen Farbe den Griechen andere Ausdrücke zur Verfügung standen – schon H. Blümner [8] angenommen und darauf hingewiesen, daß P. Vergilius Maro [9] in der *Aeneis* von einem „weißen Orichalcum" spricht, das man wohl auffassen muß als eine weiße, nach Art des Orichalcum hergestellte Kupferlegierung, wobei die Römer der Kaiserzeit unter dieser Bezeichnung ganz sicher eine Legierung verstanden, die durch Schmelzen von Kupfer zusammen mit Cadmia oder cadmischer Erde [Galmei] in Gegenwart von Kohle hergestellt wurde [10]. Früher, s. „Nickel" A 1, 1967, S. 8, ist angenommen worden, es handele sich bei dem ,Mossynökischen Erz' um eine ähnliche Ni-Cu-Legierung wie bei den berühmten Baktrischen Münzen, s. „Nickel" A 1, 1967, S. 5, wobei die Herkunft des geeigneten Nickelerzes und die angewendete Technik unklar bleiben mußten. Es war also die Art der „bestimmten, dort vorkommenden Erde" oder der „ganz besonderen Erde", von der in den beiden antiken Zitaten gesprochen wird, bisher völlig unklar geblieben. Berücksichtigt man aber die angegebene Lokalisierung dieses Volkes und die Tatsache, daß nach G. Berg, F. Friedensburg [14] ganz im Norden der Türkei, am Südufer des Schwarzen Meeres, in den vulkanischen Tuffen, die Andesit-Ergüsse begleiten, Braunsteinvorkommen in Form großer Linsen noch zu unserer Zeit ausgebeutet wurden, deren Erz von bester, zur Füllung von Trockenbatterien geeigneter Qualität war, wird die Vermutung lebendig, daß es sich bei dem ,Mossynökischen Erz' um eine weiße Mangan-Kupfer-Legierung gehandelt haben könnte, zumal die weiträumige Verteilung dieser Braunsteinlinsen zwanglos erklären würde, warum, nach Erschöpfung der ihm bekannten Linse, „der Erfinder niemanden die Mischung gelehrt hat". Auch die Einfachheit der Gewinnung solcher, am besten wohl als eine Art ,Neusilber' zu bezeichnenden Legierungen, ganz in der Art des Messingbrennens, jedoch mit Braunstein statt mit Galmei, wie sie im Jahre 1782 der schwedische Chemiker und Bergrat S. Rinman [15] wieder entdeckt und ausführlich beschrieben hat, s. S. 30/1, stützt diese Annahme. Außerdem hat es den Anschein, als stamme diese Technik wirklich aus Kleinasien: Es hat nämlich A. L. Oppenheim [33] in Ninive in der Bibliothek des Assurbanipal I [668 bis 625 vor Chr.] Tontäfelchen gefunden, auf denen die Herstellung eines künstlichen Silbers aus Kupfer, Zinn und einem dritten, für den Archäologen noch nicht zu deutenden Körper beschrieben und versprochen wird, daß die Fälschung nicht entdeckt werden könne. A. L. Oppenheim meinte, der unbekannte Stoff sei wohl eines der Arsensulfide gewesen, mit der die Bronze weiß gefärbt worden sei; doch dürfte in diesem Falle die Fälschung beim ersten Versuch des Aufschmelzens des ,Silbers' durch die starke Veränderung des Aussehens der Legierung infolge der Abgabe von Arsen, s. „Kupfer" B 2, 1961, S. 943, auch dem antiken Metallarbeiter erkennbar gewesen sein. Handelte es sich aber bei dem dritten Stoff um eine der Braunsteinarten, so entstand ein Mangan-Neusilber, das für einen antiken Metallurgen seiner silberweißen Farbe, seiner Stabilität beim Wiederaufschmelzen, seiner hohen Dehnbarkeit wegen und durch den relativ hohen Schmelzpunkt von echtem Silber nicht zu unterscheiden war.

In der antiken Literatur finden sich noch weitere Angaben über ein Weißkupfer. So spricht der berühmte Arzt Pedanius Dioscorides Anazarbeus, der zur Zeit der Kaiser Claudius [10 vor Chr. bis 54 nach Chr.] und Nero [37 bis 68 nach Chr.] lebte, in seiner *Materia Medica* [11] von einem „weißen Kupfer", das im Vergleich mit den anderen Kupferarten ein weniger wirksames Medikament liefere. Selbst C. Plinius Secundus hatte Kenntnis von einem aes candidum [Weißkupfer], das er allerdings nur in einem etwas märchenhaften Zusammenhang zu schildern weiß. Im 34. Buch seiner *Naturgeschichte* [12] spricht er vom Kupfer und seinen

Legierungen und fährt nach seinem Bericht über die Entdeckung der rätselhaften ‚Korinthischen Bronze' fort: „Eius aeris tria genera: candidum argento nitore quam proxime accedens, in quo illa mixtura praevaluit; alterum in quo auri fulva natura; tertium in quo aequalis omnium temperies fuit. [Von dieser [korinthischen] Bronze gibt es drei Arten: eine weiße, die an Farbe und Glanz fast herankommt an das Silber, das die Mischung auch überwiegend enthält; eine zweite, in der die gelbe Natur des Goldes [vorherrschend] ist; und eine dritte, in der der Mischungsanteil aller [Gold, Silber, Kupfer] der gleiche ist]." Plinius hält zwar hier das aes candidum [Weißkupfer] für eine an Silber hochprozentige Kupferlegierung, doch war es schon H. Blümner [8] aufgefallen, daß er an anderer Stelle [13] von einem aes candidum spricht, wo es sich keineswegs um eine Ag-Cu-Legierung handeln kann; in seinem Bericht vom Grünspan (aerugo) schrieb er: „Pluribus fit modis. namque et lapidi, ex quo coquitur aes, deraditur, et aere candido perforato atque in cadis suspenso super acetum acre opturatumque operculo. ... quidam visa ipsa candidi aeris fictilibus condunt in acetum raduntque decumo die. [Man macht [den Grünspan] auf mehrere Arten: Man kratzt ihn nämlich auch von dem Stein ab, aus dem das Kupfer ausgeschmolzen wird, oder hängt durchbohrtes ‚aes candidum' über scharfem Essig in Krügen auf, die mit einem aufgeklebten Deckel verschlossen sind ... Manche stecken auch Gebilde aus ‚aes candidum' in Tongefäßen in Essig und kratzen am 10. Tage [den Grünspan] ab]." – Eine Erklärung zu diesem Weißkupfer gibt H. Blümner [8] nicht, E. O. v. Lippmann [10] geht überhaupt nicht auf es ein und J. P. Rossignol [16] in seiner großen Untersuchung über die *Metalle in der Antike* hält die Bezeichnung aes candidum = *χαλκὸς λευκός* [chalkos leukos = Weißkupfer] einfach für die allgemeine Angabe, daß es sich um (mit Zink oder Zinn) legiertes Kupfer handele, im Gegensatz zu dem reinen *χαλκὸς ἐρυθρός* [chalkos erythros = rotes Kupfer], eine Meinung, die von M. Berthelot [17] übernommen wurde. – Auch für den griechisch schreibenden, in Ägypten lebenden Sammler von Werkstattvorschriften für Metallarbeiter und andere Handwerker, die in dem wahrscheinlich aus der Zeit zwischen den Jahren 100 und 300 nach Chr. stammenden *Papyrus Leiden X* [18, 19] zusammengestellt sind, ist das Weißkupfer ein wohlbekannter Stoff, der zur Verfälschung von Asem benutzt wurde, das meist als eine sehr stark silberhaltige, daher sehr helle Goldlegierung angesprochen wird [24], nach O. Lagercrantz [20] aber unter Hinweis auf das gleichlautende neugriechische Wort *ἀσήμι* = Silber in Wirklichkeit nichts anderes als einfaches Silber bedeutet hat. Die Vorschriften lauten: „8. Herstellung von Asem. Nimm weiches Zinn in kleinen Stücken, das viermal gereinigt worden ist. Nimm davon vier Teile und drei Teile reines Weißkupfer und einen Teil Asem. Schmelze [alles] und nach dem Gießen reinige es mehrmals und mache daraus, was du willst [d.h. ohne Rücksicht auf die Weiterverarbeitungstechnik zu nehmen]; es wird Asem erster Qualität sein, das selbst den Fachmann täuschen wird." Und ähnlich: „40. Herstellung von Asem. Nimm weißes, feinzerteiltes Zinn, reinige es viermal. Dann nimm vier Teile davon und den vierten Teil reines Weißkupfer und ein Teil Asem; schmelze. Sobald das Gemisch geschmolzen ist, streue möglichst viel Salz darauf, und mache daraus, was du willst, entweder durch Hämmern, oder wie es dir gefällt. Das Metall wird sein wie echtes Asem, so sehr, daß es auch den Fachmann täuscht." Diese Vorschrift unterscheidet sich von der ersten nur dadurch, daß die Verwendung einer Deckschicht empfohlen wird.

Es liegen eine ganze Reihe von Herstellungsvorschriften für das Weißkupfer vor, wobei in einigen die Verwendung von Magnesia, gelegentlich besonders als ‚Magnesia der Glasmacher' gekennzeichnet, in anderen ist der wirksame Stoff durch einen Decknamen „geschützt", und oft werden mehrere, die Farbe des Kupfers beeinflussende Mineralien empfohlen. Da das Ergebnis stets silberfarben ist, braucht man sich nicht zu wundern, wenn die Vorschriften unter Titeln wie ‚Silberherstellung' laufen, etwa die folgende aus dem den *Papyrus Leiden X* ergänzenden *Papyrus Graecus Holmiensis* [20]:

„Ἀργύρου ποίησις. Χαλκὸν τὸν κύπριον τὸν ἤδη εἰρκασμένον καὶ ἔκτασιν ἔχοντα τῇ χρήσει κατάβαψον ὄξει βαφικῷ στυπτυρίᾳ τε, καὶ τρισὶν ἡμ(έραις) ἔα βρέχεσθαι. τότε δὴ χώνευε τῇ τοῦ

χαλκοῦ μνᾶ γῆς χείας ἁλός τε καππάδοκος καὶ στυπτηρίας σχιστῆς ἐκ δραχμῶν ς ἀναμείξας. ἐμπείρος δὲ χώνευε καὶ ἔσται σπουδαῖος. πρόσβαλε δὲ ἀργύρου καλοῦ καὶ δοκίμου τοῦ ἁπλοῦ μὴ πλείω δράχμας κ, ὃ διαφυλάξει τὴν σήνπασαν μεῖξειν ἀνεξάλειπτον.

[Herstellung von Silber. Kyprisches Kupfer, das für den Gebrauch schon bearbeitet und ausgereckt ist, tauche in Färberessig und Alaun und laß drei Tage weichen. Zu der Mine [etwa 437 g] Kupfer mische dann ‚chiische Erde', kappadozisches Salz, schiefrigen Alaun, je 6 Drachmen [Drachme: etwa 4.4 g] und gieße. Mit Geschick aber gieße, und es wird ordentliches [Silber] werden. Setze hinzu schönen und probehaltigen [d. h. echten] Silbers nicht mehr als 20 Drachmen, was die gesamte Mischung beständig und unvergänglich machen wird]." Diese Vorschrift stellt eine zweiteilige Anweisung zur Fälschung von Silber dar, bei der die zugegebene, im Verhältnis zum Kupfer geringe Silbermenge nicht ausreicht zur Erzielung einer silberähnlichen Färbung des Endproduktes, und deren Zweiteilung unverständlich ist, wenn man nicht annimmt, daß im ersten Teil mit der ‚Erde von Chios' bereits eine Weißfärbung des Kupfers mindestens vorbereitet wurde, wie sie mit jeder Braunsteinart erzielt werden kann. Diese Annahme wird dadurch wahrscheinlich gemacht, daß der griechische Alchemist Zosimos aus Panopolis in der Thebais, der um das Jahr 300 nach Chr. lebte, in einem seiner Werke [28], das Auszüge aus den älteren Büchern des (Pseudo-)Demokritos bringt, unter den Stoffen, die das Kupfer gelb oder weiß färben, nicht nur die Magnesia, sondern auch die ‚chiische Erde' anführt. Bei der näheren Untersuchung dieser Zusammenstellung kam schon J. Ruska [29] zu dem Schluß, daß es sich bei dieser Erde nicht um eine Herkunftsbezeichnung, sondern um den Decknamen einer Braunsteinart handelt. Diese Ansicht wird dadurch gestärkt, daß sich im *Steinbuch* des Theophrastos von Eresos (372/69 bis 288/85 vor Chr.) eine kurze Bemerkung findet, nach der dieser Stein oder Erde schwarz gefärbt ist [26]. – Die Behauptung von M. Berthelot, C.-É. Ruelle [23], es handele sich bei dieser ‚Erde' um irgendeine Art von Ton – E. O. v. Lippmann [24, S. 4, 12] meinte gar, dieser sei nur zum Blankputzen des Kupfers benutzt worden – dürfte damit überholt sein; sie machte aus dem Werkstattrezept eines erfahrenen Fachmanns einen nur alchemistisch zu deutenden, höchst fragwürdigen Prozeß. M. Berthelot [23] machte übrigens seine Annahme im Kommentar zu einer anderen Anleitung zur Silberfälschung im *Papyrus Leiden X*: „5. Herstellung von Asem. Zinn, 12 Drachmen, Quecksilber, 4 Drachmen, Erde von Chios, 2 Drachmen. Zum geschmolzenen Zinn gib die zerbrochene Erde, dann das Quecksilber, rühre mit einem Eisen[stab] und nimm [das Produkt] in Gebrauch." Dieses Asem dürfte allerdings nur dann mit Silber vergleichbar gewesen sein, wenn die drei ‚Weißmacher' Zinn, Quecksilber und Braunstein auf nicht erwähntes, weil als selbstverständlich vorausgesetztes Kupfer eingewirkt haben. Wie denn überhaupt die alten Vorschriften dadurch auffallen, daß bei ihnen selten abdeckende oder schlackenbildende Stoffe und nie Reduktionsmittel aufgeführt werden, wohl weil, wie E. O. v. Lippmann [24, S. 3], W. Ganzenmüller [21] und E. R. Caley [22] meinen, es für diese Handwerker, die nur wichtige Punkte ihrer Erfahrungen hier festgehalten haben, selbstverständlich war, daß Holzkohle oder wenigstens Holz eingebracht werden mußte, wenn man Metalle ohne größere Verluste schmelzen wollte. – Daß das Kupfer bei den Herstellungsverfahren aber am besten in einer fein zerteilten Form benützt werden sollte, schreibt nach den Angaben des Zosimos in seinem Kapitel *Über das Maß der Gilbung* [30, S. 182], [31, S. 180] die Alchemistin Maria vor, meist und wohl richtig als Maria, die Jüdin [24, S. 48] bezeichnet:

„Καὶ τοῦτό μοι ὁ θεὸς ἐχαρίσατο · ὅτι χαλκὸς πρῶτον καίεται θείῳ, εἶτα σῶμα τῆς μαγνησίας · καὶ ἐκφυσᾶτε ἕως ἐκφύγωσιν ἀπ' αὐτοῦ μετὰ τῆς σκιᾶς τὰ θειώδη. Καὶ γίνεται χαλκὸς ἀσκίαστος.

[Und das hat mir Gott gnädig eingegeben, daß das Kupfer zuerst mit Schwefel gebrannt wird, dann der Körper der Magnesia [zugegeben wird]; und blast, bis davon das Schwefelige zusammen mit dem Schatten [dunkle Färbung] verschwunden ist. Und es wird schattenfreies [weißes] Kupfer entstehen]."

Im Gegensatz zum *Papyrus Graecus Holmiensis,* der Braunstein unter der Bezeichnung Magnesia nicht kennt, gibt der *Papyrus Leiden X* Vorschriften zur Herstellung von Weißkupfer unter Verwendung dieses Minerals, doch wird es nicht allein, sondern zusammen mit noch anderen, die Farbe des Kupfers beeinflussenden Stoffen benutzt: „9. Herstellung eines schmelzbaren Asem. Kupfer aus Zypern, 1 Mine; Zinn in Stangen, 1 Mine; Magnesiastein, 16 Drachmen; Quecksilber, 8 Drachmen; Stein von Poros, 20 Drachmen. Nach dem Schmelzen des Kupfers wirf das Zinn dazu, dann den Magnesiastein in Pulverform, dann den Stein von Poros und schließlich das Quecksilber" [18], [25, S. 44/5]. – Zu dem ‚Stein von Poros' gab M. Berthelot [25, S. 30, 32] die Erläuterung, daß dieser nach C. Plinius Secundus (*Naturalis Historiae* Libri XXXVI, 28) weiß und hart sei, ähnlich wie parischer Marmor. E. R. Caley [26] kommentiert die entsprechenden Angaben im *Steinbuch* des Theophrastos von Eresos dahin, daß mit Poros-Stein meist Travertin gemeint sei, daß aber in Ägypten, der Heimat dieser Vorschrift, offenbar eine besondere Steinart mit diesem Namen belegt worden sei. Die Verwendung dieses Minerals bei der Weißfäbung von Kupfer läßt, zumal in einer anderen Vorschrift (Nr. 85, s. unten) zur Asem-Verfälschung nicht von Kupfer, sondern von orichalcum = Messing ausgegangen wird, die Vermutung zu, daß es sich bei diesem Stein um einen in Ägypten vorkommenden, schwach gelb gefärbten Carbonat-Galmei gehandelt haben dürfte. – Weitere Vorschriften sind ähnlich: „13. Herstellung einer Legierung. Kupfer aus Galatien, 8 Drachmen; Zinn in Stangen, 12 Drachmen; Magnesiastein, 6 Drachmen; Quecksilber, 10 Drachmen; Asem, 5 Drachmen." – Weiter: „18. Herstellung von Asem. Zinn, $^{1}/_{10}$ Mine; Kupfer aus Zypern, $^{1}/_{16}$ Mine; Magnesiamineral, $^{1}/_{32}$ Mine; Quecksilber, 2 Statere [1 Stater = 8.6 g]. Schmelze das Kupfer, wirf als erstes das Zinn hinein, dann den Magnesiastein; dann, nachdem diese Stoffe geschmolzen sind, füge $^{1}/_{8}$ eines schönen, weißen Asems gewöhnlicher Natur zu. Dann, sobald die Mischung erfolgt ist, und im Augenblick des Abkühlens, oder des Zusammenschmelzens, gib als letztes das Quecksilber hinzu." In einer weiteren Vorschrift wird zunächst die Reinigung von Zinn, sonst als besondere Behandlung getrennt angeführt, beschrieben: „83. Herstellung von Asem. Gutes Zinn, eine Mine; trockenes Pech, 13 Statere; Bitumen, 8 Statere; schmelze in einem irdenen, ringsum verlehmten Gefäß; nach dem Erkalten mische 10 Statere Kupfer in runden Körnern und 3 Statere Asem und 12 Statere zerbrochenen Magnesiastein zu. Schmelze und mache, was du willst." Es sei noch eine andere Vorschrift aufgeführt, die Arsenverbindungen einsetzt und nach einem anderen Verfahren arbeitet: „85. Anderes [Verfahren]. Eine genaue Bereitungsweise von Asem, vorzuziehen der für sogenanntes gewöhnliches Asem. Nimm Orichalcum [= Messing], zum Beispiel eine Drachme; gib es in einen Tiegel, bis es schmilzt; wirf darauf 4 Drachmen kappadozisches oder Ammoniaksalz [nach M. Berthelot [27] Kochsalz oder natürliche Soda]; bring wieder zum Schmelzen und füge blättrigen Alaun zu in der Menge einer ägyptischen Bohne; bringe wieder zum Schmelzen, füge eine Drachme zersetzten Sandarach, nicht den goldfarbenen Sandarach [Rauschgelb], sondern den, der weiß macht; dann gieße in einen anderen Tiegel, den du zuvor mit Erde aus Chios ausgestrichen hast. Nach dem Schmelzen gib ein Drittel Asem zu und nimm in Gebrauch."

Zahlreiche Vorschriften zur Herstellung von Legierungen weißer Farbe, bei denen Magnesia in die Herstellung eingeht, finden sich in den von M. Berthelot, C.-É. Ruelle [25, 30, 31] herausgegebenen sogenannten griechischen alchemistischen Handschriften. Dabei wird deutlich, daß unter der Magnesia wirklich Braunstein zu verstehen ist, einmal dadurch, daß der Ausdruck ‚Magnesia der Glasmacher' zur Kennzeichnung der Magnesia gelegentlich benutzt wird, und dann durch die Tatsache, daß die Magnesia in manchen Vorschriften selbst „geweißt" wird, d. h. in weiße Verbindungen des zweiwertigen Mangans umgewandelt wird, s. dazu S. 81/84. So in der Schrift *Φύσικα καὶ Μύστικα* [physika kai mystika] des [Pseudo-] Demokritos [30, S. 50/1], [31, S. 54/5], die, erst in späterer Zeit redigiert, wahrscheinlich eine annähernd getreue Abschrift weitaus älterer Vorlagen [24, S. 332/3] darstellt:

„Μαγνησίαν λευκήν · λευκάνης δὲ αὐτὴν, ἅλμῃ καὶ στυπτηρίᾳ σχιστῇ ἐν ὕδατι θαλασσίῳ, ἢ χυλῷ, κίτρῳ λέγω, ἢ θείου αἰθάλῃ. Ὁ γὰρ καπνὸς τοῦ θείου λευκὸς ὤν, πάντα λευκαίνει. Ἔνιοι δέ φασι καὶ τὸν καπνὸν τῶν κοβαθίων λευκαίνειν αὐτήν. Πρόσμιξον αὐτῷ μετὰ τὴν λεύκωσιν, καὶ σφέκλης τὸ ἴσον, ἵνα λίαν γένηται λευκή · καὶ δεξάμενος χαλκοῦ ὑπολεύκου, ὀρειχάλκου λέγω, γ° δ', χώνευε, ἐπιβάλλων κάτω ὀλίγου κασσιτέρου προκαθαρισθέντος γ° α', καθύπο χεῖρα κινῶν ἕως συγγαμήσωσιν αἱ οὐσίαι, ἔσται ῥηγνύμενον. Ἐπίβαλλε οὖν τοῦ λευκοῦ φαρμάκου τὸ ἥμισυ καὶ ἔσται πρῶτον · ἡ γὰρ μαγνησία λευκανθεῖσα οὐκ ἐᾷ ῥήγνυσθαι τὰ σώματα, οὐδὲ τὴν σκίαν τοῦ χαλκοῦ ἐπιφέρεσθαι. Ἡ γὰρ φύσις τὴν φύσιν κρατεῖ.

[Weiße Magnesia. Du sollst sie weiß machen mit Salzlake und Spaltalaun in Meerwasser, oder mit Saft, ich meine den von Zitronen, oder mit dem Rauch von Schwefel. Der Rauch nämlich des Schwefels ist weiß und macht alles weiß. Einige sagen auch, daß der Rauch der Kobathien [schwefel- oder arsenhaltige Erze] sie weiß mache. Mische ihm nach dem Weißmachen die gleiche Menge Hefe zu, damit sie sehr weiß werde. Und nachdem du 4 Unzen beinahe weißes Kupfer, Orichalcum [Messing] meine ich, dazugenommen hast, schmelze es, und wirf dann ein wenig später eine Unze zuvor gereinigtes Zinn hinein, und rühre dann auf, bis die Stoffe sich vermählt haben, es wird zu zerbrechen sein. Wirf nun die Hälfte der weißen ‚Medizin' [auf geschmolzenes Kupfer] und das wird die erste [Operation] sein. Denn die weißgemachte Magnesia läßt die Körper [der Metalle] nicht zerbrechlich werden und die dunkle Farbe des Kupfers nicht bestehen." – Die weißgemachte Magnesia wird schon in einer der von M. Berthelot als älteren angesprochenen Handschrift, der *Chemie* des (Pseudo-)Moses [30, S. 311], [31, S. 249] verwendet, wieder zusammen mit anderen ‚Weißmachern':

„Καὶ λαβὼν μαγνησίαν, λεύκανον καὶ πυρίτην καὶ χαλκὸν κεκαυμένον ἐξ ἴσου, καὶ ὑδράργυρον ἀποθανοῦσαν · καὶ ὅταν θελήσῃς, λάβε σταθμὸν ἀργυρίου, καὶ ἐπίβαλε ἐκ τοῦ ξηρίου κεκαυμένου ἐπὶ τὸν κασσίτερον, καὶ ἕξεις ἀσήμην λευκήν.

[Nimm Magnesia und mache sie weiß, und Pyrites und gebranntes Kupfer in gleichen Mengen, und getötetes Quecksilber; und wenn du willst, nimm [noch] ein Stathmon [kleine Menge] Silber, und wirf von dem gebrannten Pulver auf das Zinn, und du wirst weißes Asem haben]." Auch diese Vorschrift dürfte eine weiße, kupferhaltige Legierung ergeben haben; doch ist anzumerken, daß, wie E. O. v. Lippmann [24, S. 14] feststellen mußte, die Bedeutung des antiken Wortes *πυρίτης* [pyrites] völlig unklar ist, und daß ‚getötetes Quecksilber' das an irgendeinen anderen Stoff gebundene (nicht mehr bewegliche) Metall bedeutet [24, S. 69]. Zur Schrift selbst ist zu bemerken, daß sie nach E. O. v. Lippmann [24, S. 68] durchwegs starke Spuren jüdischer Einflüsse und jüdisch-monotheistischer Anschauungen verrät und einem später vielgerühmten (Pseudo-)Moses zugeschrieben wird, der anscheinend identisch ist mit dem von C. Plinius Secundus [34] erwähnten Gründer einer „neuen Sekte der Magier". Vielleicht deutet sich hier der Weg an, wie das Weißkupfer aus dem Norden Kleinasiens und dem Reiche Assurbanipals zu den Griechen kam, zumal Moses in einer leider nicht vollständig erhaltenen Vorschrift zur *Verdoppelung des Silbers* (*Ἀργύρου δίπλωσις* (argyru diplosis]) [30, S. 309], [31, S. 296], von der nur zu erkennen ist, daß von zinnhaltigem Kupfer und Magnesia ausgegangen wurde, behauptet, er habe die Vorschrift „in einem sehr heiligen Buche gefunden". – (Pseudo-)Moses kennt auch eine Vorschrift, bei der er „schönstes Silber" erhält durch Verwendung von Magnesia allein, die er als „sehr göttlich" bezeichnet [30, S. 305], [31, S. 213]; außerdem geht aus diesem Text hervor, daß es sich bei der Magnesia um Braunstein handelt:

„ΟΙΚΟΝΟΜΙΑ ΤΗΣ ΘΕΙΟΤΑΤΗΣ ΜΑΓΝΗΣΙΑΣ. – Λειώσας αὐτὴν, ἔμβαλε εἰς ζύμην, καὶ ὄπτα. Τοῦτο ποίει ἑπτάκις. Ταύτην χωνεύσας εὕροις ἄργυρον κάλλιστον. Πάντα μαλάσσει, πάντα λευκαίνει · ἀλλὰ καὶ ὕελον μαλάσσει, ὥστε καὶ λευκαίνεσθαι αὐτὸν ποιεῖ.

[Prozeß mit der göttlichen Magnesia. Nachdem du sie kleingemacht hast, wirf sie auf den Sauerteig [das ist geschmolzenes Kupfer] und koche. Dies mache siebenmal. Wenn du ihn in eine Gußform geschüttet hast, wirst du schönstes Silber finden. Alles erweicht sie, alles macht sie weiß; aber auch das Glas erweicht sie, so daß sie es weiß werden macht]." Diese Vorschrift erschien dem Verfasser so wichtig, daß er sie, fast völlig gleich, später wiederholte [30, S. 308], [31, S. 296]. – Ganz eindeutig von der ,Magnesia der Glasmacher' *(Μαγνησία τῶν ὑελίνων* = magnesia ton hyëlinon) wird in einer *Herstellung von Gold* betitelten, jüngeren Handschrift gesprochen, deren Inhalt M. Berthelot [30, S. 383], [31, S. 366] jedoch trotz der stark alchemistischen Sprache für recht alt hielt:

„Τὸ τάρταρον, καὶ τὸ ἅλας τὸ ἀμμωνιακὸν, καὶ ἡ στυπτηρία, καὶ τὸ νίτρον, καὶ τὸ ψιμίθιον, καὶ ἡ τούτια, καὶ τὸ ἀρσενίκην, καὶ τὸ ἀφροσέληνον, καὶ ἡ μαγνησία τῶν ὑελίνων, μετὰ οὔρου ἀναβαστῶσι καὶ ἑπτάκις λειωθοῦν · βάπτουσιν τὸν χαλκὸν, ἄργυρον φανῆναι ποιεῖ. Καὶ τοῦτο λέγεται ὄξος ἡμέτερος, τουτέστι ὄξος χαλκοῦ.

[Der Weinstein, das Ammoniaksalz, und der Alaun, und das Nitron [natürliche Soda], und das Bleiweiß, die Tutia, das Auripigment, und das Aphroselinon, und die Magnesia der Glasmacher, mit Urin behandelt [zerrieben] und siebenmal eingerührt, färben das Kupfer und machen es aussehen wie Silber. Und das nennt man ,unseren Essig', das heißt den Essig des Kupfers]." Es muß dazu bemerkt werden, daß unter ,Ammoniaksalz' damals eine Art natürlicher Soda [25, S. 237] verstanden wurde und ,Aphroselinon' wahrscheinlich eine weiße Glasmasse bedeutete [24, S. 113], so daß hier ausreichend Abdeckstoffe empfohlen werden.

Auch eine Aufzählung der Stoffe, die für die Herstellung des ,Silbers', richtiger für die Färbung von Kupfer, verwendet werden können, gab (Pseudo-)Moses [30, S. 304], [31, S. 295], wobei Legierungspartner und Stoffe, die eine Schutzschicht oder Schlacke bilden sollen, nebeneinander aufgeführt werden; gleichzeitig deutete er an, wie er die Weißfärbung verstehen zu müssen glaubte, nämlich als Wirkung eines ,Quecksilbers':

„ΥΛΗ ΑΡΓΥΡΟΠΟΙΙΑΣ. — Ἔστι δὲ ὑδράργυρος ἡ ἀπὸ ἀρσενίκου, ἢ σανδαράχης, ἢ ψιμμίθεως, ἢ μαγνησίας, ἢ στίμμεως ἰταλικοῦ · ποιήσει εἰς τοιοῦτον · ὃ ἐὰν βούλῃ ἐκστρέψας · ἐὰν χαλκὸν οἰκονομήσῃς ὡς δέον, φέρεις ἔξω τὴν φύσιν. Γῆ χεία, κατμία λευκὴ, γῆ ἀστερίτη, κιμωλία, ἀρσενίκου · τὸ λευκὸν, μίσυ ὀπτὸν, μίσυ ὠμὸν, λιθάργυρος λευκὴ, ψιμμίθιον, νίτρον πυρρὸν ὅ ἐστιν ῥίθεον, ἅλας καππαδοκικὸν, μαγνησίας λευκῆς, ἀφροσέληνον ὑαλοῦ, κυανὸς, τίτανος ὀπτή.

[Materie zur Silberherstellung. Es ist dies das ,Quecksilber' aus dem Auripigment oder dem Realgar, oder dem Bleiweiß, oder der Magnesia oder dem italischen Antimonsulfid; du wirst es auf folgende Weise machen; wenn du es willst, mache die Umwandlung. Wenn du das Kupfer behandelt hast, wie es notwendig ist, wirst du seine Natur ändern. [Noch brauchbar sind] Erde aus Chios, weiße Kadmia, asteritische und kimolische Erde, weißer Arsenik, geglühtes Misy, rohes Misy, weiße Bleiglätte, Bleiweiß, gelbes Nitrum, das ist das reinigende, kappadozisches Salz, weiße Magnesia, Aphroselinon des Glases, Kyanos, und geglühter Kalk]." – Die Vorstellung, daß die Färbung des Kupfers durch ein ,Quecksilber' hervorgerufen wird, scheint allgemein gewesen zu sein. Sie findet sich auch in zwei Rezepten der Schrift *Φύσικα καὶ Μύστικα* (physika kai mystika] des (Pseudo-)Demokritos, von denen die erste die Überschrift „Über die Herstellung von Asem" trägt [30, S. 49/50], [31, S. 53/4]:

„ΠΕΡΙ ΑΣΗΜΟΥ ΠΟΙΗΣΕΩΣ. — Ὑδράργυρον τὴν ἀπὸ τοῦ ἀρσενίκου, ἢ σανδαράχης, ἢ ὡς ἐπινοεῖς, πῆξον ὡς ἔθος, καὶ ἐπίβαλλε χαλκῷ σιδήρῳ θειωθέντι, καὶ λευκανθήσεται · τὸ δ' αὐτὸ ποιεῖ καὶ μαγνησία λευκανθεῖσα, καὶ ἀρσένικον ἐκστραφὲν, καὶ καδμία ὀπτὴ, καὶ σανδαράχη ἄπυρος, καὶ πυρίτης λευκανθεὶς, καὶ ψιμύθιον ἅμα θείῳ ὀπτηθέν. Τὸν δὲ σίδηρον λύσεις, μαγνησίαν ἐπιβάλλων, ἢ θείου τὸ ἥμισυ ἢ μάγνητος βραχύ. Ὁ γὰρ μάγνης ἔχει συγγένειαν πρὸς τὸν σίδηρον. Ἡ φύσις τῇ φύσει τέρπεται.

[Über die Herstellung von Asem. – Das Quecksilber aus Realgar oder Auripigment, oder wie du es im Sinn hast, figiere wie üblich und wirf auf Kupfer, das im Eisen[topf] mit Schwefel behandelt wurde, und es wird weiß werden; dasselbe macht auch die geweißte Magnesia, oder das umgewandelte Realgar, und die kalzinierte Kadmia, und das nicht im Feuer behandelte Auripigment, und der geweißte Pyrites, und das mit Schwefel kalzinierte Bleiweiß. Das Eisen wirst du weich machen, indem du Magnesia darauf wirfst, oder wenigstens die Hälfte Schwefel, oder etwas vom Magnetstein. Denn der Magnetstein hat eine Verwandtschaft mit dem Eisen. Die Natur erfreut die Natur]." Den ersten Teil der Vorschrift betrachtete der Übersetzer [31, S. 53/4] als die Herstellung einer weißen Cu-As-Legierung, alles weitere findet er „dunkel, es scheine aber den gleichen Sinn zu haben". Die Annahme der Bildung einer weißen Mn-Cu-Legierung war ihm völlig unmöglich, da er immer wieder behauptete [31, S. 46] [32, S. 66], die Magnesia der griechischen Alchemisten bedeute stets Magneteisenstein, obwohl gerade hier deutlich wird, daß (Pseudo-)Demokritos zwischen *μαγνησία* und *μάγνης* genau unterscheidet; auch die oben erwähnte Spezifizierung der Magnesia als diejenige, welche die Glasmacher benutzen, konnte ihn von seiner Meinung nicht abbringen. – Die andere Vorschrift des (Pseudo-)Demokritos [30, S. 44/5] versah der Übersetzer mit der Überschrift ‚Goldmacherei' [31, S. 46]:

„Λαβὼν ὑδράργυρον, πῆξον τῷ τῆς μαγνησίας σώματι ἢ τῷ τοῦ ἰταλικοῦ στίμεως σώματι, ἢ θείῳ ἀπύρῳ, ἢ ἀφροσελήνῳ, ἢ τιτάνῳ ὀπτῷ ἢ στυπτηρίᾳ τῇ ἀπὸ Μήλου, ἢ ἀρσενίκῳ, ἢ ὡς ἐπινοεῖς. Καὶ ἐπίβαλλε λευκὴν γαίαν χαλκῷ, καὶ ἕξεις χαλκὸν ἀσκίαστον. Ξανθὴν δὲ ἐπίβαλλε σελήνην, καὶ ἕξεις χρυσὸν . . . Τὸ δ' αὐτὸ ποιεῖ καὶ ἀρσένικον ξανθὸν καὶ σανδαράχη οἰκονομηθεῖσα, καὶ κιννάβαρις πάνυ ἡ ἐκστραφεῖσα. Τὸν δὲ χαλκὸν ἀσκίαστον μόνη ἡ ὑδράργυρος ποιεῖ. Ἡ γὰρ φύσις τὴν φύσιν νικᾷ.

[Nimm Quecksilber, das figiert ist dem Körper der Magnesia oder dem Körper des italischen Antimonsulfids, oder ungebranntem Schwefel [das ist natürlicher, nicht umgeschmolzener Schwefel], oder Aphroselinon, oder dem gebrannten Kalk, oder dem Alaun von Melos, oder dem Auripigment, oder wie du es [zu nehmen] im Sinne hast. Und wirf die weiße Erde auf das Kupfer, und du wirst das Kupfer schattenlos [weiß] erhalten. Wirf gelbes Silber [Elektrum] darauf, und du wirst Gold haben ... dasselbe macht das gelbe Auripigment und der wie üblich behandelte Sandarach [Arsensulfid] und der gänzlich umgewandelte Zinnober. Allein das Quecksilber macht das Kupfer schattenlos. Denn die Natur besiegt die Natur]." Diese Vorschrift mit ihrer etwas wirren Anordnung der Stoffe zeigt trotz ihrer Angabe, daß es nur das ‚Quecksilber' sei, das das Kupfer weiß mache, eine beginnende Unklarheit über den eigentlichen Prozeß. Stärker noch trifft dies auf ein Rezept für eine ‚weiße Medizin' zu, die sich in einer Schrift mit dem Titel: *Isis an ihren Sohn Horus* findet [30, S. 31], [31, S. 34/5]:

„ΜΙΞΙΣ ΛΕΥΚΟΥ ΦΑΡΜΑΚΟΥ ΟΠΕΡ ΕΣΤΙ ΛΕΥΚΩΣΙΣ ΠΑΝΤΩΝ ΤΩΝ ΣΩΜΑΤΩΝ. – Λαβὼν ὑδράργυρον τὴν διὰ χαλκοῦ γενομένην λευκὴν, καὶ λαβὼν ἐξ αὐτῆς μέρος α', καὶ τῆς μαγνησίας τῆς ἐκζευχθείσης μετὰ τῶν ὑδάτων μέρος α', καὶ τῆς φέκλης τῆς θεραπευθείσης μετὰ τοῦ χυμοῦ τοῦ κίτρου μέρος α', καὶ τοῦ ἀρσενίκου τοῦ λειωθέντος μετὰ τοῦ οὔρου τοῦ ἀφθόρου παιδὸς μέρος α', καὶ τῆς καδμείας μέρος α', καὶ τοῦ πυρίτου μετὰ τῆς λιθαργύρου μέρος α', καὶ ψιμυθίου τοῦ ὀπτηθέντος μετὰ τοῦ θείου μέρος α', καὶ λιθαργύρου τῆς μετὰ ἀσβέστου μέρη δύο, καὶ σποδιᾶς κωβαθίων μέρος α'. Ταῦτα πάντα λείου σὺν ὄξει δριμυτάτῳ λευκῷ καὶ ξηράνας ἔχεις τὸ φάρμακον λευκόν.

[Mischung einer weißen Medizin, die zur Weißfärbung aller [Metall-]Körper dient. Nimm Quecksilber, das durch Kupfer weiß geworden ist (!), und nimm davon einen Teil, und einen Teil Magnesia, die durch die Wässer zersetzt ist [wohl geweißte Magnesia], und einen Teil Weinhefe, die mit Zitronensaft behandelt ist, und einen Teil Auripigment, das eingeweicht war im Harn eines noch nicht mannbaren Knaben, und einen Teil Cadmia, und einen Teil Pyrites [nach der Behandlung] mit Bleiglätte, und Bleiweiß, das mit Schwefel geröstet worden, einen Teil, und zwei Teile Bleiglätte, die mit Kalk behandelt wurde, und einen Teil Asche der

Kobathien. Dies alles rühre mit stärkstem weißen Essig an, nach dem Trocknen hast du die weiße Medizin]."

Welche Vorstellungen die griechischen Autoren mit dem ,Quecksilber' der das Kupfer weißfärbenden Substanzen verbanden, geht aus einem dem Synesius, Bischof von Ptolemais (in der libyschen Pentapolis) [370 bis 414] zugeschriebenen Kommentar zu den Schriften des Demokritos hervor. Die Frage, ob es verschiedene Sorten ,Quecksilber' gäbe, bejaht er und fügt hinzu, sie hätten aber das gleiche Wesen (*οὐσία* = usia) [30, S. 61/2], [31, S. 66]. Später erläutert er dieses, zum gewöhnlichen Quecksilber unterschiedliche Wesen etwas näher [30, S. 63], [31, S. 68]:

„Εἰ μὴ γὰρ ἐκστραφῇ, ἀδύνατον γενέσθαι τὸ προσδοκώμενον καὶ μάτην κάμνουσιν οἱ τὰς ὕλας ἐξερευνῶντες, καὶ μὴ φύσεις σωμάτων μαγνησίας ζητοῦντες.

[Wenn du nämlich nicht die Umwandlung [des Kupfers in Silber] betreibst, ist es unmöglich, das Erwartete [,Quecksilber'] zu erhalten, und vergebens arbeiten die, welche die Stoffe untersuchen und nicht nach der Natur der [Metall-]Körper der Magnesia fragen]." – M. Berthelot [31, S. 68] muß bei seiner falschen Deutung des Wortes *μαγνεσία* das „an den Körper der Magnesia figierte ,Quecksilber' (etwa oben „... *ὑδράργυρον πῆζον τῷ τῆς μαγνησίας σώματι* [30, S. 64]) interpretieren als „eine komplizierte Legierung, das Metall der Magnesia, wahrscheinlich gebildet durch die Vereinigung der vier fundamentalen Körper oder Metalle, der man noch Quecksilber zugesetzt hat". Diese Ansicht dürfte veranlaßt sein durch eine schwer zu verstehende Stelle aus einer der dem Zosimus, der wahrscheinlich um das Jahr 300 unserer Zeitrechnung lebte [24, S. 75], zugeschriebenen Schriften mit dem Titel: *Über den Körper der Magnesia und seine Behandlung,* die den Begriff der Umwandlung erläutern möchte [30, S. 145], [31, S. 191]:

„Οὐκοῦν τὸ στρέψαι ἢ ἐκστρέψαι παρ' αὐτοῖς ἐστιν, ἵνα τὰ ἀσώματα, τουτέστιν τὰ φεύγοντα, σωματωθῇ, καὶ κατασπασθεὶς γένηται μολυβδόχαλκος ὁ μέλας μόλυβδος ὁ μέλλων οἰκονομεῖσθαι μετὰ τῆς ὑδραργύρου, καὶ γένηται σῶμα μαγνησίας. Καὶ οὐχ ὥς τινες τὴν ἐκστροφὴν τὸ στρέψαι καὶ ἐκστρέψαι ὑδράργυρον βούλονται· ἀλλ' ὅταν σωματωθῶσιν τὰ φεύγοντα, ὡς ἐπὶ πάντων τῶν σωμάτων, ἡ στροφὴ εἰς τὸ λευκὸν ἢ εἰς τὸ ξανθόν. Καὶ γὰρ αὕτη ἡ στροφὴ ἐκτοφὴ καλεῖται, μετὰ τὸ σωματωθῆναι τὰ ἀσώματα.

[Also, das Umwandeln und Transmutieren bezeichnet bei diesen Autoren, daß das Körperlose, das ist das Flüchtige, einen Körper erhält, und wenn [die Geister] zusammengedrückt, entsteht Molybdochalkos, das schwarze Blei, das behandelt werden muß mit dem Quecksilber, und entsteht der Körper der Magnesia. Und nicht [sagen sie], wie einige behaupten, daß die Transmutation das Umwandeln und Transmutieren des Quecksilbers sei; sondern, wann immer das Flüchtige einen Körper erhalten hat, tritt die Umwandlung ins Weiße oder in das Gelbe ein, wie es jedem der Körper entspricht. Und eben diese Umwandlung wird Transmutation genannt, gemäß dem Körperlichwerden des Unkörperlichen]." – Synesios betont zwar an einer anderen Stelle [30, S. 68], [31, S. 63]: „... *πᾶσα οὖν ὑδράργυρος ἀπὸ σωμάτων γίνεται* [... jedes Quecksilber kommt aus Körpern]", er hat aber eine eigene Vorstellung davon, wie der Alchemist Olympiodorus (aus dem 5. Jahrhundert), nach E. O. v. Lippmann [24, S. 98] zu identifizieren mit Olympiodorus von Theben, der im Jahre 412 als Gesandter des Kaisers Flavius Honorius den Hof Attilas besucht hat, in seinem Kommentar zu den Schriften des Synesios feststellte [30, S. 90], [31, S. 98]:

„Καὶ Συνέσιος πρὸς Διόσκορον γράφων φησὶ περὶ τῆς ὑδραργύρου τῆς ἐτησίας τῆς νεφέλης, ἐπειδὴ οἴδασιν αὐτὴν πάντες οἱ ἀρχαῖοι λευκὴν καὶ φευκτὴν καὶ ἀνυπόστατον, δεχομένην δὲ πᾶν σῶμα χυτὸν καὶ εἰς ἑαυτὴν ἕλκουσαν, ὡς καὶ ἡ πεῖρα ἐδίδαξεν.

[Auch Synesios, in seinem Schreiben an Dioskoros, spricht über das Quecksilber als einem aufsteigenden Dampf, nachdem schon alle Alten wußten, daß es weiß und flüchtig ist und ohne Substanz, aber aufgenommen wird von jedem flüssigen [Metall-]Körper und sich hineinzieht, wie schon die Erfahrung lehrt]." – Die Frage, welche Substanzen „Körper" und welche „Nichtkörper" dieser Technik sind, beantwortete Zosimos [30, S. 196], [31, S. 192]:

„*Τί οὖν ἄρα καὶ τὰ σώματα καὶ τὰ ἀσώματα τῆς ἡμῶν τέχνης; Ἀσώματα μὲν πυρίτης καὶ τὰ ὅμοια, μαγνησία καὶ τὰ ὅμοια, ὑδράργυρος καὶ τὰ ὅμοια, χρυσόκολλα καὶ τὰ ὅμοια, πάντα ἀσώματα· τὰ δὲ σώματα χαλκός, σίδηρος, κασσίτερος, μόλυβδος· ταῦτα οὐ φεύγουσι τὸ πῦρ· ταῦτα σώματα. Ἐπὰν ταῦτα ἐκείνοις συγκραθῶσι, γίνονται τὰ σώματα ἀσώματα, καὶ τὰ ἀσώματα, σώματα. Οὕτως πρόσμισγε ὑδράργυρον ἣν καλοῦσιν αἱ τάξεις, καὶ ποιεῖς πᾶν προσδοκώμενον, περὶ οὗ ἔλεγεν ἡ Μαρία· Ἐὰν μὴ τὰ δύο γένηται ἕν, τουτέστιν, ἐὰν μὴ τὰ φεύγοντα συγκράθῶσι τοῖς μὴ φεύγουσιν, οὐδὲν ἔσται τῶν προσδοκωμένων.*

[Welches sind nun die [festen] Körper und die körperlosen Stoffe dieser unserer Technik? Körperlose Stoffe sind der Pyrites und die ihm ähnlichen, die Magnesia und die ihr ähnlichen, Quecksilber und die ihm ähnlichen, Chrysokolla und die ihr ähnlichen, sie alle sind körperlose Stoffe. Die [festen] Körper sind Kupfer, Eisen, Zinn, Blei, diese verflüchtigen sich nicht im Feuer, diese sind feste Körper. Wenn diese mit jenen verschmelzen, werden die Körper körperlos, und die körperlosen Körper. So mische ‚Quecksilber' zu, das die [obigen] Zeilen benennen, und du machst, was immer du erwartest. Darüber sagte [die Alchemistin] Maria: „Wenn nicht die Zwei Eines werden, das heißt, wenn nicht verschmilzt das Flüchtige mit dem Nichtflüchtigen, wird nichts von dem Erwarteten eintreten]." – Bei dem ‚Erwarteten' dürfte es sich meist um ‚Silber' gehandelt haben. – Synesios nannte noch einige andere Stoffe [30, S. 68/9], [31, S. 74]:

„*Ἄκουσον αὐτοῦ πάλιν ἐνταῦθα λέγοντος· Ἡ ὑδράργυρος ἡ ἀπὸ ἀρσενίκου ἢ θείου, ἢ ψιμμυθίου, ἢ μαγνησίας, ἢ στίμμεως ἰταλικοῦ. Καὶ ἄνω μὲν οὖν ἐν τῇ χρυσοποιΐᾳ· Ὑδράργυρος ἡ ἀπὸ κινναβάρεως· ἐνταῦθα δέ· Ὑδράργυρος ἡ ἀπὸ ἀρσενίκου ἢ ψιμμυθίου καὶ τὰ ἑξῆς.*

– Καὶ πῶς ἐνδέχεται ὑδράργυρον ψιμμύθιον γενέσθαι,

– Ἀλλ' οὐκ ἀπὸ ψιμμιθίου ὑδράγυρον εἶπεν ἵνα λάβωμεν, ἀλλὰ τὴν λεύκωσιν τῶν σωμάτον.

[Höre ihn [den Demokritos] hier wieder sagen: Das Quecksilber aus dem Realgar oder dem Schwefel, oder dem Bleiweiß, oder der Magnesia, oder dem italischen Antimonsulfid. Und weiter oben, in der Chrysopoïa: Das Quecksilber aus dem Zinnober. Hier aber [sagt er]: Quecksilber aus dem Realgar oder Bleiweiß und so weiter. – Und wie glaubt er, daß das Quecksilber aus dem Bleiweiß erhalten wird? – Aber er sprach doch nicht davon, daß wir aus dem Bleiweiß das Quecksilber holen sollen, sondern von der Weißfärbung der [Metall-] Körper]."

Es besteht kein Zweifel, daß hier der Ausgangspunkt der berühmten Schwefel-Quecksilber-Theorie und der Idee der Transmutation der Metalle zu finden ist, die viele Jahrhunderte lang die Vorstellungswelt der Chemie-Beflissenen geprägt und beherrscht haben; näher auf sie einzugehen, ist hier nicht der Ort; s. dazu „Schwefel" A1, 1942, S. 9/13, „Gold" 1, 1950, S. 85/7, „Quecksilber" A1, 1960, S. 31 (mit weiterführender Literatur). Die Zeitgenossen waren wohl überzeugt, daß hier ‚Silber' (vielleicht auch Gold) hergestellt wurde, so möchte M. Berthelot [36] einige Stellen in den Werken des ersten lateinischen Theologen Q. Septimius Florens Tertullianus [etwa 160 bis etwa 225] auf diese Kunst bezogen wissen [37]: „Angeli peccatores illecebras detexerunt, aurum argentum et opera eorum tradiderunt ... [Les anges pécheurs trahirent le secret des plaisirs mondains; ils livrèrent l'or, l'argent et leurs œuvres ...]", und weiter [38]: „Si quidem et metallorum operta nudaverunt ... [Ils mirent à nu les secrets des métaux ...]." Vor allem scheint man mit dem ‚Silber' in bedeutendem Umfang Falschmünzerei getrieben zu haben, so daß der damals stark inflationsbedrohte römische Staat sich gezwungen sah, einzugreifen, zumal man überzeugt war, daß diese Silbergewinnung nur mit magischen Mitteln erreicht werden konnte, Magie aber mit Verbannung oder Tod bestraft werden sollte, wie aus der Gesetzesammlung des um das Jahr 200 nach Chr. lebenden Juristen Iulius Paulus [38] hervorgeht. So kam es etwa um das Jahr 290 nach Chr. unter Kaiser Diokletian, wie mehrfach berichtet wurde [39, 40], zur Einsammlung und Verbrennung der Bücher, die sich mit der „Chemie des Silbers und Goldes" befaßten; in den Märtyrerakten eines wahrscheinlich legendären römischen, in Palästina lebenden Offiziers mit Namen Procopius [39] steht zu lesen: „Neque hic stetit ejus furor; sed quotquot ab antiquioribus Aegyptiis de modo fundendi argentum et aurum, exstabant libri, studiose conscripti, igne consumpsit, premens Aegyptios opum penuria, ne hujus artis subsidio expeditissime rem facientes, facile ad novitates redirent; gnarus, divitiarum progeniem esse injuriam. [Aber dabei blieb sein Zorn nicht stehen: sondern er ließ alles, was an Büchern über das Schmelzen des Silbers und Goldes von den älteren Ägyptern her noch vorhanden war, einsammeln und dem Feuer übergeben, den Ägyptern so einen geringeren Geldumlauf aufzwingend, damit sie nicht mit Hilfe dieser Kunst sich sehr leicht wieder ein Vermögen schaffen und leicht zu umstürzlerischen Ideen zurückkehren könnten; er war sich wohl bewußt, daß Unrecht ein Sprößling des Reichtums sein kann]." Fast der gleiche Text findet sich bei Johannes von Antiochia, der zur Zeit des Kaisers Heraklios [610 bis 641] lebte [40]. Es sind jedoch keine Analysen solcher gefälschter Münzen bekannt geworden.

Man scheint also im hellenistischen Ägypten in sehr großem Umfang von dieser ‚Silber'-Fabrikation Gebrauch gemacht zu haben und so verwundert es nicht, wenn man auch die Erfahrung des raschen Verschlackens des Mangans und die Bildung kleiner Schmelzkörper in der Schlacke machte, Eigenschaften, die Jahrhunderte später noch den Zeitgenossen des Elemententdeckers Schwierigkeiten bereiten sollten, s. S. 39, 41. Eine Bemerkung des schon früher erwähnten Zosimos [30, S. 197/8], [31, S. 193] dürfte wohl dahin zu deuten sein:
„Περὶ δὲ μαγνησίας ὁ λόγος· Πάντα κατασπάσας εὑρήσεις σῶμα μέλαν ἢ μέλανα μόλυβδον, πολλάκις, καὶ σκωρίαν ἐπάνω πολλὴν, ἣν εἴ τις γεύσηται, εὑρήσει αὐτὴν δριμεῖαν ὥσπερ σφέκλην. Ταύτην ἀποκρούσαντες εὑρίσκουσιν ἔσω μέλανα μόλυβδον, τὸν ἐν αὐτῷ χαλκὸν, τὴν ἐν αὐτῷ μαγνησίαν· ταύτην καλοῦσιν μολυβδόχαλκον καὶ σῶμα μαγνησίας· αὕτη περὶ ἧς μοι γέγραπται· αὕτη ἐστὶν περὶ ἧς πᾶσαι αἱ γραφαὶ κηρύττουσιν εἶναι ταύτην ἣν πλάζονται ζητοῦντες τοῦτον τὸν μολυβδόχαλκον, τοῦτο ὃ κηρύττουσιν αἱ τῶν προγόνων γραφαί. Ἡ τοῦ Ἀπόλλωνος ἔκδοσις, τουτέστιν τὸ σῶμα τῆς μαγνησίας· τουτό ἐστιν ὁ χαλκὸς, ὃν καὶ αὐτὸς Θεόφιλος ἔλεγεν· ἕνα δέξαι χαλκὸν στέφανον. Καὶ ὁ Ἑρμῆς πάλιν ἔλεγεν· Τὸ σῶμα τῆς μαγνησίας ὃ ἐπεθύμησας μαθεῖν, εἰς τὴν οἰκονομίαν καὶ τὸν σταθμὸν, εἴπομεν ὅτι κιννάβαριν λέγουσιν τὴν λεύκωσιν.
[Kunde von der Magnesia. Nachdem alles extrahiert ist, wirst du einen schwarzen Körper finden oder ein schwarzes Blei, oft auch eine große Menge Schlacke obendrauf; wenn einer diese kosten wird, wird er sie scharf wie Hefe[nsalz] finden. Wer sie zerschlägt, wird innen schwarzes Blei finden und das Kupfer in ihm, und die Magnesia in ihm. Dies nennt man Molybdochalkos und Körper der Magnesia. Sie ist das, worüber ich schrieb, sie ist das, worüber alle Schriften berichten, sie ist das, was die Suchenden verwirrt, das ist das Molybdochalkos, von dem die Schriften der Vorfahren künden. Das ist die „Vermählung" nach Apollon, das heißt der Körper der Magnesia. Das ist das „Erz", von dem gerade Theophilos sagte, einen „Kranz" [als Ehrenzeichen] habe das Kupfer angenommen. Und Hermes wiederum sagte: ‚Der Körper der Magnesia, den du kennen lernen willst, in bezug auf die Behandlung und das Maß, wir sagen, daß wir das Weißmachen den Zinnober heißen']."

Literatur:

[1] Aristoteles (De Mirabilibus Auscultationibus, Kap. 62, herausgegeben von J. Beckmann, Göttingen 1786, S. 131/2). – [2] J. R. Partington (A History of Chemistry, Bd. 1, Tl. 1, London 1970, S. 75/6). – [3] H. Kopp (Geschichte der Chemie, Bd. 4, Braunschweig 1847, S. 113). – [4] A. Forbiger (Handbuch der Alten Geographie, Bd. 2, Leipzig 1843, Neudruck,

Graz 1966, S. 410). – [5] F. Schachermeyr (in: G. Wissowa, W. Kroll, Pauly's Real-Encyclopädie der classischen Altertumswissenschaft, Neue Bearbeitung, 31. Halbband, Stuttgart 1933, S. 377/9).

[6] Xenophon (Expeditio Cyri [Anabasis], Buch 5, IV, 2 in: Opera Omnia, Bd. 3, Oxford 1904, Nachdruck 1961, unpaginiert). – [7] Ruge (in: G. Wissowa, W. Kroll, Pauly's Real-Encyclopädie der classischen Altertumswissenschaft, Neue Bearbeitung, 21. Halbband, Stuttgart 1921, S. 264/5). – [8] H. Blümner (Technologie und Terminologie der Gewerbe und Künste bei Griechen und Römern, Bd. 4, Leipzig 1887, S. 188/9, 184 Fußnote). – [9] P. Vergilius Maro (Aeneis, Buch 12, Vers 87). – [10] E. O. v. Lippmann (Entstehung und Ausbreitung der Alchemie, Berlin 1919, S. 572).

[11] Pedanius Dioscorides Anazarbeus (De Materia Medica Libri V, Buch 5, 89, herausgegeben von M. Wellmann, Bd. 3, Berlin 1958, S. 57). – [12] C. Plinius Secundus (Naturalis Historiae Libri XXXVII, Buch 34, Kap. 3, 8 in: H. Rackham, Pliny, Natural History, Bd. 9, London-Cambridge, Mass., 1952, S. 132/3). – [13] C. Plinius Secundus (Naturalis Historiae Libri XXXVII, Buch 34, Kap. 26, 110 in: H. Rackham, Pliny, Natural History, Bd. 9, London-Cambridge, Mass., 1952, S. 208/9). – [14] G. Berg, F. Friedensburg (Die Metallischen Rohstoffe, Heft 5, Mangan, Stuttgart 1942, S. 211), G. Berg (Z. Prakt. Geol. **52** [1944] 7/8). – [15] S. Rinman (Versuch einer Geschichte des Eisens, mit Anwendung für Gewerbe und Handwerker, deutsch von J. G. Georgi, Bd. 2, Berlin 1785, S. 5 [Schwedische Erstausgabe 1782]).

[16] J. P. Rossignol (Les Métaux dans l'Antiquité, Paris 1863, S. 255/8). – [17] M. Berthelot (Introduction à l'Étude de la Chimie des Anciens et du Moyen Âge, Paris 1889, S. 275). – [18] E. R. Caley (J. Chem. Educ. **3** [1926] 1149/66, 1152). – [19] M. Berthelot, C.-É. Ruelle (Collection des Anciens Alchimistes Grecs, Introduction, Paris 1888, S. 30). – [20] O. Lagercrantz (Papyrus Graecus Holmiensis, Recepte für Silber, Steine und Purpur, Uppsala-Leipzig 1913, S. 3, 147).

[21] W. Ganzenmüller (in: Gmelin Handbuch „Gold" 1, 1950, S. 40). – [22] E. R. Caley (J. Chem. Educ. **3** [1926] 1149/66, 1164). – [23] M. Berthelot, C.-É. Ruelle (Collection des Anciens Alchimistes Grecs, Introduction, Paris 1888, S. 29, 35). – [24] E. O. v. Lippmann (Entstehung und Ausbreitung der Alchemie, Berlin 1919, S. 1/742). – [25] M. Berthelot, C.-É. Ruelle (Collection des Anciens Alchimistes Grecs, Introduction, Paris 1888, S. 1/284).

[26] E. R. Caley, J. F. C. Richards (Theophrastus On Stones, Columbus, Ohio, 1956, S. 20, 46). – [27] M. Berthelot, C.-É. Ruelle (Collection des Alchimistes Grecs, Introduction, Paris 1888, S. 45 Fußnote 2). – [28] M. Berthelot, C.-É. Ruelle (Collection des Alchimistes Grecs, Paris 1888, S. 159). – [29] J. Ruska (Turba Philosophorum, Berlin 1931 [Nachdruck Berlin-Heidelberg-New York 1970], S. 284). – [30] M. Berthelot, C.-É. Ruelle (Collection des Alchimistes Grecs, Texte Grec, Paris 1888, S. 1/477).

[31] M. Berthelot, C.-É. Ruelle (Collection des Alchimistes Grecs, Traduction, Paris 1888, S. 1/458). – [32] M. Berthelot, C.-É. Ruelle (Collection des Anciens Alchimistes Grecs, Introduction, Paris 1888, S. 1/284). – [33] A. L. Oppenheim (Rev. Assyrol. Archeol. Orientale **60** [1966] 19/45). – [34] C. Plinius Secundus (Naturalis Historiae Libri XXXVII, Buch 30, Kap. 2, 11 in: W. H. S. Jones, Pliny, Natural History, Bd. 8, London-Cambridge, Mass., 1963, S. 284/5). – [35] E. R. Caley, J. F. C. Richards (Theophrastus On Stones, Columbus, Ohio, 1956, S. 26, 55, 162/7).

[36] M. Berthelot (Les Origines de l'Alchimie, Paris 1885, S. 12). – [37] Q. Septimius Florens Tertullianus (De Idololatria, IX D nach [36]). – [37] Q. Septimius Florens Tertullianus (De Cultu Feminarum, I, II, B nach [36]). – [38] Iulius Paulus (Leges, Buch V, Tit. XXIII, Ad Legem Corneliam de Sicariis et Veneficiis nach M. Berthelot, Les Origines de l'Alchémie, Paris 1885, S. 14). – [39] C. Janningius, J.-B. Sollerius, J. Pinius (Acta Sanctorum Julii Tomus II, Acta S. Procopii Ducis, Kap. 1,4, Antwerpen 1721, S. 556/7). – [40] Jean d'Antioche (in:

Valois, Extraits de Constantin Porphyrogénète, S. 834 nach M. Berthelot, Les Origines de l'Alchimie, Paris 1885, S. 72 Fußnote 3).

[41] E. R. Caley, J. F. C. Richards (Theophrastus, On Stones, Introduction, Greek Text, English Translation, and Commentary, Columbus, Ohio, 1956, S. 164/5).

1.2.2 Die Überlieferung der Weißkupferherstellung

Later Mention of White Copper

Im Mittelalter. In den Werkstattbüchern des frühen Mittelalters taucht die Magnesia im Zusammenhang mit der Metallverarbeitung nur in der bereits im Bücherverzeichnis des Klosters Reichenau aus den Jahren 821/2 erwähnten *Mappae Clavicula Efficiendo Auro* [Schlüssel zur Anweisung Gold zu machen] in einer Vorschrift auf, in der auf recht komplizierte Weise ein mit Silber legiertes Gold durch Zusatz von einem Gemisch aus Auripigment, Realgar und „corpus magnesie" ein für das Vergolden geeignetes billiges Metall hergestellt werden soll. Auch das Weißkupfer wird erwähnt, aber nichts über seine Gewinnung ausgesagt [1]: „De ere albo. Mitte es album in fundum calculi, et in summo vitrum pone, et sic confla illud. Conflatum autem cum fundere volueris, fuscello remove vitrum, et non perdet colorem. [Über [die Verarbeitung von] Weißkupfer. Gib das Weißkupfer auf den Boden eines Stein[tiegels] und oben darauf lege Glas. Und so bring es zum Schmelzen. Wenn du aber das Geschmolzene gießen willst, nimm das Glas mit einer Kralle weg. So wird es seine Farbe nicht verlieren]." Die Herstellung eines weißen Kupfers und die Begründung des Verfahrens kennt indessen Albertus Magnus (Graf von Bollstedt, etwa 1193 bis 1280) in seiner echten Schrift [2] *De Mineralibus et Rebus Metallicis,* wo er im Kapitel über ‚Marchasita' und ‚Magnesia' zunächst über den Schwefelgehalt dieser Mineralien gesprochen hat und dann fortfuhr [3]: „... Ipsam vero argenti vivi substantiam manifestatur habere sensibiliter. Nam albedinem praestat Veneri meri argenti, quemadmodum, et ipsum argentum vivum, & colorem in ipsius sublimatione caelestium praestare, & luciditatem manifestum metallicum habere videmus, quae certum reddunt artificem Alchemiae, illum has substantias continere in radice sua. Magnesia vero sulfur plus turbidum & argentum vivum magis terreum, & foeculentum & ipsum sulfur similiter magis fixum & minus inflammabile habere, per easdem probare experientias manifeste poteris, & ipsam magis naturae martis exprimere. [... Daß sie die Wesenheit des Quecksilbers innehaben, zeigt sich sinnfällig: denn sie geben dem Kupfer die Weiße des reinen Silbers, auf die gleiche Weise wie auch das Quecksilber [dies tut]. Und wir sehen, daß sie die Farbe bei ihrer Sublimation nach oben hergeben und einen echten Metallglanz haben. Das alles macht den Alchemisten sicher, daß jenes [Mineral] diese Wesenheiten in seiner Wurzel enthält. Die Magnesia aber hat einen trüberen Schwefel und ein erdhafteres und schmutzigeres Quecksilber, und auch den Schwefel stärker figiert und weniger entflammbar, du wirst das durch eben diese Experimente sinnfällig zeigen können, und daß sie mehr die Natur des Eisens zum Ausdruck bringt]." Aber schon in dem in der Mitte des 14. Jahrhunderts verfaßten und seinem Schüler Thomas von Aquin unterschobenen Traktat *De Multiplicationibus* [4] ist aus der realen Magnesia ein Phantasiegebilde geworden: „Quo habito exspectemus sine quocumque errore regem nostrum Salomonem dyademate suo rubeo coronatum, id est lapidem nostrum, elixir vel pulveres sine tactu simplices. Qui lapis tot habet nomina, sicut res sunt in mundo. Sed ut me breviter expediam, medicina nostra una sive magnesia est argentum vivum nostrum, id est minerale, id est urina puerorum xij annorum debite preparata, quod statim venit de vena, quod numquam fuit in aliquo opere. [Wenn das geschehen ist, wollen wir ohne jegliche Irrung unseren König Salomon, gekrönt mit seinem roten Diadem, erwarten, das heißt unseren Stein, unser Elixier oder ganz feine, einfache Pulver. Dieser Stein hat so viele Namen, wie es Dinge auf der Welt gibt. Aber, um mich kurz zu fassen, unsere einzige Medizin oder Magnesia ist unser Quecksilber, das heißt mineralisches, das heißt Urin von zwölfjährigen Knaben entsprechend zubereitet, das unmittelbar aus der Bergader kommt (und) niemals in einem anderen Werke gewesen ist]." – Etwas weniger wirr ist ein ähnlicher Abschnitt in einer dem Raymundus Lullus [1235 bis 1315] unterschobenen Schrift [5], dessen Inhalt schon nach M. Berthelot,

M. R. Duval [6] nur noch schwache Reminiszenzen an die griechischen Alchemisten verrät, es ist da die Rede von der „Magnesia, die unser Geheimnis enthält", von der „Magnesia, die unser Quecksilber ist" und man müsse der „Magnesia eine Farbe geben wie Schnee", es fehlt aber jede brauchbare Angabe, die zur Herstellung eines Weißkupfers führen könnte.

Das Wissen um das Weißkupfer und die Bedeutung der Magnesia dabei dürfte aus den aus dem Arabischen übersetzten einschlägigen Werken herkommen. So weiß beispielsweise der sogenannte Geber in seinem berühmten Werke *Summa Perfectionis Magisterii* [7] noch recht gut Bescheid, mindestens, wenn man dem Zitat bei dem sehr belesenen A. Libavius [8] folgt: „Marcasitham, Magnesiam et Thuthiam nuncupat spiritus magnam facientes in corpora impressionem. Marcasithae et Magnesiae tribuit sulphur et argentum vivum: ille argentum vivum mortificatum et ad fixionem accedens proxime, cum sulphure adurente, unde cuprum tingere albedine possit. [Marcasitha, Magnesia und Thuthia bezeichnet er als Geister, welche in die [Metall-]Körper tief eindringen können. Dem Marcasith und der Magnesia ordnet er ‚Schwefel und Quecksilber' zu [wie einem Metall], jenes ‚Quecksilber', das getötet ist und [dadurch] der Figierung schon sehr nahekommend, weil es, nach Abbrennen des Schwefels das Kupfer mit weißer Färbung zu tränken vermag]." – Bedeutend weniger gut ist die Überlieferung in der anonymen, wahrscheinlich um die Mitte des 12. Jahrhunderts verbreiteten, auf arabische Vorlagen zurückgehende Schrift mit dem Titel: *Turba Philosophorum* [9], deutsch: Versammlung der Philosophen, in der über die Färbung des Kupfers viel geredet wird und alle damit zusammenhängenden, in den alten griechischen Schriften erwähnten Stoffe und Begriffe auftreten und vom modernen Herausgeber auch nachgewiesen werden können; von den ursprünglichen brauchbaren Werkstattvorschriften ist kaum mehr etwas zu erkennen, ein Beispiel mag das zeigen [9, S. 149, 230]: „Sermo XLIII. Ait Dardaris: De regimine frequentissime tractastis et coniunctionem introduxistis. Posteris tamen significo, quod non possunt illam occultam animam extrahere nisi per ethelie, qua corpora non corpora fiunt coquendi per continuationem ac ethelie sublimationem. Et scitote, quod argentum vivum est igneum omne corpus comburens magis quam ignis, et corpora mortificans, et omne corpus, quod ei miscetur et teritur, neci datur. Corporibus igitur diligenter contritis, et eo prout oportet exaltatis, fit illud ethel natura et color non fugiens, et tingit aes, quod Turba dixit non tingere, quousque et tingatur, quod tinctum existens tingit. Et scitote, quod aeris corpus magnesie regitur, et quod argentum vivum est quatuor corpora, et quod aes non habet esse nisi humiditate, eo quod est sulfuris aqua; sulfura namque sulfuribus continentur. [Sagte Dardaris: Von dem Verfahren habt ihr sehr häufig gehandelt, und ihr habt die ‚Vermählung' eingeführt. Den Nachfahren jedoch zeige ich an, daß sie jene verborgene ‚Seele' nicht ausziehen können, außer mittels der ‚Ethelia' (das ist: Dampf), durch die die ‚Körper' zu ‚Nichtkörpern' werden durch Fortdauer des Kochens und die Hochtreibung der ‚Ethelia'. Und wisset, daß das Quecksilber etwas Feuriges, jeden ‚Körper' mehr als Feuer Verbrennendes, und die ‚Körper' Tötendes ist, und daß jeder ‚Körper', der mit ihm gemischt und zerrieben wird, dem Tod ausgeliefert ist. Wenn also die ‚Körper' fleißig zerrieben und mit ihm, wie es sein muß, hochgetrieben worden sind, so wird jenes ‚Ethel' zu einer ‚Natur' und einer nichtflüchtigen Farbe und färbt das ‚Kupfer', von dem die Versammlung gesagt hat, daß es nicht färbt, bis auch gefärbt wird, was das Vorhandene Gefärbte färbt. Und wisset, daß der Körper des Kupfers durch ‚Magnesia' behandelt wird, und daß das Quecksilber die ‚vier Körper' sind, und daß das ‚Kupfer' nur Dasein besitzt durch die ‚Feuchtigkeit', weil es das ‚Wasser des Schwefels' ist; denn die ‚Schwefel' sind in den ‚Schwefeln' enthalten]."

In der Neuzeit. Die Kenntnis des Weißfärbens von Kupfer oder der alchemistischen ‚Silber'-Herstellung scheint den naturwissenschaftlich-technisch interessierten Gelehrten der beginnenden Neuzeit weniger durch die mittelalterliche schriftliche Überlieferung, sondern als ein weitverbreitetes ‚Werkstattgeheimnis' begegnet zu sein, sonst hätte nicht im Jahre 1540 der berühmte Hüttenmann V. Biringuccio (1480 bis 1539) in der Vorrede zum zweiten Buch *„Über* *die Halbmineralien"* seines Werkes *Pirotechnia* [10] schreiben können: „... Et di questi si troua de piu spetie, & quelli chan similitudine de pietre son terrestri & assai duri alla liquefattione, & assaii piu disposti a lornamento dele pitture che ad altra cosa, Li liquabili al fuocho come il solfo, lantimonio, la margassita, la giallamina, la zaffora, il manganese, & simili, son quasi di simigilanza fratelli alli metalli, ... & di quelli che per ponderosita & certa apparentia vi paranno metalli vi diro come con nisuna arte chio sappi senetra alcun metallo. Ma come pratticando intenderete, vedrete chaltro non sonno che fumosita di miniere, ouer miniere principiate. Alcuni altri sonno che rendeno alquanto di metallo, ma e cosa tanto frangibile & imperfetta, che si possan dire inutili, saluo se nõ serueno agli alchimici sofisticanti per imbianchare il rame, o per indurire lo stagno. Ma ancho credo che alloro non molto seruino per esser materie molto euaporabili come e quel che si tra del antimonio, o del or pimento, o dela giallamina, & ancho forse dalcuna margassita, la zaffera, il manganese, anchor q̃sti cõ certi mezzi fondeno nõ rẽdeno alcuna ombra di metallo. [Übersetzung [11]: Die den Gesteinen ähnlichen [Halbminerale] sind erdig, schwer schmelzbar und viel mehr zur Malerei geeignet als zu anderen Zwecken. Die im Feuer schmelzbaren, wie Schwefel, Spießglanz, Kies, Galmei, Kobalt(erz), Braunstein und dergleichen sind den Metallen fast so ähnlich wie Brüder ... Aus den Halbmineralien, die ihrem Gewicht und ihrem Äußeren nach Metalle zu sein scheinen, läßt sich auf keine Weise irgendein Metall gewinnen. Ein Versuch zeigt euch vielmehr, daß sie durch Dünste von Erzen oder in Bildung begriffene Erze sind. Einige andere geben etwas Metall, aber dieses ist so brüchig und unvollkommen, daß man es als wertlos bezeichnen kann, abgesehen davon, daß es den betrügerischen Alchemisten zum Weißfärben des Kupfers oder zum Härten des Zinns dient. Ich glaube aber nicht, daß sich die Stoffe gut dazu eignen, denn sie sind sehr leicht verdampfbar. Dies ist z. B. bei den Stoffen der Fall, die man aus Spießglanz, Auripigment oder Galmei gewinnt, ebenso aus manchen Kiesen und aus Kobalt(erz) und Braunstein, die sich zwar mit bestimmten Mitteln schmelzen lassen, aber keine Spur Metall liefern]." Sogar der Theologe und Kosmograph Sebastian Münster (1481 bis 1552) weiß um das Verfahren, wenn auch ungenau und Magnesia mit Magnet verwechselnd, fügt er doch seinem Bericht über das Kupfer in seiner 4 Jahre nach Biringuccios *Pirotechnia* erschienenen *Cosmographie* [12] hinzu: „Man dunckt auch den magneten daryn/vñ [und] überkõpt [überkommt] das kupffer ein weisse farb".

Ob der berühmte, in metallurgischen und mineralogischen Fragen nicht unerfahrene Arzt Paracelsus, das ist Aureolus Philippus Theophrastus Bombast von Hohenheim (1494 bis 1541) das Weißkupfer gekannt hat, ist fraglich. Schon G. F. C. Fuchs [25] hat in seiner *Geschichte des Braunsteins* behauptet, ihm sei die Voraussetzung dafür, der Braunstein, überhaupt nicht bekannt gewesen; tatsächlich findet sich der Ausdruck Magnesia nigra nicht in seinen Werken. Dagegen spricht er von einer Magnesia alba in seinem Buche *De Transmutatione Rerum Naturalium* [26]: „Also mögen auch alle Metall/Gold/Silber/Kupfer/Eisen/Zinn/Bley/etc. Desgleichen andere/so aus diesen gemacht seindt: Als da ist Electrum rubeum/Magnesia alba/Messing/Conterfein/Laton/Glockenspeiß/Pars cum Parte/&c. Vnd was dergleichen transmutierte Metallen seind/mit dem Mercurio Vivo/in der pulverisirung von anderen Dingen außgezogen vnd gescheyden werden." Zweifellos bezeichnet hier Magnesia alba eine Legierung, ob aber bei der Nachbarschaft mit dem Messing und dem gleichbedeutenden Conterfein und Laton und dem ‚Transmutieren mit Quecksilber' darunter ein Weißkupfer zu verstehen ist, bleibt unklar. Denn das von dem Straßburger Arzt, zugleich Übersetzer und Kommentator der Werke des Paracelsus, Gerhard Dorn [Dornaeus] herausgegebene *Dictionarium Theophrasti Paracelsi* bringt keine Klärung [27]: „Magnesia communiter est marcasita. Sed ex arte dicitur stannum liquatum, in quod iniectus mercurius una permiscetur in fragilem substantiam et massam albam. Est etiam argenti cum mercurio mixtura, et fusile metallum valde, ut cera liquabile, mirae admodum albedinis, quod magnesia dicitur philosophorum. [Magnesia ist gemeinhin Markasit. Aber der Kunst nach wird [so]genannt flüssig gemachtes Zinn, in das hineingeworfenes Quecksilber vermischt wird zu einer zerbrechlichen Substanz und weißen Masse. Sie ist auch eine Mischung von Silber und Quecksilber, auch ein sehr [leicht] schmelzbares Metall, wie Wachs verflüssigbar, von höchst wunderbarer Weiße, das die ‚Magnesia der Philosophen' genannt wird]." Über die Markasite äußerte sich Paracelsus [28] in seinem Werk *De Vita Rerum Naturalium* folgendermaßen: „Das Leben der Marcasiten/Cachimien/Talck/Kobolt/Zinken/Granaten/Zwitter/Wißmats/Antimonii ist ein tingierender Metallischer spiritus". Was für eine Mineraliengruppe die ‚Cachimien', auch ‚Kakimien' darstellen, ist unklar, Paracelsus gibt keine Definition dafür; die Benennung von griechisch *κακός* [kakos] = schlecht, spricht dafür, daß damit Mineralien bezeichnet werden sollten, die bei der Verhüttung kein Metall ergaben; Rocher le Baillif [29] definiert denn auch in seinem *Dictionariulum* zu den Werken des Paracelsus: „... cuiuscunque metalli immatura minera, quae adhuc in primo suo ente consistit, ut infans in utro matris suae, eius species plus triginta sunt [... unreife Erze irgendeines Metalles, das bis dahin nur in seinem ersten Wesen existiert, wie das Kind im Schoße seiner Mutter; von dieser Sorte gibt es mehr als dreißig Arten]"; von den Markasiten sollen sie sich durch ihre größere Schwere unterscheiden.

Nennt V. Biringuccio noch unter den betrügerischen Hilfsmitteln zum Färben des Kupfers richtig ‚il manganese' und S. Münster ‚den magneten' in einer Verwechslung, die sich von C. Plinius Secundus (23/24 bis 79 nach Chr.), s. S. 183, bis M. Berthelot (1827 bis 1907), s. S. 18, immer wiederholt, so wird bei den nachfolgenden Schriftstellern der beginnenden Neuzeit das Wissen um das färbende Mineral immer geringer. So machte sich Petrus Albinus [d. i. Peter Weiß, gestorben 1598], Professor in Wittenberg und Geheimsekretär in Dresden, über S. Münster lustig, führte aber für den Stein Magnetis eine neue Deutung ein [13]: „Ob man wol von keinem Federweis / das man bey vns finden soll / weis / doch haben wir das Silberweis / welches von den *Latinis* [Lateinern] *Magnetis* genennet wird / von welchem Agricola sagt / *quod figura non natura differat ab Amianto* [was der Figur, nicht der Natur nach vom Amiant (Asbest) abweichen mag]. Vnd soll der Lateinische Name nicht von dem Stein verstanden werden / der das Eisen an sich zeugt / von deme newlich gesagt / in welchem wahn Monsterus [das ist Sebastian Münster] betrogen worden / da er von dem zusatz zum Kupffer redet / wenn man dasselbe weis machen will (davon anderswo gehandelt wird) vnd deudscht es den Stein Magnes: Sondern es hat eine Silberfarbe / ist kleinschiefferiger als MarienEiß / vnd strebet wider das Fewer wie Federweis / wird darinnen nicht verzehret." Seine Fundortangaben und Zitate geben keinen Aufschluß darüber, ob sein ‚Silberweiß' etwa eine der möglichen Braunsteinformen ist: „Auff der Goldtkron der Zechen / so etwan ein meil von Marienberg / Item auff einer andern Zechen bey dem Stedtlein Schleta / bricht dessen viel / wie auch zum Wildenstein / welches Behmisch / vnd an dem Fluß Eger / da es fast ein Goldtfarbe hat / sonsten ist es weis. Kentmannus [14] gedenckt eines Behmischen Silber weisses / so Eisenfärbicht / vnd gleich einer Glockenspeis vnd klein schupicht sey. So ist das auff der Goldkrona / auch bisweilen Eisenfarbicht / wie das draussen in Francken / zu Goldkronach ein Bleyfarb hat / vnd das so man an der Eger findet / offten gar schwartz / das Anspachische auch Eisenfarbicht ist. Kentmannus [14] gedenckt eins / das nennet er Magnetidem Mysnensem in candido viridem (meißnischer hellgrüner Magnetis). [Absatz] So ist nun das KatzenSilber oder *Mica*, der *Magnetidi* wol etwas wie gemeldet / ehnlich / sind aber beyde gantz vngleicher natur / dauon die Naturkündiger weitleufftiger handeln." Auf das Weißfärben des Kupfers ist er leider nirgendwo näher eingegangen, nur bei seiner Besprechung des Kupfers wiederholt er: „Item wie man das Kupffer mit dem Stein Silberweis / magnetis im Latein genant / eine weisse Farbe machen soll / wird anderswo gehandelt." Es scheint, daß er die Weißfärbung des Kupfers mit Quecksilber oder Arsen nicht kannte, für die Messingherstellung muß er sich auf Albertus Magnus und G. Agricola [15] beziehen. – Von einem ‚Magnetis oder Talcum' sprach Ulysse Aldrovandi (1527 bis 1602), Professor der Materia Medica an der Universität Bologna, in seinem *Musaeum Metallicum* [16]: „Aes diligenter purgatum, & ab alijs metallis separatum

Opifices multifariam colorare nituntur. Namq; interdum illi fuso cadmiam addunt, & æs colorem aureum induit. Aliquando Magnetidem, seu Talcum, & tunc speciem argenti repræsentat: quandoquidem ex Talco candido chymicis organis oleum extrahitur, quòd in ære dealbando est præstantissimum. Alij præterea apud Portam leguntur modi, quibus ex ære argentum mentiri possumus. Nonnulli metamorphosim æris in argentum assequi conantur, dum equas portiones Auripigmenti, & Halinitri in vase vitreo supra carbones comminuunt, & huius pulueris semunciam singulis libris æris fusi addunt miscendo, donec in veram argenti formam transmutetur. [Sorgfältig gereinigtes und von anderen Metallen getrenntes Kupfer bemühen sich die Werkleute auf mancherlei Arten zu färben. Denn manchmal setzen sie, wenn sie jenes schmelzen, Cadmia (Galmei, Zinkoxid) zu, und das Kupfer nimmt eine goldene Farbe an. Manchmal Magnetis oder Talcum, und dann stellt es eine Art Silber dar: Da man ja aus dem weißen Talcum mit chemischen Mitteln ein Öl auszieht, das das Geeignetste zum Weißen des Kupfers ist. Andere Verfahren kann man bei [G. della] Porta [Marginalie: Liber 5, Magiae Naturalis, cap. 4] lesen, nach denen man aus Kupfer Silber vortäuschen kann. Einige suchen die Umwandlung des Kupfers in Silber zu erreichen, indem sie gleiche Teile Auripigment und Salpeter in einem Glasgefäß über [glühenden] Kohlen zur Reaktion bringen und von diesem Pulver eine halbe Unze je Pfund geschmolzenem Kupfer unter Rühren zufügen, bis es in die wahre Form des Silbers verwandelt wird]." Daß Aldrovandi unter dem ‚Magnetis oder Talcum' nicht eine Braunsteinart versteht, geht aus einer späteren Stelle hervor, wo er über den Magnetstein handelt [17]; es zeigt sich, daß er das Manganerz recht gut kennt und gegen andere Mineralien abzugrenzen weiß: „Aliam Magnetis speciem proponunt, quæ vitro infornace permiscetur, vulgò vocatur *Manganese,* Alberto dicitur Magnesia: lapis est nigro Magneti similis, & Vitrarij eo libenter vtuntur; cum vitrum ab alienis coloribus purget, illudq; clarius reddat, sed si in maiuscula quantitate addatur, vitrum colore purpureo tingit. Huiusmodi genus ex Germania defertur, & etiam apud Italos in montibus Viterbij effoditur. An hæc species sit pseudomagnes apud Plinium, non audemus affirmare: etenim, ad illius mentem, in Cantabria nascitur, & ferri aciem tanquam Magnes inficit. Sed an addatur Vitro, dum funditur, nondum manifestum est. Alius quidem est lapis vitrum colore cæruleo tingens, & si plusculum addatur, nigredine illud maculat, Vulgus Zafferam nuncupat, fortassis, quia Sapphirini sit coloris. Hic lapis, vt plurimum refertus est colore cinereo ad purpureum tendente ponderosus, & friabilis, positus per se in fornace non funditur, sed cum vitro, instar aquæ, fluit. [Eine andere Art Magnes wird noch erwähnt, die dem Glase im Ofen zugemischt wird, im Volk Manganese genannt, bei Albertus [Magnus] Magnesia geheißen: Es ist ein dem schwarzen Magnet ähnlicher Stein, und die Glasmacher verwenden ihn gern, weil er das Glas von fremden Farben reinigt und es heller macht. Wenn er aber in größerer Menge zugesetzt wird, färbt er das Glas purpurfarben. Diese Art wird aus Deutschland gebracht und auch in Italien in den Bergen von Viterbi gegraben. Ob diese Art der Pseudomagnes des Plinius ist, wagen wir nicht zu behaupten. Er kommt auch nach seiner Meinung in Cantabrien vor und beeinflußt die Härte des Eisens wie der Magnetstein, aber ob [diese Art] dem Glas beim Schmelzen zugesetzt wird ist nicht bekannt. Es gibt noch einen anderen Stein, der das Glas blau färbt, und wenn man etwas mehr zugibt, es schwärzlich macht: Das Volk nennt ihn Zaffera, vielleicht wegen der saphirblauen Farbe. Dieser Stein aber ist, wie die meisten sagen, aschenfarben, dem Purpur zuneigend, schwer und zerbrechlich, für sich allein in den Ofen gebracht, schmilzt er nicht, wohl aber zusammen mit Glas, wie Wasser]." Was Aldrovandi unter Talk versteht, ist, wie er an anderer Stelle sagt [18], etwas dem „Gyps und Selenit" sehr ähnliches. Dann aber schreibt er mit Überschrift „Synonyma, Etymum" überraschend: „Hoc nomen (Talk) apud Mauritanos stellam significare dicitur: hac de causa huiusmodi lapis quibusdam stella terræ appellatur, quoniam, instar stellæ, argenteoq; nitore splendeat. Putant aliqui esse Argyiodamantem Veterum, quia violentia ignium reluctetur. Aliqui, vt notat Gentilis, terram stellam, & stellam terræ, lutum samium, & stellam samiam, Talci synonima esse existimarant. Theophrastus, & Georgius Agricola Magnetidem nuncuparunt. Constantinus Robertus, in supplemento suæ linguæ latinæ,

Phengitem nominauit. In expositione vocabulorum arabicorum pro Talco, Schifferd, Cutfer, & Schisfer legitur, Germanice dicitur Talck, Italis Talco. [Diese Bezeichnung [Talk] soll bei den Arabern Stern bedeuten, darum heißt ein derartiger Stein bei einigen Erdstern, weil er wie die Sterne in silbernem Glanz glitzert. Andere glauben, es sei der Argyiodamas der Alten, da er der Gewalt des Feuers widersteht. Andere, wie Gentilis (da Fuligno, gestorben 1348) vermerkt, haben geglaubt, es seien Synonyma für Talk Sternerde und Erdstern, samischer Lehm und samischer Stern. Theophrastus (von Eresos, 372/69 bis 288/5 vor Chr.) und Georg Agricola (1494 bis 1555) nannten ihn Magnetis. Constantinus Robertus hat ihn im Nachtrag zu seinem [Buch über die] lateinische Sprache Phengites genannt. In den arabischen Wörterbüchern findet man für Talk: Schifferd, Cutfer und Schisfer];" es erscheint durchaus möglich, daß hier in strahligen Aggregaten auftretende Manganoxidformen gemeint sind. – Was den Verweis auf die *Magia Naturalis* des Giambattista della Porta (1535 bis 1615) angeht, so findet sich dort unter der Überschrift *De Aere et illius Transmutationibus* [Über das Kupfer und seine Transmutationen] nicht mehr die Magnesia angeführt – es sei denn, sie stecke hinter den Pyriten – wohl aber die möglichen Arbeitsvorschriften dargestellt [19]: „Dealbant aes praecipue arsenicum, argentum vivum, sublimatum, argenti spuma, quam Graeci lithargyron vocant: pyrites tartarum, sal ammoniacus, communis, quem vocant Arabes alchali, salnitrum, et alumen. Aes igne inflammatum extinguatur, vel colliquatum mergatur, aut in tenues lamellas diductum, iis in pulverem redactis fusorio in vase vicissim intermissum, diutius igne detineatur, ut fluxum reddatur, vel fuso metallo in sparsum cumulatius in frustum (in pulverem vero caveto, ne ignis vi absumatur, et metallum non inficiat) miram inde semper candorem suscipit, ut merum videatur argentum. [Weiß machen das Kupfer vor allem Arsensulfid, Quecksilber, Sublimat, Silberschaum, den die Griechen Lithargyron nennen, Pyrite, [und als Zutaten] Tartarum [Weinstein], Salmiak, das gemeine [Salz], das die Araber „alchali" nennen, Salpeter und Alaun. Das im Feuer glühend gemachte Kupfer wird abgelöscht, oder das verflüssigte vergossen, oder das in dünne Bleche geschlagene mit diesen zu Pulver gemachten [Stoffen] im Schmelzgefäß dicht eingepackt, dann längere Zeit dem Feuer ausgesetzt, so daß es in Fluß gerät, oder zum geschmolzenen Metall [gib sie] gehäuft in Brockenform [zu] (vor der Pulverform aber hüte dich, damit es nicht von der Gewalt des Feuers verzehrt wird, und so das Metall nicht beeinflußt). Es nimmt davon immer einen wunderbaren weißen Glanz an, so daß es reines Silber zu sein scheint]." – Ohne Quellenangabe zitiert A. Kircher [1602 bis 1680] den oben wiedergegebenen Abschnitt über die Färbung des Kupfers aus Aldrovandi's *Musaeum Metallicum* wörtlich und schließt das Zitat ab mit den Worten: „Sed haec nulla in argentum transmutatio dici potest, sed tantum tinctura argenti accidentalis [Aber das kann man keineswegs als eine Transmutation in Silber bezeichnen, sondern nur als eine akzidentelle Silberfärbung]." Dann aber fährt er fort, indem er diese ‚Silber'-Herstellung mit der Messinggewinnung auf eine Stufe stellt und als eine Legierungsbildung bezeichnet [20]: „Si vero misturam respiciamus, haec duplicis generis esse solet: vel enim aes cum aliis metallis, vel cum aliis fossilibus promiscetur. De ultima mistura paulo ante egimus, quando cum magnete colorem argenteum et cum lapide calaminari, Gelamina dicto, colorem aureum inquirit: Nam hoc postremo modo praeparatum Aurichalcum appellatur. [Wenn wir aber die Legierungsbildung betrachten, so pflegt sie von zweierlei Art zu sein: Entweder nämlich wird das Kupfer mit anderen Metallen oder aber mit anderen Mineralien zur Verschmelzung gebracht. Über die letztere [Art der] Legierungsbildung haben wir kurz zuvor gehandelt, wenn [das Kupfer] mit dem Magnet eine Silberfarbe und mit dem lapis calaminaris, Galmei geheißen, eine Goldfarbe annimmt. Das auf die letzte Art präparierte [Kupfer] wird Aurichalcum [Messing] geheißen]." Daß er unter ‚magnes' zwar Eigenschaften des Braunsteins beschreibt, diesen aber mit dem magnetischen Eisenerz verwechselt, geht aus seiner Bemerkung in dem die Glasherstellung beschreibenden Teil seines Buches hervor: „Dignum sane admiratione est, Venetiis a peritis opificibus portionem quoque magnetis hisce admisceri, eo quod huius miscella vitrum mirificum splendorem adipiscatur; cuius rei ratio alia non est, nisi quod lapidibus utplurimum ferreae scobis miscella adhaereat, quae a magnete attracta reliquam vitri massam ab impuritate umbrosarum partium liberet. [Es ist sicher verwunderungswürdig, daß in Venedig von erfahrenen Werkleuten auch eine Portion ,magnes' eben diesen [Glassätzen] zugemischt wird, darum, weil das Glas durch dessen Zumischung einen wundervollen Glanz erhält. Der Grund für diese Sache ist kein anderer als der, daß den Steinen meistens Eisenteile zugemischt anhängen, die vom Magneten angezogen, die übrige Glasmasse von der Verunreinigung dunkelmachender Teile befreit]."

In den späteren einschlägigen Werken konnte, wenn man von gelegentlichen Zitaten älterer Werke wie etwa von Geber bei A. Libavius (1555 bis 1616) [23] und von so allgemeinen Angaben wie der des Leibarztes Kaiser Rudolf II., Michael Maier [Mayer, 1569 bis 1622], er wisse von einem Alchemisten, der mit Zink „et aliis sibi notis fucis [und anderen, nur ihm bekannten Schminken]" das Kupfer weiß gefärbt und einen Magnaten veranlaßt habe, daraus Münzen herstellen zu lassen [21], oder der wirren Bemerkung des angeblichen Benediktinermönchs Basilius Valentinus [24]: „Mit dem Magnet und Antimonio wird auch eine Luna fixa [figiertes Silber] gemacht / welche alsdann durch das Oleum Martis et Veneris [Eisen- und Kupfer-Öl] gradirt / und zu Gold gemacht wird", absieht, kein Hinweis auf die Silberfärbung des Kupfers mit Braunstein gefunden werden. Doch hat es den Anschein, als habe sich die Kenntnis dieses „alchemistischen" Vorgangs im Land der weitesten Verbreitung dieses Verfahrens länger erhalten als in Europa. Der französische Ägyptologe G. Maspero (1846 bis 1916) hat im letzten Drittel des 19. Jahrhunderts den Fund eines antiken Laboratoriums beschrieben [22], „dessen Wände verräuchert waren". Eingeborene hatten bei Drorgah (eine halbe Stunde im Süd-Süd-Westen von Siout am Fuße der Berge) in einem muselmanischen Friedhofe, in Mitten einer alten Nekropole in einer Tiefe von 12 bis 13 Metern einen Raum aufgefunden, der, seiner Einrichtung nach, Metallarbeitern des 6. oder 7. Jahrhunderts nach Chr. als Laboratorium gedient hatte. „In einer Ecke des Raumes bemerkte man eine feste und schwärzliche Erde, die die Helfer (assistants) sich beeilten, wegzutragen; sie sagten, sie würden sie zum Weißmachen des Kupfers benützen. Mit anderen Worten: sie betrachteten sie als ,Projectionspulver', fähig, Kupfer in Silber zu verwandeln. Man sieht an diesem Beispiel, daß die geheime alchimistische Tradition im modernen Ägypten nicht verloren gegangen ist." — Bedauerlicherweise hat der Ausgräber es versäumt, eine Probe dieses Stoffes für eine Analyse an sich zu nehmen.

Daß infolge der Verwechslung Magnesia — Magnet die Kunst, eine silberfarbene Kupferlegierung aus Kupfer und Braunstein herzustellen verloren ging, verwundert nicht; sie mußte erst, als die Wissenschaftler der Aufklärungszeit sich mit dem Braunstein zu befassen begannen, neu entdeckt werden.

Literatur:

[1] T. Phillipps, A. Way (Archaeologia [London] **32** [1847] 183/244, 196, 235). — [2] F. Strunz (in: G. Bugge, Das Buch der großen Chemiker, Bd. 1, Berlin 1929 [Neudruck, Weinheim/Bergstr. 1955], S. 32/41). — [3] Albertus Magnus (De Mineralibus et Rebus Metallicis Libri V, Buch 5, Kap. 5, Köln 1569, S. 385/6). — [4] D. Goltz, J. Telle, H. J. Vermeer (in: Pseudo Thomas von Aquin, Der alchemistische Traktat Von der Multiplikation, Wiesbaden 1977, S. 22, 104/5). — [5] Raymundus Lullus (Testamentum et de Theorica in: E. Zetzner, Theatrum Chemicum, Bd. 4, Straßburg 1659, S. 48).

[6] M. Berthelot, M. R. Duval (La Chimie au Moyen Âge, Bd. 2, Paris 1893, S. 273). — [7] Geber (Summa Perfectionis Magisterii, Buch 2, Kap. 9 in: J. J. Manget, Bibliotheca Chemica Curiosa, Bd. 1, Genf 1702, S. 534). — [8] A. Libavius (De Magisteriis, quae potabilia vocantur, Kap. 24, Soluto Marcasitharum in: Syntagmatis Selectorum Undiquaque et Perspicue Tradi-

torum, Bd. 1, Frankfurt a. M. 1615, S. 91). – [9] J. Ruska (Turba Philosophorum, Ein Beitrag zur Geschichte der Alchemie, Berlin 1931 [Neudruck Berlin-Heidelberg-New York 1970], S. 1/368). – [10] V. Biringuccio (De la Pirotechnia Libri X, Buch 2, Vorrede, Venedig 1540, fol. 21 v/22 r).

[11] O. Johannsen (Biringuccios Pirotechnia, [deutsch] Braunschweig 1925, S. 86/8). – [12] S. Münster (Cosmographei Universalis oder Beschreibung aller länder, herrschaften, fürnehmsten stetten ..., Basel 1550, S. 10 [Erstausgabe 1544]). – [13] P. Albinus (Meißnische Bergk Chronika, 19. Tittel, VI, Dresden 1590, S. 152). – [14] J. Kentmann (Nomenclatura Rerum Fossilium, quae in Misnia Praecipue et Aliis in Regionibus inveniuntur, Torgau 1565, fol. 27). – [15] P. Albinus (in: [13], 16. Tittel, V, S. 130).

[16] U. Aldrovandi (Musaei Metallici Libri III, Buch 1, Kap. 4, Bologna 1648, S. 107). – [17] U. Aldrovandi (in: [16], Buch 4, Kap. 2, S. 562). – [18] U. Aldrovandi (in: [16], Buch 4, Kap. 34, S. 686). – [19] J. B. della Porta (Magiae Naturalis Libri Viginti, Buch 5, Kap. 3, Leiden 1651, S. 246/9 [Erstausgabe Neapel 1589]). – [20] A. Kircher (Mundus Subterraneus, Bd. 2, Buch 10, Sectio 4, Kap. 9, Amsterdam 1665, S. 216/9, Buch 12, Sectio 5, Kap. 1, S. 451).

[21] Michael Maier (Examen Fucorum Pseudo-Chymicoram Decoctorum, Frankfurt a. M. 1617, S. 34). – [22] G. Maspero in: M. Berthelot (Les Origines de l'Alchimie, Paris 1885, S. 236/7). – [23] A. Libavius (De Magisteriis, quae Potabilia Vocantur, Kap. 24, De Soluto Marcasitharum in: Syntagmatis Selectorum Undiquaque et Perspicue Traditorum, Bd. 1, Frankfurt a. M. 1615, S. 90/2). – [24] Basilius Valentinus (Conclusiones oder Schlußreden in: Chymischer Schriften alle, soviel derer vorhanden, Ander Theil, Hamburg 1700, S. 381). – [25] G. F. C. Fuchs (Geschichte des Braunsteins, seiner Verhältnisse gegen die Körper und seiner Anwendung in den Künsten, Jena 1791, S. 9).

[26] Paracelsus (De Transmutatione Rerum Naturalium, Buch 8, in: Opera, Bd. 1, herausgegeben von J. Huser, Straßburg 1603, S. 905). – [27] G. Dornaeus (Dictionarium Theophrasti Paracelsi, Frankfurt a. M. 1584, S. 63). – [28] Paracelsus (De Vita Rerum Naturalium, Buch 4, in: Opera, Bd. 1, herausgegeben von J. Huser, Straßburg 1603, S. 890). – [29] Rocher le Baillif (Dictionariulum Vocum Quibus Suis Scriptis Usus Est Paracelsus, Genf 1658 nach J.-E. Hiller, Philosophia Naturalis [Meisenheim] **2** [1953/54] 435/79, 458/9).

1.2.3 Mangan-Neusilber in der Moderne

Manganese German Silver in Modern Times

Der Erste, der – ohne Kenntnis einer möglichen frühen Verwendung des Braunsteins zur Herstellung einer silberfarbenen Legierung mit Kupfer – das von ihm ‚Magnesium' bezeichnete Metall mit Kupfer zu legieren schon im Jahre 1774 versuchte, um seine Metalleigenschaften zu beweisen, war der berühmte schwedische Chemiker T. Bergman (1735 bis 1784); er schrieb [1]: „Cuprum illi certa dosi conjunctum etiam malleo egregie obedit, sed coloris rubicundi in superficie polita vix ulla discerni possunt vestigia [Kupfer, mit ihm [Magnesium = Mangan] in einer bestimmten Menge verbunden, gehorcht noch hervorragend dem Hammer, aber von seiner rötlichen Farbe kann man auf der polierten Oberfläche kaum irgend eine Spur erkennen]." Die Nachricht über diese überraschende Fähigkeit des Braunsteinmetalls ging sofort in die zeitgenössische Literatur ein, beispielsweise in die *Mineralogie* des norwegischen Oberberghauptmanns M. T. Brünnich [2] und in die deutsche Übersetzung des *Chymischen Wörterbuchs* von P. J. Macquer [3]. Genaueres über die Eigenschaften der Legierung zugleich mit einer sehr einfachen Gewinnungsmethode, die den oben, S. 15/21 beschriebenen antiken Methoden für die Herstellung von ‚Silber' gleicht, machte im Jahre 1782 der Hüttendirektor und Rat im schwedischen königlichen Bergkollegium Sven Rinman (1720 bis 1792) bekannt mit einer Bemerkung über das chinesische Paktong, s. „Nickel" A1, 1967, S. 9/13, wo er schrieb [4]: „Wenn geschmeidiges weißes Kupfer oder diese Metallcomposition bey uns einen höheren Wert als rein Kupfer hätte, so kann man es vollkommen geschmeidig erhalten, wenn man das Kupfer in recht starker Hitze mit Braunstein oder Magnesia nigra schmelzt. Das Braunsteinmetall oder Magnesium mischt sich hierbei mit Kupfer und vermehrt das Gewicht, ohne die Geschmeidigkeit des Kupfers merklich zu verringern, und erteilt die verlangte Weisse [Farbe], die jedoch an der Luft und mit der Zeit eher ins Röthliche anzulaufen scheint als der beschriebene Paktong." Die genaue Methode der Herstellung, die dem uralten Verfahren des Messingbrennens nachempfunden ist, beschrieb S. Rinman [5] an einer anderen Stelle seines Buches: „Es wurden gleiche Theile fein zerstücktes Kupfer und englischer Braunstein, der etwas abfärbte und eisenhaltig war, vermittels Leinöl und Kohlenstaub miteinander gemengt in einem inwendig mit Kohlenstaub und Thonwasser ausgestrichenen Tiegel gethan, und in einer starken Hitze vor dem Gebläse in einer Zeit von $^3/_4$ Stunden in Fluß gebracht. Das Kupfer hatte sich in mehrere geschmeidige und weiß gefärbte Körner zertheilt, die einen Gewichtszuwachs von 8 Procent erhalten hatten. Dies weiße Kupfer ward noch dreymal auf dieselbe Weise mit neuem Zusatz von Braunstein geschmolzen, wobei es jedesmal 3 bis 4 Procent an Gewicht zunahm, so daß es nach der vierten Schmelzung $15\,^1/_4$ Procent schwerer geworden war. Es verhielt sich noch geschmeidig, war so weiß als 10lötiges Silber und ließ sich nach vielem Hämmern in zwey Stücke zerbrechen, welche auf dem Bruche deutlich zeigten, daß die untere Hälfte eine Kupferfarbe hatte, während die obere Hälfte vom Mangan weiß gefärbt worden war. Das Metall ward daher noch einmal ohne einen Zusatz von Braunstein geschmolzen und gab nun ein gleichartig weißgefärbtes Metallgemisch, welches noch geschmeidiger war als vorher und sich, wie Messing, nach dem Ausglühen recht gut hämmern ließ, im warmen Zustande aber bald Brüche bekam. Dieser Versuch zeigt übrigens, daß man auf diese Art vollkommen geschmeidiges weißes Kupfer von derselben Güte wie das beschriebene chinesische Pakfong erhalten kann." – Ob mit dem beschriebenen Verfahren schon im Jahre 1764 in England ein Dr. (Bryan?) Higgins [25] seine erfolgreichen Versuche gemacht hat, mit einheimischen Rohstoffen das chinesische Pakfong, s. „Nickel" A 1, 1967, S. 9, nachzuahmen, kann nicht entschieden werden, da er sein Verfahren geheim gehalten hat. – Auch dem schwedischen Münzwardein P. J. Hjelm [6], der ebenfalls durch Legierungsversuche den Metallcharakter des Braunsteinmetalls beweisen wollte, fiel auf, daß Mangan-Kupfer-Legierungen silberweiß sind. J. F. Gmelin (1748 bis 1804), der Vater des Begründers dieses Handbuches, dem diese Veröffentlichungen offenbar bekannt waren, stellte im Jahre 1788 die Frage, warum diese Kupfer-Mangan-Legierungen wie die von Kupfer und Arsen weiß seien, und meinte [7]: „... sollte das davon kommen, daß beyde [Mn und As] metallische Wesen nach brennbarem Stoff [Phlogiston] äußerst begierig sind, also auch diesen Metallen einen Theil ihres brennbaren Stoffes, von dem sie doch hauptsächlich ihre Farbe haben, entziehen, so wie sie beyde die Farbe der Gläser verschlingen?" Seine eigenen Versuche, in der Art des Messingbrennens [wohl bei zu niederen Temperaturen] das Mangan-Weißkupfer herzustellen, gelangen ihm aber nicht. Die Erfahrung seiner Zeitgenossen faßte R. E. Raspe [24], damals in England lebend, zusammen in dem Satz, daß der Braunstein wohl durch das Phlogiston der Metalle leichter reduziert zu werden scheine als durch die Kohle, und doch wurde es dann für einige Jahrzehnte ruhig um das Mangan-Weißkupfer, das zwar noch einmal als besonders auffällig von F. Hildebrandt [26] in seinem *Lehrbuch der Chemie als Wissenschaft und als Kunst* erwähnt wird, bis im ersten Viertel des 19. Jahrhunderts das Neusilber [German Silver] – mit Nickel und Zink als den das Kupfer färbenden Substanzen – große Mode wurde, s. „Nickel" A 1, 1967, S. 21/7. Da die Gewinnung eines reinen Nickels für die Herstellung des Silber-Ersatzes zu diesen Zeiten noch sehr schwierig war und der Beschaffung der notwendigen Mengen an Nickelerzen damals schon sehr enge Grenzen gesetzt waren, kam O. L. Erdmann, Chemieprofessor in Leipzig, im Jahre 1827 in einer Monographie *Über das Nickel* auf die Möglichkeit des Ersatzes des Nickels im Neusilber durch Mangan zurück [8]; er wußte zu berichten, daß die „Neusilberschmelze zu Hasserode" (bei Wernigerode im Harz) eine im Vergleich zum Ni-Neusilber weniger weiße, dem Anlaufen an der Luft etwas mehr ausgesetzte, aber billigere Mn-Neusilberlegierung herstellen sollte. Tatsächlich ist Mangan in dieser Weise auch in Gebrauch gekommen: Die Analyse eines Neusilberlöffels aus dem Jahre 1826 der

Firma Zerneke in Berlin ergab eine Zusammensetzung aus 19.7% Mn, 57.1% Cu und 23.2% Zn [9]. – Alle diese Untersuchungen über die Verwendung des Mangans und auch deren praktische Anwendung scheinen nicht sehr bekannt und auch nicht beachtet worden zu sein, denn noch in der fünften, schon nicht mehr vom Begründer herausgegebenen Auflage dieses *Handbuchs* [10] findet sich nur die schon in der ersten Auflage [11] zitierte, oben wiedergegebene Stelle von T. Bergman [1], allerdings nur in Kurzform: „Kupfer-Mangan. Röthlichweiß, sehr streckbar; läuft nach längerer Zeit grün an. Bergman." Es ist darum nicht verwunderlich, wenn im Jahre 1865 „Dr. O. E. Prieger aus Bonn kürzlich in Frankreich und anderen Ländern ein Patent genommen hat über die Herstellung von Eisenmangan und Kupfermangan". Zur Herstellung des letzteren mischte er Manganerz mit der gleichen Menge Holzkohle und feinzerteiltem Kupfer, Messing oder Bronzemetall und brachte das Gemisch im Graphittiegel unter Zusatz von Flußmitteln auf Weißglut. Seine Legierungen hatten, insbesondere wenn sie Zink enthielten, eine silberähnliche Farbe; ihr Preis war dem einer echten Bronze vergleichbar [12]. Einzelne Mn-Cu-Legierungen beschrieb etwas ausführlicher im Jahre 1870 A. Valenciennes [13] mit Mn-Gehalten zwischen 3 und 20%; sie sollten, im Gegensatz zu den älteren Angaben, alle bronzeähnlich sein, nur die mit geringen Mn-Gehalten duktil und walzbar, bei höheren Gehalten spröde und brüchig. Eine andere Veröffentlichung aus dem gleichen Jahr von J. F. Allen [14] schlug Mn-Cu-Legierungen für die Herstellung von Zapfenlagern vor, oder, nach Zulegieren von Zink, zur Herstellung von Neusilber. Gewinnen wollte er seine Legierungen durch gemeinsame Reduktion der Oxide beider Metalle mit Kohle, wobei zur Herstellung der Manganoxide die großen Mengen des bei der Chlorgewinnung anfallenden Manganchlorids Verwendung finden sollten. Diese Veröffentlichung veranlaßte den Direktor des Wiener Hauptmünzamtes, A. R. v. Schrötter, Ritter von Kristelli, zu der Bekanntgabe [15], daß bereits im Jahre 1848 der Hofrath bei der damaligen Hofkammer in Münz- und Bergwesen, Rudolf Ritter von Gersdorff ihm „eine ziemlich weisse, etwas ins Röthliche spielende Metallegierung" gezeigt habe, die aus Mangan und Kupfer im Verhältnis 1:4 bestand, „ohne jedoch etwas über ihre Darstellung anzugeben, da er diese noch geheimzuhalten beabsichtigte. Ich bemerkte, daß sich dieses Geheimnis wol nicht lange werde bewahren lassen, und fügte bei, obwol mir die Schwierigkeiten bekannt waren, die man bis dahin gefunden hatte, beide Metalle zu verbinden, daß ich selbst, mit seiner Erlaubniß mich bemühen werde, diese meine Ansicht zu rechtfertigen, was er ungläubig lächelnd hinnahm. Da mich die Sache interessierte, nahm ich bald nachher die Versuche in Angriff, und da ich wol vorhersehen konnte, daß mit dem so leicht oxydirbaren Mangan direct nicht viel anzufangen sein werde, dachte ich an den so mächtig wirkenden status nascens und beschloß, Manganoxyduloxyd mit Kupferoxyd und der entsprechenden Menge von Kohle gemengt, einer starken und anhaltenden Glühhitze auszusetzen. Der rohe Braunstein, welcher zur Darstellung des Oxyduloxydes diente, wurde vorher durch Behandeln mit verdünnter Schwefelsäure einigermaßen von Eisen und anderen Beimengungen befreit. Schon mein erster Versuch ergab ein günstiges Resultat... v. Gersdorff freute sich über den Erfolg, und indem er mir die ganze Sache zur Weiterführung überließ, übergab er mir noch eine gegossene Platte der Legierung von etwa 3 Kilo im Gewichte. Ich erzeugte nun, und zwar immer in Graphittiegeln, größere Mengen der neuen Metallverbindung, und so befinden sich noch aus jener Zeit in meinem Besitze ungefähr 14 Kilo dieser Legierungen von verschiedenem Mangangehalt und zwar von 80 Th[eilen] Kupfer und 19 Th. Mangan, ferner von 89 Th. Kupfer und 10 Th. Mangan. Das auf 100 Th. Fehlende besteht größtentheils aus Eisen, Kohle, Schwefel, Kiesel und minimalen Mengen anderer Metalle. Die schon zu jener Zeit, als ich diese Legierungen darstellte, aus denselben angefertigten verschiedenen Gegenstände, und zwar die aus den manganreicheren, zeigen deutlich, daß dieselben, ungeachtet ihres hohen Mangangehaltes sich alle Arten von Bearbeitungen, wie dem Walzen, Drehen, Drücken etc. leicht fügen. Ich erlaube mir einen Theil dieser Gegenstände [der Akademie] vorzulegen und zwar ganz in dem Zustande, den sie nach 21 Jahren angenommen haben. Silber und Pakfong würden kaum ein besseres Aussehen nach dieser Zeit beibehalten haben. Ungeachtet meiner Bemühungen ist es mir aber doch nicht gelungen, Techniker für diese Legierungen zu interessiren, daher die Sache liegen blieb und fast in Vergessenheit gerieth." A. R. v. Schrötter berichtete weiter, daß seiner Ansicht nach die Priorität für die Erfindung des Manganweißkupfers bei v. Gersdorff liege, der bereits im Jahre 1845 mit dem Obergoldscheider A. Jaworsky die ersten Versuche in dieser Richtung unternommen habe und, um Nickel einzusparen, eine Neusilberlegierung aus Kupfer, Nickel, Braunstein, Eisen und Zink erschmolzen habe, der er „aus den Anfangsbuchstaben der verwendeten Materialien ... den Namen „Zbenk" gab, der jedoch so wenig in Gebrauch kam als die so erzeugte Legierung selbst, da deren Eigenschaften einer leichten Verarbeitung entgegenstanden". A. R. v. Schrötter hob noch hervor, „daß die Legierung, welche 80 Th. Kupfer und 18 Th. Mangan enthält, von Schwefelsäure, die mit ihrem zweifachen Volumen Wasser verdünnt ist, selbst beim Kochen nur sehr wenig angegriffen wird. Auch Salzsäure wirkt wenig darauf. In Salpetersäure jedoch löst sich dieselbe mit Leichtigkeit. Vom Quecksilber wird sie nur langsam angegriffen." — Zwei Jahre später berichtete der englische Metallurge J. Percy [16], er sei vor mehr als 20 Jahren von einer der ersten Neusilberfabriken Englands zu Versuchen veranlaßt worden, deren Zweck die Auffindung eines Ersatzes für das Nickel als Bestandteil des Neusilbers war. Diese Versuche hatten günstigen Erfolg: „Alle sich dem Gelingen derselben entgegenstellenden Schwierigkeiten wurden überwunden und es ward fabrikmäßig eine Legierung dargestellt, welche dem Neusilber so vollständig gleichkam, daß sie versuchsweise an verschiedene Elektroplattierer als Argentan [Neusilber] verkauft wurde, ohne daß dieselben einen Unterschied zwischen den beiden Legierungen entdeckten. Als Ersatz für das Nickel war metallisches Mangan benutzt worden, und obgleich dieses Metall einen weit geringeren Preis hat als das Nickel, so entschied man sich damals aus commerciellen Gründen doch dahin, die Sache nicht weiter zu verfolgen, da zu jener Zeit die Fabrication von Neusilber in hohem Grade lohnend war. Die oben gedachte Firma hat es zu jeder Zeit in ihrer Gewalt, die Manganlegierung auf den Markt zu bringen ...". Die Redaktion der Zeitschrift *Chemical News* fügte diesem Bericht die Bemerkung hinzu, daß J. F. Allen auf der Liverpooler Versammlung der British Association über die Herstellung solcher Legierungen ausführlich berichtet und seinen Vortrag recht vollständig veröffentlicht habe. — Auf der im Jahre 1873 in Wien veranstalteten Weltausstellung scheinen die Legierungen keine besondere Rolle gespielt zu haben [17], obwohl sie in den folgenden Jahren gelegentlich rühmend erwähnt wurden; so stellte beispielsweise die Firma Biermann & Clodius in Hannover damals ein Mangan-Neusilber her mit 72.25 Cu, 16.57 Mn, 8.75 Zn und 2.43 Fe, das bei 40tägigem Liegen im Wasser keinerlei Veränderungen zeigte, sich gut walzen ließ und die Elektroplattierung mit Silber sehr gut annahm [18]. Über eine größere Zahl positiv ausgefallener Untersuchungen über Mn-Cu-Legierungen im Zeitraum bis zum Jahre 1890 weiß B. Kerl [19] zu berichten, wobei auch ternäre Legierungen besprochen werden. — Mit dem Beginn des 20. Jahrhunderts erscheinen zahlreiche systematische Untersuchungen über Mn-Cu-Legierungen [20], die zusammengefaßt und erweitert im Jahre 1930 zur Aufstellung eines Zustandsdiagramms führten [21], das allerdings schon im gleichen Jahre eine Korrektur erfuhr [22]. Aus der neuesten Zeit liegen nur wenige Untersuchungen über das System Mn-Cu vor, obwohl es die Grundlage einer ganzen Reihe technisch wichtiger Dreistofflegierungen, etwa das Manganins (Cu-Mn-Ni), bildet [23].

Literatur:

[1] T. Bergman (Diss. de Mineris Ferri Albis [1774] in: Opuscula Physica et Chemica, Bd. 2, Uppsala 1780, S. 184/230, 205). — [2] M. T. Brünnich (Mineralogie, Afhandelnde Egenskaper og Brug of Jord- og Steenarder, Kopenhagen 1777, S. 301 nach G. F. C. Fuchs, Geschichte des Braunsteins, seine Verhältnisse gegen andere Körper und seine Anwendung in Künsten, Jena 1791, S. 170). — [3] P. J. Macquer (Chymisches Wörterbuch [deutsch von J.

G. Leonhardi] 2. Aufl., Bd. 1, Leipzig 1788, S. 574/5). – [4] S. Rinman (Versuch einer Geschichte des Eisens mit Anwendung für Gewerbe und Handwerker [deutsch von J. G. Georgi], Bd. 1, Berlin 1785, S. 471/2 [schwedische Erstausgabe 1782]). – [5] S. Rinman (Geschichte des Eisens für Künstler und Handwerker [deutsch von C. J. B. Karsten], Bd. 2, Liegnitz 1815, S. 147/8).

[6] P. J. Hjelm (Kgl. Svenska Vetenskaps Acad. Nya Handl. **6** [1785] 141 nach Chem. Ann. Crell **1787** II 446/54, 452). – [7] J. F. Gmelin (Chem. Ann. Crell **1788** II 3/11). – [8] O. L. Erdmann (Über das Nickel, seine Gewinnung im Großen und technische Benutzung, Leipzig 1827, S. 121). – [9] J. Zeuner (Handbuch der Metallegierungen, Quedlinburg, Kapitel Kupfer-Mangan nach J. F. Allen, Dinglers Polytech. J. **198** [1870] 517/20). – [10] L. Gmelin (Handbuch der anorganischen Chemie, Bd. 3, 5. Aufl., ergänzt von K. List, Heidelberg 1853, S. 441).

[11] L. Gmelin (Handbuch der theoretischen Chemie, Bd. 2. Frankfurt a. M. 1817, S. 799). – [12] O. E. Prieger (Génie Industrielle, April 1865, S. 213 nach Dinglers Polytech. J. **177** [1865] 303/6; Jahresber. Chem. Technol. **11** [1866] 161/4). – [13] A. Valenciennes (Compt. Rend. **70** [1870] 607/8). – [14] J. F. Allen (Chem. News **22** [1870] 194/5; Jahresber. Chem. Technol. **17** [1871] 161/2). – [15] A. R. v. Schrötter (Sitz.-Ber. Kaiserl. Akad. Wiss. Wien Math.-Naturw. Kl. II **63** [1871] 453/6).

[16] J. Percy (Chem. News **27** [1873] 249/50; Dinglers Polytech. J. **209** [1873] 194/200). – [17] J. Bendix (in: Amtlicher Bericht über die Wiener Weltausstellung von 1873, Bd. 3, 1. Abtheilung, Braunschweig 1875, S. 842 nach Jahresber. Leistungen Chem. Technol. **21** [1876] 7/10, 8/9). – [18] Anonym (Berg-Hüttenmänn. Ztg. **35** [1876] 239). – [19] B. Kerl (in: F. Stohmann, B. Kerl, Encyclopädisches Handbuch der Technischen Chemie, 4. Aufl., Braunschweig 1893, Spalte 2140, 2169/74). – [20] M. Hansen (Der Aufbau der Zweistofflegierungen, Berlin 1936, S. 576/84).

[21] T. Ishiwara (Sci. Rept. Tohoku Imp. Univ. **19** [1930] 499/519, 505). – [22] E. Persson (Z. Physik. Chem. B **9** [1930] 25/42, 38). – [23] A. Kussmann, J. H. Wollenberger (Naturwissenschaften **43** [1956] 395). – [24] R. E. Raspe (Beitr. Chem. Ann. Crell **3** [1788] 482/5). – [25] Dr. Higgins (Mem. Agricult. **3** [1764] 459 nach R. Watson, Chemical Essays, Bd. 4, Cambridge 1786, S. 118 Fußnote).

[26] F. Hildebrandt (Lehrbuch der Chemie als Wissenschaft und als Kunst, Erlangen 1816, S. 325).

Supposition on a Metal Content in Braunstein. Early Attempts at Preparation

1.3 Metallvermutung im Braunstein. Frühe Darstellungsversuche

Abgesehen von den griechischen Alchemisten der Antike und ihren mittelalterlichen Nachfolgern, die in der Magnesia der Glasmacher ein ‚Quecksilber' vermuteten, s. S. 19/20, hat die Ähnlichkeit mancher oxidischer Manganminerale mit Magneteisenstein, Blutstein oder Glasköpfen, anderer mit dem Antimonsulfid, ihre teilweise beträchtliche „Schwere", ihre Fähigkeit, Glas und die Boraxperle zu färben, und andere chemische Eigenschaften die alten Berg- und Hüttenleute und naturwissenschaftlich interessierte Schriftsteller in den Stoffen, die zusammenfassend Magnesia und Braunstein genannt wurden, ein Metall vermuten lassen. Dies lassen zahlreiche Untersuchungen deutlich erkennen, einige seien hier angeführt. So hat schon der berühmte englische Franziskanermönch Roger Bacon [1219 bis 1294], dem die Nachwelt den ehrenvollen Titel ‚Doctor mirabilis' verlieh, in seinem *De Alchemia Libellus* [1], einer wahrscheinlich echten Schrift [2], sich zusammenfassend über die „Magnesia-, Marcasith- und Tutia-Arten" entsprechend geäußert. Viel genauer drückte sich im Jahre 1769 der englische Arzt W. Irvine (gestorben 1787) aus; nach ihm ist Braunstein als eine metallhaltige Substanz anzusehen, der „whether a new metal, or a mixture of those already known" zugehöre [10]. Er dürfte die Ansicht aller den Braunstein untersuchenden Forscher ausgesprochen haben. Es war jedoch nie gelungen, aus der Magnesia ein Metall zu erschmelzen. Darüber verwunderte sich beispielsweise V. Biringuccio [6] im Jahre 1540: ,,Dela simil natura anchor si troua vnaltro mezzo minerale, qual si chiama manganese, del quale oltre a quel che vien dela Alemagna, sene troua in Toschana nele montagne di Viterbo, & nela Salodiana riuera, a Montecastello vicino a Cara sene ritroua, questo e di color ferrigno scuro. Non fonde in modo che sene caui metallo, ma accompagnato con cose disposte a vetrificare e le tegne in bellissimo color pauonazzo ... [Es gibt noch ein Halbmineral ähnlicher Art (wie Galmei und Zaffera, d. i. Kobalterz), das man Manganese nennt. Dieses kommt aus Deutschland und findet sich außerdem in der Toskana im Gebirge von Viterbo und am Salodiana-Fluß bei Montecastello nahe bei Cara. Es ist dunkelrostbraun. Es schmilzt nicht so, daß man daraus Metall gewinnen kann. Aber wenn man ihm Stoffe zusetzt, die verglasbar sind, färbt es diese prachtvoll violett ...].'' – Zwei Jahrhunderte später gab der Berliner Professor der Chemie J. H. Pott [1692 bis 1777] ebenfalls seiner Verwunderung über diese Eigenschaft des Braunsteins Ausdruck [7]: ,,Imo neqvidem species illa Magnesiae, qvae antimonii faciem prae se fert, ulla ratione qvicqvam regulini vel Martialis monstravit, adeoqve singulare paradoxon sistit nempe mineram externa facie totam metallicam, qvae tamen nihil metallici in se continet: unde inducor at credendum eos, qvi per experientiam in ipso aliqvid Martialis repererunt, frusta ejus qvaedam impuriora, & ferreis partibus crude inqvinata accepisse. [Ja, nicht einmal die Magnesia-Art, die wie das Antimon[sulfid] aussieht, zeigt irgend etwas Metallisches oder Eisenähnliches. Es besteht also das einzigartige Paradoxon: Ein Mineral, dessen äußeres Aussehen ganz einem metallhaltigen entspricht, und das doch nichts Metallisches enthält. Darum werde ich zu der Überzeugung geführt, daß die, welche bei ihren Experimenten in ihm etwas Eisen gefunden haben, wohl unreinere Stücke und mit Eisenteilchen verunreinigte Stücke dazu genommen haben].'' Die Arbeitsweise der Forscher zeigte der Berliner Apotheker und Chemiker A. S. Marggraf [1709 bis 1782], der seine vergeblichen Versuche, aus Braunstein ein Metall zu erhalten, ein Jahr vor der Entdeckung des Elementes etwas ausführlicher beschrieb [8]: Den braunschwarzen Niederschlag, den er aus der thermischen Zersetzung des weißen Mangansulfates erhalten hatte, mischte er mit der dreifachen Menge des Schwarzen Flusses (das ist ein Gemisch aus 2 bis 3 Teilen Weinstein und einem Teil Salpeter, in einem Tiegel mit glühendem Eisen entzündet, ein Gemenge aus Kohle und Pottasche liefernd [9]) und etwas Kienruß, gab das Ganze unter eine Boraxdecke in einen Tiegel, den er zwei Stunden lang dem heftigsten Feuer aussetzte. Nach dem Zerbrechen des abgekühlten Tiegels fand er ,,ein wenig regulinische Substanz, von einer rötlichbraunen Farbe, deren Natur ich hoffe, besser bestimmen zu können, wenn ich genauere Untersuchungen angestellt habe, ... die Materie scheint mir kupferhaltig zu sein.'' – Mehr Erfolg schien fast 20 Jahre zuvor, im Jahre 1756 der schwedische Metallurge S. Rinman [1720 bis 1792] gehabt zu haben, er ist darum auch für den Entdecker des Elementes gehalten worden, s. S. 43.

Bei ihren systematischen Untersuchungen stießen die Mineralogen des 18. Jahrhunderts noch auf zwei andere Mineralien, die sich ebenso ,,paradox'' verhielten wie der Braunstein. C. v. Linné [Linnaeus, 1707 bis 1778] glaubte sie darum zusammenfassen zu dürfen und schrieb im Jahre 1768 in der 12. Auflage seines Werkes *Systema Naturae* [3] unter der übergeordneten Bezeichnung ‚Molybdaenum': ,,1. Molybdaenum Reißblei [Graphit und Molybdänsulfid umfassend], 2. Molybdaenum Brunsten [Braunsteinarten], 3. Molybdaenum Spuma Lupi Wolfram''. In der Einleitung zu seinem Werk nennt er diese Erzgruppierungen ,,Paradoxa varia'', und bei der Besprechung der Erze schreibt er in einer Fußnote: ,,...daß Molybdaenum ein Erz sei, zu dieser Annahme zwingen wohl alle Attribute: doch ein eigenes Metall daraus herauszuholen, hat bis jetzt noch keine chemische Kunst gelehrt. Ob wohl dieses Metall im Gegensatz stehen wird zum Quecksilber und niemals flüssig sein wird, wie dieses es immer ist?'' Dann fährt er fort: ,,Ich will aber nicht den Gedanken an ein neues Metall einführen, sondern nur unerforschte Erze mit Absicht an einen herausgehobenen Platz stellen, bis aus ihnen ein König erhalten werden wird.'' Die Vermutung Linnés, es sei bei den ,,Molybdänerzen'' ein sehr hoher

Schmelzpunkt zu erwarten, glaubte übrigens L. B. Guyton de Morveau [4] im Jahre 1779 bestätigen zu können, als er bei seiner Nacharbeitung der Bergmanschen Versuche über das Braunsteinmetall fand, „daß die Gewalt des Feuers, die ich [bei dem Versuch, das Metall darzustellen] anzuwenden gezwungen gewesen bin, mich dieses Metall als unschmelzbarer als Platin beurteilen läßt". Ablehnend gegen die Linnéschen Voraussagen verhielt sich dagegen Johann Friedrich Gmelin [1748 bis 1804, Vater des Begründers dieses Handbuchs], der in seiner im Jahre 1778 erschienenen „freyen und stark vermehrten Übersetzung" der genannten Auflage des Linnéschen Werkes die drei Erze zwar ebenfalls gemeinsam in einer Gruppe behandelt, vom Braunstein auch besonders betont, daß bisher „es keinem gelungen, einen metallischen König daraus zu erhalten" [5] – offenbar ist ihm die Kaimsche Dissertation, s. nachstehend, unbekannt geblieben – das Mineral aber „einige Ähnlichkeit mit den Metallen" zeige, sonst aber unterdrückt er die Linnéschen Bemerkungen.

Literatur:

[1] Roger Bacon (De Alchemia Libellus, Kap. 3, in: J. J. Manget, Bibliotheca Chemica Curiosa, Bd. 1, Genf 1702, S. 614). – [2] A. G. Little (Roger Bacon's Works in: A. G. Little, Roger Bacon, Essays by Various Writers, Oxford 1914, S. 375/425, Nr. 49, S. 411/2). – [3] C. v. Linné (Systema Naturae per Regna Tria Naturae Secundum Classes, Ordines, Genera, Species cum Characteribus et Differentiis, Bd. 3, Stockholm 1768, S. 9, 121 Fußnote). – [4] L. B. Guyton de Morveau (J. Phys. Chim. Hist. Nat. Arts **13** [1779] 470/3). – [5] C. v. Linné (Vollständiges Natursystem des Mineralreichs, nach der 12. Ausgabe in einer freyen und vermehrten Übersetzung von J. F. Gmelin, 3. Theil, Nürnberg 1768, S. 66/85, 73/81).

[6] V. Biringuccio (Dela Pirotechnia Libri X, Buch 2, Kap. 9, Venedig 1540, fol. 36 v; Übersetzung: O. Johannsen, Biringuccios Pirotechnia, Braunschweig 1925, S. 133). – [7] J. H. Pott (Miscellanea Berolinensia **6** [1740] 40/54, 45). – [8] A. S. Marggraf (Nouveaux Mémoires de l'Académie Royales des Sciences et des Belles Lettres de Berlin, Année 1772 [1775] 3/8). – [9] T. Scheerer (in: J. Liebig, J. C. Poggendorff, F. Wöhler, Handwörterbuch der reinen und angewandten Chemie, Bd. 3, Braunschweig 1848, S. 169/70). – [10] W. Irvine (Essays, Chiefly on Chemical Subjects, herausgegeben von W. Irvine [Sohn], London 1805, Pref. XVIII nach J. R. Partington, A History of Chemistry, Bd. 3, London 1962, S. 212).

The Discovery of Manganese Metal

1.4 Die Entdeckung des Manganmetalls

1.4.1 Die Entdeckung des Manganmetalls durch Ignatius Gottfried Kaim

Der Entdecker des Manganmetalls ist ohne Zweifel Ignatius Gottfried Kaim[1)], der im 4. Kapitel seiner im Jahre 1770 in Wien erschienenen, unter Anleitung von Jacob Joseph

[1)] In der Literatur finden sich keine biographischen Angaben über den Manganentdecker, doch konnte folgendes ermittelt werden: Ignatius Gottfried Kaim ist nach der Eintragung im *Taufbuch* V/471 der Stadtpfarre Steyr (Oberösterreich) am 12. Januar 1746 als Sohn des aus Singen im Hegau zugezogenen Feldschers, späteren Stadtphysikus Johann Sebastian Kaim (etwa 1700 bis 10. 2. 1772) und der Elisabetha Stainerin (etwa 1721 bis 28. 1. 1787) geboren; das Bürgerrecht hatte der Vater am 11. Mai 1725 (*Matrikelnr.* R.P. 1725/578) erhalten. Welche Schulen der junge Kaim besucht hat, war nicht zu ermitteln, auch nicht, wann er in Wien immatrikuliert wurde. Nach Angaben des Archivs der Universität Wien ist I. G. Kaim, nachdem er am 12. Dezember 1769 das Examen und am 23. Juli 1770 die Disputatio publica [öffentliche Dispution] hinter sich gebracht hatte, am 24. Juli 1770 zum Dr. med. promoviert worden; in die Fakultät wurde er am 9. Dezember 1772 aufgenommen. Am 17. Oktober 1774 heiratete I. G. Kaim, „des innern Raths und Stadtchirurgus Sohn", in Steyr „mit der wohledelgeborenen

Winterl (1723 bis 1809), Professor der Medizin an der Universität Tyrnau (heute: Trnova bei Preßburg, Tschechoslowakei) verfaßten Dissertation: *De Dubiis Metallis* [Über zweifelhafte Metalle], Titelseite s. **Fig. 3**, S. 38, unter der Überschrift: *De Magnesia Vitrariorum sen Siderea Nigra (Braunstein)* ausführlich über seine erfolgreichen Reduktionsversuche an diesem Erz berichtete [1]. Die Dissertation hat wenig Beachtung gefunden, aus eigener Kenntnis zitiert sie nur J. G. Leonhardi [2] in seiner stark ergänzten und kommentierten Übersetzung der 2. Auflage des Macquerschen *Chymischen Wörterbuchs.* In dem vorliegenden Exemplar der Dissertation aus der ehemaligen Großherzoglichen Hessischen Hofbibliothek Darmstadt findet sich die handschriftliche Eintragung: „Thesin optimam et nova continentem Cl. Baltingero mittit Crantz [Diese sehr gute auch Neues enthaltende Thesis schickt dem berühmten Baltinger (J. N. H.) Crantz (1722 bis 1799, damals Professor in Wien)]", woraus hervorgeht, daß Crantz sie in Baltingers *Auszügen aus den neuesten Dissertationen* [3] besprochen wissen wollte. Dies ist in den allein erschienenen sechs Heften des ersten Bandes nicht geschehen. Es sei daher das genannte Kapitel der Kaimschen Dissertation [1] hier wiedergegeben:

„Paucissimi hactenus mineralogi magnesiae mentionem injecerunt; defecerunt enim hucusque experimenta necessaria, quae lumen praeferre deberent, ad hoc fossile suo debito loco recte collocandum. Aliqui tamen nihilo-minus generi ferri audacter inscripserunt, utut ex eorum scriptum haud intelligatur, etiamne instituto experimento ferrum inde eduxerint. Certe Cl. Pott in Miscell. Berol. 1740 magnesiam examinans nec in via humida nec in sicca vestigium ferri detegere potuit, ut proinde puram magnesiam ad ferri genus revocare nulla jubeat ratio. Cl. itaque Anonymus [Cronberg], toties in hoc opusculo citatus, magnesiam cum Spuma Lupi proprium terrae genus constituit. Sed Cel. Linnaeus utramque metallis redidit, quod omnia minerae attributa haberent, etsi nulla etiamnum ars veram inde metallum educere didicerit; subjungit itaque quaestionem: an metallum oppositum hydrargyro, quod nunquam fusile, ut illud semper fusum? Habemus enim jam exemplum metalli non fusilis in platina; sed ne quid praemature dicatur, posterum experientia revellendum, prudenter monet: se non introducere idaeum novi metalli; sed collocare obscuras species metallicas in loco gratis exposito, usque dum regulus coronetur. Ista me igitur incitarunt, ut magnesiam, a nemine hactenus perfecte examinatam, & omnibus derectictam chemicis, explorandam summerem. Sumpsi magnesiae pulverisatae partem unam, fluoris nigri optimi partes duas, mixta igne successive adaucto fudi; fusum in conam fusorium effudi; ita statim regulum obtinui, albo coerulescentem, fragilem, qui diffractus superficiem exhibuit ex infinitis minimis planis varie positis, nitidis, inspectu obliquo nonnihil flavescentibus, interjecto inter singula plana spatiolo coeruleo, aspero, & splendore orbo constantem, adeoque instar crystallorum metallicorum minerae coerulescenti immersorum adparentem. [Absatz] Hoc metallum proprium habuit, quod nullo acido sc. nec acido vitriolico, nec nitroso, nec muriatico attingeretur; tentavi ea acida concentrata & diluta, sciens quippe, & Zincum, quod a concentrato vitrioli oleo non attingitur, a dilutissimo in integrum reseravi; verum nec cum dilutis, nec eam concentratis succedere voluit hujus semimetalli solutio; successit autem optime in omni acido mixto, sc. vitriolico cum nitroso, vitriolico cum muriatico, impetuosissime autem in nitroso cum muriatico seu aqua regis; itaque cum frustulum ejusdem metalli in acidum nitri purum projicitur, pacata monebant omnia, donec simul salis ammoniaci frustulum immittitur, statim inde ebullitionis motus percipitur a metallica gleba

---

Jungfer Maria Theresia des Wohledelgeborenen Herrn Joseph Anton Eßlinger, des innern Raths und vornehmen Gastgeber in der Hauptstadt Linz Ehelich erzeugten Jungfern Tochter" (*Trgb.* III/98, Stadtpfarre Steyr). Der Ehe entsprossen vier Kinder. Als Todestag von I. G. Kaim ergibt sich aus der Geburtsmatrikel der 10. Februar 1795, ohne daß der Sterbeort angegeben wäre. Doch läßt sich dem *Liber viduarum* [Verzeichnis der Witwen] der Witwensocietät der medizinischen Fakultät der Universität Wien entnehmen, daß er Ende des 18. Jahrhunderts im Stadtbereich Steyr gestorben ist.

Fig. 3

IGNATII GODEFRIDI KAIM
AUSTRIACI STYRENSIS
DISSERTATIO
INAUGURALIS CHEMICA
DE
METALLIS DUBIIS,
QUAM
AUTHORITATE, ET CONSENSU
ILLUSTRISSIMORUM, PERILLUSTRIUM, MAGNIFICORUM, SPECTABILIUM, CLARISSIMORUM VIRORUM,
Reverendissimi, ac Magnifici Domini
UNIVERSITATIS RECTORIS,
Reverendissimi, Illustrissimi, ac Amplissimi Domini
UNIVERSITATIS CANCELLARII,
Illustrissimi, Magnifici, ac Clarissimi Inclytæ Facultatis Medicæ
DOMINI PRÆSIDIS,
Perillustris, ac Magnifici, Inclytæ Facultatis Medicæ
DOMINI VICE - PRÆSIDIS,
Perillustris, ac Spectabilis Inclytæ Facultatis Medicæ
DOMINI DECANI,
DD. Sacræ Cæsareo - Regiæ Apostolicæ Majestatis Consiliariorum, & Archiatrorum, nec non Clarissimorum
DD. PROFESSORUM,
Venerabilis Domini Senioris, atque totius Amplissimi
DD. MEDICORUM COLLEGII,
Pro Gradu Doctoratus consequendo
PUBLICÆ DISQUISITIONI SUBMITTIT
DISPUTABITUR IN PALATIO UNIVERSITATIS
MENSE JULII DIE MDCCLXX.

VIENNÆ, Literis Schulzianis.

Titelseite der Dissertation I. G. Kaims.

adsurgens, & impetus spumae in ratione progredientis salis ammoniaci augetur. Solutio cum acidis vitrioli & salis certam proportionem sc. pondus fere aequale, atque utrumque acidum fumans sit, requirit; injiciatur tunc regulus in alterutrum acidum, nullus subsequetur motus; sed superfuso altero nascetur ingens ebullitio, quam quidem acida ipsa inter se confligendo excitant; hac cessante autem bullulae ex metallo ascendentes conspici possunt; acidum salis inter haec densi albique fumi specie ex vitriolico se sensim omne iterum in aerem subducit, quo facto oleum vitrioli metallum solutum tenens relinquitur, bullulae vero ex metallo ascendentes in ea ratione minuuntur, quo plus muriatici acoris e miscella exhalavit, solo quippe vitrioli oleo ad solutionem inerti. [Absatz] Nulla harum solutionum ab adfusa aqua pura turbatur seu praecipitatur, quemadmodum antimonii & Wismuthi solutionem solent. [Absatz] Praecipitatio earundem solutionum a lixivio probatorio obscuri gramineo viridis coloris fuit, a lixivio arsenicali pallido rubelli, sed utroque modo adhuc aliquantum pro menstrui solventis varietate diversi.

	Per lixivium probatorium	*Per lixivium arsenicale*
Ex acido vitriolico & nitroso	Sedimento obscure & obsolete coerulescente, supernatante liquore fere coloris experte; subinde leviter gramineo	Sedimento subaurantiaco, supernatante humore fere coloris experte
Ex acido vitrioli & salis	Sedimento nullo, liquore obscuro, eleganter gramineo, nonnihil in coeruleum vergente, diaphano	Floccis paucis albis, subsidentibus, humore coloris experte
Ex acido nitri & salis	Colore profundo viridi, sed vivacissimo	Colore subaurantiaco persistente
Ex acido nitri & sale ammoniaco	Sedimento obscure ac obsolete coeruleo, supernatante humore gramineo viridi	Sub commixtionis momento colore saturate rubro aurantiaco, fumi dein erumpunt albi, copiosi, cum quibus color iterum ex pallescit

His phoenomenis patet, falli illos, qui ferrum magnesiae inesse existimant, quod tamen cum liquore probatorio caeruleum berolinense, cum arsenicali vero lixivio massam glutinosam nigro sub viridescentem largiri deberet. [Absatz] Tamdiu ergo locum novi semimetalli tuebitur, donec quis docuerit, vel has proprietates ab eodem separabiles esse, vel alteri metallo jam cognito sub certis conditionibus communicari posse. Interea adhuc variis probis documasticis, ab iis quibus majus quam mihi est otium, tentari meretur. [Absatz] Forte in rerum natura plures hujus metalli species variis in mineris latent, & forte latebant adhuc diu. Difficultas cognitionum illorum perpetuo impediens ea est, quod ob nimis exiguam cum inflammabili principio adfinitatem facilius vitrificentur, quam regulinam formam adsumant. Quodsi ergo nimis debili urgeas igne, non mutantur; medium vero regimen difficulter attingitur. Fluor quoque omnis vitrificationem adjuvat, pulvis carbonum fluxum impedit, pix nimium intumescit, & consumitur, antequam reliquum mutetur; vitrum semel natum irreducibile est. Cogitent ergo chemici de adminiculo vitrificationem impediente, fluxum metallicum adjuvante, phlogiston autem copiosum nunquam non offerente, quo in magna quantitate, forte aliquando in usus oeconomicos, obtineri metallum valeat.

[Sehr wenige Mineralogen haben bisher die Magnesia erwähnt; es fehlen daher bis jetzt die nötigen Untersuchungen, welche erhellen sollten, wo dieses Fossil an der gehörigen Stelle einzuordnen ist. Einige schreiben es trotzdem kühn dem Eisengeschlecht zu, obwohl man aus ihren Schriften kaum erkennen kann, ob sie durch ein angestelltes Experiment daraus Eisen erhalten haben. Genau untersucht hat der berühmte Pott (Miscell. Berol. 1740) die Magnesia und weder auf dem nassen noch dem trockenen Wege eine Spur Eisen entdecken können, so daß kein Grund besteht, die reine Magnesia dem Eisengeschlecht zuzuordnen. Der in dieser Arbeit oft zitierte Anonymus [Cronberg] stellt daher die Magnesia zusammen mit dem Wolfram als eigenes Erdgeschlecht auf. Aber der hochberühmte Linné hat beide wieder zu Metallen gemacht, weil sie alle Attribute eines Erzes haben, obwohl bisher keine Kunst ein wahres Metall daraus zu gewinnen gelehrt hat; er schließt daran die Frage, ob darin etwa ein dem Quecksilber entgegengesetztes Metall, das niemals schmelzflüssig ist, wie dieses es immer ist? Wir haben ja schon ein Beispiel eines unschmelzbaren Metalls: das Platin. Doch mahnt er klug, keine unsicheren Voraussagen zu machen darüber, was später die Erfahrung enthüllen müsse: er wolle nicht die Vorstellung eines neuen Metalls einführen, sondern unbekannte Erzarten an einem richtigen Ort einordnen, bis daraus ein König erhalten werde. Das also hat mich angeregt, die bisher von niemandem vollständig untersuchte, und von allen Chemikern beiseite geschobene Magnesia mir zur Untersuchung herzunehmen. Ich nahm pulverisierte Magnesia einen Teil, zwei Teile besten Schwarzen Fluß und schmolz das Gemisch bei stetig gesteigertem Feuer. Die Schmelze goß ich in einen Gießbuckel aus. So erhielt ich sogleich einen Regulus, bläulichweiß und zerbrechlich, der nach dem Bruch eine Oberfläche aus unzähligen, sehr kleinen, glänzenden, ebenen Flächen in den verschiedensten Stellungen zeigte, bei schräger Betrachtung aber sahen sie etwas gelblich aus, wobei die einzelnen Flächen durch blaue, rauhe, stumpf glänzende Zwischenräume getrennt waren. [Der König] glich so stark kristallisierten Metallen wie ein bläulich gefärbtes Erz. [Absatz] Dieses Metall hat die Eigenheit, daß es von keiner Säure, auch nicht von der Vitriolsäure, der Salpetersäure oder Salzsäure angegriffen wird; ich habe diese Säuren konzentriert und verdünnt versucht, da mir bekannt ist, daß auch Zink, das von konzentriertem Vitriolöl nicht angegriffen wird, von der sehr verdünnten [Säure] vollständig aufgelöst wird. Aber weder mit verdünnten noch mit konzentrierten [Säuren] wollte die Auflösung dieses Halbmetalls gelingen; sie gelang jedoch aufs beste mit allen gemischten Säuren, etwa Schwefelsäure mit Salpetersäure, Schwefelsäure und Salzsäure, stürmisch aber in Salpetersäure und Salzsäure, dem Königswasser; wenn daher ein bißchen von diesem Metall in Salpetersäure eingeworfen wird, bleibt alles friedlich, bis ein bißchen Salmiaksalz zugleich eingeworfen wird: Sofort beginnt die Bewegung des Aufbrausens von dem Metallstückchen ausgehend und der Anstieg des Schaumes nimmt zu im Verhältnis des Zusatzes von Salmiak. Die Auflösung mittels Schwefel- und Salzsäure erfordert ein bestimmtes Verhältnis, d.h. fast gleiches Gewicht der jeweils rauchenden Säuren; dagegen wenn der Regulus in eine der beiden Säuren geworfen wird, erfolgt keinerlei Bewegung, aber nach dem Zugießen der anderen entsteht ein ungeheures Aufbrausen, welches die Säuren untereinander im Streit hervorrufen. Ist dies beendet, kann man Bläschen vom Metall aufsteigen sehen. Dabei geht die Salzsäure in Form dichter weißer Dämpfe aus der Vitriolsäure merkbar ganz wieder in die Luft ab, wodurch nur Vitriolöl zurückbleibt, das das Metall gelöst enthält, und die Bläschen, die vom Metall aufsteigen, nehmen in dem Maße ab, je mehr Salzsäure aus der Mischung entwichen ist, da das Vitriolöl allein zur Auflösung unfähig ist. [Absatz] Keine dieser Lösungen wird durch Zugießen von Wasser getrübt noch entsteht eine Fällung wie bei Lösungen von Antimon oder Wismut es geschieht. [Absatz] Die Fällung dieser Lösungen durch Probierlösung war von dunkler grasgrüner Färbung, durch die arsenikalische Lösung von blaßroter Farbe, aber in beiden Fällen unterschiedlich je nach der Art des Lösungsmittels. [Absatz] Durch diese Erscheinungen erhellt, daß sich jene täuschen, die Eisen in der Magnesia annehmen, denn mit Blutlaugensalz müßte Berliner Blau, mit der arsenikalischen Lösung eine grünlichschwarze gelatinöse Masse entstehen. [Absatz] Solange also ist ihm die Stellung als neues Halbmetall freizuhalten, bis einer zeigen wird, daß entweder diese Eigenschaften von ihm abtrennbar sind oder unter bestimmten Bedingungen einem anderen schon bekannten Metall zukommen können. Inzwischen verdient es, durch die, die mehr Ruhe haben als ich, nach anderen Prüfmethoden untersucht zu werden. [Absatz] Vielleicht stecken in den Dingen der Natur noch mehrere derartige Metalle in den verschiedenen Mineralien, und vielleicht werden sie noch lange verborgen bleiben. Die dauernd bestehende Schwierigkeit bei der Erkennung derselben besteht darin, daß wegen der allzu kleinen Verwandtschaft mit dem brennbaren Prinzip sie leichter verglasen als regulinische

	Mittels der „Weinprobe"[1]	*Mittels „arsenicirtem Blutlaugensalz"*[1]
Aus Schwefel- und salpetriger Säure	Niederschlag dunkel und verwaschen bläulich, überstehende Flüssigkeit fast ohne Farbe; dann leicht grün	Niederschlag orangefarben, überstehende Flüssigkeit fast ohne Farbe
Aus Vitriol- und Salzsäure	Kein Niederschlag, Flüssigkeit dunkel, schön grün, etwas blaustichig, durchsichtig	Wenige weiße Flocken, die sich absetzen, Flüssigkeit farblos
Aus Salpeter- und Salzsäure	Färbung tiefgrün, aber sehr lebhaft	Färbung orange, beständig
Aus Salpetersäure und Salmiaksalz	Niederschlag dunkel und verwaschen blau, überstehende Flüssigkeit grasgrün	Im Augenblick des Mischens Färbung rotorange, dann entweichen weiße Dämpfe, reichlich, wodurch die Färbung wieder heller wird

[1] Übersetzung der beiden Worte sind dem Zitat in J. G. Leonhardi [2] entnommen; zur Weinprobe s. „Blei" A1, 1973, S. 139.

Form annehmen. Wenn du sie also mit einem allzu schwachen Feuer behandelst, werden sie nicht verändert, ein mittlerer Grad berührt sie schwerlich. Auch jeder Fluß unterstützt die Verglasung, Kohlepulver verhindert das [Zusammen-]Fließen, Pech bläht sich zu sehr auf und wird verbraucht, bevor der Rest umgewandelt wird, und einmal gebildetes Glas ist unreduzierbar. Es mögen also die Chemiker über einen die Verglasung hindernden Zusatz nachdenken, der das Fließen des Metalls unterstützt und stets genug Phlogiston anbietet, wodurch das Metall in großer Menge, einst vielleicht zu nützlichem Gebrauch, erhalten werden kann]."

Zwanzig Jahre später kam J. J. Winterl [4] in seiner Schrift: *Die Kunst, Blutlauge ... zu bereiten und ... anzuwenden* auf den Kaimschen Braunsteinkönig zurück und berichtete ergänzend: „Der Braunsteinkönig entzieht dem abgezogenen [destillierten] Wasser keine Luft..., allein nihmt man Brunnenwasser, so entsteht brennbare Luft, jedoch nur im Verhältnis der vorhandenen Luftsäuren [CO_2] und nicht mehrere."

J. G. Leonhardi [2] vermutete richtig: „Ohne Zweifel war Kaim's Braunsteinkönig sehr unvollkommen und unrein, und da dessen Schrift überhaupt nicht sonderlich bekannt geworden ist, so würde niemand von der Gegenwart eines besonderen Halbmetalls im Braunstein eher überzeugt, bis Herr Bergman im Jahre 1774 ... den Schluß auf ein neues, in ihm vorhandenes Metall machte", s. im Nachstehenden. Tatsächlich ist die Kaimsche Dissertation in der neueren Literatur vielfach [5 bis 8] nicht angeführt, obwohl beispielsweise H. Kopp [9] in seiner *Geschichte der Chemie* die Kaimsche Entdeckung bespricht und hinzufügen muß: „,... aber seine Angaben fanden keine Beachtung", und J. C. Poggendorff [10] in seinem *Biographisch-Literarischen Handwörterbuch* die Dissertation und die Mangandarstellung aufführt, allerdings unter dem Stichwort „Winterl". Schon J. J. Winterl fand es in der obenerwähnten Schrift [4] angebracht, auf den Anspruch seines Schülers hinzuweisen, betont dabei aber auch seinen eigenen Anteil an der Entdeckung des Manganmetalls: „Ich hab den Braunstein in einer mit H[errn] Kaim zu einer Streitschrift bearbeiteten Abhandlung de dubiis metallis, Viennae, literis Schulzianis 1770 [s. Fig. 3, S. 38] am ersten als einen Metallischen König dargestellt. Zeither blieb er immer der Gegenstand meiner Aufmerksamkeit. Ich hoffe, einst seine Bestandteile zuverlässig anzugeben, in einer Abhandlung von den Bestandteilen aller Metalle [die Verbindungen einer von ihm entdeckten universellen Erde, die er Andronia [11] benannte, sein sollten], an der ich arbeite." – Einige Zeitgenossen jedoch, so der oben zitierte J. G. Leonhardi [2], G. F. C. Fuchs [12], Professor der Medizin in Jena, Rink [13], dem die Synthese des Rhodanwasserstoffs gelungen war, später dann im Jahre 1829 der von revoltierenden Studenten der Bergakademie Schemnitz (heute: Banská Štiavnica, Slowakei) ermordete Chemieprofessor J. Bachmann [21] und im Jahre 1888 der englische Metallurge R. A. Hadfield [22] ließen I. G. Kaim Gerechtigkeit widerfahren. Das richtige Jahr der Entdeckung, nicht aber der Name des Entdeckers, findet sich in einem im Jahre 1832 erschienenen *Waaren-Lexicon für Kaufleute und Fabrikanten* [14] unter dem Stichwort ‚Mangan, Magnesiummetall oder Braunsteinmetall'; Gahn an erster Stelle (ohne Jahreszahl), dann Winterl, mit Titel der Dissertation und der richtigen Jahreszahl werden in dem *Lehrbuch* von F. Hildebrandt [15] für die Entdeckung des Mangans angegeben.

Meist wird in der Literatur [5,6] für das Jahr der Entdeckung 1774 und als Entdecker des Manganmetalls Johann Gottlieb Gahn (1745 bis 1818) angegeben, was wohl nicht nur durch die geringe Verbreitung der Kaimschen Dissertation, sondern vor allem dadurch begründet ist, daß der Erste, der über Gahns Mangandarstellung (und seine eigenen Versuche mit dem Braunstein) berichtete, kein geringerer war als das berühmte Mitglied der schwedischen Akademie der Wissenschaften Torbern Bergman (1735 bis 1784) in seiner am 22. Juni 1774 vorgetragenen Dissertation *De Mineris Ferri Albis* [Über die weißen Eisenmineralien] [16]. Zur weiteren Verbreitung dieser Ansicht trug auch die Bergmansche Kommentierung der H. T. Schefferschen *Vorlesungen* [17] bei, in denen das Metall folgendermaßen angekündigt wurde: „Außer den nun durchgegangenen 14 Metallen hat man neulich eine Anweisung zum fünfzehnten bekommen. Daß sich im Braunstein etwas metallisches fände, welches einen wesentlichen Theil desselben ausmacht, habe ich [Bergman] in den Abhandl. der Königl. Schwed. Akad. der Wissensch. aus seiner Schwere, seinem Vermögen, das Glas zu färben und seiner Fällung durch Blutlauge zu erweisen gesucht. Herr J. G. Gahn hat zur selbigen Zeit, ohne meine Gründe zu wissen, durch Reduciren, würklich ein Halbmetall daraus erhalten..." Außerdem hat J. G. Gahns Bruder, Heinrich Gahn, in einer englischen Zeitschrift [18] die Entdeckung des Manganmetalls ausdrücklich als die seines Bruders angegeben: „Magnesia nigra is reducible to a new semi-metal; and that the marmor metallicum, or heavy spar, is a compound of vitriolic acid and a new species of earth, whose attraction to the vitriolic acid is very great. Both these have been made by my brother." So ist es denn gar nicht verwunderlich, wenn auch bei Kenntnis des Kaimschen Namens, wie in dem bekannten *Playbook of Metals* des Prof. J. H. Pepper [19], Kaim neben Boyle, Glauber, Haig, Pott und Bergman nur unter die Vorbereiter der Gahnschen Arbeiten gerechnet wird. – Einen neuen, völlig unbekannten Entdecker benennen im Jahre 1895 J. Murray, R. Irvine [20]; nach ihnen soll ein gewisser Salier im Jahre 1774 das Metall erstmals hergestellt haben.

Literatur:

[1] I. G. Kaim (Diss. de Dubiis Metallis, Kap. 4, Wien 1770, S. 48/53). – [2] J. G. Leonhardi (in: P. J. Macquer, Chymisches Wörterbuch [deutsch von J. G. Leonhardi] 2. Aufl., Bd. 1, Leipzig 1788, S. 572/3). – [3] E. G. Baldinger (Auszüge aus den neuesten Dissertationen über Naturlehre, Arzneiwissenschaft und alle Theile derselben, Bd. 1, Stück 1/6, Berlin – Stralsund 1769/73). – [4] J. J. Winterl (Die Kunst, Blutlauge und mehrere zur Blaufarbe dienliche Materialien im Großen zu bereiten und solche zur Blaufärberei anzuwenden, Wien 1790, S. 49 Fußnote, 151/2). – [5] B. Neumann (Die Metalle, Halle a. d. S. 1904, S. 414/5).

[6] L. Aitchison (A History of Metals, Bd. 2, London 1960, S. 484). – [7] H. E. Fierz-David (Die Entwicklungsgeschichte der Chemie, Basel 1945, S. 396). – [8] H. Wilsdorf (Abhandl. Museum Mineral. Geol. **11** [1967] 315/76, 349/50). – [9] H. Kopp (Geschichte der Chemie, Bd. 4, Braunschweig 1847, S. 85). – [10] J. C. Poggendorff (Biographisch-Literarisches Handwörterbuch zur Geschichte der exacten Wissenschaften, Bd. 2, Leipzig 1863, S. 1339).

[11] J. J. Winterl (Prolusiones ad Chemiam Saeculi Decimi Noni, Prolusio II, Kap. 1, De Charactere Androniae, Budapest 1800, S. 169/72). – [12] G. F. C. Fuchs (Geschichte des Braunsteins, seiner Verhältnisse gegen andere Körper und seine Anwendung in Künsten, Jena 1791, S. 61). – [13] Rink (Neues Allgem. J. Chem. **3** [1804] 336/7). – [14] C. F. G. Thon (Ausführliches und vollständiges Waaren-Lexicon, Bd. 2, Ilmenau 1832, S. 1191/2). – [15] F. Hildebrandt (Lehrbuch der Chemie als Wissenschaft und Kunst, Erlangen 1816, S. 325).

[16] T. Bergman (Diss. de Mineris Ferri Albis [22. 6. 1774] in: Opuscula Physica et Chemica, Bd. 2, Uppsala 1780, S. 184/230, 202/4). – [17] H. T. Scheffer (Chemische Vorlesungen über die Salze, Erdarten, Wässer, entzündliche Körper, Metalle und das Färben, mit Anmerkungen herausgegeben von T. Bergman, ins Deutsche übersetzt von C. E. Weigel, Greifswald 1779, S. 626). – [18] H. Gahn (Medical and Philosophical Commentaries by a Society in Edinburgh [Duncon] **7** [1783] 438 nach J. R. Partington, A History of Chemistry, Bd. 3, London-New York 1962, S. 212 Fußnote 8). – [19] J. H. Pepper (Playbook of Metals, Neue Aufl., 1869, Kap. 23 „Manganese" nach R. Hadfield, J. Iron Steel Inst. **115** [1927] 211/361, 217). – [20] J. Murray, R. Irvine (Trans. Roy. Soc. [Edinburgh] **37** [1895] 721/47, 721 Fußnote).

[21] J. Bachmann (Z. Physik Math. Verwandte Wiss. Baumgartner **6** [1829] 172/99, 172). – [22] R. A. Hadfield (Minutes Proc. Inst. Civil Eng. **93** [1888] 1/60, 59).

1.4.2 Die angebliche Entdeckung des Mangans durch Sven Rinman

The Alleged Discovery of Manganese by Sven Rinman

Die Entdeckung des Elementes Mangan möchte O. Erämetsä [1] zusammen mit dem Element Molybdän, s. dazu „Molybdän" 1935, S. 1/2, dem schwedischen Bergrat Sven Rinman zuschreiben; sie wäre dann in das Jahr 1765 zu datieren. Rinman hat in diesem Jahre der schwedischen Akademie über seine ‚Versuche über den Braunstein' berichtet [2] und kommt später in seinem ‚Versuch über die Geschichte des Eisens' [3] noch einmal darauf zurück. Im Jahre 1765 schrieb er: „Gerösteter Braunstein mit dem gewöhnlichen Eisenflusse 22 Minuten vor dem Gebläse geschmolzen, gab einen kleinen Eisenkönig von 2 Procent [des eingesetzten Braunsteins], und eine schwefelgelbe Schlacke, die von kastanienbraunen Strichen durchkreuzt war. – a) Unter dem Hammer zeigte sich dieser König rein genug, und im Bruche war er dem Wißmuthe ähnlich. – b) Von dem Magnete wurde er nicht merklich gezogen; aber c) Stark ausgeglüht wurde er beinahe wie ordinäres Eisen gezogen. – d) Vor dem Blasrohre allein ließ er sich nicht wohl schmelzen, nicht weniger mit zugesetztem Borax, der zu einem goldgrünen Glase davon gefärbt wurde. – e) Im kalten Scheidewasser wurde er nicht angegriffen; aber durch das starke Kochen färbte sich das Scheidewasser gelbbraun, wie von Eisen, ohne daß sich das hineingelegte Korn zu vermindern schien. – f) Da Salzgeist zugesetzt wurde, wurde die Auflösung klar und hoch goldfarbig, und das Korn wurde zu einem groben breyigten schwarzbraunen Pulver zerfressen, das, ausgesüßt, getrocknet, und mit Borax geschmolzen, ein klares ungefärbtes Glas gab." Rinman hat sein Ergebnis als „Eisenkönig" richtig angesprochen, überzeugt dürfte ihn die Farbe der Boraxperle haben, hatte er doch mit rohem Braunstein ihre granatrote Farbe kurz vorher beobachtet. – Fast 30 Jahre später, nun schon im Besitz des nach Gahnscher Vorschrift erhaltenen ‚Magnesiums', berichtete er etwas genauer über seine alten Versuche [3]: „§ 155. Vom Verhalten des Eisens mit Braunstein und dessen Metalle (Magnesium). – Magnesia oder Braunstein ist ... besonders bei Glasmachern und Töpfern als ein schwarz schmutzendes Mineral bekannt und ... genutzet worden. Die

Mineralogen rechneten bisher den Braunsteine, weil er mehrentheils ein gut Theil Eisen enthält, zu den Eisenerzen. In den Versuchen, die ich 1756 mit dem bey Skidberg in Daland entdeckten Braunsteine anstellte, die in den Abhandlungen der Schwedischen Academie für 1765 stehen, fand ich, daß er ein Metall enthält, welches Eisen gleicht, aber mehr spröde, von ungewöhnlicher Textur war, und vor dem Ausglühen vom Magnet gar nicht, wohl aber nach demselben gezogen wurde. Ich kam auf den Gedanken, daß dieses Metall, dann doch wohl Eisen, mit Brennlichem [Phlogiston] überladen und verkleidet seyn müßte, welches die Würkung des Magneten hindere, und damit derselbe würken könne, erst durch Glühen ausgetrieben werden müßte. Nachher habe ich auch erfahren, daß die Magnesia vom Skidberg bald mehr, bald weniger Eisen enthält; ... der Herr Bergmeister Gahn in Fahlun aber war der Erste, der durch viele, mit Fleiß angestellte Versuche fand, daß der Braunstein ein besonderes Metall, vom Eisen und allen anderen Metallen verschieden enthalte" [3]. Rinman hat das Ergebnis seiner Reduktionsversuche richtig als das eingeschätzt, was es wirklich war, nämlich als ein stark kohlenstoffhaltiges Eisen, und keinerlei Anspruch auf eine Entdeckung erhoben, sondern vielmehr den damals allgemein als Entdecker gehaltenen Gahn als solchen benannt.

Literatur:

[1] O. Erämetsä (Suomen Kemistilehti A **40** [finn.] [1967] 121/30; C.A. **67** [1967] Nr. 113566). – [2] S. Rinman (Kgl. Schwed. Akad. Wiss. Abh. Naturlehre **1765** 251/67, 258/9, 253). – [3] S. Rinman (Versuch einer Geschichte des Eisens mit Anwendung für Gewerbe und Handwerker, deutsch von J. G. Georgi, Bd. 2, Berlin 1785 [schwed. Erstausgabe 1782], S. 3/7).

Manganese Preparations

1.5 Die zeitgenössischen Mangandarstellungen

The Famous Manganese Preparation of J. G. Gahn

1.5.1 Die berühmte Mangandarstellung von J. G. Gahn

Die Mangandarstellung Johann Gottfried Gahns (1745 bis 1818), die die Bedeutung J. G. Kaims als Entdecker des Elementes fast vollständig verdunkelte, schilderte T. Bergman [1] in seiner Dissertation *De Mineris Ferri Albis* [Über die weißen Eisenerze] folgendermaßen: „Interea reductionem variis tentaveram modis, sed irrito conatu, nam aut in scorias abierat tota massa, aut atomos sphaericos tantum discretos adquisivi, ea ferri quantitate plerumque gravidatos, ut magneti obedirent. Ob difficilem hancce fusibilitatem initio cognationem cum Platina conjectavi. Tandem vero Domino J. G. Gahn, meorum tentaminum ignaro, intensissimo igne regulum majoris molis eliquare successit ... [Absatz] Modo sequenti *reductio* peragitur. Crucibulo, secundum methodum antea descriptam pulvere carbonum strato, certa magnesiae nigrae quantitas committitur, oleo vel etiam sola aqua in globulum formata. Dein pulvere carbonum, quod vacuum est, impletur, aliud crucibulum inversum adglutinatur instar operculi, & totus apparatus intensissimo, qui in Laboratorio praestari potest, igni, per horae spatium vel ultra, si opus est, exponitur. Vasis refrigeratis & evacuatis regulus reperitur, vel non raro plures sparsi, qui collecti interdum, qua pondus magnesiae, $\frac{30}{100}$ efficiunt. [Absatz] Igne, justo debiliore, vel nulla obtinetur reductio, vel etiam atomi metallici discreti non possunt rite colliquescere. Si crucibulum sub operatione cadit, adeo ut metallum attingat nudum vasis latus, vitrificatio evitari nequit. [Die Reduktion (der schwarzen Magnesia, das ist des Braunsteins) hatte ich auf viele Arten, jedoch vergeblich, versucht, denn entweder ging die ganze Masse in die Schlacke ein, oder ich erhielt kugelige, nicht zusammengeflossene, kleine Theile (atomos), die meist so große Mengen Eisen enthielten, daß der Magnet sie anzog. Wegen dieser Schwerschmelzbarkeit mutmaßte ich zunächst eine Verwandtschaft mit dem Platin. Jetzt endlich hat Herr J. G. Gahn, ohne von meinen Versuchen zu wissen, mit dem intensivsten Feuer einen Regulus größerer Masse ausschmelzen können." Dann beschreibt er das Vorgehen

Gahn's: „[Auf folgende Weise wurde die Reduktion durchgeführt: In einem mit (angefeuchtetem) Kohlepulver (dick) ausgeschlagenen Tiegel wird eine ziemliche Menge ‚schwarze Magnesia' eingebracht, nachdem sie mit Öl oder auch mit Wasser allein zu einer Kugel geformt worden ist. Was dann noch leer ist, wird mit Kohlepulver aufgefüllt, ein anderer Tiegel umgekehrt anstelle eines Deckels angeklebt und die ganze Zurichtung dem stärksten Feuer, das im Laboratorium zu erreichen ist, eine Stunde lang, oder wenn es nötig ist, auch darüber hinaus, ausgesetzt. Nach dem Abkühlen findet man beim Leeren des Gefäßes einen Regulus oder auch nicht selten einige kleinere, die zusammen bisweilen 30% des ‚Magnesia'-Gewichtes ausmachen. Bei einem nur etwas schwächeren Feuer erhält man entweder keine Reduktion oder die getrennten Metallkügelchen (atomi) können nicht richtig zusammenfließen. Wenn der Tiegel während der Operation bricht, so daß das nackte Metall die Gefäßwand berührt, kann die Verglasung nicht vermieden werden]." Für die Zeitgenossen scheint diese Arbeitsvorschrift nicht ausführlich genug gewesen zu sein, denn im Jahre 1781 sah sich P. J. Hjelm [2] bewogen, erneut eine Vorschrift zur Mangandarstellung bekanntzugeben – sie ist im wesentlichen der vorstehenden gleich, geht aber genau auf alle Einzelheiten ein – „damit nicht", wie er schrieb, „andere Wissenschaftsliebhaber und Kabinettssammler gezwungen seien, sich dieses Metall von entfernten Orten her zu verschreiben"; seine Reguli hatten ein Gewicht von „$^1/_4$ Loth und darüber" und entsprachen einer Ausbeute von etwas mehr als 50% des eingesetzten Erzes. Größere Mengen anzuwenden, fand er „unthunlich", setzte jedoch mit Erfolg drei Tiegel zugleich in seine „Probiresse" ein, wobei der 2. und 3. Tiegel die Hälfte bzw. ein Viertel der Erzmenge des ersten enthielt. Dann fährt er fort: „Es wäre daher eine gute Sache, wenn man in einem Gußstahlofen auf einmal mehrere Pfunde von diesem Metall bereiten könnte, wie mir der Herr Assessor [B. A.] Quist [Direktor eines Eisenwerkes in Schweden] berichtet, und ich werde nicht unterlassen, im nächsten Sommer auf dem Lande zu versuchen, wie weit sich dieses in einem guten Ziehofen (dragugn), der zu andern Behuf eingerichtet ist, bewerkstelligen läßt."

Gahnsches Manganmetall hat auch C. W. Scheele (1742 bis 1786) kennengelernt: Am 16. Mai 1774 schrieb er an J. G. Gahn: „Ich habe einige Versuche mit Ihrem reduzierten Braunstein angestellt, welche beweisen, daß es eine mit vielen Phlogisten und wenig Eisen verbundene Braunsteinerde ist" [3]. Von seinen mit dem Gahnschen Produkt angestellten Versuchen zählt er als vermutlich neu für den Briefempfänger folgende auf: 1.) Die Beobachtung der Auflösung des Regulus in allen Säuren, „wobei ein Geruch wie von Zink, wenn es in Salz- oder Schwefelsäure solvirt wird, entstand, ... es bleibt aber etwas bräunliches Pulver [zurück], welches sich nicht solviren läßt"; 2.) „In der Flamme eines Lichtes funkelt das Pulver wie limatura ferri [Eisenfeilicht]"; 3.) „Der Magnet zieht es nicht an, und auf heißes Eisenblech gestreut, bekam es unterschiedliche Farben." Mit der gleichen Post schickte Scheele an Gahn „etwas depurirten Braunstein", von dem er glaubte, „daß man kaum Eisen darin nachweisen wird ... Ich erwarte mit Verlangen, was dieser reine Braunstein, wenn Sie Ihr Höllenfeuer appliciren, für einen Ausschlag geben wird, und hoffe ich, daß Sie mir etwas weniges von dem regulo mit ehestem senden werden." Gahn hat dieser Bitte offenbar entsprochen, doch schreibt Scheele unter dem 27. Juni 1774: „Hochgeehrter Herr! Für den mir gesandten regulum magnesiae danke sehr. Ist er in einem Stück gewesen? Er lag im Papier wie ein schwarzes Pulver und hat ohne Zweifel facescirt [ist zerfallen]. Ich roch an ihm den nämlichen Geruch, welchen er, wenn er in Säure solvirt wird, von sich gibt, doch in weit geringerem Grade. Er wurde von einem Magneten nicht angezogen. Ich goß Schwefelsäure auf einen Theil; er effervescirte [brauste auf] mit dem gewöhnlichen Gestank, aber es blieb ein guter Theil schwarzes Pulver zurück, welches durch Zerlegung von etwas Zucker gänzlich solvirt wurde. Ich wollte gern wissen, ob er nicht würde an freier Luft in Braunstein verwandelt werden, und das gänzlich. Vielleicht thut dies der letzte Regulus, denn derjenige, welchen Sie an Herrn Prof. Bergman gesandt, liegt noch ganz. Es ist Schade, daß ich nicht mehr von dem letzten regulo übrig habe, denn das übrige habe ich auf folgende Art verbraucht..." Scheele schildert dann, wie er die aufsteigende „stinkende Luft" aufgefangen und ihre Brennbarkeit festgestellt habe. Nach einem Exkurs über den Braunstein von Dingelvik fährt er fort: „Ich glaube, daß der Braunsteinregulus ein von anderen Halbmetallen unterschiedenes Halbmetall ist, welches mit dem Eisen nahe verwandt ist." Weitere Einzelheiten über das Gahnsche Manganmetall lassen sich aus der erwähnten Veröffentlichung Bergman's [1] entnehmen: „Metallum adquisitum, quod mihi Magnesium audit, *gravitate specifica* gaudet respectu aquae destillatae 6,850 circiter. [Absatz] Superficies plerumque fusca est, & *forma* majoris reguli *vix umquam globosa* obtinetur, sed nodosa & irregularis, quod sine dubio est tribuendum difficili fusioni, qua ferrum cusum superare videtur. [Absatz] Sub malleo frangitur ferro durius. *Fractura* est aspera, irregularis, nitore metallico canescente instructa, quae tamen plerumque cito & sponte fuscatur. Frustula, etiam *minora, magnetem respuunt,* sed pulvis rarissime ejusdem recusat imperium, quamvis etiam omni studio ferri evitata fuerit immixtio. [Absatz] Frustula nonnulla in crucibulo hassiaco clauso, torta igne, folle incitato, per 20 horae minuta prima, vitrum dedit ex flavo fuscum & exiguum ferri globulum. Heic itaque *notabilis utriusque metalli elucet discrepantia:* magnesium vitrificatur, ferrum autem illi inhaerens persistit & in regulum colligitur. [Absatz] Regulus probe fusus plerumque in loco sicco persistit, sed non numquam *sponte fatiscit in pulverem ex nigro fuscum,* qui metallo sano paullo ponderosior reperitur, adhuc tamen recens tanta phlogisti gaudet copia, ut cum acido vitrioli sub solutione aërem promat inflammabilem, sed aetate inflammabili sensim magis spoliatur. Quae sit hujus spontaneae resolutionis ratio non dum satis est enodatum.... Humiditas hanc operationem juvat, & praesertim accessus aëris atmosphaerici. Frustulum in lagena sicca & probe clausa per dimidium annum sanum mansit, sed dein duobus nyctemeris, in museo aëri libero expositum, qua superficiem infuscabatur & totum eam contrahebat fragilitatem, ut inter digitos communi posset, adhuc nihilo minus interiores partes nitorem metallicum obscurum monstrabant, sed paucis evanescentem horis. Frustula ferro uberius inquinata melius resistunt. [Das erhaltene Metall, das für mich Magnesium heißt, hat, bezogen auf destilliertes Wasser, das spezifische Gewicht von etwa 6.850. – Die Oberfläche ist meist braunrot, und die Form eines größeren Regulus ist kaum einmal kugelig, sondern knotig und unregelmäßig, was ohne Zweifel der Schwerschmelzbarkeit zuzuordnen ist, durch die es sogar gehämmertes Eisen übertrifft. – Härter als Eisen zerbricht es unter dem Hammer. Der Bruch ist rauh, unregelmäßig, von metallischem grauweißem Glanz, der jedoch meist schnell und von allein bräunlich wird. Bruchstücke, auch die kleineren, werden vom Magneten nicht angezogen, aber das Pulver widersteht sehr selten seiner Kraft, obwohl mit aller Sorgfalt eine Beimischung von Eisen vermieden wurde. – Einige Stückchen, in einem verschlossenen hessischen Tiegel dem durch den Blasebalg verstärkten Feuer ausgesetzt, geben nach den ersten 20 Minuten ein gelbbraunes Glas und ein kleines Eisenkügelchen. Hier erhellt also der bemerkenswerte Unterschied zwischen beiden Metallen: das Mangan wird verglast, das ihm anhängende Eisen aber bleibt bestehen und fließt zu einem König zusammen. – Ein gut geflossener [Mangan-]König ist an einem trockenen Ort meist beständig, aber häufig zerfällt er freiwillig in ein braunschwarzes Pulver, das ein wenig schwerer an Gewicht gefunden wird, bis es eine solche Menge Phlogiston besitzt, daß es, wenn frisch, beim Auflösen mit Vitriolsäure brennbare Luft entwickelt, durch Altern aber merkbar Entzündbares verliert. Was der Grund dieses freiwilligen Zerfalls ist, ist noch nicht genau erklärt. ... Die Feuchtigkeit unterstützt diesen Vorgang, und besonders der freie Zutritt der atmosphärischen Luft. Ein kleines Stück blieb in einer trockenen und wohl verschlossenen Flasche ein halbes Jahr lang unverändert, aber dann, als es 2 Tage und Nächte der freien Laboratoriumsluft ausgesetzt worden ist, durch die die Oberfläche braun wurde und das ganze Stücke eine solche Zerbrechlichkeit erhielt, daß es zwischen den Fingern zerdrückt werden konnte, zeigten die inneren Teile trotzdem noch einen dunkeln metallischen Glanz, der aber in wenigen Stunden verschwand. Stücke, die reichlicher durch Eisen verunreinigt sind, besitzen eine größere Widerstandsfähigkeit]."

Literatur:

[1] T. Bergman (Diss. de Mineris Ferri Albis [22. 6. 1774] in: Opuscula Physica et Chemica, Bd. 2, Uppsala 1780, S. 184/230, 202/3). – [2] P. J. Hjelm (Abhandl. Schwed. Akad. Wiss. Naturlehre für 1781 **5** [1785] 141/55). – [3] A. E. Nordenskiöld (Carl Wilhelm Scheele Efterlemnade Bref och Anteckningar, Stockholm 1892, S. 120/1, 125/6).

1.5.2 Andere zeitgenössische Mangandarstellungen

Other Contemporary Manganese Preparations

Auch andere zeitgenössische Chemiker haben mit mehr oder weniger Erfolg versucht, den Braunstein zu reduzieren. So hat nur kurze Zeit nach J. G. Gahn, sicher ohne dessen Verfahren zu kennen, J. C. Ilsemann, Apotheker in Clausthal im Oberharz, versucht, einen 'Braunsteinkönig' zu erhalten [1]: Er mischte „1 Loth Braunstein, 1 $^1/_2$ Quentchen Flußspat, 1 $^1/_2$ Quentchen frischen ‚Lederkalk', 1 Quentchen Kohlenstaub und 1 Loth verkrachtes [dekrepitiertes] Küchensalz" und erhielt in „1 $^1/_2$ Stunden starkem Blasefeuer" einen eisenfarbenen König, daneben aber, stets voneinander getrennt, gleichzeitig einen kupferfarbenen, den er für reines Kupfer hielt; doch enthielt dieser nach den angeführten Reaktionen seiner Auflösungen beträchtliche Mengen Mangan. – Auch in anderen Ländern sind um diese Zeit Darstellungen von Mangan gelungen, so in Frankreich, wo L. B. Guyton de Morveau [2] bereits Ende des Jahres 1778 einen Manganregulus besessen und ihn im Juni 1779 der Pariser Akademie vorgeführt haben will. Nur wenig später bemühte sich Baron P. Picot de la Peyrouse [3] einen eisenfreien Mangankönig durch Behandlung des Ausgangsstoffes mit Essigsäure darzustellen. Die Befreiung des Braunsteins vom Eisen ist ihm aber nicht gelungen, denn B. G. Sage [4] konnte in Peyrouses Regulus noch Eisen nachweisen; ihm war an der Probe verdächtig erschienen, daß sie nicht so sehr brüchig wie die eigenen Ergebnisse und außerdem luftbeständig war. B. G. Sage stellte aus eigenen Experimenten fest, daß ein reiner Braunstein schwerer zu reduzieren ist als ein mit Eisen oder Kupfer verunreinigter; seine Versuche blieben oft bei „einem grünen gestreiften Kalk" stecken , der oft als „dichter, glasartiger, olivgrüner Klumpen" auftrat. – In England hat nach R. Kirwan [5] als erster Peter Woulfe (1727 bis 1803/5) Manganmetall dargestellt.

Alle diese Experimentatoren hatten, wie sie zugeben, die größten Schwierigkeiten bei ihren Darstellungsversuchen des Elementes, darum gab P. J. Hjelm [6] eine ausführlichere Beschreibung des Gahnschen Vorgehens als dies früher durch Bergman geschehen war, mit allen Einzelheiten, da „das Gelingen eines Vornehmens oft auf geringen Handgriffen und Umständen beruht". Es zeigt sich dabei, wie klein die von Gahn verarbeiteten Mengen waren, ging er doch von nur $^1/_2$ Loth (Loth = $^1/_{32}$ Pfund) Braunstein aus! Mehrere Pfunde des Metalls scheint aber nach Hjelms Bericht der Assessor B. A. Quist, Direktor eines Stahlwerkes, in einem Gußstahlofen „bewürkt" zu haben. – Zu den frühen Darstellern von Manganmetall gehörte auch M. H. Klaproth [7]; er ging als einziger nicht vom Braunstein aus, sondern vom „gereinigten weißen Braunsteinkalch" und arbeitete nach der „von A. v. Ruprecht [in Schemnitz, heute: Banská Štiavnica, Slowakei] vorgeschlagenen Methode zur Reduktion der einfachen Erden"; er erhielt einen „schöngeflossenen Braunsteinkönig", den er nicht näher beschreibt. Es ist anzunehmen, daß er dies in seinem *Wörterbuch* [8] nachholt: „Das Metall hat eine ins Graue fallende Silberfarbe, der Bruch ist uneben und von sehr feinem Korn, es ist nicht so hart wie Roheisen und läßt sich einigermaßen feilen, beim Liegen an der Luft bemerkt man einen eigenthümlichen, dem mit Eisen bereiteten Wasserstoffgas nicht unähnlichen Geruch." Diese leichte Zersetzung des neuen „Halbmetalls" in feuchter Luft oder im Wasser ist fast allen frühen Herstellern des Metalls aufgefallen, nur R.E. Raspe [9] konnte von einem Braunsteinkönig berichten, der „18 Monate lang freyer und feuchter Luft bloßgestellet, aber weder zerfallen noch verrostet" war; er macht die interessante Bemerkung, am besten reduziere sich der

Braunstein „durchs Phlogiston anderer Metalle", mit denen er einige brauchbare und neue „Mischungen" hervorbringe. Über einen (vermutlich hohen) Gehalt seines Regulus an Fremdmetallen macht er keinerlei Angaben. – P. J. Hjelm [6] ist den Zersetzungserscheinungen der Metallreguli nachgegangen und berichtete ausführlich darüber. Nach seinen Beobachtungen verbrennt das Gas, welches beim Zerfall des Metalls entsteht, an der Luft mit blauer Flamme; er wußte zu berichten, daß nach Professor J. K. Wilcke (1732 bis 1796) in Stockholm zur Verpuffung dieser „brennbaren Luft" mehr atmosphärische Luft nötig war als zu der von „gewöhnlicher brennbarer Luft". Als Hjelm dies dem damals in Falun tätigen ‚Entdecker' Gahn mitteilte, gab ihm dieser seine eigenen Erfahrungen bekannt: „Wenn ein Braunsteinkönig zwischen feuchten Fingern gehandhabt oder im Mund gehalten wird, ohne daß man den Speichel niederschluckt; so sind die entstehenden Dämpfe so fein und durchdringend, daß man bald ein Aufstoßen bekömmt, das brennbarer Luft gleicht, wenn der König auch nur eine kurze Zeit berührt worden ist. Dies trifft wohl nicht mit allen Königen [zu], oder vielleicht nicht bey allen Personen ein: aber diese Würkung ist gleichwohl merkwürdig." Die hier angedeutete und von Gahn deutlich beobachtete Ungleichmäßigkeit der Stabilität der unterschiedlichen Mangan-Reguli ließ Hjelm zunächst vermuten, daß nur die Verwendung schwerspathaltigen Braunsteins die Ursache dieser Erscheinungen sei. Daß dies nicht zutreffen konnte, belehrten ihn, der offenbar eine große Zahl von Schmelzen unternommen hat, einige mehr oder weniger verunglückte Reduktionen, bei denen die Tiegel zerbrachen, das Metall ganz oder teilweise auslief und so „gefrischt" wurde. Seine Beobachtungen dabei führten ihn zu dem Schluß, man müsse die unterschiedliche Zersetzbarkeit der Mangan-Reguli, ähnlich wie dies für die verschiedenen Eisensorten ja bekannt sei, „wohl auf nichts anderes als auf die verschiedene Menge von Brennbarem schieben, welche diese metallische Erde aufzunehmen geschickt ist und in Stande gesetzt wird". – J. J. Winterl [10] bemerkte, daß der Braunsteinkönig dem abgezogenen [destillierten] Wasser „keine Luft entzieht", wohl aber mit Brunnenwasser „brennbare Luft entsteht, jedoch nur im Verhältnis der vorhandenen Luftsäure [CO_2], und nicht mehrere".

Es ist nicht verwunderlich, wenn man bei den auftretenden Schwierigkeiten der Reduktion mit Kohle und den zweifelhaften Ergebnissen auch andere Verfahren zur Gewinnung des Manganmetalls versuchte. So hatte F. A. C. Gren [11] bei schichtweisem Eingeben von Braunstein und Kohle in den Tiegel keinen Erfolg, er erhielt nur ein dunkelgrünes Pulver; doch glaubte er ans Ziel gekommen zu sein, als er einen „wirklichen König, schwärzlich von Farbe und löchrig im Gewebe" erhielt, nachdem er eine pulverisierte Schmelze aus Schwefel und Braunstein mit der gleichen Menge Kohle, etwas schwarzer Seife [Schmierseife] und schwarzem Fluß vier Stunden im Gebläseofen behandelt hatte. Dies Verfahren erschien L. v. Crell, dem Herausgeber mehrerer chemischer Zeitschriften und Buchreihen, so wichtig, daß er es drei Jahre nach der Erstveröffentlichung in einer seiner Zeitschriften, die nur ausgewählte Artikel brachte, wiederum veröffentlichte [12]. – Auf eine andere, sehr einfache Weise wollte J. J. Bindheim [14] den Braunsteinkönig herstellen können, nämlich „auf nassem Wege": Er glaubte durch die thermische Zersetzung einer eingedampften Mangannitratlösung glänzendes „reduziertes Metall" erhalten zu haben, und wollte die metallische Form seines Produktes durch die Art der Auflösung desselben in Säuren beweisen können, ohne zu bemerken, daß er die Erscheinungen der Auflösung von Braunstein beschrieb. Die Nachricht über die Möglichkeit der Mangandarstellung „auf nassem Wege" fand über einen Vorbericht von I. v. Born [13] auch in Frankreich Verbreitung mit dem Kommentar, „daß diese Beobachtung von größter Bedeutung für die Metallurgie sei, da sie die Hoffnung erwecke, Eisen und die anderen Metalle auf die gleiche Weise erhalten zu können". J. J. Winterl [17] glaubte in einem Schreiben an L. v. Crell diese ‚Mangangewinnung' auf nassem Wege bestätigen zu können. – Noch auf eine andere Art glaubte J. J. Bindheim [14] metallisches Mangan erhalten können, indem er nämlich Arsenik mit Mangancarbonat verschmolz und den so erhaltenen „König" vor dem

Lötrohr auf Kohle vom Arsen befreite; auch durch Behandeln von Manganchlorid vor dem Lötrohr auf Kohle wollte er „metallische Kügelchen" erhalten haben. Diese Nachricht veranlaßte J. F. Gmelin [23], den Vater des Begründers dieses Handbuchs, zu entsprechenden größeren Versuchen im Tiegel, die frühere [24, 25] ergänzen sollten: „Da bekanntlich Arsenik auch die strengflüssigsten Metalle, nicht blos Kupfer und Eisen, sondern sogar Platina in Fluß bringt, so hoffte ich auf diesem Wege zu einem größeren Korn von Braunstein[metall] zu gelangen, und die neueren Erfahrungen des Herrn Bindheim bestärkten mich in der Hoffnung"; doch konnte er aus einem Gemisch von Kohle, Braunstein, Arsenik und Öl auf keine Weise „etwas Metallisches" erhalten. Bei früheren Versuchen mit Antimonmetall [24] hatte er unverändertes Antimon erhalten, und ähnlich erging es ihm bei Experimenten mit Blei [25], die er mit dem resignierenden Satz abschließen muß, daß es also nichts sei mit dem Braunsteinmetall als Härtungsmittel für Blei.

Diese Vielzahl der Reduktionsversuche an Braunstein und der (hier nicht vollständig aufgezählten) Meldungen mehr oder minder gelungener Darstellungen des Metalls erscheint zunächst verwunderlich, doch war offensichtlich Kaim – oder in der Meinung der meisten Chemiker Gahn – etwas gelungen, woran Forscher wie C. W. Scheele [15], C. F. G. Westfeld [16] und – sehr viel früher – J. H. Pott [18] gescheitert waren. Dem Letzteren ist neuerdings [19] der Vorwurf gemacht worden, er habe zwar, als er sich mit der Befreiung des Braunsteins vom Eisen und Versuchen zur Isolierung eines Metalles aus dem gereinigten Produkt befaßte, in lebhafter Korrespondenz mit dem berühmten Freiberger Hofrath J. H. Henckel gestanden, ihn aber in dieser Sache nie um Rat gefragt! Henckel scheint sich, wenigstens nach den Angaben von J. R. Partington [20], nicht mit Braunstein befaßt zu haben. – Die Entdeckung des Mangan leitet das Auffinden einer ganzen Reihe von Elementen ein, so des Wolframs (1781), des Molybdäns und Tellurs (1782) und schließlich des Urans (1789), und drängte die Frage auf, ob nicht alle sogenannten „Erden", auch die alkalischen, zu Metallen reduziert werden könnten. Mit ihrer Lösung beschäftigte sich, angeblich mit positiven Ergebnissen, der Chemieprofessor und Hofrat für Berg- und Münzwesen in Wien A. v. Ruprecht [21] mit seinem Schüler Dr. Tondy, der auch mit Braunstein experimentierte und im Laboratorium der K. K. Artillerie-Stückgießerei in Gegenwart des Bergrates v. Jacquin, ohne einen Fluß anzuwenden, einen unmagnetischen Manganregulus erhielt, der von der Feile nicht angegriffen wurde und luftbeständig war; er übergab sein Metall I. v. Born, der die Angaben bestätigte [22].

Literatur:

[1] J. C. Ilsemann (Neueste Entdeckungen Chem. **4** [1782] 24/42; 358/65). – [2] L. B. Guyton de Morveau (J. Phys. Chim. Hist. Nat. Arts **16** [1780] 348/54). – [3] P. Picot de la Peyrouse (Hist. Mem. Acad. Roy. Toulouse [1] **1** [1782] 256/7). – [4] B. G. Sage (Hist. Mém. Acad. Roy. Sci. Paris **1785** nach Chem. Ann. Crell **1790** II 441/2). – [5] R. Kirwan (Elements of Mineralogy, London 1784, S. 371).

[6] P. J. Hjelm (Chem. Ann. Crell **1787** I 158/68, 446/54). – [7] M. H. Klaproth (J. Physik Gren **3** [1791] 197/212, 211). – [8] M. H. Klaproth, F. Wolff (Chemisches Wörterbuch, Bd. 3, Berlin 1808, S. 467). – [9] R. E. Raspe (Beitr. Chem. Ann. Crell **3** [1788] 482/5). – [10] J. J. Winterl (Die Kunst Blutlauge und mehrere zur Blaufarbe dienliche Materialien im Großen zu bereiten und solche zur Blaufärberey anzuwenden, Wien 1790, S. 151/2).

[11] F. A. C. Gren (Neuesten Entdeckungen Chem. **9** [1785] 105/8). – [12] F. A. C. Gren (Auswahl Neuesten Entdeckungen Chem. **1** [1786] 370/3). – [13] I. v. Born (Ann. Chim. Phys. [1] **6** [1790] 31/2). – [14] J. J. Bindheim (Chem. Ann. Crell **1789** I 31/8, 35). – [15] C. W. Scheele (Vom Braunstein oder Magnesium und von dessen Eigenschaften [1774] in: Sämmtliche Physische und Chemische Werke, deutsch von S. F. Hermbstädt, Bd. 2, Berlin 1793, S. 66).

[16] C. F. G. Westfeld (Mineralogische Abhandlungen, Göttingen-Gotha 1767, S. 1/22). – [17] J. J. Winterl (Chem. Ann. Crell **1790** II 324/5). – [18] J. H. Pott (Miscellanea

Berolinensia **6** [1740] 40/53, 45). – [19] H. Wilsdorf (Abhandl. Museum Mineral. Geol. **11** [1967] 315/76, 349/50). – [20] J. R. Partington (A History of Chemistry, Bd. 2, London-New York 1961, S. 706/9).

[21] A. v. Ruprecht (Chem. Ann. Crell **1790** II 3/14, 13, 195/202, 201). – [22] I. v. Born (Chem. Ann. Crell **1790** II 493/5). – [23] J. F. Gmelin (Chem. Ann. Crell **1793** I 291/5). – [24] J. F. Gmelin (Chem. Ann. Crell **1793** I 99/104). – [25] J. F. Gmelin (Chem. Ann. Crell **1793** I 3/9).

The Nature of Manganese

1.5.3 Die ,Eigenständigkeit' des Mangans

Am Ende seines Berichtes über das Gahnsche Manganmetall faßte T. Bergman [1] seine Meinung über den neuen Stoff folgendermaßen zusammen: „Ceterum, quamvis pluribus diversisque modis tortum fuerit Magnesium, nec in ferrum, nec in zincum, nec in aliud notum metallum mutari potuit, pertinacissime suas proprietates servans. Itaque usque dum experimenta haud ambigua illud ab aliis metallis derivandum evicerint, distinctum putetur oportet, nisi fallacibus conjecturis nimium indulgendo, omnem Philosophiæ naturalis certitudinem suffossam velimus. [Im übrigen hat das Magnesium [= Mangan], obwohl es auf sehr viele und unterschiedliche Methoden genau geprüft worden ist, weder in Eisen, noch in Zink oder ein anderes bekanntes Metall verwandelt werden können, dabei auf das hartnäckigste seine Eigenschaften bewahrend. Daher muß es, bis eindeutige Experimente es beweisen, daß es von anderen Metallen ableitbar ist, als ein besonderes [Metall] betrachtet werden, wenn wir nicht, heuchlerischen Einwürfen allzusehr nachgebend, die ganze Zuverlässigkeit naturwissenschaftlicher Erkenntnis untergraben wollen]." Ein Jahr später, in seiner *Disquisitio de Attractionibus Electivis* sprach T. Bergman [2] schlicht von einem „Metall" Mangan. Trotz dieser eindeutigen Erklärungen waren die Zeitgenossen nicht überzeugt von der Richtigkeit der Beobachtungen. Im Jahre 1782 gab S. Rinman [3] in seiner *Geschichte des Eisens* mit seiner Charakterisierung des „Halbmetalls Magnesium [Mangan]" auch die Ansicht vieler anderer Chemiker bekannt: „Magnesium, welches ich unter den Halbmetallen zuerst anführe, weil es zum Eisen die allergrößeste Zuneigung hat und ohne Eisen nicht erhalten werden kann, weswegen ich es lange für eine Modifikation des Eisens mit etwas besondern Brennbaren gehalten habe; jetzo aber dafür halte, daß ihm als einem eigenen Halbmetalle eine Stelle nicht zu verweigern sey, wenigstens bis bewiesen wird, daß Magnesium als freyes Eisen oder Eisen als Magnesium dargestellt werden kann. Meine Meinung beruhet auf dem Folgenden:

a) Magnesium wird nicht vom Magnet angezogen.

b) Es ist weit strengflüssiger als Roheisen, ob es gleich in dessen Vermischung zum dünnern Schmelzen beyträgt.

c) Im Bruch und in der Sprödigkeit gleicht es mehr Wismut als Eisen.

d) Das Metall, sowie sein Erz, der Braunstein, ertheilen dem Glase eine violette feuerfeste Farbe, besonders mit Borax und Salpeter versetzt.

e) In Scheidewasser und mehr noch in Vitriolsäure aufgelöst, giebt es durch gehörige Abdunstung weisse Krystallen, mit Salpetersäure in Form kleiner eckiger Körner, mit Vitriolsäure parallelipedischer Figur.

f) Mit Blutlauge wird Magnesium, wie Hr. Bergman anmerkt, nicht wie Eisen blau, sondern gelbgrau gefärbt.

g) Überhaupt verhält es sich, wie die ganzen und halben Metalle.

h) Wenn man dessen Erz oder Braunstein in recht starker Hitze mit Kupfer schmelzt, so geht das Metall ins Kupfer, vermehrt dessen Schwere mit 12 bis 15 auf hundert (nachdem mehr oder weniger Braunstein genommen) und verwandelt das Kupfer in ein schön weisses, ganz geschmeidiges Metall, welches der Magnet gar nicht zieht. Aus den angeführten Versuchen ersiehet man, daß das Eisen allein solche Weisse mit Beybehaltung der Geschmeidigkeit nicht mittheilen kann und daß sich das Eisen, wenn auch nur 4 auf hundert im Kupfer sind, vor dem Magnet nicht zu verbergen im Stande ist.

i) Stark calcinirtes Magnesium löset sich denn noch im Eisen auf, welches mit gut calcinirtem Eisen, schwerlich geschieht.

k) Man kann es aus Essig mit Alkali als einen weißen Kalk fällen und dadurch einigermaßen vom Eisen scheiden.

l) Daß es mit Eisen vermischt, die Natur des Eisens verändert und ihm die Eigenschaft, vom Magneten gezogen zu werden, nimmt.

m) In der Hitze ist es flüchtiger und veränderlicher als Eisen und kann zu einem Theil durch die Calcination vom Eisen geschieden werden.

n) In vegetabilischen Säuren löset es sich stärker und eher als Kupfer und Eisen auf.

o) In Salzsäure aufgelöst, giebt es durch Evaporation röthliche Krystallen, welches auch mit andern Mittelsalzen, in welchen Braunstein Basis ist, geschieht ..." [3].

Die erwähnte Annahme, das Mangan und die beiden dem Eisen ebenfalls recht ähnlichen Elemente Kobalt und Nickel seien Modifikationen des Eisens, also nicht eigenständige Metalle, war unter den Chemikern des ausgehenden 18. Jahrhunderts offenbar weit verbreitet, so daß R. Kirwan [4] in seinen *Elements of Mineralogy* sich dagegen wehrt: „... but as long as it is not known wherein that modification consists, this word presents no idea whatever ..." Auch T. Bergman [5] hat in einer großen Veröffentlichung sich mit dieser Behauptung auseinandergesetzt und das chemisch unterschiedliche Verhalten der vier Metalle bei gleicher Behandlung experimentell und ausführlich dargestellt.

Einem anderen Einwand gegen das ‚Metall' Mangan trat P. J. Hjelm [6] entgegen, dem, daß ein so unbeständiger leicht „verwitternder" Stoff kein Metall sein könne: „Die Eigenschaft zu verwittern, wird durch die Vereinigung mit andern Metallen vermindert und aufgehoben, ob solche Versetzungen gleich gerne anlaufen, wenn der Braunsteinkönig eine etwas beträchtliche Menge in derselben ausmacht. Aber alles dies giebt doch keinen Beweis ab, daß der Braunstein kein eigenes Metall enthielte. Es giebt sehr wenige Metalle, welche nicht früher oder später anlaufen, beschlagen und rosten, d.i. verwittern. Dieser Eigenschaft können keine engeren Gränzen gesetzt werden, als allen übrigen. Man müßte das Quecksilber sonst aus eben den Gründen aus der Zahl der Metalle ausstreichen, weil es so leicht fließt, daß es nie anders, als mit Hülfe der Kunst gestehet [fest wird]. Der Zink müßte auch seinen Abschied erhalten, weil er verbrennet, und die Platina, weil sie so schwerflüßig ist. Solange man daher findet, daß die Braunsteinerde die Eigenschaften besitzt, welche die allgemeinen Merkmale der Metalle ausmachen; z.B. daß sie mit einem Zusatze von Brennbarem, beym Schmelzen einen metallischen Glanz und Farbe annehmen, in solchem Zustande eine grössere Schwere, als andere Körper von gleichem Umfange besitzen, von Säuren aufgelöset, und durch phlogistisirtes Laugensalz [Pottasche] aus denselben gefällt werden können, in ihrem entbrennbartem (dephlogistisirtem) Zustande Glas färben; wenn alles dieses beym Braunstein und Braunsteinkönige eintrift, so kann seine metallische Würde daraus, daß er eher und vollkommener, als ein anderes Metall verwittert, nicht bestritten werden. Zwar wird Braunstein Glassätzen zugesetzt, um ihnen alle Farbe zu benehmen, und ein Glas, in welchem vieler Braunstein befindlich ist, kann seine Farbe wechselweise verlieren und wiedererhalten, wie es dem Arbeiter beliebt; aber man weiß ja, daß solches mit andern Metallen eben so, wie mit dem Braunsteine geschieht, ob letzterer solches Vermögen gleich in einer höheren Stufe besitzt. Selbst das Gold würde von seinem hohen Sitze gestoßen werden können, wenn dieser Grundsatz angenommen würde: denn die Farbe des Rubinglases wird demselben durchs Gold gegeben, so beim geringsten Fehler im Treiben seine Farbe, welche es dem Glase ertheilen sollte, völlig verliert, welche Farbe aber darnach nicht wieder hergestellt werden kann. Ein anderes Kennzeichen der Metalle ist dies, daß sie miteinander zusammengeschmolzen werden können, und Versetzungen ausmachen, welche in Ansehung der Zahl der zusammengeschmolzenen Metalle, und des Verhältnisses derselben gegeneinander verschieden sind. Hierin finden sich jedoch, wie bey allen übrigen, auch für den Braunsteinkönig Ausnahmen. Er mischt sich nicht mit dem Quecksilber, auch nicht gerne mit dem Zink, aber sonsten mit allen übrigen Metallen, welche man versucht hat. Ich will jetzt von dem nicht reden, was von seiner Vereinigung mit dem Kupfer, welches weiß wird, ob die Versetzung gleich schwerflüßig wird und anläuft, mit dem Eisen, welches dadurch zu einer Stahlart gebracht wird, und mit dem Arsenik reden. Ob dieses gleich zur Bekräftigung der Selbständigkeit des Braunsteinmetalles hinreichen könnte, indem es eine ausgemachte Wahrheit ist, daß ein vollkommenes Metall mit nichts anderem, als einem rechten Metalle, ohne Verlust seiner metallischen Eigenschaften, zusammengeschmolzen werden kann, wiewohl auch dadurch Farbe, Geschmeidigkeit u.s.w. vermindert werden, so will ich doch schließlich einige Zusammensetzungen anführen, welche ich neulich gemacht habe, und welche diese Wahrheit ferner bestärken." Anschließend gab Hjelm Einzelheiten seiner Erfahrungen mit Mangan als Legierungsbestandteil bekannt. – Noch lange blieb dem Metall der Makel, den es nach G. A. Suckow [8] mit Nickel, Zink, Wismut, Uran und Titan teilte, daß es nicht dehnbar erschien. Seine Eigenständigkeit aber blieb seit der im gleichen Jahre wie die oben zitierte Hjelmsche Untersuchung erschienenen, dem neuen antiphlogistischen System angepaßten *Chemischen Nomenklatur* von J. H. Hassenfratz und P. A. Adet, in der der Elementcharakter auch durch die Festlegung eines eigenen Symbols, s. S. 9, anerkannt wurde [7], unangegriffen.

Literatur:

[1] T. Bergman (Diss. de Mineris Ferri Albis [1774] in: Opuscula Physica et Chemica, Bd. 2, Uppsala 1780, S. 223). – [2] T. Bergman (Disquisitio de Attractionibus Electivis [1775] in: Opuscula Physica et Chemica, Bd. 3, Uppsala 1783, S. 291/470, 464). – [3] S. Rinman (Geschichte des Eisens mit Anwendung für Künstler und Handwerker, deutsch von K. J. B. Karsten, Bd. 2, Liegnitz 1814, S. 4/5 [schwedische Erstausgabe 1782]). – [4] R. Kirwan (Elements of Mineralogy, London 1784, S. 371 nach M. P. Crosland, Historical Studies in the Language of Chemistry, London-Melbourne-Toronto 1962, S. 97). – [5] T. Bergman (De Cobalto, Niccolo, Platina et Magnesia, Eorumque per Praecipitationes Investigata Indole [1780] in: Opuscula Physica et Chemica, Bd. 4, herausgegeben von E. B. G. Hebenstreit, Leipzig 1787, S. 371/86).

[6] P. J. Hjelm (Chem. Ann. Crell **1787** I 446/54, 449/51). – [7] P. Walden (in: J. Ruska, Studien zur Geschichte der Chemie, Festgabe Edmund O. v. Lippmann, Berlin 1927, S. 89/90). – [8] G. A. Suckow (Zusätze zu der 2. Auflage der Anfangsgründe der ökonomischen und technischen Chymie, Leipzig 1798, S. 154).

Further Preparations of the Metal

1.6 Weitere Darstellungen des Manganmetalls

The Improved Process with Carbon

1.6.1 Verbesserte Verfahren mit Kohlenstoff

Im Jahre 1856 behauptete H. E. Sainte-Claire Deville [1], in einem von ihm konstruierten besonderen Terpentinöl-Gebläse, mit dem er Blauglut (chaleur bleu) erreichen und z. B. Quarz schmelzen konnte, aus vorher gereinigtem Braunstein, den er in das „rote Oxyd" umgewandelt hatte, in einem Kalktiegel durch Reduktion des genannten Oxids mit etwas weniger als der theoretisch benötigten Menge Zuckerkohle ein von einem Ca-Mn-Spinell umhülltes reines Metall erhalten zu haben: „Le métal est pur: il ne peut contenir du charbon, puisqu'il a été fondu en présence d'une excès d'oxyde; il a un reflet rose comme le bismuth, et il se case aussi facilement que ce métal, quoi que étant fort dur. Sa poussière décompose l'eau à une température à peine supérieure à la température ordinaire." – Im Jahre 1871 hat Sir Henry Bessemer in der Diskussion eines Vortrags von F. Kuhn über Fe-Mn-Legierungen mitgeteilt, er habe 15 Jahre früher schon mit einigen Schwierigkeiten ein paar Pfund metallisches Mangan

„entirely free from any alloy" hergestellt, ohne zu sagen, welches Verfahren er für die Gewinnung benutzt hat; der Berichterstatter R. Hadfield [2] konnte in der Literatur darüber keine weiteren Angaben finden. – Im Jahre 1872, also rund 100 Jahre nach der ersten Darstellung des Metalls durch I. G. Kaim, s. S. 39, 41, ist dessen Aufforderung an die Chemiker, sie sollten sich um einen speziellen „Fluß" für die Darstellung des Manganmetalls kümmern, durch den englischen Metallurgen Hugo Tamm [3], der allerdings die Kaimsche Dissertation nicht zu kennen schien, in die Tat umgesetzt worden, ja, er ging noch weiter, indem er auch auf die Herstellung der Tiegel große Sorgfalt verwendete. Zur Gewinnung eines gutes Flusses stellte er zunächst einen „weißen Fluß" aus Glas, Kalk und Flußspat her, den er fein zerrieb und dann Braunstein und Kohle zusetzte in einem solchen Maße, daß beim Wiederaufschmelzen der Braunstein zu einem grünen Oxid reduziert wurde. Diesen „grünen Fluß" benutzte er dann bei der eigentlichen Metalldarstellung aus Braunstein und Ruß. Bei seinen Versuchen zeigte es sich, daß keine bekannte Tiegelart bei den erforderlichen Temperaturen seinen Flüssen standhielt, sie bedurften dazu eines Ausstreichens mit einer Paste aus drei Teilen Graphit und einem Teil Lehm. In so präparierte Tiegel brachte er das mit Öl zum Teig angerührte Reaktionsgemisch aus Braunstein, Ruß und „grünem Fluß" ein, verschloß den Tiegel dicht mit einem Holzstopfen und erhitzte zunächst vorsichtig, bis keine Dämpfe mehr entwichen, dann brachte er rasch für einige Stunden auf hellste Weißglut. Bei dieser Operation erhielt er ein, wie er es in Analogie zum Gußeisen nannte, „Cast-Manganese" mit 96.9% Mn, 1.05% Fe, 0.95% C und 0.85% Si (Rest: Al, Ca, P und S), vorausgesetzt, daß die Reaktionsmischung in der richtigen Reihenfolge hergestellt worden war. Anschließend raffinierte er sein „Cast-Manganese" nach einer Methode, die, wie er meinte, von P. Berthier einmal vorgeschlagen worden war: Er schmolz das grobgepulverte Gußmangan mit einem Achtel seines Gewichtes Mangancarbonat in einem wiederum mit einem Holzstopfen verschlossenen, ausgestrichenen Tontiegel nieder und erhielt so ein Manganmetall, für dessen Zusammensetzung er 99.910% Mn, 0.050% Fe, 0.015% Si und 0.025% C fand. – Es scheint, daß diese Methode nie wiederholt worden ist; nur M. L. V. Gayler [4] hat eine ähnliche Raffinierung an einem aluminothermisch erzeugten Mangan des Handels (mit 0.12% C, 1.82% Fe, 1.61% Si) mit Mn^{II}-Oxid durchgeführt und recht gute, aber stark wechselnde Ergebnisse erhalten.

Literatur:

[1] H. E. Sainte-Claire Deville (Ann. Chim. Phys. [3] **46** [1856] 182/203, 199/200). – [2] R. Hadfield (J. Iron Steel Inst. [London] **115** [1927] 211/361, 260). – [3] H. Tamm (Chem. News **26** [1872] 111/3). – [4] M. L. V. Gayler (J. Iron Steel Inst. [London] **115** [1927] 393/411, 394).

1.6.2 Mangandarstellung mittels Wasserstoff

Preparation of Manganese with Hydrogen

Gegen Ende des zweiten Dezenniums des 19. Jahrhunderts berichteten die frühen Experimentatoren und Verbesserer des schon im Jahre 1802 von Robert Hare [1] erfundenen Knallgasgebläses, E. D. Clarke [2] und C. H. Pfaff [3] über ihre Versuche, die hauptsächlich das Schmelzen der Stoffe und weniger die bei den erreichten hohen Temperaturen möglichen Zersetzungen berücksichtigten, daß das Graubraunsteinerz [Manganit] vor der Flamme ihrer Gebläse „sehr schnell zu einem glänzenden Metallkorn schmilzt, das weißer als Eisen ist und wie dieses unter Funkenwerfen verbrennt". Ob bei diesen Versuchen wirklich das Metall erhalten wurde, erschien erst zu Beginn dieses Jahrhunderts F. Ephraim [4] zweifelhaft, der in der 7. Auflage dieses *Handbuchs* die vorher in allen Auflagen gebrachte Pfaffsche Angabe unterdrückte. – Eigentliche Reduktionsversuche mittels Wasserstoff an den Oxiden mit dem Ziel der Gewinnung eines kohlenstofffreien Metalls hat erfolglos H. Moissan [7] unternommen, erfolgreich waren erst sehr viel später E. Newbery, J. N. Pring [5], die bei ihren Versuchen, wie schon früher Moissan, feststellten, daß die Reaktion bei einem niederen Oxid stehen bleibt;

sie fanden eine Abhilfe, indem sie den Wasserdampfdruck im Reaktionsraum mittels Natriummetall herabsetzten und nun einen ‚Knopf' wohlgeschmolzenen Metalls erhielten, das einen scharfen Schmelzpunkt bei 1230 ± 5 °C besaß. Die Nichtberücksichtigung des bei der Reaktion sich bildenden Wasserdampfs mag der Grund gewesen sein, weswegen einige Jahre zuvor der Versuch von E. A. Wraight [6], C-freies Ferromangan durch die Reduktion eines stark eisenhaltigen Pyrolusits mit Wasserstoff zu erhalten, mißlungen ist. – Die Reduktion von Manganoxiden mit Wasserstoff (oder anderen geeigneten Gasen) hat erst nach der Entdekkung des Wirbelschichtverfahrens durch Fritz Winkler im Jahre 1921 [8] technisches Interesse gewonnen und ist in jüngster Zeit in Rußland durchgeführt worden, s. „Mangan" B, 1973, S. 7.

Literatur:

[1] R. Hare (Phil. Mag. **14** [1803] 238/45, 298/306). – [2] E. D. Clarke (Ann. Physik **55** [1817] 1/39, 24/5 nach den Veröffentlichungen von Clarke und Newman in: Brande's J. Sci. Arts **1816**, Heft 3 bzw. 1). – [3] C. H. Pfaff (Schweiggers J. Chem. Physik **22** [1818] 385/433, 427). – [4] F. Ephraim (in: Gmelin-Kraut, Handbuch der anorganischen Chemie, 7. Aufl., herausgegeben von C. Friedheim, Bd. III, Tl. 2, Heidelberg 1908, S. 230/3). – [5] E. Newbery, J. N. Pring (Proc. Roy. Soc. [London] A **92** [1916] 276/85, 281, 284).

[6] E. A. Wraight (Metallurgie [Halle] **6** [1909] 392/400, 397/8). – [7] H. Moissan (Ann. Chim. Phys. [5] **21** [1880] 199/255, 231/8). – [8] P. Feiler (Die Wirbelschicht, ein neuer Aggregatzustand, Schriftenreihe des Firmenarchivs der Badischen Anilin- & Soda-Fabrik AG, Nr. 9, Ludwigshafen am Rhein 1972, S. 9/10).

Preparation of Manganese with Metals

1.6.3 Mangandarstellung mittels Metallen

Im Jahre 1788 schrieb der damals in Cornwall als Bergmann tätige, frühere hannöversche Professor für Altertumskunde R. E. Raspe (1736 bis 1794) auf Grund seiner Versuche zur Mangandarstellung [1]: „... am leichtesten und besten reduzirt sich der Braunstein durchs Phlogiston anderer Metalle, mit denen er einige brauchbare und neue Mischungen [Legierungen] hervorbringt". Angewendet worden ist der Vorschlag 20 Jahre später, nach der Entdeckung der Alkalimetalle, zunächst als Hilfsmittel bei der Entdeckung neuer Elemente, in solchem Ausmaß, daß in einem Buche über die *Entdeckung der Elemente* ein umfangreiches Kapitel entsprechend überschrieben werden mußte [2]. Erst später wurde das Verfahren zur Gewinnung reiner Metalle, darunter auch Mangan, ausprobiert. Als dann, gegen Ende des 19. Jahrhunderts, das leichter zu verarbeitende Aluminium erhältlich war, sind die Versuche, mit seiner Hilfe ein reines Mangan zu erhalten, Ausgangspunkt für ein bedeutendes technisches Verfahren, die Aluminothermie, geworden [3].

Literatur:

[1] R. E. Raspe (Beyträge Chem. Ann. Crell **3** [1788] 482/5). – [2] M. E. Weeks, H. M. Leicester (Discovery of the Elements, 7. Aufl., Easton, Pa., 1968, S. 517/89). – [3] K. Goldschmidt (Aluminothermie, Leipzig 1925, S. 1/174).

Preparation with Sodium

1.6.3.1 Darstellung mittels Natriummetall

Beim Mangan ist der erste Versuch, es mittels metallischem Natrium zu gewinnen, erst im Jahre 1857 in Bern von C. Brunner [1] unternommen worden, indem er eisenfreies Fluormangan schichtweise mit ausgeplattetem Natriummetall im Verhältnis 2:1 in einen hessischen Tiegel einpreßte, so daß dieser etwa zur Hälfte angefüllt war, darüber brachte er etwa 1/2 Zoll dicke Lage geschmolzenes und wieder zerriebenes Kochsalz oder Kaliumchlorid und endlich eine Lage erbsengroßer Stücke Flußspat oder Kochsalz, die den Zweck hatte, das sonst bei der Reaktion leicht erfolgende Herauswerfen der Masse zu verhindern. Der Tiegel wurde dann im Gebläseofen zunächst gelinde erhitzt, noch unterhalb der Rotglut setzte die Reduktion ein, anschließend für etwa eine Viertelstunde auf Weißglut gebracht und dann der Tiegel im Ofen langsam abgekühlt. Einfacher erhielt er das Metall, wenn er als Ausgangsmaterial eine gepulverte Schmelze von Manganchlorid und Flußspat einsetzte und sonst wie oben verfuhr. Die Farbe des so erhaltenen Metalls beschreibt Brunner als „diejenige gewisser hellerer Sorten von Gußeisen", es war sehr hart, so daß es von einer Stahlfeile nicht angegriffen wurde, war aber der Politur fähig und „hierin von keinem Metalle, selbst nicht vom Stahl übertroffen". Es war unmagnetisch, und seine Dichtewerte schwankten zwischen 7.138 und 7.206. – Eine Probe seines Mangans hatte Brunner [2] an Friedrich Wöhler gesandt, der darin Silicium nachwies [3], s. S. 175. Die Untersuchungen ergaben in 12 Proben Gehalte von 1.6 bis 6.8% des „Oxydhydrats des Silicium". Durch Umschmelzen der Legierungen unter einer chlorsaures Kali enthaltenden Kochsalzdecke gelang es ihm, den Si-Gehalt auf etwa 1% herabzudrücken, und der Hersteller meinte, „damit wird man sich einstweilen begnügen müssen, bis man Tiegel hat, die kein Silicium abgeben können" [2]. Das von Brunner erhaltene Metall war so hart, daß er es als Ersatz für Schneiddiamanten vorschlug, und so luftbeständig, daß er es für die Herstellung von Teleskopspiegeln empfahl. Außerdem glaubte er bemerkt zu haben, daß das Metall bei schnellem Abkühlen merklich spröder ausfalle und gab so den ersten Hinweis auf die Existenz mehrerer Phasen [1]. Die Doppelsalze $MnCl_2 \cdot 2\,KCl$ und $MnCl_2 \cdot 2\,NaCl$ benutzte W. Diehl [4] fast 30 Jahre später als Ausgangsstoffe für seine Reduktionsversuche mit Na-Metall, erhielt aber nur schwammförmige Massen, die er auch bei Weißglut nicht umzuschmelzen vermochte. Kurz danach wiederholte C. Bullock [5] die Brunnerschen Versuche unter leichter Abänderung des Verfahrens, erhielt aber auch nur ein hartes sprödes Metall, das in den Fällen, in denen Flußspat in der Abdeckung des Reaktionsgemisches enthalten war, auch etwas Calcium enthielt.

Mit Natriumdampf in einem Wasserstoffstrom reduzierte E. Fremy [6] im gleichen Jahre, in dem C. Brunner [1] seine Experimente durchgeführt hatte, wasserfreies Manganchlorid bei Rotglut, wobei sich das Metall in den eingesetzten Schiffchen in Kristallen abschied, ohne daß weitere Angaben über seine Eigenschaften gemacht worden sind. – Fünf Jahre später verwendete W. B. Giles [7] Natriumamalgam zur Reduktion einer konzentrierten Manganchloridlösung, wobei sich Manganamalgam bildete; dieses wurde durch Abpressen vom überschüssigen Quecksilber befreit, in einer Hartglasröhre erhitzt, um das Quecksilber auszutreiben, und so das Mangan als braunschwarzes pyrophores Pulver erhalten. Auch hier fehlen weitere Angaben zur Charakterisierung des Metalls. – Als „pulverigen Schwamm" erhielt Z. Roussin [8] das Manganmetall aus seinem Amalgam, das er ebenfalls durch Behandeln von Natriumamalgam mit Mn-Salzlösungen erhalten hatte; das Abdestillieren des Quecksilbers hatte er im H_2-Strom vorgenommen.

Literatur:

[1] C. Brunner (Ann. Physik Chem. [2] **101** [1857] 264/71; Compt. Rend. **44** [1857] 630/2; J. Prakt. Chem. **71** [1857] 77/9; Dinglers Polytech. J. **144** [1857] 184/9). – [2] C. Brunner (Ann. Physik Chem. [2] **103** [1858] 139/42). – [3] F. Wöhler (Liebigs Ann. Chem. **106** [1858] 54/9). – [4] W. Diehl (Chem. Ind. [Berlin] **8** [1885] 318/9 nach C. **1885** 931). – [5] C. Bullock (Chem. News **60** [1889] 20).

[6] E. Fremy (Compt. Rend. **44** [1857] 632/4). – [7] W. B. Giles (Phil. Mag. [4] **24** [1862] 328). – [8] Z. Roussin (J. Pharm. Chim. [4] **3** [1866] 413/20, 414 Fußnote 1).

Alumino-thermic Preparation of Manganese

1.6.3.2 Aluminothermische Mangandarstellung

Die erste Anwendung der großen Reduktionsfähigkeit des Aluminiums zur Reduktion von Manganchlorid machte mit Erfolg im Jahre 1860 F. Wöhler [1] in Gemeinschaft mit F. Michel, indem sie mit dem Ziel, intermetallische Verbindungen zu erhalten, einen Überschuß von Aluminiummetall auf wasserfreies Manganchlorid bei hoher Temperatur einwirken ließen. Es ist interessant, daß 112 Jahre später Charles Thot die Umkehrung dieses Prozesses zur billigeren Gewinnung von Aluminium aus Aluminiumchlorid mittels Manganmetall als bei 250°C ablaufenden Kreisprozeß vorgeschlagen hat, wobei das entstehende Manganchlorid mit Sauerstoff oxidiert und das Oxid mit Kohle reduziert werden sollte [2]. – Vier Jahre vor Wöhlers Versuchen hatten C. Tissier, A. Tissier [3] behauptet, das Leichtmetall wirke auf verschiedene Metalloxide, darunter Braunstein, überhaupt nicht ein. Möglicherweise darum hat E. Glatzel [4] im Jahre 1889 seinen Mangan-Darstellungsversuch aus Manganchlorid mit Magnesiummetall unternommen, s. S. 57. Daß die Brüder Tissier bei ihren Versuchen nur Mißerfolge hatten, kann nach H. Goldschmidt, C. Vautin [5] nur daran gelegen haben, daß sie das Aluminium in ungeeigneter Form, das heißt, nicht als Pulver, eingesetzt haben. – Die Nachfrage nach dem Metall Mangan war nämlich seit der Einführung des Bessemer-Prozesses in der Eisenindustrie erheblich gestiegen, aber das sogenannte Spiegeleisen und das technische, stark kohlenstoffhaltige Ferromangan konnten die Forderungen der Eisenhüttenleute weder qualitativ noch mengenmäßig befriedigen. Daß aber erst im Jahre 1892 umfangreichere Versuche, kohlenstofffreies Mangan mit Hilfe des Aluminiums herzustellen, unternommen wurden, mag an dem damals noch recht hohen Preis dieses Metalls gelegen haben, jedenfalls spielte diese Frage in der Diskussion nach der ersten Bekanntgabe der Methode auf einer Tagung in Montreal im Jahre 1893 eine große Rolle [6]. Dort wurde berichtet, daß ein Jahr zuvor im Gebäude des Franklin-Institute zu Philadelphia der Sekretär des Instituts, W. H. Wahl, zusammen mit W. H. Greene, dem Professor für Chemie an der dortigen Central High School, im Nacharbeiten der Tammschen Vorschrift, s. S. 53, vergeblich versucht hatten, Manganmonoxid mit Kohle zu reduzieren; ihren Mißerfolg schrieben sie der Bildung von Mangancarbid und vor allem der Unzulänglichkeit ihres mit Koks geheizten Ofens zu. Nach vielfach abgeänderten, aber vergeblichen Versuchen [6] schlug schließlich „one of us, who had a flair for the thermochemistry" vor, granuliertes oder gepulvertes Aluminium – „expensive in those days" – bei den Versuchen anstelle der Kohle einzusetzen: „Zu unserer Freude wurde so eine enorm hohe Temperatur erreicht und das Oxid zu Manganmetall, völlig frei von Kohlenstoff und anderen störenden Verunreinigungen reduziert" [7]. Das so erhaltene Metall war noch hart und brüchig und enthielt 2% Fe und 1.5% Si [6]. Das Verfahren ließen die beiden Amerikaner sich am 3. Januar 1893 sowohl in den USA unter der Nr. 489.303 [6] als auch in Deutschland [8] patentieren, ehe F. L. Garrison den erwähnten Bericht [6] erstattete. Das Verfahren, gelegentlich Greene-Wahl-Prozeß genannt, bestand darin, daß das Braunsteinrohmaterial zuerst gemahlen, dann durch Behandeln mit verdünnter Schwefelsäure vom Eisengehalt befreit, gewaschen und getrocknet und anschließend unter Erhitzen der Einwirkung reduzierender Gase ausgesetzt wurde, um eine niedrigere Reduktionsstufe zu erreichen, und endlich in einem Behälter, der weder Silicium noch Kohlenstoff enthalten durfte, mit einer genügend großen Menge Aluminium gemischt und erhitzt wurde, bis die Reaktion einsetzte und Manganmetall entstand. – In England ließ sich im Jahre 1894 C. T. J. Vautin [9] ein inhaltlich ähnliches Patent unter der Nr. 8306 erteilen. Mit ihm nahm H. Goldschmidt in Essen, dem die Nachfrage nach kohlenstoffreinem Mangan sowohl der Eisenindustrie als auch der Buntmetallhersteller sehr wohl bekannt war, die Verbindung auf, nachdem die Wirtschaftlichkeit des Verfahrens durch den Preisabfall des Aluminiums von 70 [Gold-]Mark je kg in der Mitte der achtziger Jahre auf 3 [Gold-]Mark gesichert schien. C. T. J. Vautin überließ ihm seine Erfahrungen in der Reduktion von Metallen mittels Aluminium zur weiteren Ausgestaltung. In Zusammenarbeit mit Dr. A. Erlenbach und anderen Chemikern entstand dabei nach zahlreichen

Versuchen, zunächst mit den Oxiden des Mangans, später auch mit denen anderer Metalle, insbesondere denen des Eisens, das „Thermit-Verfahren" (DRP 96 317 vom 13. März 1895), das im wesentlichen auf der Beobachtung beruht, daß ein Aluminium-Metalloxid-Gemisch ohne die bisher übliche Vorheizung, nur an einer Stelle mittels einer Zündkirsche (aus Bariumsuperoxid und Aluminiumpulver) gezündet, ohne Explosionsgefahr zu ruhiger, vollständiger Reaktion zu bringen ist [10]. H. Goldschmidt definierte: „Eine Thermitreaktion ist eine solche, bei der eine oder mehrere reduzierend wirkende Metallegierungen oder Metalle auf eine Metallverbindung derart einwirken, daß das Gemisch, an einer Stelle zur Entzündung gebracht, von selbst weiterbrennt, so daß sich unter völliger Oxydation des aktiven Elementes eine flüssige Schlacke bildet, und das reduzierte Metall sich als einheitlich geschmolzener Regulus abscheidet; falls ein Überschuß des zu reduzierenden Materials genommen wird, ist das reduzierte Metall frei oder praktisch frei von dem zur Reduktion verwendeten Metalle" [11]. Im übrigen erwies sich die Reaktion im Falle des Mangans und anderer Metalle, die mehrere Oxide besitzen, auch noch dadurch steuerbar, daß ein geeignetes Gemisch der verschiedenen Oxide zur Anwendung kam [12]. Das nach diesem Verfahren hergestellte Manganmetall enthält neben Spuren von Schwefel, Phosphor und Kohlenstoff noch etwa je 1% Si, Fe und Al [13]; es wurde nach C. Matignon [14] im Jahre 1903 um 6.50 ffr [5.20 Goldmark] gehandelt. – Eine systematische Untersuchung über den Einfluß der wichtigsten, die Reaktion und die Metallausbeute sowie den Reinheitsgrad beeinflussenden Faktoren ist im Jahre 1948 von K. Giesen, W. Dautzenberg [16] vorgelegt worden; danach darf ein Reduktionssatz von 90% nicht überschritten werden, bei diesem Aluminiumzusatz hat das reduzierte Metall bereits einen Gehalt von 0.66% Al. – Das Verfahren wird heute zur Mangangewinnung großtechnisch angewendet [15]. Über den sich wegen des Thermit-Verfahrens später entwickelnden Patentstreit berichtete F. L. Garrison [7].

Literatur:

[1] F. Wöhler (Liebigs Ann. Chem. **115** [1860] 102/5). – [2] Anonym (Chem. Eng. News **51** Nr. 9 [1973] 11/2). – [3] C. Tissier, A. Tissier (Compt. Rend. **43** [1856] 1187). – [4] E. Glatzel (Ber. Deut. Chem. Ges. **22** [1889] 2857/9). – [5] H. Goldschmidt, C. Vautin (J. Soc. Chem. Ind. [London] **17** [1898] 543/4).

[6] F. L. Garrison (Trans. AIME **21** [1892/93] 887/904, Diskussion 904/6). – [7] F. L. Garrison (J. Franklin Inst. **223** [1937] 779/84). – [8] W. H. Greene, W. H. Wahl (D.R.P. 70773 [1893] nach Ber. Deut. Chem. Ges. **26** [1893] Ref. 980). – [9] K. Goldschmidt (Aluminothermie, Leipzig 1925, S. 20). – [10] W. Däbritz, W. Paulick (Th. Goldschmidt A.-G., Essen, Neun Jahrzehnte einer deutschen chemischen Fabrik, Essen 1937, S. 36/7).

[11] H. Goldschmidt (Gesammelte Veröffentlichungen, Essen 1914, S. 370; Z. Elektrochem. **14** [1908] 558/64, 559). – [12] H. Goldschmidt (Liebigs Ann. Chem. **301** [1898] 19/28, 27). – [13] K. Goldschmidt (Lit. 9, S. 59). – [14] C. Matignon (Rev. Gen. Sci. Pures Appl. **14** [1903] 1075/92, 1078). – [15] L. Schmidt, F. Harms (Radex Rundschau **1952** 97/119, 104).

[16] K. Giesen, W. Dautzenberg (Arch. Metallk. **2** [1948] 49/53).

1.6.3.3 Darstellung mittels anderer metallischer Elemente

Preparation with Other Metallic Elements

Mit Hilfe von Magnesium stellte E. Glatzel [1] Manganmetall aus einer $MnCl_2$-KCl-Schmelze in ruhiger Reaktion bei Rotglut her; sein sprödes Metall besaß D = 7.39, war oberflächlich oxidiert, aber an den Bruchstellen weißgrau und metallisch glänzend, an der Luft nicht haltbar und enthielt etwas Magnesium sowie wechselnde Mengen Silicium, dieses wohl aus den benutzten hessischen Tiegeln. Fünf Jahre später ließen sich W. H. Greene, W. H. Wahl

[2] die Darstellung von Mangan mit Magnesium patentieren; sie wollten C- und Fe-freies Mangan aus Braunstein dadurch erhalten, daß sie das gemahlene Erz durch Behandeln mit verdünnter Schwefelsäure vom Eisen befreiten, es dann nach Auswaschen und Trocknen im Drehofen durch reduzierende Gase (Petroleum-Dampf, Wassergas) zum Monoxid reduzierten, das dann mit Magnesiumpulver zur Reaktion gebracht wurde.

Mit Silicium. Die Behauptung von E. Kuh [9], es hätten W. H. Greene, W. H. Wahl [10] Manganoxide mit Silicium zu reduzieren vorgeschlagen, trifft nicht zu. Silicium in graphidoidaler Form zur Reduktion von Manganoxiden scheint als Erster H. N. Warren [11] im Jahre 1898 benutzt zu haben, allerdings nur zur Gewinnung von Mangansiliciden, s. S. 175.

Mit Calcium und Zink unternahm im Jahre 1909 E. A. Wraight [12] eine Reihe von Reduktionsversuchen, bei denen er im günstigsten Falle etwas grünes Oxid erhielt; auch Versuche mit Eisenfeilspänen verliefen völlig negativ, sogar das in ihnen ursprünglich vorhandene Mangan (0.48%) war nach 4stündigem Erhitzen auf 1700 °C im Regulus nicht mehr nachzuweisen.

Die Reduktion in Anwesenheit von Kupfer führt nur zu einer Legierung, s. S. 30.

Daß man mit anderen Elementen metallisches Mangan aus Lösungen seiner Salze gewinnen könne, ist das erste Mal im Jahre 1790 von B. G. Sage [13] behauptet worden; er stellte einen Zylinder aus Phosphor in eine Auflösung von Braunstein und fand nach Verlauf eines Monats „das Halbmetall reduziert in der Form eines schwärzlichen Pulvers auf der Oberfläche des Phosphors". Diese Angabe ist offenbar nie beachtet worden. – Das nächste Mal, 72 Jahre später, sollte das Magnesium zu dieser Reduktion fähig sein. Im Jahre 1862 hatte Mank [3] die Behauptung aufgestellt, Mangan werde metallisch aus Neutralsalzlösungen durch Magnesium ausgefällt, 2 Jahre später schien T. L. Phipson [14] diese Beobachtung zu bestätigen, er sprach allerdings nur von einem schwarzen Pulver, das aus den Lösungen der „Protosalts, even manganese, iron, and zinc" ausgefällt werde, was der Berichterstatter im *Jahresbericht* [15] mit: „Fast alle Metalle (selbst Eisen und Mangan aus den Oxydulsalzen) werden durch Magnesium aus ihren neutralen Lösungen regulinisch gefällt" zitiert. Weitere 2 Jahre später korrigiert Z. Roussin [4] diese Behauptung und sagt, daß die mit Magnesium aus Mn-Salzlösungen erhaltenen Niederschläge „nous ont présentés les caractères des oxydes", die noch näher zu untersuchen seien. Interessanterweise läßt ein Referat dieser Veröffentlichung [5] nicht erkennen, daß die Fällung ein Oxid darstellt. Im gleichen Jahre kam A. Commaille [6] zu der Feststellung, daß Magnesiummetall eine Mangansulfatlösung unter Wasserstoffentwicklung und Bildung eines weißen Niederschlags zersetze. Das gleiche Ergebnis erhielt S. Kern [7] mit einer Manganchloridlösung, außerdem beobachtete er die Weiteroxidation des gebildeten Niederschlags. Seine Ergebnisse wurden von J. G. Hibbs, E. F. Smith [8] im Jahre 1894 bestätigt.

Literatur:

[1] E. Glatzel (Ber. Deut. Chem. Ges. **22** [1889] 2857/9). – [2] W. H. Greene, W. H. Wahl (J. Soc. Chem. Ind. [London] **12** [1893] 341; B. P. **82** [1893]; D.R.P. 70 773 [1893]; Jahresber. Fortschr. Chem. 1893 I **1901** 33/4). – [3] Mank (Über das Verhalten des Magnesium und Aluminium gegen Salzlösungen, Göttingen 1862 nach [8]). – [4] Z. Roussin (J. Pharm. Chim. [4] **3** [1866] 413/20, 414). – [5] Z. Roussin (Referat gezeichnet Bu. in: Bull. Soc. Chim. France [2] **6** [1866] 93).

[6] A. Commaille (Compt. Rend. **63** [1866] 556/9). – [7] S. Kern (Chem. News **33** [1876] 236/7). – [8] J. G. Hibbs, E. F. Smith (J. Am. Chem. Soc. **16** [1894] 822/3). – [9] E. Kuh (Diss. Polytech. Schule Zürich 1911, S. 1/75, 17). – [10] W. H. Greene, W. H. Wahl (Jahresber. Fortschr. Chem. 1893 I **1901** 533).

[11] H. N. Warren (Chem. News **78** [1898] 318/9). – [12] E. A. Wraight (Metallurgie [Halle] **6** [1909] 393/400, 399). – [13] B. G. Sage (Observations Phys. Hist. Nat. Arts Rozier **37** [1790] 28/32, 29). – [14] T. L. Phipson (Proc. Roy. Soc. [London] **13** [1863/64] 217/8). – [15] C. Bohn, T. Engelbach, H. Will (Jahresber. Fortschr. Chem. **1864** 192/3).

1.6.4 Manganmetall durch thermische Zersetzung einer organischen Manganverbindung

Manganese Metal by Thermal Decomposition of an Organic Manganese Compound

Einen eigenen Weg zur Darstellung von Manganmetall schlug im Jahre 1819 M. Faraday [1] ein, er scheint völlig unbeachtet geblieben zu sein. Im Zusammenhang offenbar mit Versuchen über lösliche Wismut-Tartratkomplexe (Triple Tartrates of Bismuth) stellte er ein „neutral triple tartrate" des Mangans durch Kochen von Weinsteinlösung und „white oxide of manganese" her, das er als „small granular crystals, which generally have a reddish tint" beschrieb. Er meinte: „This salt would probably be a good source of metallic manganese" [2]. Später schreibt er [1]: „I have succeeded in getting metallic manganese in large globules, from the triple tartrate of manganese by heating it in a wind furnace, per se [für sich allein, ohne Zusatz]. In consequence of a portion of charcoal getting from the fire in the crucible, it was not entirely free from iron."

Literatur:

[1] M. Faraday (Quart. J. Sci. **6** [1819] 358). – [2] M. Faraday (Quart. J. Sci. **6** [1819] 158).

1.6.5 Mangandarstellung über sein Amalgam

Manganese Preparation via the Amalgam

Reines Mangan versuchte H. Moissan [1] im Jahre 1880 über das Manganamalgam zu gewinnen; nach seinen Angaben hat C. F. Schönbein (1799 bis 1868) dazu geraten, dieses Amalgam durch Schütteln von Natriumamalgam mit einer Manganchloridlösung herzustellen. R. Boettger [2] hat diese Amalgamgewinnung bereits im Jahre 1837 erfolgreich durchgeführt. Da Moissan befürchtete, auf diese Weise keine vollständige Umwandlung des Natriummetalls erreichen zu können, zog er die elektrolytische Gewinnung des Manganamalgames vor, s. S. 61. Nach dem Abdestillieren des Quecksilbers bei 440°C im Wasserstoffstrom erhielt er aus dem Amalgam eine leichte, poröse, zwischen den Fingern in einen schwärzlichgrauen Staub zerfallende Masse, die leicht unter Feuererscheinungen oxidierbar war und Wasser schon bei Zimmertemperatur zersetzte; wurde bei der Destillation der Siedepunkt des Quecksilbers nur wenig überschritten, zeigte das Metallpulver an der Luft pyrophore Eigenschaften. Im Jahre 1926 wiederholten H. D. Royce, L. Kahlenberg [3] den Moissanschen Versuch, schmolzen das erhaltene Pulver in einer Wasserstoffatmosphäre zusammen und erhielten ein kompaktes Metall mit 99.6% Mn, das auch in der Laboratoriumsluft während mehrerer Monate keine Tendenz zur Oxidation erkennen ließ. Daß es sich bei dem aus dem Amalgam erhaltenen Pulver um α-Mangan handelt, konnte im Jahre 1950 F. Pawlek [4] und später auch F. Lihl [5] zeigen, s. auch S. 66.

Literatur:

[1] H. Moissan (Ann. Chim. Phys. [5] **21** [1880] 199/255, 235/6). – [2] R. Boettger (J. Prakt. Chem. **12** [1837] 350/2). – [3] H. D. Royce, L. Kahlenberg (Trans. Am. Electrochem. Soc. **50** [1926] 281/300, 284/5). – [4] F. Pawlek (Z. Metallk. **41** [1950] 451/3). – [5] F. Lihl (Z. Metallk. **44** [1953] 160/6, 161).

Electro-deposition Experiments

1.6.6 Elektrolytische Darstellungsversuche

Im Jahre 1830 hat A. C. Becquerel (1788 bis 1878) beobachtet [1], daß Mangan und Blei sich aus ihrer essigsauren Lösung im Gegensatz zu den anderen Metallen am positiven Pol einer elektrolytische Zelle als Oxide niederschlagen. «Je pense que ces résultats pourront être utile à la chimie» schrieb er und wollte dieses Verhalten zur Abtrennung des Eisens vom Mangan benutzen und sah auch die Möglichkeit der Anwendung zur quantitativen Bestimmung beider Metalle, doch scheint die Veröffentlichung kaum beachtet worden zu sein. Erst 24 Jahre später gelang R. W. Bunsen [2] die elektrolytische Abscheidung metallischen Mangans aus einer wäßrigen Manganchloridlösung; er bediente sich dabei einer Zersetzungszelle, deren einer Pol durch die Innenfläche eines mit Salzsäure gefüllten Kohletiegels gebildet wurde, eine in diesem Tiegel stehende, zur Aufnahme der zum Sieden gebrachten Zersetzungsflüssigkeit dienende, kleine Tonzelle enthielt als zweiten Pol einen schmalen Platinstreifen. Das bei einem möglichst intensiven Strom (6.7 Amp./cm^2) erhaltene Metall „läßt sich in mehr als 100 Quadratmillimeter großen, spröden, auf einer Seite metallisch glänzenden Blechen erhalten, die sich fast so leicht wie Kalium an feuchter Luft oxydieren". Bei geringerer Stromdichte entstand nur „schwarzes Manganoxyduloxyd". Nach Miolattis Beurteilung [3] war das erhaltene Metall durch abgeschiedenes Oxid verunreinigt, weswegen das Verfahren keine Bedeutung erlangte, ganz abgesehen davon, daß die Mengen des abgeschiedenen Metalls im Verhältnis zur hohen Stromdichte zu gering war. Dieses schlechte Ergebnis macht es verständlich, wenn ähnliche Versuche erst im Winter 1914/15 von S. Gorodkoff wieder aufgenommen wurden [4], wobei sich in den besten Fällen zwar ein Metall mit einer reinen, silberähnlichen Oberfläche ergab, das sich beim Waschen und Trocknen zum Teil oxidierte, doch enthielten die spröden Niederschläge niemals mehr als 65 bis 70% Metall und die daraus hergestellten Schmelzen hatten nur einen Gehalt von 96% Mangan. Gorodkoff arbeitete außer mit dem Chlorid auch mit Lösungen von Mangansulfat und schied bis zu 50 g „Metall" in einem Versuch ab. – Neutrale Mangansulfatlösungen elektrolysierten im Jahre 1918 auch G. D. van Arsdale, C. G. Meier [5], denen die erst im Jahre 1923 veröffentlichten russischen Versuche nicht bekannt sein konnten; auch ihr Ergebnis war unbefriedigend, sie erhielten nur ein graues, pulveriges Mangan, über das sie keine weiteren Angaben machten. – Angeregt durch die Erfolge von Fremdstoffzusätzen bei der elektrolytischen Abscheidung anderer Metalle hat schon im Jahre 1886 T. Moore [6] bei seinen Versuchen, die Metalle der Eisengruppe, Zink und Mangan quantitativ elektrolytisch abzuscheiden, die Beobachtung gemacht, daß dies beim Mangan nur durch die Abscheidung als Oxid möglich ist, daß sich aber bei Zugabe von Ammoniumsulfocyanid zu den neutralen Lösungen von Mangansulfat oder Mangannitrat metallische Niederschläge erreichen ließen. Drei Jahre später bestätigten E. F. Smith, L. K. Frankel [7] diese Angaben, aber auch ihr grauweißes Metall war unbeständig. Andere Zusätze brachten bessere Ergebnisse: Grube und seine Mitarbeiter erhielten nach den Angaben von F. Foerster [8] ein hochreines Mangan, als sie eine durch ein Diafragma von der Anode getrennte 6 bis 7 n-$MnCl_2$-Lösung, die 1.5 n durch Ammoniumchlorid und 0.1 n durch Salzsäure war, bei 30°C und einer Stromdichte 0.2 Amp/cm^2 unter lebhaftem Rühren elektrolysierten. Ähnlich arbeiteten mit Zusätzen von Ammoniumsulfat und Ammoniumchlorid zu den entsprechenden Mangansalzlösungen im Jahre 1924 A. J. Allmand, A. N. Campbell [9], die die schlechte Ausbeute – schon von Grube angedeutet – beklagten und später glaubten feststellen zu müssen [10], daß ihr unter optimalen Bedingungen erhaltenes Mangan je g Metall 12.6 cm^3 Wasserstoff enthielt. Die letztere Angabe von Campbell und Allmand konnte jedoch bei ihren Versuchen zur Reinstdarstellung des Mangans M. L. V. Gayler [11] nicht bestätigen, und im Jahre 1934 erhielt F. Brunke [12] nach dem Grubeschen Verfahren reine, duktile Folien aus γ-Mangan. Zwei Jahre später erhielten J. Koster, S. M. Shelton [21] sehr befriedigende Ergebnisse – ihr Metall hatte einen Gehalt von 99.85% Mn – in kontinuierlichem Betrieb mit einem stark Sulfit-Ionen enthaltenden Bad, das sie durch Auslaugen von Erzen mit geringen Mangangehalten herstellten. Gleichzeitig berichteten W. E. Bradt, H. H. Oaks [24, 25] sehr ausführlich über die elektrolytische Mn-Darstellung aus $MnCl_2$– und $MnSO_4$-Bädern, wobei es ihnen gelang, durch verschiedene Zusätze und geeignete Bedingungen ein gut beständiges Metall zu erhalten. – Daß auch versucht worden ist, elektrolytische Manganplattierungen, ähnlich Zinküberzügen, als Korrosionsschutz zu verwenden, geht aus einer Veröffentlichung von D. Schlain, J. D. Prater [26] hervor. Inzwischen wird das mehrfach abgeänderte und verbesserte Verfahren in verschiedenen Ländern zur technischen Gewinnung von kohlenstofffreiem Mangan benutzt [13, 14].

In nichtwäßrigen Lösungsmitteln ist die elektrolytische Abscheidung von Mangan ebenfalls versucht worden, im Jahre 1931 von H. S. Booth, M. Merlub-Sobel [22], und zwar in flüssigem Ammoniak; als Elektrolyten benutzten sie $Mn(CNS)_2$, ihre Anode bestand aus 97.2%igem Mangan, ihr Niederschlag war sehr rein und behielt an der Luft seinen Glanz und war eisenfrei, während das Ausgangsmaterial 1.48% Fe enthielt. – Sieben Jahre später elektrolysierten T. P. Dirkse, H. T. Briscoe [23] eine Lösung von $MnCl_2$ in Aceton und erhielten an der Kathode einen zunächst grauweißen Niederschlag, der aber an der Luft schwarz wurde und dann leicht abgerieben werden konnte.

Den Umweg, über ein elektrolytisch gewonnenes Manganamalgam zu einem reinen Manganmetall zu kommen, scheint als erster im Jahre 1879 H. Moissan [15] beschritten zu haben. Er erhielt nach dem Abdestillieren des Quecksilbers im Wasserstoffstrom bei 400° C ein schwarzes, pulverförmiges Mangan, das pyrophor war und Wasser bei Zimmertemperatur, stärker bei 100° C, zersetzte. Zu dem gleichen Ergebnis bei der gleichen Methode kam im Jahre 1892 auch A. Guntz [16], ohne Einzelheiten seines Vorgehens zu beschreiben. Ein Jahr später erhielt O. Prelinger [17] auf die gleiche Weise wie Moissan ein wohldefiniertes Manganamalgam, aus dem er durch Zersetzen bei 100°C (wohl im Vakuum) ein „absolut reines, pulverförmiges Mangan mit D = 7.4212" erhalten hat, das die Elemente As, Sb, Cu, Pb, Bi, Sn, Fe, Ni, Co, Cr, Cd und Zn aus ihren Salzlösungen auszuscheiden vermochte. – Von einer flüssigen Metallkathode, die das elektrolytisch abgeschiedene Mangan konservierend aufnehmen sollte, machten erst wieder im Jahre 1946 B. Cartwright, S. F. Ravitz [18] Gebrauch, wobei dieses Mal nicht Quecksilber, sondern geschmolzenes Zinn oder Zink das Mangan aufnahm, und der Elektrolyt aus einer $MnCl_2$-Schmelze bestand, in der zur Konstanthaltung des Mn-Gehalts und Beseitigung des Chlors MnO, Mn_2O_3 und Kohlepulver suspendiert war.

Die Schmelzelektrolyse hatte allerdings schon im Jahre 1885 W. Diehl [19] mit den Doppelchloriden $MnCl_2 \cdot 2\,KCl$ und $MnCl_2 \cdot 2\,NaCl$ untersucht; als Ergebnis hatte er an Kupferkathoden ein gelb angelaufenes, kristallines Pulver erhalten, das beim Reiben einen schwachen Metallglanz annahm, aber auf keine Weise zu einem Regulus zusammengeschmolzen werden konnte und in Säuren unter Entwicklung von reinem Wasserstoffgas auflösbar war. Ebenfalls nur ein Pulver erhielt sieben Jahre später L. Voltmer [20] nach einem ihm patentierten Verfahren (DRP 74959 vom 12. 7. 1892) aus einer Schmelze von $MnCl_2$ oder MnF_2, der entsprechend der Metallabscheidung Manganoxide zugesetzt werden sollten, um einen kontinuierlichen Betrieb zu ermöglichen; über die Reinheit des Manganpulvers wurden keine Angaben gemacht. Ein Jahr später hat sich auch die Firma F. Krupp [27] ein Verfahren zur Gewinnung von Mangan durch Elektrolyse einer $MnCl_2$-Schmelze erteilen lassen. Im Jahre 1906 berichtete noch einmal G. Gore [28] über vergebliche Versuche mit einer MnF_2-Schmelze und schließlich im Jahre 1935 P. S. Lebedev [29] über negative Ergebnisse mit einer $MnCl_2$-Schmelze.

Die so erfolgreiche elektrolytische Gewinnung von Aluminium verlockte dazu, auch für die Mangandarstellung ähnliche Elektrolyte, wie sie dort gebraucht wurden, einzusetzen. Bereits im Jahre 1895 machte W. Borchers [30] diesen Vorschlag, den A. Simon [31] durch eine Schmelze von Calciumfluorid, der Mangandioxid zugesetzt worden war, zu verwirklichen suchte. Das Verfahren scheint erfolgreich gewesen zu sein, jedenfalls konnte G. Gin [32] über ein nach diesem Verfahren arbeitendes Werk in Orlu (in den französischen Pyrenäen) berichten, das ein Mangan mit 8% Eisen (Ferromangan) herstellte; setzte man der Schmelze noch Kohlenstoff zu, gelang es, weitere Verunreinigungen durch Reaktion mit der Kohle zu eliminieren. Die beschriebenen Versuche ermutigten im Jahre 1913 A. Miolatti [36] zu der Erwartung, reines Mangan könne „sicherlich auf elektrothermischem Wege erhalten werden", er wies dabei daraufhin, daß „auf der letzten englisch-französischen Ausstellung in London ein Block von 50 kg Mangan zu sehen war, der vollkommen luftbeständig, also frei von Carbid, Nitrid und dergl." gewesen sei. – Negative Ergebnisse aber, wenigstens beim Mangan, brachte die Elektrolyse manganhaltiger Silikatschmelzen, im Gegensatz zu anderen Metallen, bei denen mit Erfolg gearbeitet worden sein soll [33]. Geschmolzenes Manganmetall will J. W. Beckman [34] bei der Elektrolyse von Schmelzen aus MnO und CaO erhalten haben, da die Badtemperatur über dem Schmelzpunkt des Mangans lag; wegen der Verwendung von Graphitelektroden dürfte das Metall stark kohlenstoffhaltig gewesen sein. Aus Alkalifluorsilikatschmelzen, denen MnO oder MnF_2 zugesetzt worden war, schied M. Dodero [35] je nach dem Gehalt an Manganverbindungen elektrolytisch entweder ein Mangansilicid der Formel Mn_2Si oder ein Metall mit 98% Mn ab.

Literatur:

[1] A. C. Becquerel (Ann. Chim. Phys. [2] **43** [1830] 380/6). – [2] R. W. Bunsen (Ann. Physik Chem. [2] **91** [1854] 619/25, 623). – [3] A. Miolatti (in: R. Abegg, F. Auerbach, Handbuch der anorganischen Chemie, Bd. 4, Abt. 2, Leipzig 1913, S. 619). – [4] P. P. Fedotieff (Z. Anorg. Allgem. Chem. **130** [1923] 18/24). – [5] G. D. van Arsdale, C. G. Meier (Trans. Am. Electrochem. Soc. **33** [1918] 109/29).

[6] T. Moore (Chem. News **53** [1886] 209/10). – [7] E. F. Smith, L. K. Frankel (J. Franklin Inst. **128** [1889] 140/2). – [8] F. Foerster (Elektrochemie wässriger Lösungen, 4. Aufl., Leipzig 1923, S. 560). – [9] A. J. Allmand, A. N. Campbell (Trans. Faraday Soc. **19** [1924] 559/70). – [10] A. J. Allmand, A. N. Campbell (Trans. Faraday Soc. **20** [1924] 378/84).

[11] M. L. V. Gayler (J. Iron Steel Inst. [London] **115** [1927] 393/411, 397). – [12] F. Brunke (Ann. Physik [5] **21** [1934] 139/68, 152). – [13] T. Banerjee (J. Sci. Ind. Res. [India] A**12** [1953] 457/62). – [14] A. H. Sully (Manganese, London 1955, S. 66/76). – [15] H. Moissan (Compt. Rend. **88** [1879] 180/3; Ann. Chim. Phys. [5] **21** [1880] 199/255, 235).

[16] A. Guntz (Bull. Soc. Chim. France [3] **7** [1892] 275/8). – [17] O. Prelinger (Chemiker-Ztg. **17** [1893] 688). – [18] B. Cartwright, S. F. Ravitz (Trans. Electrochem. Soc. **89** [1946] 373/82). – [19] W. Diehl (Chemiker-Ztg. **9** [1885] 1804). – [20] L. Voltmer (Z. Angew. Chem. **7** [1894] 351/2).

[21] J. Koster, S. M. Shelton (Eng. Mining J. **137** [1936] 510/2). – [22] H. S. Booth, M. Merlub-Sobel (J. Phys. Chem. **35** [1931] 3303/21, 3316/7). – [23] T. P. Dirkse, H. T. Briscoe (Metal Ind. [N.Y.] **36** [1938] 284/5). – [24] W. E. Bradt, H. H. Oaks (Trans. Electrochem. Soc. **69** [1936] 567/84). – [25] W. E. Bradt, H. H. Oaks (Trans. Electrochem. Soc. **71** [1937] 279/86).

[26] D. Schlain, J. D. Prater (Trans. Electrochem. Soc. **94** [1948] 58/73, 374/5). – [27] F. Krupp (D.P. 81225 [1893] nach [18, S. 373]). – [28] G. Gore (Electrochemistry, London 1906, S. 95 nach J. W. Mellor, A Comprehensive Treatise on Inorganic and Theoretical Chemistry, Bd. 12, London – New York – Toronto 1932, S. 166). – [29] P. S. Lebedev (Sb. Tr. Moskovsk. Inst. Stal. Novoe Tekhnol. Processach Metal. Proizvodstva **1935** 5/91 nach [14, S. 81]). – [30] W. Borchers (Elektrometallurgie, 3. Aufl., 2. Abt., Leipzig 1903, S. 520).

[31] A. Simon (B.P. 17190 [1900] nach [14, S. 81]). – [32] G. Gin (La Fabrication Électrique du Ferro-Manganèse en France, Paris 1901 nach Z. Electrochem. **8** [1902] 302/3). – [33] G. Neuendorff, F. Sauerwald (Z. Elektrochem. **34** [1928] 199/204, 204). – [34] J. W. Beckman (Trans. Am. Electrochem. Soc. **19** [1911] 171/80). – [35] M. Dodero (Compt. Rend. **208** [1939] 799/801).

[36] A. Miolatti (in: R. Abegg, F. Auerbach, Handbuch der anorganischen Chemie, Bd. 4, Abt. 2, Leipzig 1913, S. 617).

1.6.7 Reindarstellung von Mangan durch Destillation

Purification by Distillation of Manganese Metal

Die ihn sehr überraschende Beobachtung der Flüchtigkeit des Manganmetalls machte im Jahre 1878 R. Jordan [1], als seine Stoffbilanz bei der Herstellung von hochprozentigem Ferromangan im Hochofen nicht stimmte und er die hellen Dämpfe über den Schmelzen beim Verbrennen an der Luft sich ins Braunrote umfärben sah. Offenbar war ihm entgangen, daß schon drei Jahre zuvor J. N. Lockyer, W. C. Roberts [11] das Absorptionsspektrum des Mangandampfes in der Knallgasflamme hatten beobachten können. Fünfzehn Jahre später faßten R. Lorenz, F. Heusler [2] ihre Erfahrungen bei der technischen Herstellung von Legierungen und Verbindungen des Mangans so zusammen, daß das Element schon bei Temperaturen wenig über dem Schmelzpunkt flüchtig sei, nachdem sie hatten zeigen können, daß diese Flüchtigkeit nicht, etwa wie bei Nickel und dem Kohlenmonoxid, durch Verbindungsbildung bewirkt war. Den hohen Dampfdruck des Elementes bestätigte kurz darauf auch H. Moissan [3] bei seinen Versuchen, Mangancarbide im elektrischen Ofen herzustellen. Erstaunlicherweise kam im Jahre 1908 E. A. Wraight [4] bei Versuchen, Ferromangan möglichst frei von Kohlenstoff zu erhalten, nach unterschiedlicher Behandlung seiner Proben bei Temperaturen zwischen 1300 und 1600°C bei Atmosphärendruck durch deren Gewichtszunahme zu der Behauptung, es seien damit „bündige Beweise geliefert, daß Mangan nicht flüchtig ist" und deshalb könnten „gewisse Angaben, die von verschiedenen Autoren gemacht werden bezüglich der Flüchtigkeit dieses Metalls bei den Temperaturen der metallurgischen Öfen als ungenau bezeichnet werden. Die wahrscheinlichste Erklärung ist die, daß das Metall sehr leicht oxydiert und das Oxyd entweder mechanisch oder während der metallurgischen Operation in der Schlacke verloren geht." Trotz dieser „Beweise" unternahm im Jahre 1911 E. Kuh [5] auf Anregung von Professor R. Willstaetter den Versuch, in einer von G. A. W. Kahlbaum, K. Roth, P. Siedler [6] für andere Zwecke entwickelten Apparatur technisches Manganmetall durch Destillation zu reinigen, und hatte damit Erfolg: Er erhielt in seinem Kühlrohr eine 3.5 cm lange, 0.5 mm starke silberweiße Kruste. Drei Jahre später gaben E. Tiede, F. Birnbräuer [7] ihre erfolgreichen Versuche zur Reindarstellung des Mangans durch Destillation im Kathodenstrahlofen bekannt; sie beobachteten den Beginn der Verdampfung im Hochvakuum bei etwa 500°C und erhielten in ihrer Apparatur ein stahlgraues, sprödes, an der Luft nur nach sehr langem Stehen oberflächlich sich oxidierendes Metall mit weniger als 0.01% Verunreinigungen, für dessen Schmelzpunkt sie 1290°C maßen; nach ihrer Beobachtung war die Verdampfung des metallischen Mangans so stark, daß die Herstellung einer Schmelze im Kathodenstrahlofen nicht gelang. – Offenbar ohne von dem vorstehenden Kenntnis zu haben, unternahm im Jahr 1927 M. L. V. Gayler [8] auf Anraten von Dr. W. Rosenhain F.R.S. Destillationsversuche mit Manganmetall; ausgehend von kommerziellem aluminothermisch gewonnenem Metall erhielt sie nur wenig oberhalb der Schmelztemperatur bei Drücken von 1 bis 2 Torr ein silberweißes, sprödes, aber an der Luft haltbares Mangan. Bei einem Einsatz von 6 lb (2.72 kg) betrug die Ausbeute in 5 Stunden 1 lb 8 oz (680 g) eines Metalls mit nur 0.01% Verunreinigungen, an dem Untersuchungen des Zustandsdiagramms durchgeführt wurden, s. S. 67. – Doppelte Destillation – bei der zweiten wurden Drücke um 0.001 Torr eingehalten – wandte im Jahre 1939 W. Kroll [9] an, der dabei das Metall in langen Dendriten von 10 bis 20 mm Stärke erhielt; diese wurden unter Argon als Schutzgas eingeschmolzen und ergaben, wenn ohne Zwischenabkühlung auf Zimmertemperatur gearbeitet wurde, ein bei 1150°C ausgezeichnet walzbares Metall. – Nach A. E. van Arkel [10] verlieren alle übrigen Methoden der Reindarstellung neben der der Destillation an Bedeutung.

Literatur:

[1] R. Jordan (Compt. Rend. **86** [1878] 1374/7). – [2] R. Lorenz, F. Heusler (Z. Anorg. Allgem. Chem. **3** [1893] 225/9). – [3] H. Moissan (Der elektrische Ofen [deutsch von T. Zettel] Berlin 1897, S. 40). – [4] E. A. Wraight (Metallurgie [Halle] **6** [1909] 393/400, 394). – [5] E. Kuh (Diss. Polytech. Schule Zürich 1911, S. 49).

[6] G. A. W. Kahlbaum, K. Roth, P. Siedler (Z. Anorg. Allgem. Chem. **29** [1902] 177/294). – [7] E. Tiede, F. Birnbräuer (Z. Anorg. Allgem. Chem. **37** [1914] 129/68, 152/3). – [8] M. L. V. Gayler (J. Iron Steel Inst. [London] **115** [1927] 393/411, 393). – [9] W. Kroll (Z. Metallk. **31** [1939] 20/3). – [10] A. E. van Arkel (Reine Metalle, Berlin 1939, S. 288).

[11] J. N. Lockyer, W. C. Roberts (Proc. Roy. Soc. [London] **23** [1875] 344/9).

Native Manganese

1.7 Gediegen Mangan

P. Baron Picot de la Peyrouse [1] gab im Jahre 1782 bekannt, er habe gediegenes Mangan in einer Eisengrube bei dem Dorfe Sem im Tal Vicdessos der Rancie-Berge in der Grafschaft Foix (heute Département Ariège) gefunden; es gleiche in Form und Farbe den künstlich erzeugten Reguli, nämlich abgeplatteten Knöpfen – „man ließe sich täuschen, wenn nicht die Gangart daran wäre" –, aber „viel größer, weil die Agentien der Natur eine andere Energie haben dürften als die unserer Laboratorien", es sei unmagnetisch und durch Hämmern dehnbar. De la Peyrouse nahm an, daß „die Natur den ‚chaux argentée de la manganèse', der dort vorkommt, reduziert hat". J. F. John [2] bemerkt dazu, die meisten Chemiker und Mineralogen, so zum Beispiel L. Crell [3] in seiner Übersetzung der Kirwanschen *Elements of Mineralogy*, in deren englischem Original (1784) der de la Peyrousesche Fund nicht erwähnt wird, bestritten die Echtheit des in der Übersetzung durch eine Anmerkung bekanntgegebenen Fundes und begründeten dies damit, daß „der Braunstein das Phlogiston, welches zu seiner metallischen Gestalt nöthig ist, leichter als jede andere Substanz verliert" [3], was der modernere J. F. John als „leichte Verwitterung des künstlich dargestellten Mangans" ausdrückt. Über einen anderen Fund soll C. C. André [4] berichten: Nach einem Verzeichnis der „zu Zips (Slowakei, heute Spiš) brechenden Fossilien" wird das „Gediegen Braunstein-Metall" erwähnt, das nur einmal auf einem kleinen schwarzen, sehr glatten Glasknopf in sehr schönen, zarten Dentriden von silberweißer Farbe, die sich an der Luft veränderte, gefunden worden sein soll; das Stück sei unter den Eisensteinen angetroffen worden, die in der Palzmannschen Eisenhütte verschmolzen wurden und dahin vom Topschauer Terrain gebracht worden waren. J. F. John [2] selbst kommentiert, indem er seine schon früher [5] geäußerte Meinung wiederholt, daß Mangan gediegen auftrete, allerdings nur mit anderen Metallen legiert, etwa mit Eisen, er selbst habe nämlich eine solche Legierung hergestellt, die sich als luftbeständig erwiesen habe. Er vermutete auch, daß O.M.R. [wohl: Ober-Medicinal-Rath M. H.] Klaproth gediegen Mangan in Händen hatte, denn vor kurzem habe ihm dieser mitgeteilt, daß er aus Schweden ein eisenhaltiges Manganerz erhalten und analysiert habe, welches sich vollkommen in Salzsäure auflöse: „In diesem Falle muß es entweder metallisch, oder mit dem Minimum an Sauerstoff verbunden seyn." Doch sagt M. H. Klaproth [6] in seinem „Chemischen Wörterbuch" nichts über dieses angeblich gediegene Mangan, sondern erwähnt nur den angeblichen Fund in Frankreich und die Kritik, die er bei „Chemisten und Mineralogen" erregte, ohne seine eigene Meinung zu äußern. – Aber schon F. F. Runge [7] schreibt, es komme im Mineralreich nie im rein metallischen oder gediegenen Zustand vor.

Literatur:

[1] P. Baron Picot de la Peyrouse (Mem. de Toulouse **1** [1782] 256/7; J. Phys. Chim. Hist. Nat. Arts [Paris] **28** [1786] 68/9). – [2] J. F. John (Chemische Untersuchungen mineralischer und animalischer Substanzen, Zweyte Fortsetzung des Laboratoriums, Berlin 1811, S. 134/5). – [3] L. Crell (in: R. Kirwan, Anfangsgründe der Mineralogie, deutsch von L. Crell, Berlin-Stettin 1785, S. 385 Fußnote). – [4] C. C. André (Ann. Berg-Hüttenk. [Nürnberg] **2** [1801] 109/16 nach [2], jedoch falsches Zitat). – [5] J. F. John (J. Chem. Physik Gehlen **3** [1807] 452/85, 461/2).

[6] M. H. Klaproth, F. Wolff (Chemisches Wörterbuch, Bd. 3, Berlin 1808, S. 471/2). – [7] F. F. Runge (Technische Chemie der nützlichsten Metalle für Jedermann, Bd. 1, Berlin 1838, S. 56).

1.8 Geschichtliches zu einigen Eigenschaften des Elements

Properties of the Element. Historical Values

1.8.1 Dichte. Farbe. Schmelzpunkt

Density. Color. Melting Point

Eine Zusammenstellung von Dichteangaben älterer Darsteller von metallischem Mangan gab R. Hadfield [1]; er machte darauf aufmerksam, daß die Werte, da meist die Temperaturangaben fehlen, untereinander kaum vergleichbar sind, und daß die starke Streuung der Werte auf eine beträchtliche Verunreinigung der Proben schließen lasse. Er gab folgende Zahlen

Gahn	7.05	Bergman	7.00
John	8.013	Lougthon	7.84 bis 7.99
Brunner	7.138 bis 7.207	Kuh	7.241
Glatzel	7.3921	Prelinger	7.421
Hjelm	7.0	Zeretelli	7.7

Es sei bemerkt, daß als zuverlässigste Werte bei Zimmertemperatur nach A. H. Sully [2] für α-Mn: D = 7.44, für β-Mn: D = 7.29 und für γ-Mn: D = 7.21 zu gelten haben.

Auch die Angaben der frühen Metallhersteller über die Farbe des Mangans gehen nach einer kurzen Übersicht von R. Hadfield [3] recht weit auseinander, meist wurde es aber als grau mit einem rötlichem Stich, ähnlich dem Wismut beschrieben, oder auch als schwach gelblich. Elektrolytisch erhaltenes, poliertes γ-Mangan besaß „a faint pink tinge" [4]. – Die ersten Reflexionsmessungen an aluminothermisch erhaltenem Metall – „guter Spiegel, der aber an feuchter Luft braun anläuft" – machte im Jahre 1910 H. v. Wartenberg [5].

Vom Schmelzpunkt des Mangans wird von den frühen Autoren meist nur im Vergleich mit dem des Eisens gesprochen und angegeben, daß es etwas schwerer schmelze. Einen ersten Zahlenwert lieferte L. B. Guyton de Morveau, der für den Schmelzpunkt 160° nach dem Wedgwood Pyrometer angab [6]; der Berichterstatter, M. H. Klaproth, kritisierte diese Angabe mit der Bemerkung, daß John seine Reduktionsversuche bei einer Temperatur bewerkstelligte, die ungleich niederer war als dieser Angabe entspricht. Nach J. C. Fischers *Physikalischem Wörterbuch* [7] entsprechen 160° Wedgwood einer „Hitze, die hinreicht, Eisen in Gußstahl zu verwandeln". Noch in der 6. Auflage dieses *Handbuches* finden sich für den Schmelzpunkt nur die Vergleiche mit dem Eisen und die Angabe: „schmilzt vollständig bei beginnender Weißglut" [8]. Zu der Angabe von van der Weyde, der Schmelzpunkt liege bei 1900°C, wie T. Carnelley [9] berichtete, bemerkte E. Kuh [10], daß dieser „und darüberliegende Werte, die man in älteren Quellen trifft, ganz aus der Luft gegriffen und unmöglich auf vergleichende Beobachtungen zurückzuführen sind". Trotzdem meint er, „die Zahl 1250, die in neueren Lehrbüchern für den Schmelzpunkt des Mangans angegeben ist, dürfte sich auf unreines, also tiefer schmelzendes Material beziehen, jedenfalls dürfte er nur wenig oberhalb dieses Wertes liegen". – Eine Zusammenstellung von Messungen des Schmelzpunktes von Mangan (mindestens 98.0%ig) in den Jahren 1904 bis 1914 gab M. L. V. Gayler [11], die Werte schwanken zwischen 1207 und 1260° C. Die erste zuverlässige Messung (unter Schutzgas N_2) scheint mit aluminothermisch hergestelltem Metall W. C. Heraeus [12] schon im Jahre 1902 durchgeführt zu haben: mit 1245° C ist er in Übereinstimmung mit dem meistens angenommenen Gaylerschen Wert 1244 ± 3° C.

Literatur:

[1] R. Hadfield (J. Iron Steel Inst. [London] **115** [1927] 211/361, 254/5). – [2] A. H. Sully (Manganese, London 1955, S. 152). – [3] R. Hadfield (J. Iron Steel Inst. [London] **115** [1927] 211/361, 248/9). – [4] G. M. Dyson (Chem. Age [London] Met. Sect. **14** [1926] 10/11, 15). – [5] H. v. Wartenberg (Verhandl. Deut. Physik. Ges. [2] **12** [1910] 105/20, 110).

[6] M. H. Klaproth, F. Wolff (Chemisches Wörterbuch, Bd. 2, Berlin 1808, S. 462). – [7] J. C. Fischer (Physikalisches Wörterbuch, Bd. 6, Göttingen 1805, S. 677/8). – [8] Gmelin-Handbuch, 6. Aufl., Bd. 2, Tl. 2, 1897, S. 431. – [9] T. Carnelley (Ber. Deut. Chem. Ges. **12** [1879] 439/42). – [10] E. Kuh (Diss. Polytech. Schule Zürich 1911, S. 27/8).

[11] M. L. V. Gayler (J. Iron Steel Inst. [London] **115** [1927] 393/411, 405/6). – [12] W. C. Heraeus (Z. Elektrochem. **8** [1902] 185/7).

Modifications. Crystallography

1.8.2 Allotrope Modifikationen. Kristallographie

Als ersten Hinweis auf die Existenz mehrerer Modifikationen des elementaren Mangans muß man wohl eine Bemerkung von C. Brunner [1] im Jahre 1857 auffassen, der beobachtet hatte, daß sein durch Reduktion von Manganfluorid mit Natriummetall erhaltenes, noch siliciumhaltiges Mangan bei schnellem Abkühlen spröder war als bei langsamem Erkalten. Erst zu Beginn dieses Jahrhunderts wurde eine etwas genauere kristallographische Angabe gemacht: P. Groth [2] sagte im Jahre 1906 aus eigenem Augenschein an einer ihm von H. Goldschmidt überlassenen, aluminothermisch erhaltenen Probe, daß das Metall rechtwinklig gestrickte Figuren und auch eine kubische Spaltbarkeit aufweise, doch seien die Einzelkristalle der Aggregate gerundet und daher nicht meßbar. Die Beobachtung werde durch das Verhalten des (technischen) Ferromangans bestätigt, das annehmen lasse, es handele sich um isomorphe Mischungen korrespondierender Zustände beider Metalle [3], doch sei vom Mangan kein Anzeichen für eine Umwandlung in eine andere Modifikation bekannt. Offenbar war ihm die damals 50 Jahre alte, versteckte Brunnersche Beobachtung entgangen, jedenfalls rechnete P. Groth auch noch in seiner im Jahre 1921 erschienen *Kristallographie* das Mangan unter die kubischen Metalle [4].

Es ist also nicht verwunderlich, wenn im Jahre 1923 gleichzeitig drei Forscher [5, 6, 7] an verschiedenen Orten und unabhängig voneinander die so geringen und unsicheren Kenntnisse über die Kristallographie des Elementes Mangan durch röntgenographische Untersuchungen zu erweitern versuchten. Einer von ihnen, E. C. Bain [7] erwartete auf Grund seiner an Manganlegierungen gewonnenen Daten für das Element ein raumzentriertes kubisches Gitter, konnte aber an dem reinsten Mangan, das ihm zur Verfügung stand, nur einen sehr komplizierten Aufbau feststellen, den er nicht zu erklären wußte. Auch J. F. T. Young [6] war nicht in der Lage, das von ihm erhaltene Diagramm zu interpretieren, während K. Becker, F. Ebert [5] aus ihren Diagrammen noch so viel wenigstens glaubten ablesen zu können, daß das Metall nicht regulär kristallisiere. Zwei Jahre später kam dann S. v. Ohlhausen [8] bei einem Mangan ohne nähere Herkunftsangaben zu dem Schluß, das Metall habe ein einfaches kubisches Gitter, worauf man seiner Ansicht nach schon aus den Untersuchungen von J. F. T. Young [6] hätte schließen können.

Im gleichen Jahre berichteten A. Westgren, G. Phragmen [9] und A. J. Bradley [10], daß sie bei ihren Untersuchungen drei allotrope Phasen bei Manganmetall aufgefunden hätten, von denen die bei gewöhnlicher Temperatur stabile (α bei Westgren-Phragmen, β bei Bradley) und die ihr bei höherer Temperatur folgende (β bei Westgren-Phragmen, γ bei Bradley) kubische Kristallisation, aber verschiedene Dichten hätten, während die bei hohen Temperaturen stabile, identisch mit dem durch elektrolytische Abscheidung erhältlichen Metall (γ bei Westgren-Phragmen, α bei Bradley), ein flächenzentriertes, tetragonales Gitter besitze. Die Schwierigkeiten bei der Deutung der Diagramme, mit denen die ersten Untersucher [5, 6, 7] zu kämpfen hatten, sind nach A. J. Bradley [10] darauf zurückzuführen gewesen, daß die von ihnen untersuchten Manganproben des Handels je nach ihrer thermischen Vorgeschichte wechselnde Mengen der ersten beiden Modifikationen enthalten haben. A. Westgren, G. Phragmen [9] berichteten, daß elektrolytisch frisch hergestelltes Mangan mäßig duktil ist, die Bleche aber schon nach 14 Tagen „das Aussehen verwelkten Laubes angenommen" hätten und dabei äußerst spröde und zerbrechlich geworden waren. In welchen Temperaturbereichen die drei Phasen stabil sind, wurde dann von M. L. V. Gayler [11] durch thermische Analyse eines sehr reinen destillierten Mangans festgestellt. Die Darstellung der drei Phasen in reiner Form und die Untersuchung ihrer Eigenschaften gelang im Jahre 1934 F. Brunke [12], der rissefreie Schichten von α-Mn (Bezeichnung nach Westgren) durch Verdampfung reinen Mangans im Hochvakuum erhielt, zu meßbaren Proben von reinem β-Mn durch Abschrecken von Manganschmelzen von einer Temperatur von 1100°C gelangte und Bleche von γ-Mn elektrolytisch aus wäßriger, salmiakhaltiger Manganchloridlösung abschied.

Eine vierte Phase, δ-Mn, in einem kleinen Temperaturbereich unterhalb des Schmelzpunktes, wurde im Jahre 1936 von G. Grube, K. Bayer, H. Bumm [13] bei der thermischen Analyse entdeckt und von G. Grube, O. Winkler [14] bei der Untersuchung der Temperaturabhängigkeit der magnetischen Suszeptibilität bestätigt. Daß diese Phase ein raumzentriertes kubisches Gitter besitzt, ist erst im Jahre 1953 gezeigt worden [15].

Literatur:

[1] C. Brunner (Ann. Physik Chem. [2] **101** [1857] 264/71, 268 Fußnote). – [2] P. Groth (Chemische Krystallographie, Tl. 1, Leipzig 1906, S. 36). – [3] M. Levin, G. Tammann (Z. Anorg. Allgem. Chem. **47** [1905] 136/44). – [4] P. Groth (Elemente der physischen und chemischen Krystallographie, München-Berlin 1921, S. 274). – [5] K. Becker, F. Ebert (Z. Physik **16** [1923] 165/9, 169)

[6] J. F. T. Young (Phil. Mag. [6] **46** [1923] 291/305, 299). – [7] E. C. Bain (Chem. Met. Eng. **28** [1923] 21/4, 23). – [8] S. v. Ohlhausen (Z. Krist. **61** 1924/25] 463/514, 478/91). – [9] A. Westgren, G. Phragmen (Z. Physik **33** [1925] 777/88). – [10] A. J. Bradley (Phil. Mag. [6] **50** [1925] 1018/30, 1023).

[11] M. L. V. Gayler (J. Iron Steel Inst. [London] **115** [1927] 393/411, 393). – [12] F. Brunke (Ann. Physik [5] **21** [1934] 139/68). – [13] G. Grube, K. Bayer, H. Bumm (Z. Elektrochem. **42** [1936] 805/15, 806). – [14] G. Grube, O. Winkler (Z. Elektrochem. **42** [1936] 815/30, 818). – [15] Z. S. Basinski, J. W. Christian (Proc. Roy. Soc. [London] A **223** [1954] 554/60).

1.8.3 Magnetische Eigenschaften

Magnetic Properties

Die frühen Darsteller des Mangans machten unterschiedliche Beobachtungen über die magnetischen Eigenschaften ihrer Manganreguli, die wohl durch die Verunreinigungen derselben und die verschiedene thermische Behandlung nach der Reduktion bedingt gewesen sein dürften. So sagte beispielsweise L. B. Guyton de Morveau [1], sein Manganregulus sei unmagnetisch gewesen, während T. Bergman [2] angab, das Metall sei „als Pulver magnetstrebend, in größeren Stücken nicht"; nach S. Rinman [3] gilt: „'Magnesium' [d.i. Mangan] wird nicht vom Magnet angezogen", eine Meinung, die auch M. H. Klaproth [4] vertrat, allerdings hinzufügte, daß schon die geringste Beimischung von Eisen es magnetisch mache. Die letztere Bemerkung geht möglicherweise auf J. F. John [5] zurück, der beobachtet hatte, daß sein Mangan beim Schmelzen mit Steinkohle etwas Eisen aufgenommen hatte und durch diese Behandlung magnetisch geworden war. – Der erste, der genauere magnetische Untersuchungen an Mangan, Eisen, Chrom, Kobalt und Nickel gemacht zu haben scheint, war der französische Physiker C. S. M. Pouillet [6], der im Jahre 1827 schrieb: „Während Eisen bei kirschrother Glut alle magnetische Anziehung verliert, zeigte sich meinen Versuchen gemäß: 1.) daß Kobalt fortwährend magnetisch bleibt, oder vielmehr, daß die Grenze seiner magnetischen Anziehung hinaus liegt über die hellste, zum Weißen übergehende Rothglühhitze; 2.) daß der Magnetismus des Chroms verschwindet noch unter dunkler Rothglühhitze; 3.) daß Nickel seine Grenze magnetischer Anziehung erreicht bei 350°, oder ungefähr bei der Temperatur des schmelzenden Zinks; 4.) daß der Magnetismus des Mangan's begrenzt ist auf die Temperatur 20 – 25° unterhalb 0° [R]." Diese Angabe hat, etwas gekürzt, P. Berthier [7] in seinem *Traité des Essais par la Voie Sèche* ohne Quellenangabe übernommen und damit M. Faraday's kritischen Unwillen erregt [8], der darauf hinwies, daß, um eine solche Behauptung aufstellen zu können, einmal das Metall von bekanntgegebenem, sehr hohem Reinheitsgrad sein müsse, und zum andern der Leser über die genauen experimentellen Daten zu unterrichten sei. Der deutsche anonyme Berichterstatter über die Pouilletsche Angabe bemerkte dazu [6]: „Diese letzte Beobachtung ist besonders interessant, und zu wünschen wäre es nun, daß man diese Versuche über Hervorrufung magnetischer Anziehung durch Erkältung ... ausdehnen möchte ..." Für das Mangan ging dieser Wunsch erst mehr als 100 Jahre später in Erfüllung, als im Jahre 1935 an reinem amorphem Mangan [9] und drei Jahre später an reinem kristallinischem Metall [10] Paramagnetismus ohne Spuren von Ferromagnetismus bei tiefen Temperaturen beobachtet wurde. Zunächst aber sind Untersuchungen bei höheren Temperaturen durchgeführt worden, zuerst im Jahre 1909 von W. G. Gebhardt [11] und ein Jahr später von K. Honda [12], der in den Suszeptibilitätskurven für sein recht unreines Metall keinerlei Diskontinuitäten, sondern nur einen steten Anstieg beobachten konnte. Zwei Jahre später wiederholte M. Owen [13] diese Versuche an einem nur wenig reineren Metall und stellte in der Kurve einen Sprung bei etwa 1015°C fest. Die Nachprüfung dieser Angabe durch K. Honda, T. Soné [14] fiel zwar für diese Diskontinuität negativ aus, erbrachte aber eine neue bei etwa 520°C; zur Erklärung beider Phänomene glaubte man die Eisenspuren im Metall verantwortlich machen zu können, die ungleichmäßig verteilt sein sollten, oder aber die Bildung von Mischkristallen des nach dem Goldschmitt-Verfahren dargestellten Mangans mit der Hauptverunreinigung Aluminium, keinesfalls wollte man die Sprünge durch Phasenänderungen erklären. Nach der Entdeckung der allotropen Modifikationen, s. S. 66, stellte Y. Shimizu [15] neue Messungen an einem durch Destillation gereinigten Mangan an und beobachtete Sprünge bei 810 und 1100°C, die er durch die Annahme von drei Modifikationen erklärte. Neuere Messungen haben diese Deutung bestätigt und auch die vierte (δ-)Phase des Elementes beobachtet [25].

Bei Zimmertemperatur sind im Laufe der Jahre natürlich zahlreiche Messungen am Mangan gemacht worden mit, wie bei früheren Messungen dieser Art, einander widersprechenden Ergebnissen, so sprachen T. T. P. B. Warren [16] von „schwachem Magnetismus" oder E. Seckelson [17] vom Ferromagnetismus ihrer Proben. Doch wurde erkannt, daß der Magnetismus des Mangans durch die Art der Herstellung [18, 19] und die thermische Vorbehandlung der Proben [17, 20] beeinflußt wird; dabei ist bereits im Jahre 1911 die Existenz mehrerer Formen des Metalls vermutet worden [20]. Durch neuere Untersuchungen, darunter auch Neutronenbeugungsversuche [21], sind die magnetischen Eigenschaften aller vier Modifikationen des Mangans gut bekannt [22].

Heuslersche Legierungen. Um die Jahrhundertwende galt der Ferromagnetismus als eine Eigenschaft, die nur den Atomen der Elemente Eisen, Kobalt und Nickel anhaftet und deswegen auch in den Legierungen dieser Elemente sowie in einigen Oxiden des Eisens vorhanden ist. Vom Mangan wußte man, daß seine Kupferlegierungen unmagnetisch sind, und daß der 12% Mn enthaltende Hadfieldsche Manganstahl sowie das technische Ferromangan keinen Ferromagnetismus mehr zeigen. „Ich war daher", schrieb F. Heusler [23] von der Isabellenhütte in Dillenburg (Hessen-Nassau) im Jahre 1904, „erstaunt, bei Bearbeitung einer von mir hergestellten Legierung von Mangan und Zinn mit einem Werkzeug, dessen magnetische Eigenschaften mir unbekannt waren, die Legierung an diesem Magneten festhaften zu sehen. Mein Erstaunen wuchs, als eine Auflösung dieser Legierung in etwa der gleichen Gewichtsmenge Kupfer ebenfalls magnetische Eigenschaften zeigte und mit gleichem Erfolg auch durch Legieren von technisch eisenfreiem Mangankupfer mit Zinn hergestellt werden konnte. Man durfte hiernach erwarten, daß auch andere, an sich unmagnetische Metalle mit Mangan und Mangankupfer zu magnetisierbaren Legierungen zusammentreten würden. In der Tat, als auf gutes Glück in Mangankupfer Aluminium eingeführt wurde, erwies sich diese Legierung noch viel stärker magnetisierbar als die erstgenannten Erzeugnisse. Da bekannt war, daß Legierungen von Mangan mit den anderen vierwertigen, dem Zinn im periodischen System nahestehenden Elementen, nämlich mit Kohlenstoff und Silicium, unmagnetisch sind, ergab sich nach der auffallenden Beobachtung an Aluminium die Notwendigkeit, andere dreiwertige Metalle mit dem Mangan zu legieren und diese Legierungen zu untersuchen. Der Erfolg war ein überraschender. Die Metalle der Arsengruppe, das diamagnetische Wismut nicht ausgeschlossen, gaben mit Mangan und Mangankupfer magnetische Legierungen; auch Manganbor ist dieser Gruppe einzureihen. Bemerkenswert ist, daß das Phosphormangan unmagnetisch ist. Die Metalloide Kohlenstoff und Silicium geben also abweichend von dem ihnen nahestehenden Metall Zinn, und das Metalloid Phosphor gibt, abweichend von den ihm nahestehenden Metallen Arsen, Antimon und Wismut, dem Mangan keine ferromagnetischen Eigenschaften, wenigstens nicht solche gleicher Größenordnung. Auch die übrigen leicht zugänglichen unmagnetischen Metalle haben bisher mit Mangan und Mangankupfer magnetische Legierungen nicht ergeben." Dies ist die Vorgeschichte des von der Isabellenhütte eingebrachten DRP 144584 2. 7. 1902 [29. 8. 1903] [24], das die Grundlage für die sog. Heuslerschen Legierungen bildet, deren Ferromagnetismus auf die bei 900°C schmelzende intermetallische Phase Cu, Mn, Al von raumzentriertem Gitter mit Überstruktur zurückzuführen ist. — Einzelheiten zur Frage nach dem Ferromagnetismus in Mn-Legierungen und -Verbindungen s. „Eisen" D, 2. Erg.-Bd., 1959, S. 314/6.

Literatur:

[1] L. B. Guyton de Morveau (J. Phys. Chim. Hist. Nat. Arts **13** [1779] 470/3). — [2] T. Bergman (De Mineris Ferri Albi [1774] in: Opuscula Physica et Chemica, Bd. 2, Uppsala 1780, S. 203; J. G. Leonhardi in: P. J. Macquer, Chymisches Wörterbuch, 2. Aufl., übersetzt von J. G. Leonhardi, Bd. 1, Leipzig 1788, S. 574). — [3] S. Rinman (Versuch einer Geschichte des Eisens mit Anwendung für Gewerbe und Handwerker, deutsch von J. G. Georgi [schwedische Erstausgabe 1782] Bd. 2, Berlin 1785, S. 4). — [4] M. H. Klaproth, F. Wolff (Chemisches Wörterbuch, Bd. 3, Berlin 1808, S. 462). — [5] J. F. John (J. Chem. Physik Gehlen **3** [1807] 542/85, 561/2).

[6] C. S. M. Pouillet (Eléments de Physique Expérimentale et Météorologie, Tl. II, Bd. 1, Paris 1827, S. 89 nach Schweiggers J. Chem. Physik **65** [1832] 122; J. S. C. Schweigger, J. Prakt. Chem. **1** [1834] 308/18, 308/9). — [7] P. Berthier (Traité des Essais par la Voie Sèche, Bd. 1, Paris 1833, S. 532). — [8] M. Faraday (Phil. Mag. [3] **9** [1836] 65/6). — [9] L. F. Bates, D. V. R. Pantulu (Proc. Phys. Soc. [London] **47** [1935] 197/204). — [10] A. Serves (J. Phys. Radium [7] **9** [1938] 377/80).

[11] W. G. Gebhardt (Diss. Marburg 1909 nach [13]). — [12] K. Honda (Ann. Physik [4] **32** [1910] 1027/63, 1056). — [13] M. Owen (Ann. Physik [4] **37** [1912] 657/94, 665, 694). — [14] K. Honda, T. Soné (Sci. Rept. Tohoku Imp. Univ. I **2** [1913] 25/31). — [15] Y. Shimizu (Sci. Rept. Tohoku Imp. Univ. I **19** [1930] 411/7).

[16] T. T. P. B. Warren (Chem. News **56** [1887] 27). – [17] E. Seckelson (Ann. Physik Chem. [3] **67** [1899] 37/68, 67). – [18] P. Weiß, H. Kammerling Onnes (Compt. Rend. **150** [1910] 687/9). – [19] R. Hadfield, C. Cheneveau, C. Géneau (Proc. Roy. Soc. [London] A **94** [1918] 65/87, 72, 86). – [20] E. Kuh (Diss. Polytech. Schule Zürich 1911, S. 1/75, 35/43).

[21] C. G. Shull, M. K. Wilkinson (Rev. Mod. Phys. **25** [1953] 100/7, 104). – [22] G. T. Meaden (Met. Rev. **13**, Nr. 125 [1968] 97/114, 100/3). – [23] F. Heusler, F. Richarz, W. Stark, E. Haupt (Über die ferromagnetischen Legierungen unmagnetischer Metalle in: Schriften Ges. Beförderung Gesammten Naturwiss. Marburg **13** Nr. 5 [1904] 255/62). – [24] Isabellenhütte G.m.b.H. (D.P. 144582 [1902/03]; C. **1903** II 752). – [25] M. Isobé (Sci. Rept. Tohoku Imp. Univ. III A **3** [1951] 78 nach A. H. Sully, Manganese, London 1955, S. 162/3).

Electrical Properties

1.8.4 Elektrische Eigenschaften

Bei der Schwierigkeit der Reindarstellung des Elementes und der Eigenart der Dichteveränderung beim Phasenwechsel ist es verständlich, wenn elektrische Messungen erst spät einsetzten. Als Erster hat im Jahre 1929 P. W. Bridgman [1] an einem recht unreinen Metall den Temperaturkoeffizienten der elektrischen Leitfähigkeit zwischen 0 und 100°C bestimmt. Ein Jahr später unternahmen W. Meißner, B. Voigt [2] Messungen bei sehr tiefen Temperaturen an Proben, die so unrein waren, daß die Beobachtungen nicht zur Berechnung der charakteristischen Temperatur ausgewertet werden konnten. Erst im Jahre 1934 gelangen F. Brunke [3] einwandfreie Widerstandsmessungen an reinen α-, β- und γ-Phasen. Neuere Messungen streuen in beträchtlichem Umfang [4, 5].

Literatur:

[1] P. W. Bridgman (Proc. Am. Acad. Arts Sci. **64** [1929] 51/73, 55). – [2] W. Meißner, B. Voigt (Ann. Physik [5] **7** [1930] 892/936, 915). – [3] F. Brunke (Ann. Physik [5] **21** [1934] 139/68). – [4] A. H. Sully (Manganese, London 1955, S. 158). – [5] G. T. Meaden (Met. Rev. **13** Nr. 125 [1968] 95/114, 104/7).

Atomic Weight. Position in the Periodic Table

1.8.5 Atomgewicht. Stellung im Periodensystem

Im Jahre 1808 nahm J. Dalton (1766 bis 1844) in seinem *Neuen System des chemischen Theiles der Naturwissenschaft* [1] für das Atomgewicht des ‚Manganesium', von dem er sagte, es sei erst seit ungefähr 40 Jahren bekannt, den Wert ‚40 (?)' an; da bei ihm dem Sauerstoff das Atomgewicht A = 7 zugeordnet wird, ergibt sich für Mangan A = 91.4. Doch hat er vor der Veröffentlichung seines Buches in seinen Notizbüchern mehrfach andere Werte angesetzt: So findet sich in den Eintragungen vom März 1804 der Wert 16 (für Sauerstoff damals A = 5.5, also Mn = 46.5), in den Eintragungen vom August 1806 der Wert 56 (für Sauerstoff damals A = 7, also Mn = 128), einen Monat später, vom September 1806 der Wert 56 (?), und im folgenden Jahre vom Juli 1807 die Zahl 63. Die Eintragung vom Mai 1815, als schon die nachstehenden Berechnungen von J. J. Berzelius bekanntgeworden waren und in der zweiten Auflage des *Neuen Systems* im Jahre 1827 findet sich die Zahl 25 (für Sauerstoff A = 7 wird Mn = 57.1) [2].

Im Jahre 1810 berechnete J. J. Berzelius [3] aus den Oxidationsversuchen von metallischem Mangan mit Salpetersäure und Glühen des erhaltenen Nitrats, wobei für das entstandene schwarze Oxid die Formel Mn_2O_3 angenommen wurde, das Atomgewicht des Mangans, bezogen auf O = 100, zu 355.79 (für O = 16 wird Mn = 56.9). Später fand jedoch J. A. Arfvedson [4], daß das aus dem Nitrat dargestellte schwarze Oxid bei stärkerem Glühen Sauerstoff abgibt und zu braunem Oxid umgebildet wird, das der Formel Mn_3O_4 entspricht. Es bestand also die Wahrscheinlichkeit, daß Berzelius mit einem Oxidgemisch gearbeitet hatte, weswegen Arfvedson das Atomgewicht des Mangans durch die Analyse seines Chlorids, das er durch Glühen des Carbonats im Strom von Salzsäuregas bereitet hatte, zu bestimmen versuchte. Nach dem Abscheiden des dabei noch entstandenen Oxids erhielt er Mn = 351.6, bezogen auf O = 100 (für O = 16 wird Mn = 56.3). Sechs Jahre früher schon hatte J. Davy [5] das Manganchlorid analysiert, aus seinen Zahlen ist der überraschend hohe Wert Mn = 370 (für O = 16 wird Mn = 59.05) abzuleiten [6]. Diese Unsicherheit in der Formulierung der Manganoxide führte nach B. Brauner [8] zu Annahmen von Atom- bzw. Äquivalentgewichten, vor allem in Lehrbüchern, die sich zum Teil beträchtlich unterschieden; so nahm im Jahre 1817 J. L. G. Meinecke Mn = 56 an, ebenso Th. Thomson im Jahre 1822, K. G. C. Bischof hielt im Jahre 1819 Mn = 113.85 für richtig, L. Gmelin gab im Jahre 1826 das Äquivalentgewicht mit 28.0 an, ihm schloß sich C. M. Despretz an, L. J. Thenard setzte im Jahre 1826 Mn = 57.02 und P. T. Meissner im Jahre 1834 Mn = 55.43 als Wert in ihre Rechnungen ein. – Im Jahre 1828 analysierte E. Turner [7] sowohl das Mangancarbonat als auch das Chlorid und das Sulfat, für die er drei verschiedene Werte erhielt (in Klammern die auf O = 16 bezogenen Zahlen: Mn = 350.35 (56.05), 343.25 (54.88) bzw. 349.46 (55.97). Zwei Jahre später wiederholte J. J. Berzelius [9] die Turnerschen Messungen, verwendete aber, um dem allzugroßen Einfluß von Beobachtungs- und Versuchsfehlern zu entgehen, größere Substanzmengen bei den Analysen; seine Messungen ergaben für das Chlorid Mn = 344.42 (55.06) und für das Sulfat – nach Korrektur des von Berzelius benutzten zu hohen Wertes für Schwefel nach J. Sebelien [6] – Mn = 345.45 (55.28). – R. Brandes [10] ging bei seinen Untersuchungen im Jahre 1831 vom kristallisierten Manganchlorid aus, wobei er als Mittel aus zwei Versuchen den hohen Wert Mn = 356.60 (57.06) erhielt, doch ist dieser Wert, wie B. Brauner [8] bemerkt, nicht nur aus experimentellen Gründen, sondern auch darum unbrauchbar, weil dabei das Atomgewicht des Mangans auf Grund eines anderen Atomgewichts des Mangans berechnet wurde. – Erst 25 Jahre später wurden Atomgewichtsbestimmungen für Mangan wieder aufgenommen, und zwar von K. v. Hauer [11], der es aus dem Sulfat, das in Sulfid übergeführt wurde, zu Mn = 343.22 (54.90) berechnete und aus der Umwandlung von MnO durch Glühen in Mn_3O_4 zu Mn = 55.02 kam. – In seiner zwei Jahre später veröffentlichten großen Arbeit über die Äquivalentgewichte der Elemente bestimmte J.-B. Dumas [12] auch das des Mangans und berechnete aus dem Chlorid durch Titration mit Silbernitrat Mn = 54.92, eine Methode, die nach B. Brauner [8] meist zu niedrige Resultate liefert, doch meint er, es sei möglich, daß hier sich zwei oder mehrere Fehlerquellen kompensiert haben. Erstaunlich niedrige Resultate erhielten im gleichen Jahre Rawack und R. Schneider [13], zunächst durch Reduktion von „Manganoxyduloxyd" mit Wasserstoff, was zu Mn = 54.08 führte, dann durch eine Kohlenstoffbestimmung des Manganoxalats, wobei Mn = 54.03 erhalten wurde. Beide Werte wurden von J. Sebelien [6] und B. Brauner [8] scharfer Kritik unterzogen. – Zur Zeit der Aufstellung des Periodensystems lagen also die beiden, um eine Einheit differierenden Werte Mn = 54 und Mn = 55 vor. Es findet sich denn auch in dem Buch über *Die Atomgewichte der Elemente* von L. Meyer, K. Seubert [14] die aus dieser Unsicherheit entspringende Bemerkung, daß das Atomgewicht des Mangans, das sie zu Mn = 54.8 (H = 1) berechneten, möglicherweise um eine halbe bis ganze Einheit unrichtig sein könne. Im Jahre des Erscheinens dieses Buches, das sind 24 Jahre nach der letzten Atomgewichtsbestimmung für Mangan, unternahmen sowohl J. Dewar, A. Scott [15] als auch J.-C. G. de Marignac [16] neue Anstrengungen zur Bestimmung dieses Wertes. Die erstgenannten Forscher analysierten zunächst das Manganbromid und das Manganchlorid und erhielten Mn = 54.938 bzw. 54.853, wobei für den letzten Wert die damals nicht bekannte Löslichkeit des Silberchlorids in Wasser nicht berücksichtigt ist; anschließend untersuchten sie das Silberpermanganat, wobei sie für Mn den Wert 54.938 erhielten. Der berühmte schweizer Forscher berechnete aus der Synthese von $MnSO_4$ für das Atomgewicht des Mangans die Zahl 55.02. Drei Jahre später bediente sich Weeren [17] in Halle der gleichen Methode und erhielt Mn = 55.006, dann leitete er aus dem Verhältnis $MnSO_4$:MnS den Wert Mn = 54.992 ab. – Im Jahre 1906 erhielten G. P. Baxter, M. A. Hines [18] mit sorgfältig gereinigten Präparaten von $MnCl_2$ und $MnBr_2$ den auch von der Atomgewichtskommission seit dem Jahre 1909 [19] anerkannten Wert Mn = 54.93. – Der moderne Wert, bezogen auf C = 12, ist Mn = 54.938 [20].

Die erste massenspektroskopische Untersuchung von F. W. Aston [21] im Jahre 1924, durchgeführt an einem Gemisch von MnF_2 und LiJ ergab eine einzige Linie bei dem Wert 55, woraus geschlossen wurde, daß Mangan zu den sogenannten „einfachen Elementen" gehöre. Zwölf Jahre später bestätigten M. L. Sampson, W. Bleakney [22] dies Ergebnis; sie fanden, daß weniger als 1 Teil ^{53}Mn oder ^{57}Mn auf 15000 Teile ^{55}Mn kämen [23]. Andere, instabile Isotope des Mangans können nur durch Kernprozesse mit dem Ausgangsmaterial Mangan oder seine Nachbarelemente erhalten werden, s. „Mangan" B, 1973, S. 37/89.

Stellung im Periodensystem. Schon C. W. Scheele war im Jahre 1774 bei der Untersuchung der ihm von J. G. Gahn übersandten Proben von Manganmetall zu der Überzeugung gekommen, daß der neue Stoff „ein von anderen Halbmetallen unterschiedenes Halbmetall ist, welches mit dem Eisen nahe verwandt ist" [24]. L. Gmelin scheint es im Jahre 1843 als erstem bei dem Versuch, die Elemente, etwa in der Art der Döbereinerschen Triaden, in Gruppen zu ordnen, aufgefallen zu sein, daß einige derselben „ sich ähnlich sind und fast dasselbe Atomgewicht [Äquivalentgewicht] haben: Chrom 28.1, Mangan 27.6 und Eisen 27.2". Er schrieb: „Die einfachen Stoffe können auch je nach ihren physischen und chemischen Verhältnissen in Gruppen vereinigt, und diese wieder nach ihren Ähnlichkeiten zusammengestellt werden. Ein unvollkommener Versuch ist der folgende ... [Ausschnitt]:

Ti	Ta	W						Sn	Cd	Zn
	Mo	V	Cr		U	Mn	Co	Ni	Fe	
			Bi	Pb	Ag	Hg	Cu			

Die in einer Reihe nebeneinanderstehenden Elemente haben gewisse Ähnlichkeiten" [25]. Diese Anordnung wurde 10 Jahre später von J. H. Gladstone [26] übernommen und die Zusammengehörigkeit von Chrom, Mangan und Eisen besonders betont. Auch W. Odling [27] stellte Chrom, Eisen, Mangan mit Nickel, Kobalt und Kupfer als eine „natürliche Gruppierung der Elemente" zusammen. Eine ähnliche Zusammengehörigkeit der genannten Elemente findet sich auch bei den anderen Vorläufern des Periodensystems, doch in unterschiedlicher Anordnung im System; D. I. Mendelejeff ordnete das Element im Jahre 1871 in der vierten Periode und der siebten Gruppe ein [28]; indessen ist man noch bis in den Anfang dieses Jahrhunderts kritisch dazu gestanden und empfand die Einordnung des Mangans als „schwierig" [29].

Literatur:

[1] J. Dalton (Ein neues System des chemischen Theiles der Naturwissenschaft, Bd. 2, deutsch von F. Wolff, Berlin 1813, S. 34, 53 [englische Erstausgabe 1808]). – [2] J. R. Partington (A History of Chemistry, Bd. 3, London-New York 1962, S. 810/1). – [3] J. J. Berzelius (Afhandl. Fys. Kemi Mineral. **3** [1810] 128/52, 148; Phil. Mag. [1] **40** [1812] 245/58, 256/7). – [4] J. A. Arfvedson (Afhandl. Fys. Kemi Mineral. **6** [1818] 222/36). – [5] J. Davy (Phil. Trans. Roy. Soc. London A **120** [1812] 169/204).

[6] J. Sebelien (Beiträge zur Geschichte der Atomgewichte, Braunschweig 1884, S. 187/95). – [7] E. Turner (Phil. Mag. [2] **4** [1828] 22/35; Ann. Physik Chem. [2] **14** [1828] 211/27). – [8] B. Brauner (in: R. Abegg, F. Auerbach, Handbuch der anorganischen Chemie, Bd. 4, Tl. 2, Leipzig 1913, S. 599/610). – [9] J. J. Berzelius (Jahresber. Fortschr. Phys. Wiss. **9** [1830] 135). – [10] R. Brandes (Ann. Physik Chem. [2] **22** [1831] 255/73).

[11] K. v. Hauer (J. Prakt. Chem. **72** [1857] 338/63, 352/63). – [12] J.-B. Dumas (Ann. Chim. Phys. [3] **55** [1859] 129/210, 150/1). – [13] R. Schneider (Ann. Physik Chem. [2] **107**

[1859] 605/15). – [14] L. Meyer, K. Seubert (Die Atomgewichte der Elemente, Leipzig 1883, S. 242 nach [8]). – [15] J. Dewar, A. Scott (Proc. Roy. Soc. London **35** [1883] 44/8).

[16] J.-C. G. de Marignac (Œuvres Completes, Bd. 2, Paris-Genf-Berlin 1883, S. 725/9). – [17] Weeren (Diss. Halle 1890 nach [8]). – [18] G. P. Baxter, M. A. Hines (J. Am. Chem. Soc. **28** [1906] 1560/80). – [19] F. W. Clarke, W. Ostwald, T. E. Thorpe, G. Urbain (J. Am. Chem. Soc. **31** [1909] 1/6, 5). – [20] G. T. Meaden (Met. Rev. **12** [1967] 97/114, 98).

[21] F. W. Aston (Phil. Mag. [6] **47** [1924] 385/400, 396). – [22] M. L. Sampson, W. Bleakney (Phys. Rev. [2] **50** [1936] 732/5, 734). – [23] F. W. Aston (Mass Spectra and Isotopes, 2. Aufl., London 1942 [Nachdruck 1948], S. 148). – [24] A. E. Nordenskiöld (Carl Wilhelm Scheele, Efferlemnade Bref och Anlegningar, Stockholm 1892, S. 125/6). – [25] Gmelin-Handbuch, 4. Aufl., Bd. 1, 1843, S. 22, 457.

[26] J. H. Gladstone (Phil. Mag. [4] **5** [1853] 313/20, 316). – [27] W. Odling (Phil. Mag. [4] **13** [1857] 480/97, 486). – [28] J. W. van Spronsen (The Periodic System of Chemical Elements, A History of the First Hundred Years, Amsterdam-London-New York 1969, S. 97/146, 137). – [29] H. Biltz (Ber. Deut. Chem. Ges. **35** [1902] 562/8).

1.8.6 Mangan als Spurenelement

Manganese as a Trace Element

Mangan zählt neben Bor, Kupfer, in einigen Sonderfällen auch Zink und Aluminium und anderen, zu der als Spurenelemente zusammengefaßten Reihe von chemischen Grundstoffen, die, zwar unentbehrlich für die Organismen als Enzymaktivatoren im Stoffwechsel, nur in sehr geringen Mengen benötigt werden und zuträglich sind und bereits in minimalen Mengen das Optimum ihrer Wirkung entfalten; eine Unterversorgung ruft Mangelerscheinungen, zu große Mengen rufen toxische Wirkungen hervor, doch ist die eigentliche physiologische Wirkungskette in den meisten Fällen ungeklärt [1, 2]. Daß dieses Element bei Meerestieren zu den essentiellen Spurenelementen zählt, haben im Jahre 1939 I. Noddack, W. Noddack [3] zeigen können.

Der Erste, der das Auftreten geringer Manganmengen in Pflanzen beobachtete, war im Jahre 1774 C. W. Scheele [4], als er die Ursache der unterschiedlichen Färbung der aus Holzasche gewonnenen Pottasche des Handels zu ergründen versuchte. (Pottasche, lateinisch cinis clavellatus „von lateinisch cinis = Asche, und clavellatus = genagelt, also wörtlich: genagelte Asche, d. h. Asche, welche (durch Entfernung der im Wasser unlöslichen Bestandtheile) gleichsam wie ein Nagel zugespitzt, d. i. verschärft ist", erläutert ein *etymologisch-chemisches Wörterbuch* [33].) Die oft bläuliche oder grünliche Farbe dieser in großen Mengen hergestellten, oft weit verschickten Chemikalie hielten die ‚Materialisten' des 17. und 18. Jahrhunderts für wesentlich [5, 6], oder gar für ein Merkmal besonderer Qualität [7], sie wußten aber auch, daß die Farbe je nach der Herkunft des Alkali verschieden war: „... die ungarische ist blau (soll aus Eichenholz sein)" schrieb beispielsweise J. C. Schedel [8] noch im Jahre 1791. C. W. Scheele [4] nun fand: „Die Chemisten haben oft bemerkt, daß, wenn man alkalische Salze kalziniert, sie eine bläuliche oder grüne Farbe bekommen, und für die Ursache giebt man etwas Brennbares an, das sich bei dem Alkali befinde. Ich habe aber allezeit etwas Salpeter bei dem fixen Salpeter [das ist „das Alkali, welches vom Salpeter nach seiner Verpuffung mit irgendeiner brennbaren Materie zurückbleibt", definiert P. J. Macquer [9] das dabei entstandene Kaliumcarbonat] gefunden, der mit starkem Feuer, und Zusatz von Kohlenstaub gemacht war, welches sich bald durch den Scheidewassergeruch verrieth, wenn man Vitriolgeist zugoß. Dieserwegen stellt sich leicht der Einwurf dar, daß der noch übrige Salpeter hätte die grüne Farbe zerstöhren sollen. Ich sahe auch, daß ein solches grünes Alkali, mit Salpeter geschmolzen, die grüne Farbe doch nicht verlohr. Wenn fixe Alkalien bey starkem Feuer über den Tiegel kochen, so bekommt das Alkali, das sich außen anhängt, eine dunkelgrüne Farbe, denn die Asche der Kohle hat sich damit vereinigt. Wenn ein Theil Weinsteinalkali mit $^1/_4$ Theil gesiebter Asche und $^1/_8$ Salpeter zusammengesetzt wird, so entsteht eine dunkelgrüne Masse, welche in Wasser aufgelöst, eine sehr schöne grüne Auflösung giebt, die filtriert, durch einige Tropfen Säure roth wird (§. 38. b. c. [das ist der Hinweis auf das Chamaeleon minerale, s. S. 118]). Nach einigen Tagen setzt sich ein braunes Pulver, zwar sehr wenig, ab, aber es verhält sich in allen Stücken wie Braunstein." Anschließend wies er Mangan noch durch die Färbung der Boraxprobe nach und schloß: ,,Daher ist es klar, daß der Braunstein wirklich in die Asche geht. Doch habe ich in der Asche von Serpillum [Feldkümmel] sehr wenig bemerkt, Holzasche giebt mehr." – Im Jahre 1783 machte J. J. Bindheim [10] darauf aufmerksam, daß schon vor dem Jahre 1722 J. F. Henckel [11] die Färbung der Alkalien untersucht habe und aus einer Soda des Handels einen blauen Farbstoff isolieren konnte, und daß F. A. Cartheuser [12] gezeigt habe, daß ,,eine dergleichen blaue Erde auch in anderen Arten feuerbeständiger Salze vorhanden ist und daraus geschieden werden könne". J. J. Bindheim [10] selbst hielt diese farbige ,,Erde" für zusammengesetzt aus Berlinerblau, Kalk, Kieselsäure und Braunstein. Der Behauptung, es handele sich bei der blauen Farbe um Berlinerblau, widersprach F. Ferchl-Mittenwald [13] und meinte, es könne der blaue Farbstoff nur Ultramarin gewesen sein.

Es liegen zahlreiche Untersuchungen über den Mangangehalt von Pflanzen vor, doch muß auf die zusammenfassende Literatur [2] hingewiesen werden, zumal die Untersuchungen, wie die von W. Geilmann, T. Brückbauer [14], s. nachstehende Tabelle Nr. 1, klar zeigen, daß der Mangangehalt einer Pflanzenart kein Charakteristikum derselben ist, sondern in weiten Grenzen variiert und wahrscheinlich vom Mangangehalt des Bodens abhängt. Zu der Tabelle mag noch vermerkt werden, daß die letzten fünf der dort angeführten Hölzer aus einem Raum von etwa 3 × 6 km stammen.

Tabelle Nr. 1
Aschen- und Mangangehalt vom Buchenholz

Standort		Bodenart	Gehalt an Asche im Holz %	Mn_3O_4-Gehalt der Asche %
Taunus, Hahn-Wehen		guter Lehmboden	n. b.	5.22
Mosel, Bernkastel		Lehm auf Grauwacke	n. b.	3.25
Odenwald, Steinig		steiniger Lehm	0.41	9.37
Lahn, Dillenburg		–	0.75	0.52
Berchtesgaden		trockener, felsiger Kalk	0.88	0.12
Bergisches Land, Unter-Eschbach		feuchter Lehm	0.46	0.94
Weserbergland		Gipsboden	0.71	5.07
Saar, Wallhausen		feuchter Lehm	0.66	2.14
Westerwald, Hachenburg		Schieferboden	0.45	8.48
Soonwald (Hunsrück)	Trifthütte	trassiger Lehm	0.46	7.04
Soonwald (Hunsrück)	Distrikt 83	Humus über Steingebirge	0.44	4.60
Soonwald (Hunsrück)	Sinnrech 58a	verwitterter Taunusquarzit	0.51	9.10
Soonwald (Hunsrück)	Altenburg	Schiefer	0.37	9.67
Soonwald (Hunsrück)	Jagen 87	Ton mit Quarzit auf Lehm	0.40	3.25

Die außerordentlich weite Verbreitung kleiner Mengen des Elementes Mangan auf dem Festland fiel schon im Jahre 1788 dem Kopenhagener Münzwardein P. J. Hjelm [15] auf: ,,Bei genauerer Untersuchung verschiedener, auf Reisen in den Berggegenden vorgekommenen

Stoffe, zeigte sich der Braunstein fast als ein allgemeiner Begleiter. Wurden Erdarten, Schlacken, Gußeisen u.a.m. untersucht, Wasserproben angestellt, allenthalben fanden sich Spuren desselben. Dieß mußte die Aufmerksamkeit erregen. Lange traute ich den deutlichsten Versuchen nicht, aus Furcht, alles zu Braunstein zu machen, aber endlich mußte, bei den deutlichsten Beweisen seiner Gegenwart durch überzeugende Erfahrung, aller Zweifel aufhören." Da die Verteilung des Mangans dabei recht ungleichmäßig ist, versuchten E. E. Richards, K. F. Hartley [34], diese Eigenheit zu benutzen, um die Herkunft des Tones zu bestimmen, der in der römischen Zeit zur Herstellung von Töpferwaren in Britannien gedient hatte. Schon im Jahre 1828 hatte C. Sprengel [21] für die Verteilung des Elementes Mangan im speziellen Fall der Ackerböden einige Zahlen gegeben: Er habe niemals einen Ackerboden untersucht, der nicht Mangan, wenigstens in Spuren enthalten habe, in einigen sehr fruchtbaren Böden lag der Gehalt nahe 1 %, in einem Falle sogar bei 4 %, und er behauptete, das Element komme darin als „humussaures Manganoxydul" vor, da „wir diesen Körper in allen sehr fruchtbaren Bodenarten gefunden haben"; er schloß: „Soll sich ein Boden der Vegetation günstig zeigen, so muß er Mangan besitzen, denn wir finden es in allen angebauten Pflanzen", auch wildwachsende Pflanzen enthielten es, oft in so großen Mengen, daß, wie bei Juncas effusus [Flatterbinse] die Asche dadurch grün sei. Man kennt neben Trappa natans [Wassernuß], deren Asche 10% Mn enthält [25], noch eine Reihe anderer 'manganophiler' Pflanzen wie Pulmonaria officinalis L. [Lungenkraut] und Primula ver. L. [Schlüsselblume], bei denen in neuester Zeit der Einfluß des Elementes auf ihren Wirkstoffgehalt untersucht worden ist [24]. – Zwanzig Jahre nach den Untersuchungen von C. Sprengel [21], dessen Ergebnisse übrigens, wie O. Schmatolla [25] behauptete, von J. v. Liebig unterdrückt worden sein sollen, machte Fürst zu Salm-Horstmar [22] Zuchtversuche mit gemeinem Hafer [Avena sativa] in Nährlösungen und beobachtete, daß fehlendes Mangan die Trockenfleckenkrankheit dieser Pflanze hervorruft; setzte er aber seiner Lösung „ein wenig kohlensaures Manganoxydul zu, so erhält man eine sehr kräftige Pflanze ohne Spuren von vertrockneten Stellen auf den dunkelgrünen Blättern mit normalgebildetem Halm und kräftigen Halmknoten ... Die Assimilation scheint durch Mangan verstärkt worden zu sein, wenigstens spricht das größere Gewicht der Pflanze dafür". Genauere Untersuchungen an Hafer sind daraufhin mehrfach durchgeführt worden [23]. Zum optimalen Wachstum der Pflanzen, so haben in neuerer Zeit russische Forscher [26] festgestellt, muß das richtige Verhältnis von Mangan und Eisen im Nährsubstrat, nämlich 1 Mn^{II} zu 7 Fe^{II}, bestehen, zuviel des einen Elementes bewirkt Minderaufnahme des anderen, wie an Soyabohnen gezeigt werden konnte [27].

Auch der Mensch und die Tiere enthalten Spuren von Mangan; für den Menschen hat es im Blut schon im Jahre 1830 F. Wurzer [28] entdeckt. Bei Tieren waren die Untersuchungsergebnisse recht unsicher, erst in neuerer Zeit sind die Gehalte mit der wünschenswerten Genauigkeit ermittelt worden [29]. Von welchen Bioliganden das Mangan im tierischen Organismus gespeichert wird, ist nur zum geringsten Teil bekannt; da Mangan in seinem biochemischen Verhalten den Erdalkalien ähnelt, ist anzunehmen, daß es wie diese von Phosphaten und ähnlichen sauren Gruppen gebunden wird. Der Manganbedarf der Tiere scheint wesentlich kleiner zu sein als der der Pflanzen, doch kommt dem Mangan einige Bedeutung für die Lebensvorgänge zu [30], in jüngster Zeit will man beobachtet haben, daß bei epilepsiekranken Kindern der Mn-Spiegel sehr niedrig ist [31]; für weitere Einzelheiten über die Biochemie des Mangans muß auf die Literatur [30, 20, 1] verwiesen werden. – Indessen gibt es auch unter den Tieren Mangansammler, nämlich die lebenden Mollusken der Tiefsee, in deren Schalen starke, Mn(II)-haltige Depots gefunden wurden [32]. Und bei der Seemuschel Pinna squamosa nimmt in dem braunen Blutfarbstoff Pinnaglobulin das Mangan die Stelle des Kupfers ein, das sonst in den Haemocyaninen gefunden wird [20].

Auch das Meerwasser enthält Braunstein; im Jahre 1833 erst wurde dies von J. Dieulafait [16] entdeckt, als er die Konkretionen untersuchte, die sich bei längerem Stehen seiner

Probeflaschen mit Oberflächenwasser des Atlantik, des Mittelmeeres und des Roten Meeres darin gebildet hatten. Offenbar verwundert über seinen Fund, brachten seine Nachforschungen in Erfahrung, daß einige Zeit vor seiner Beobachtung ein Schiff namens Travailleur etwa 40 Meilen vor Marseille aus der Tiefe des Mittelmeeres manganreichen Schlamm herausgeholt hatte. – Als lösliche Verbindung konnte die Challenger-Expedition (1872 bis 1876), die ausführlich über ihre Entdeckung der Manganknollen, s. Fig. 1, gegenüber S. 1, berichtete, nach J. Murray, R. Irvine [17] das Mangan im Meerwasser (nach dem Filtrieren) niemals nachweisen. Quantitative Angaben hierüber konnten erst im Jahre 1935 von T. G. Thompson, T. L. Wilson [18] gemacht werden, die im Wasser des NW-Pazifik, abhängig von Ort und Zeit, nach Beseitigung der Halide und der organischen Materie 0.2×10^{-4} bis 1.8×10^{-4} Milligramm-Atome Mangan je kg Wasser fanden; das veraschte Phytoplankton dagegen enthielt 0.07% Mangan. – Daß Meerespflanzen Mangan enthalten können, hat bereits im Jahre 1843 G. Forchhammer [19] beobachtet, aber erst 22 Jahre später veröffentlicht; er hatte in der Asche des Seegrases (Zostera marina) etwa 4% Mangan gefunden, geringere Manganmengen habe er auch in Seetieren gefunden, gab er ohne genauere Einzelheiten an.

Literatur:

[1] K. Schmalfuß (Pflanzenernährung und Bodenkunde, Stuttgart 1955, S. 202). – [2] W. Ernst (Schwermetallvegetation der Erde, Stuttgart 1974, S. 12, 16/9). – [3] I. Noddack, W. Noddack (Arkiv. Zool. A **32** [1939] Nr. 4, S. 1/35 nach T. Bersin, Biochemie der Mineral- und Spurenelemente, Frankfurt a. M. 1963, S. 7). – [4] C. W. Scheele (Vom Braunstein oder Magnesium und von dessen Eigenschaften, Kgl. Svenska Vetenskaps Akad. Handl. **35** [1774] 89/116, 177/94, deutlich in: S. F. Hermbstaedt, Sämmtliche Physische und Chemische Werke, Bd. 2, Berlin 1793, S. 35/90, 85/7). – [5] P. Pomet (Aufrichtiger Materialist und Specerey-Händler, Leipzig 1717, S. 337/40 [französische Erstausgabe, Paris 1692]).

[6] N. Lemery (Vollständiges Materialien-Lexicon, deutsch von C. F. Richter, Leipzig 1783, S. 312/3 [französische Erstausgabe, Paris 1693]). – [7] M. B. Valentini (Museum Museorum oder Vollständige Schau-Bühne aller Materialien und Specereyen, 2. Aufl., Frankfurt a. M. 1714, S. 24/6). – [8] J. C. Schedel (Neues und vollständiges Waaren-Lexikon, Bd. 2, Offenbach 1791, S. 300/5) – [9] P. J. Macquer (Chymisches Wörterbuch, aus dem Französischen von J. G. Leonhardi, 2. Aufl., Bd. 5, Leipzig 1790, S. 257). – [10] J. J. Bindheim (Neuesten Entdeckungen Chem. **9** [1783] 56/63, 61/3).

[11] J. F. Henckel (Flora Saturnizans, die Verwandtschaft des Pflanzen- mit dem Mineralreich, Leipzig 1755, S. 605 [Erstausgabe 1722]). – [12] F. A. Cartheuser (Acta Soc. Hassiacae 1771 nach [10]). – [13] F. Ferchl-Mittenwald (Chemisch-Pharmazeutisches Bio- und Bibliographikon, Mittenwald 1938 [Neudruck Wiesbaden 1971], S. 225). – [14] W. Geilmann, T. Brückbauer (Glastech. Ber. **27** [1954] 456/9). – [15] P. J. Hjelm (Kgl. Svenska Vetenskaps Akad. Handl. **39** [1778] 82/7 nach Neuesten Entdeckungen Chem. **6** [1782] 169/71).

[16] J. Dieulafait (Compt. Rend. **96** [1833] 718/21) – [17] J. Murray, R. Irvine (Trans. Roy. Soc. [Edinburgh] **37** [1895] 721/42, 726). – [18] T. G. Thompson, T. L. Wilson (J. Am. Chem. Soc. **57**[1935] 233/6). – [19] G. Forchhammer (Phil. Trans. Roy. Soc. London **155** [1865] 203/62, 212/3). – [20] E. F. Armstrong, L. M. Miall (Raw Materials from the Sea, Leicester 1948, S. 38).

[21] C. Sprengel (J. Tech. Ökonomischen Chem. Erdmann **3** [1828] 42/99, 68/71). – [22] Fürst zu Salm-Horstmar (J. Prakt. Chem. **46** [1849] 193/211, 208). – [23] P. B. Vose, D. J. Griffiths (Nature **191** [1961] 299/300). – [24] N. I. Grinkowitsch (Aptechn. Delo **9** [1960] Nr. 5 nach T. Bersin, Biochemie der Mineral- und Spurenelemente, Frankfurt a. M. 1963, S. 442). – [25] O. Schmatolla (Deut. Apotheker-Ztg. **53** [1938] 1200/2).

[26] M. A. Rish, T. Ya. Stesnjagina (Dokl. Akad. Nauk Uz. SSR **1958** Nr. 11, S. 29/31 nach C. A. **1959** 20297). – [27] D. D. Perrin (Medicinal Chemistry in Inorganic Biochemistry in: Fortschr. Chem. Forsch. **64** [1976] 181/217). – [28] F. Wurzer (J. Chem. Physik Schweigger **58** [1830] 481/2). – [29] P. S. Papavasiliou, G. C. Cotzias (J. Biol. Chem. **236** [1961] 2365/9). – [30] T. Bersin (Biochemie der Mineral- und Spurenelemente, Frankfurt a. M. 1963, S. 442/7).

[31] Y. Tanaka (Akzent **6** [1978] Nr. 1, S. 4). – [32] J. A. Allen (Nature **185** [1960] 336/7). – [33] G. C. Wittstein (Vollständiges etymologisch-chemisches Handwörterbuch, Bd. 1, München 1847, S. 339/40). – [34] E. E. Richards, K. F. Hartley (Nature **185** [1960] 194/6).

1.8.7 Mangan in der Medizin

Manganese in Medicine

Die Bedeutung des Mangans als Spurenelement ließe eigentlich eine Verwendung von Manganverbindungen in der Medizin erwarten, doch ist dies kaum der Fall gewesen. Es ist zwar schon in der Antike ein μαγνησία λίθος [magnesia lithos = Magnesiastein], ohne nähere Beschreibung oder Bezeichnung, in einer dem berühmten Arzt Hippokrates, einem Zeitgenossen des Sokrates (469 bis 399 vor Chr.), zugeschriebenen Abhandlung [1], die sicher nicht zum Kern der alten Schriften gehört, ein einziges Mal als Medikament verzeichnet worden; da sie aber als Abführmittel dienen sollte, wird allgemein angenommen, daß es sich hier nicht um Braunstein, sondern um eine der in der Natur vorkommenden Magnesiumverbindungen gehandelt hat. Was indessen der Arzt Marcellus [16] aus Bordeaux, der um das Jahr 400 nach Chr. schrieb, unter einem Lapis magnesius verstand, den er in einem Heilmittel gegen die Gicht verordnete: „... pulvis Asianus, id est de lapide magnesio, qui in venalibus difficile invenitur ... [... asianisches Pulver, das ist vom lapis magnesius, der im Handel schwer aufzufinden ist...]," bleibt unklar; da er an einer anderen Stelle seiner Schrift *De medicamentis empiricis* den Magnetstein als lapis magnetis beschreibt, dürfte dieser wohl kaum gemeint sein.

Im 16. Jahrhundert hat nach den Angaben von A. Libavius [2] der berühmte Arzt Paracelsus (etwa 1494 bis 1541) Braunstein als Medizin verwendet: „... Brunum (Die Breune [d.i. Diphtherie]) appellent Teutones. Hinc innotuit lapis bruni (Breunstein) ... ex analogia ... [... gegen die Bräune, wie die Deutschen [die Krankheit] nennen. Dagegen hat er anempfohlen den Braunstein ... aus Analogie]." – Rund 100 Jahre später hat A. Boëtius de Boodt [3], der Leibarzt Kaiser Rudolf II., in seinem Buch über *Steine und Edelsteine* über den Braunstein gesagt, er sei „ad sanguinis eruptiones compescendas utilissimus [zur Unterdrückung von Blutstürzen sehr brauchbar]"; wahrscheinlich liegt hier eine der häufigen Verwechslungen des Braunsteins mit dem Haematit vor. – Erst für das letzte Viertel des 18. Jahrhunderts konnte eine weitere medizinische Verwendung des Braunsteins aufgefunden werden: Es hat nämlich U. C. Salchow [4], Bezirksarzt in Meldorf (Schleswig-Holstein) und vormals Chemieprofessor in St. Petersburg, den Piemonteser Braunstein, kombiniert mit Kochsalz, Weinstein und Spießglanz in einem „Vorbereitungspulver zur Einimpfung der Rinderseuche" [5] verwendet; Salchow schrieb: „Der Braunstein ist ein besonders stärkendes und den Gift bindendes Mittel, welches ich, so viel mir bewußt ist, zuerst in dieser Seuche gebraucht und bewährt befunden habe." Diese Angabe läßt zwar vermuten, daß Braunstein als Medikament nicht ganz unbekannt war, doch ist die Salchowsche Verwendung die einzige, die J. G. Leonhardi [5] in seiner umfangreichen Ergänzung und Erweiterung des Macquerschen *Chymischen Wörterbuchs* für eine medizinische Anwendung anzugeben weiß.

Möglicherweise sah es in China mit der medizinischen Verwendung des Braunsteins anders aus als in Europa: J. Needham, Lu Gwei-Djen [6] wissen nämlich zu berichten, daß Pyrolusit als *wu ming i* in den pharmazeutischen Naturgeschichten der chinesischen Literatur seit dem Jahre 973 nach Chr., dem Erscheinungsjahr des *Khai-Pao Hsin Hsiang-Ting Pên*

Tshao [*Neue und ausführliche Pharmakopöe der Khai-Pao-Zeit*], oft beschrieben worden ist; über die Verwendung machen sie jedoch keine Angaben.

Von einer überraschenden Anwendung des Braunsteins in der Zahnmedizin im vorkolumbianischen Amerika weiß C. Wells [7] zu berichten: In einem Unterkieferknochen aus Copan in Honduras war ein fehlender seitlicher Schneidezahn in der Fassung durch einen falschen ersetzt, der aus Braunstein geschnitzt worden war. Die Inkrustierung durch Zahnstein zeigt, daß der Zahnersatz über einen beträchtlichen Zeitraum zu Lebzeiten des Patienten (vor etwa 1500 Jahren) benutzt worden ist.

Über eine mögliche medizinische Verwendung des Braunsteins in Mesopotamien s. S. 110.

Die Giftigkeit des Mangans hat nach L. Lewin [8] als Erster im Jahre 1837 J. Couper [9] beobachtet; ein chronischer Manganismus kann nämlich bei ständiger Aufnahme von Mangan-haltigem Staub, etwa beim Zerreiben oder Vermahlen von Braunstein oder bei der Herstellung von Permanganat unter den Arbeitern als eigentümliches Nervenleiden auftreten. Zum Entstehen des Leidens scheint, wohl auch bei Tieren, eine Disposition erforderlich, und die Giftigkeit des aufgenommenen Manganstaubes scheint durch zugleich damit aufgenommenes zweiwertiges Mangan erhöht zu werden, wie neuere Beobachtungen ergeben haben [11]. Die Krankheit tritt dementsprechend relativ selten auf, in fast 100 Jahren nach der ersten Beobachtung sind in der medizinischen Literatur nach W. F. v. Oettingen [12] nur 70 Fälle beschrieben worden. Die Heilung schwerer Fälle ist wenig aussichtsreich [8, 10], erst in neuester Zeit scheinen hier Fortschritte gemacht worden zu sein [13].

Über die Giftigkeit zweiwertiger Manganverbindungen berichtete zusammenfassend L. Lewin [8]: „Das Mangansulfat erzeugt vom Magen aus bei Hunden Erbrechen, bei Kaninchen Gliederlähmung, nach intravenöser Injection tötet es unter Erbrechen, Appetitmangel, Ikterus, tetanischen Krämpfen, Exophthalmus, durch Herzlähmung, wie Laschkewitsch [14] im Jahre 1866 festgestellt hat. Kaninchen sterben durch 4 g (per os). Mehrmalige subkutane Beibringung veranlaßt eine Nierenentzündung, evtl. Nierenschrumpfung. Tiere, die durch große Dosen von Manganoxydulsulfat endeten, weisen Entzündungen von Magen, Dünndarm, Leber und Milz auf. Subkutan beigebrachtes Manganoxydul tötet einen Hund zu 6–8 mg nach 2 Tagen, zu 13–24 mg nach 24 Stunden. Das halbzitronensaure Manganoxydulnatron ruft Ähnliches wie Mangansulfat neben Lähmung des vasomotorischen Zentrums, Ikterus, Abschwächung der Motilität und Sensibilität und Somnolenz hervor... Kohlensaures Manganoxydul erwies sich angeblich bei chronischer Fütterung von Kaninchen als ungiftig."

„Für Vergiftung zu Selbstmord und durch arzneiliche Verwendung kommt nur das übermangansaure Kalium in Frage", leitet L. Lewin [8] seinen Bericht über die Giftigkeit des Permanganats ein, „Pferde werden durch 10 g davon vergiftet und Kaninchen durch 0.24 g pro Kilo". „Ein Mensch wurde nach den Angaben von Box, Buzzard [15] im Jahre 1899 schon durch 5 g, die zum Selbstmord genommen worden waren, getötet. In anderen Fällen, in denen zwecks Sicherung Luxusdosen genommen worden waren, töteten 15–20 g in sechs Stunden, oder ‚eine Handvoll' Kristalle in Bier genommen, nach 35 Minuten, oder ‚eine Tüte voll' nach 50 Stunden. Es kam aber eine junge Frau mit dem Leben davon, die zum Selbstmord 15–20 g verschluckt hatte. Dieser günstige Ausgang wurde auf die mit Magnesiumoxyd vorgenommene Magenausspülung zurückgeführt, wodurch das Permanganat gefällt worden sei." Auf weitere Einzelheiten muß hier verzichtet werden.

Literatur:

[1] Hippocrates (De Internis Affectionibus, Kap. 22 in: Hippocratis Opera, herausgegeben von J. F. Pierer, Altenburg 1806, S. 196). – [2] A. Libavius (Liber Hypomnematum, qui est

Apocalypsis Hermeticae Pars Prior, in: Syntagmatis Arcanorum Chymicorum, Bd. 2, Frankfurt a. M. 1613, S. 292). – [3] A. Boëtius de Boodt (Gemmarum et Lapidum Historia, Buch 2, Kap. 209, Hanau 1609, S. 192). – [4] U. C. Salchow (Heilung und Tilgung der Rindviehseuche, Hamburg 1779, S. 34). – [5] J. G. Leonhardi (in: P. J. Macquer, Chymisches Wörterbuch, herausgegeben von J. G. Leonhardi, 2. Aufl., Bd. 1, Leipzig 1788, S. 566, Fußnote c).

[6] J. Needham, Lu Gwei-Djen (Science and Civilisation in China, Bd. 5, Tl. 2, Cambridge 1974, S. 191). – [7] C. Wells (Diagnose 5000 Jahre später, Bergisch-Gladbach 1967, S. 220). – [8] L. Lewin (Gifte und Vergiftungen, 5. Aufl., Ulm 1962, S. 326/30). – [9] J. Couper (Brit. Ann. Med. Pharm. **1** [1837] 41 nach [10]). – [10] E. Browning (Toxicity of Industrial Metals, London 1961, S. 185/96).

[11] L. Schwartz, J. Pagels (Arch. Hyg. **92** [1923] 77 nach [10]). – [12] W. F. v. Oettingen (Physiol. Rev. **15** [1935] 175 nach [10]). – [13] E. Browning (Toxicity of Industrial Metals, 2. Aufl., London 1969, S. 213/25). – [14] Laschkewitsch (Centralbl. Med. Wissenschaften **1866** 369 nach [8]). – [15] Box, Buzzard (Lancet **1899** II 441 nach [8]).

[16] Marcellus (De Medicamentis Empiricis, Physicis ac Rationalibus Liber, Kap. 36, 54; Kap. 1, 63 in: Marcellus, Über Heilmittel, herausgegeben von M. Niedermann, 2. Aufl. von E. Liechtenhan, übersetzt von J. Kollesch, D. Nickel, Bd. 2, Berlin 1968, S. 47/8, Bd. 1, Berlin 1968, S. 70/1).

1.8.8 Einiges über den Nachweis des Elementes

Determination of Manganese

Für den einzig möglichen Nachweis des Braunsteins, genauer: des damals noch nicht bekannten Elementes Mangan, hielt im Jahre 1767 C. F. G. Westfeld [1] dessen Eigenschaft der Färbung und Entfärbung von Glas. Aber schon sieben Jahre später benutzte C. W. Scheele [2] bei seiner Entdeckung des Mangans als Spurenelement die Möglichkeit der leichten Bildung intensiv gefärbter Verbindungen (Chamaeleon) beim Glühen manganhaltiger Stoffe, etwa mit Salpeter, zum Auffinden des Elementes, eine Methode, der rund 60 Jahre später F. F. Runge [3] nachrühmte, daß sie geeignet sei, auch die kleinste Menge Mangan nachzuweisen. Die Empfindlichkeit dieser Probe war es denn auch, die P. J. Hjelm [4] die „Furcht, alles zu Braunstein zu machen", einjagte, als er die weite Verbreitung des Elementes entdeckte. Daß durch diese Farbreaktion noch 0.01 mg Mn nachgewiesen werden kann, stellten im Jahre 1903 A. Seyewetz, P. Trawitz [5] fest; sie benutzten als Oxidationsmittel nicht mehr Salpeter, sondern Ammoniumpersulfat in Lösung. Den Übergang vom ‚trockenen Weg' der oxidierenden Schmelze mit Salpeter zum ‚nassen Weg', der Oxidation mittels in verdünnter Salpetersäure suspendiertem Bleidioxid, schlug im Jahre 1845 W. Cram [6] vor und zeigte, daß die Empfindlichkeit der Reaktion dabei gleich blieb. Da überschüssiges Bleioxid dabei störend ist, schlug im Jahre 1901 H. Marshall [7] die Oxidation mit Ammoniumpersulfat in Gegenwart von etwas Silbernitrat vor. Die katalytische Bedeutung des letzteren bei der Oxidation ist ausführlich untersucht worden [8]. Die Methode hat sich gut bewährt und wird für lichtelektrische, colorimetrische Messungen benutzt [9]. Als weitere Oxidationsmittel, die in vielen Fällen Vorteile bringen, sind von L. Schneider [10] Natriumwismutat und von H. H. Willard, L. H. Greathouse [11] Natriumperjodat vorgeschlagen worden. Die Entwicklung der Methode beschreibt kritisch L. Dobbin [12].

Auf eine andere, zum Nachweis des Mangans brauchbare Farbreaktion machte im Jahre 1857 L. C. A. Barreswil [13] aufmerksam. Die später nach ihm benannte Barreswilsche Probe bestand darin, daß der auf Mn^{2+}-Salze zu prüfende Stoff unter Zugabe von etwas Salpetersäure mit sirupdicker Phosphorsäure übergossen und auf etwa 110°C erhitzt wurde; man erhielt dann „einen dunkelamethystblauen Sirup, welcher sich kalt in jedem Maasse mit Wasser zu einer granat- bis rubinrothen Lösung verdünnen läßt" [14]. Zur Oxidation der Lösung hat im

Jahre 1855 Osmond [15] das Einleiten ozonhaltiger Luft vorgeschlagen. In neuerer Zeit ist die Brauchbarkeit der Probe näher untersucht worden [16].

Im Jahre 1865 machte C. Luckow [17] darauf aufmerksam, daß schon A. C. Becquerel [18] im Jahre 1830 die Beobachtung gemacht hat, daß Mangan im Gegensatz zu allen anderen Metallen (außer Blei) am positiven Pol einer elektrolytischen Zelle (als Oxid) abgeschieden wird und so die Möglichkeit gegeben ist, auch kleine Mengen des Metalls zu erkennen. Ob es sich bei dem entstehenden braunen Niederschlag um Mangan oder Blei handele, könne leicht durch die Bildung von Permanganaten nach oben beschriebenen Methoden erkannt werden.

Den Nachweis des Mangans durch Flammenfärbung schlug im Jahre 1889 H. W. Vogel [19] vor: „Bringt man Manganvitriol am Platindraht in die Flamme, so bemerkt man von einer Färbung nichts. Dieselbe stellt sich aber sofort ein, wenn man die Probe mit Salzsäure befeuchtet und dann glüht. Die Flamme färbt sich dann unter Sprühen deutlich grün, ähnlich wie Baryt." Im Jahre 1923 wurden diese Angaben zwar bestätigt, aber gleichzeitig darauf aufmerksam gemacht, daß das Grün der Flamme sehr leicht mit den bei Bor, Kupfer und Barium auftretenden Färbungen verwechselt werden kann [20]. Später hat T. Yosimura [21] die Methode erfolgreich zur Untersuchung von Mineralien benutzt und H. Lundegardh [22] hat gezeigt, daß die flammenspektroskopische Methode in vielen Fällen die weitaus geeignetste Analysenmethode ist.

Über die zahlreichen weiteren, im Laufe der Jahre aufgefundenen charakteristischen, zum Nachweis der verschiedenen Manganionen geeigneten und auch benutzten Reaktionen s. beispielsweise H. Hecht [23].

Literatur:

[1] C. F. G. Westfeld (Mineralogische Abhandlungen, Nr. 1, Von dem Braunstein, Göttingen-Gotha 1767, S. 1/22, 2). – [2] C. W. Scheele (Vom Braunstein oder Manganesium und von dessen Eigenschaften [1774] in: Sämmtliche Physische und Chemische Werke, deutsch von S. F. Hermbstädt, Bd. 2, Berlin 1793, S. 35/90, 85/7). – [3] F. F. Runge (Technische Chemie der nützlichsten Metalle für Jedermann, Bd. 1, Berlin 1838, S. 82). – [4] P. J. Hjelm (Kgl. Svenska Vetenskaps Akad. Handl. **39** [1778] 82/7; Neuesten Entdeckungen Chem. **6** [1782] 164/71). – [5] A. Seyewetz, P. Trawitz (Bull. Soc. Chim. France [3] **29** [1903] 868/73).

[6] W. Cram (Liebigs Ann. Chem. **55** [1845] 219/20). – [7] H. Marshall (Chem. News **83** [1901] 76). – [8] A. Pinkus, L. Ramakers (Bull. Soc. Chim. Belges **41** [1932] 529/48). – [9] M. Bendig, H. Hirschmüller (Z. Anal. Chem. **92** [1933] 1/7, 4/5). – [10] L. Schneider (Österr. Z. Berg-Hüttenwesen **36** [1888] 608 nach Z. Anal. Chem. **32** [1893] 367).

[11] H. H. Willard, L. H. Greathouse (J. Am. Soc. **39** [1917] 2366/77). – [12] L. Dobbin (Chem. News **113** [1916] 133/5). – [13] L. C. A. Barreswil (Compt. Rend. **44** [1857] 667/9; J. Prakt. Chem. **71** [1857] 317/9. – [14] H. Laspeyres (J. Prakt. Chem. [2] **15** [1877] 320/2). – [15] Osmond (Bull. Soc. Chim. France [2] **43** [1885] 66/9).

[16] E. S. Tomula, V. Aho (Ann. Acad. Sci. Fennicae A **52** Nr. 4 [1939] 1/19; A **55** Nr. 1 [1940] 1/10 nach B. Lange, Kolorimetrische Analyse, Berlin 1941, S. 148/9). – [17] C. Luckow (Dinglers Polytech. J. **177** [1865] 231/5, **178** [1865] 43/7). – [18] A. C. Becquerel (Ann. Chim. Phys. [2] **43** [1830] 380/6). – [19] H. W. Vogel (Praktische Spektralanalyse, Berlin 1889, S. 257). – [20] T. Sabalitschka, K. Schulze (Arch. Pharm. **261** [1923] 218/9).

[21] T. Yosimura (J. Fac. Sci. Hokkaido Imp. Univ. [IV] **4** [1938/39] 113/6 nach C. **1941** I 2288). – [22] H. Lundegardh (Die quantitative Spektralanalyse Bd. 1, Jena 1929 nach W. Schuhknecht, Die Flammenspektralanalyse, Stuttgart 1961, S. 230/1). – [23] H. Hecht (in: R. Fresenius, G. Jander, Handbuch der analytischen Chemie, Bd. 7, Tl. 2, Elemente der Siebenten Gruppe, Berlin-Göttingen-Heidelberg 1953, S. 143/205).

2 Einiges aus der Geschichte der Manganverbindungen

History of Manganese Compounds

Vorbemerkung

Preliminary Remarks

Es ist mehrfach bezweifelt worden, daß in der Antike Manganminerale (Braunstein, Magnesia nigra) bekannt waren, obwohl es für deren Kenntnis genügend literarische Hinweise gibt, s. S. 11/21 und 101. Angaben in den Schriften der sogenannten griechischen Alchemisten sprechen sogar dafür, daß einige, allerdings keineswegs definierbare Verbindungen des zweiwertigen Mangans schon in der Antike hergestellt und gebraucht wurden. Es ist nämlich in den sogenannten alchemistischen griechischen Schriften die Rede von einer ,,gebleichten'' oder ,,weißen'' Magnesia, wobei betont wird, daß sie ihre Eigenschaften bewahre, nämlich das Kupfer, s. S. 16, und das Eisen zu ,,weißen'', so in der Schrift *Physica et Mystica* des angeblich im 1. Jahrhundert nach Chr. lebenden Pseudo-Demokritos [1]: (§ 20)

,,ΠΕΡΙ ΑΣΗΜΟΥ ΠΟΙΗΣΕΩΣ. — Ὑδράργυρον τὴν ἀπὸ τοῦ ἀρσενίκου, ἢ σανδαράχης, ἢ ὡς ἐπινοεῖς, πῆξον ὡς ἔϑος, καὶ ἐπίβαλλε χαλκῷ σιδήρῳ ϑειωϑέντι, καὶ λευκανϑήσεται · τὸ δ'αὐτὸ ποιεῖ καὶ μαγνησία λευκανϑεῖσα, καὶ ἀρσένικον ἐκστραφὲν, καὶ καδμία ὀπτὴ, καὶ σανδαράχη ἄπυρος, καὶ πυρίτης λευκανϑεὶς, καὶ ψιμύϑιον ἄμαϑείω ὀπτηϑέν. Τὸν δὲ σίδηρον λύσεις, μαγνησίαν ἐπιβάλλων, ἢ ϑείου τὸ ἥμισυ ἢ μάγνητος βραχύ. Ὁ γὰρ μάγνης ἔχει συγγένειαν πρὸς τὸν σίδηρον. Ἡ <γὰρ> φύσις τῇ φύσει τέρπεται . . . Μαγνησίαν λευκήν · λευκάνῃς δὲ αὐτὴν, ἅλμῃ καὶ στυπτηρίᾳ σχιστῇ ἐν ὕδατι ϑαλασσίω, ἢ χυλῷ, κίτρω λεγω, ἢ ϑείου αἰϑάλῃ. Ὁ γὰρ καπνὸς τοῦ ϑείου λευκὸς ὢν, πάντα λευκαίνει. Ἔνιοι δέ φασι καὶ τὸν καπνὸν τῶν κοβαϑίων λευκαίνειν αὐτήν. Πρόσμιξον αὐτῷ μετὰ τὴν λεύκωσιν, καὶ σφέκλης τὸ ἴσον, ἵνα λίαν γένηται λευκή · καὶ δεξάμενος χαλκοῦ ὑπολεύκου, ὀρειχάλκου λέγω, γ° δ', χώνευε, ἐπιβάλλων κάτω ὀλίγου κασσιτέρου προκαϑαρισϑέντος γ° α', καϑύπο χεῖρα κινῶν ἕως συγγαμήσωσιν αἱ οὐσίαι, ἔσται ῥηγνύμενον. Ἐπίβαλλε οὖν τοῦ λευκοῦ φαρμάκου τὸ ἥμισυ καὶ ἔσται πρῶτον · ἡ γὰρ μαγνησία λευκανϑεῖσα οὐκ ῥήγνυσϑαι τὰ σώματα οὐδὲ τὴν σκίαν τοῦ χαλκοῦ ἐπιφέρεσϑαι. Ἡ <γὰρ> φύσις τὴν φύσιν κρατεῖ.

[Über die Herstellung von Asemon (Asemon, wörtlich: das Unbezeichnete, vielleicht das der Angabe des Feingehaltes Ermangelnde; daher die neugriechische Bedeutung ,Silber', die nach E. O. v. Lippmann [2], ,,zuweilen schon in älteren Schriften auftauchte, besonders im Sinne silberähnlicher Legierungen'' wie hier). Das Quecksilber von Arsenikon [Auripigment] oder von Sandarach [Realgar], oder welches du im Sinne hast, figiere es wie üblich, und wirf es auf mit Schwefel behandeltes Kupfer [oder] Eisen, und [dieses] wird weiß werden; dasselbe macht auch die geweißte Magnesia und das umgewandelte Arsenikon und die geröstete Kadmia und der vom Feuer unberührte Sandarach und der geweißte Pyrit und das mit Schwefel gekochte Bleiweiß. Das Eisen wirst du weich machen, indem du Magnesia hineinwirfst, oder die Hälfte Schwefel oder ein wenig Magnetstein. Der Magnetstein hat nämlich eine Verwandtschaft zum Eisen. Die Natur wendet sich der Natur zu. — (§ 22) Weiße Magnesia; du sollst sie weiß machen mit Salzlake und mit Spaltalaun in Meerwasser, oder mit Saft, ich meine den von Zitronen, oder mit dem Rauch von Schwefel. Der Dampf des Schwefels nämlich ist weiß, er macht alles weiß. Einige sagen, auch der Dampf der Kobathien [schwefel- oder arsenhaltige Erze] machen sie [die Magnesia] weiß. Mische ihm nach dem Weißmachen die gleiche [Menge] Hefe unter, damit sie sehr weiß werde; und nachdem du 4 Unzen beinahe weißes Kupfer, Messing meine ich, genommen hast, schmelze es, und wirf dann ein wenig später eine Unze zuvor gereinigtes Zinn hinein, und bewege dann die Hand [die den Tiegel hält], bis die Stoffe gemischt sind, es wird zerbrechlich sein, wirf nun die Hälfte der weißen Medizin hinein, und das wird die erste [Operation] sein. Denn die gebleichte Magnesia läßt die Körper nicht zerbrechlich sein, noch die dunkle Färbung des Kupfers weiterbestehen].'' — M. Berthelot [3], später von J. Ruska [4] bestätigt, machte darauf aufmerksam, daß dieser, die Bleichung der Magnesia, d.h. die Herstellung von Verbindungen des zweiwertigen Mangans, betreffende Text sich, teils fast wörtlich, teils auch sehr verderbt in einer lateinischen Schrift des

12. Jahrhunderts mit dem Titel *Turba Philosophorum* wiederfindet; die Schrift ist eine Übersetzung aus dem Arabischen, und zwar muß die arabische Vorlage aus einer sehr frühen Zeit stammen, weil sie noch keine arabischen Autoritäten anführt. Da die Schrift großes Ansehen genoß, dürften die sie nacharbeitenden arabischen und europäischen Alchemisten unterschiedliche Manganverbindungen in Händen gehabt haben. Der entsprechende Teil des lateinischen Textes lautet [4]: „Accipite argentum vivum, quod est ex masculo, et secundum consuetudinem coagulate. Nonne videtis, me vobis dicere 'secundum consuetudinem', eo quod iam prius coagulatum est? Non est igitur hoc regendi initium. Hoc tamen iubeo, ut argentum vivum, quod est ex masculo, capiatis et super aes vel ferrum gubernatum ponatis, et dealbabitur. Similiter fit alba magnesia et masculus convertitur; quoniam magnetis est ‹cum ferro› propinquitus quaedam, ideo natura gaudet natura. Accipite ergo nubem, quam priores vos capere iusserunt, et cum suo coquite corpore, donec stannum fiat, et secundum consuetudinem a sua mundate nigredine. Abluite ac aequo assate igne, donec dealbetur; argento vivo gubernato omne corpus dealbatur, natura namque naturam convertit. Magnesie igitur accipite et aquae aluminis et aquae nitri et aquae maris et aquae ferri fumo dealbate, eo quod fumus ille albus est et omnia dealbat; quo fumo quicquid praecipitis dealbari, dealbetur. Illum igitur fumum suae faeci miscete, donec coaguletur, et nummus albus fiat. Hoc autem aes assate, donec se ipsum germinare faciat, quoniam magnesie cum dealbetur, spiritus fugere non dimittit nec aeris umbram apparere, eo quod natura naturam continet. [Nehmet das Quecksilber, das vom ‚Männlichen' ist, und verfestigt es gemäß der Gewohnheit. Seht ihr nicht, daß ich euch sage ‚gemäß der Gewohnheit', weil es vorher schon verfestigt worden ist? Dies ist daher nicht der Anfang des Verfahrens. Ich heiße euch jedoch, das Quecksilber zu nehmen, das vom ‚Männlichen' ist, und es auf vorbehandeltes Kupfer oder Eisen zu tun, so wird es geweißt werden. Ähnlich entsteht ‚weiße Magnesia' und wird das Männliche umgewandelt; da ja eine gewisse Verwandtschaft des Magneten mit dem Eisen besteht, so freut sich die Natur über die Natur. Nehmet also die ‚Wolke', welche die Alten auch zu nehmen geheißen haben, und kochet sie mit ihrem ‚Körper', bis Zinn entsteht. Und gemäß der Gewohnheit reiniget es von seiner Schwärze, waschet und röstet in gleichmäßigem Feuer, bis es weiß wird. Mit (vor-) behandeltem Quecksilber wird jeder ‚Körper' geweißt, denn die Natur wandelt die Natur. Nehmet daher die ‚Magnesia' und weißet mit dem Rauch von ‚Wasser des Alauns' und ‚Wasser des Nitrons' und ‚Wasser des Meeres' und ‚Wasser des Eisens', weil jener ‚Rauch' weiß ist, und alles weißt; was immer ihr durch den ‚Rauch' geweißt haben wollt, das wird geweißt. Mischet daher jenen ‚Rauch' mit seinem Rückstand, bis er sich verfestigt, und ‚weißes Silber' wird. Röstet aber dieses ‚weiße Kupfer' bis es sich selbst zum Keimen bringt, da die ‚Magnesia', wenn sie geweißt wird, die ‚Geister' nicht entweichen und den ‚Schatten' [dunkle Färbung] des Kupfers nicht erscheinen läßt, weil die Natur die Natur festhält]." – Der Begriff der geweißten Magnesia ist aber nicht nur über die arabischen Schriften nach Europa gekommen, es ist nämlich die Tradition auch direkt aus dem byzantinischen Reiche nachweisbar: Michael Konstantinos Psellos, der von 1018 bis 1078 in Konstantinopel lebte, hat auf eine Anfrage des Patriarchen Xiphilinos hin einen *Brief über die Goldmacherkunst* [6] verfaßt und darin von der geweißten Magnesia gesprochen; nach E. O. v. Lippmann [7] ist dieser Brief zu Beginn der Renaissance für die Verbreitung alchimistischer Ideen von einiger Bedeutung gewesen. Daß es sich bei der geweißten Magnesia wirklich um Manganverbindungen handelt, zeigt das *Liber Sacerdotum* (Pariser MS 6514, fol. 41/51), vermutlich im 10. oder 11. Jahrhundert abgefaßt, im 12. oder 13. Jahrhundert aber durch einen nicht näher bekannten Johannes aus dem Arabischen ins Lateinische übersetzt und dabei umgearbeitet [5]; dort findet sich: „Magnesia vero rubicunda similiter, sed demum condescit; ... igne convalescente nigredinem. [Die Magnesia aber ist [nur] ähnlich rötlich (im Gegensatz zu dem vorher als rubeum = rot beschriebenen Eisenoxid), wird zuletzt (beim Bearbeiten) weiß ... durch zunehmendes Feuer (zeigt sie wieder) Schwärze]", d. h. es wird die thermische Zersetzung der Manganverbindungen beschrieben.

Literatur:

[1] Pseudo-Demokritos (Physica et Mystica 20, 22 in: M. Berthelot, C.-É. Ruelle, Collection des Anciens Alchimistes Grecs, Paris 1888, Texte Grec, S. 49/51, Traduction, S. 54/5). – [2] E. O. v. Lippmann (Entstehung und Ausbreitung der Alchemie, Berlin 1919, S. 4). – [3] M. Berthelot (La Chimie au Moyen Âge, Bd. 2, Paris 1893, S. 265/6). – [4] Turba Philosophorum (Sermo XII in: J. Ruska, Turba Philosophorum, Ein Beitrag zur Geschichte der Alchemie, Quellen und Studien zur Geschichte der Naturwissenschaften und der Medizin, Bd. 1, Berlin 1931 [Neudruck Berlin – Heidelberg – New York 1970], S. 120/1, 191/2). – [5] M. Berthelot M. R. Duval (La Chimie au Moyen Âge, Bd. 2, Paris 1893, S. 208).

[6] Michael Psellos (Épître sur la Chrysopée, herausgegeben von J. Bidez in: Catalogue des Manuscrits Alchimique Grecs, Bd. 6, Brüssel 1928, S. 36/7). – [7] E. O. v. Lippmann (Entstehung und Ausbreitung der Alchemie, Berlin 1919, S. 109).

2.1 Mangan und Wasserstoff

Manganese and Hydrogen

J. W. Döbereiner gab im Jahre 1819 in seinem Lehrbuch an: „Hydrogen und Azot [Stickstoff] gehen mit dem Mangan keine Verbindung ein" [1]. Aber schon ein Jahr später sprach J. G. Forchhammer, Dozent der Chemie und Mineralogie in Kopenhagen, die Vermutung aus [2], der Wasserstoff, welcher bei der Zersetzung von Wasser durch (unreines, besonders kohlenstoffhaltiges) Manganmetall erhalten wird, enthielte, wie sein ekelerregender Geruch verrate, Mangan. Diese Vermutung konnte bisher durch die Isolierung eines flüchtigen Manganhydrids nicht bestätigt werden, nur ein der Molekel MnH zuzuschreibendes Bandenspektrum ist unter schwierigen Erzeugungsbedingungen erstmals im Jahre 1936 beschrieben worden [3].

Auf die Bildung eines festen Hydrides ließ im Jahre 1876 die Beobachtung von L. Troost, P. Hautefeuille [4] schließen, daß kohlenstoffhaltiges Manganmetall, wie man es bei der Reduktion eines seiner Oxide mit Kohle im Kalktiegel erhält, beim Erhitzen auf Rotglut und Abkühlen im Wasserstoffstrom eine beträchtlich größere Menge des Gases gelöst zurückhält, als Eisen mit dem gleichen C-Gehalt unter denselben Bedingungen es tut. Dagegen behauptete 17 Jahre später O. Prelinger [5], daß reines Mangan, erhalten durch Glühen von Mn-Amalgam im H_2-Strom „auch nicht die geringste Spur von Wasserstoff festhalte". Es ist daher nicht verwunderlich, wenn noch in der 7. Auflage dieses Handbuchs [6] über das Verhalten von Mangan gegen Wasserstoff nichts zu finden ist. Im Jahre des Erscheinens eben dieses Handbuchbandes stellten aber E. Wedekind, Th. Veit [7] eine geringe Wasserstoff-Aufnahme beim Glühen des Metalls im Knallgasgebläse fest und bemerkten auch eine schwache Änderung der magnetischen Eigenschaften des Metalls bei dieser Behandlung, die sie jedoch noch nicht zur Annahme der Bildung eines Hydrids veranlaßte. Tatsächlich zeigten spätere genauere magnetische Untersuchungen [8] an mit Wasserstoff beladenem, zuvor durch Destillation gereinigtem Mangan, daß nur die bei den verschiedenen Modifikationen des Elements zu erwartenden Änderungen der Suszeptibilität auftreten, keineswegs aber der einer möglichen Verbindung MnH_x zuzuordnende Ferromagnetismus. Ein Hydrid würde übrigens, so stellten E. Newberry, J. N. Pring [9] bei ihren Versuchen zur Reindarstellung des Elements fest, wenn überhaupt eines existiere, nur sehr unbeständig sein. Die tatsächlich bestehende Löslichkeit des Wasserstoffs in Manganmetall brachten quantitative Untersuchungen von L. Luckemeyer-Hasse, H. Schenk [10] im Jahre 1932 zu Tage, als sie an einem Metall mit (in Gew.-%) 96.4 Mn, 0.08 C, 1.52 Si, 0.22 P, 0.06 S, 0.06 Cu, 1.1 Fe und 0.25 Al deutlich zwischen 500 und 1200° C Unterschiede der Löslichkeit der verschiedenen Modifikationen aufzeigen konnten. Ähnliche Messungen an einem aluminothermisch hergestellten und an einem durch Destillation gereinigten Mangan zwischen 20 und 1320° C, wo die Löslichkeitskurve sogar drei Umwandlungspunkte des Elements erkennen läßt, veröffentlichten ein paar Jahre später A. Sieverts, A. Moritz [11]; daß dabei in der Löslichkeitskurve zwischen 500 und 600° C ein Minimum beobachtet wird, ist nach D. P. Smith [12] bisher einzigartig unter den Metall-Wasserstoff-Systemen und dürfte die einander scheinbar widersprechenden älteren Angaben, beispielsweise von R. Hadfield u.a. [13] oder L. F. Bates, D. V. Reddi Pantulu [14] erklären. – Überladung mit Wasserstoff bei elektrolytisch abgeschiedenem Mangan beobachtete erstmals H. Bockshammer [15] im Jahre 1921, sie ist drei Jahre später von A. J. Allmand, A. N. Campbell [18] noch einmal behauptet worden, konnte aber von M. L. V. Gayler [19] nicht bestätigt werden; trotzdem ist aus dieser angeblichen Überladung des γ-Mangans auch einmal auf die Existenz eines Mn-Hydrides geschlossen worden [16]. – Die neuere Entwicklung der Untersuchungen im System Mn-H_2 findet sich in „Mangan" C 1, 1973, S. 1/6, und M. Hansen, K. Anderko [17].

Literatur:

[1] J. W. Döbereiner (Anfangsgründe der Chemie und Stöchiometrie, 2. Aufl., Jena 1819, S. 226). – [2] J. G. Forchhammer (Diss. de Mangano, Kopenhagen 1820, S. 1/54, 6). – [3] T. Heimer (Naturwissenschaften **24** [1936] 521/2). – [4] L. Troost, P. Hautefeuille (Ann. Chim. Phys. [5] **7** [1876] 155/77, 168). – [5] O. Prelinger (Monatsh. Chem. **14** [1893] 353/70, 367).

[6] C. Friedheim (in: Gmelin-Kraut, Handbuch der anorganischen Chemie, Bd. 3, Tl. 2, Heidelberg 1908, S. 232). – [7] E. Wedekind, Th. Veit (Ber. Deut. Chem. Ges. **41** [1908] 3769/73). – [8] M. A. Wheeler (Phys. Rev. [2] **49** [1936] 642/3). – [9] E. Newberry, J. N. Pring (Proc. Roy. Soc. [London] A **92** [1916] 276/85, 281, 284). – [10] L. Luckemeyer-Hasse, H. Schenk (Arch. Eisenhüttenw. **6** [1932/33] 209/14, 212).

[11] A. Sieverts, A. Moritz (Z. Physik. Chem. A **180** [1937] 249/63, 258). – [12] D. P. Smith (Hydrogen in Metals, Chicago 1948, S. 182). – [13] R. Hadfield, C. Chéneveau, G. Géneau (Proc. Roy. Soc. [London] A **94** [1917] 65/87). – [14] L. F. Bates, D. V. Reddi Pantulu (Proc. Phys. Soc. [London] **47** [1935] 197/204). – [15] H. Bockshammer (Die elektrolytische Abscheidung des Mangans, Stuttgart 1921 nach [11]).

[16] J. A. Bradley, J. Thewlis (Proc. Roy. Soc. [London] A **115** [1927] 456/71, 456). – [17] M. Hansen, K. Anderko (Constitution of Binary Alloys, 2. Aufl., New York-London-Toronto 1958, S. 785). – [18] A. J. Allmand, A. N. Campbell (Trans. Faraday Soc. **20** [1924] 378/84). – [19] M. L. V. Gayler (J. Iron Steel Inst. London **115** [1927] 393/411, 397).

Manganese and Oxygen

2.2 Mangan und Sauerstoff

The Number of Manganese Oxides

2.2.1 Die Zahl der Manganoxide

In der ersten Auflage dieses Handbuchs schrieb im Jahre 1817 L. Gmelin [1]: „Das Mangan hat nebst dem Eisen und Zink unter den schweren Metallen die größte Affinität gegen den Sauerstoff. Es oxydirt sich unter den schweren Metallen am schnellsten bei der gewöhnlichen Temperatur an der Luft und unter Wasser. Über die Zahl und die chemischen Verhältnisse seiner Oxyde herrscht noch viel Ungewißheit.

Übersicht der von verschiedenen Autoren angenommenen Oxyde, und der Menge Sauerstoff, die sie auf 100 Metall enthalten sollen:

Übersicht:

Bergman [2]	Davy [3]	John [4]	Berzelius [5]		
			1. Umbra-braun	7.0266	Suboxydum manganosum
		1. Grün 15	2. Grün	14.0533	Suboxydum manganicum
1. Weiß 26	1. Oliven-grün 26.6	2. Braun 25	3. ?	28.1077	Oxydum manganosum
2. Roth 35			4. Schwarz	42.16	Oxydum manganicum
3. Schwarz	2. Schwarz 40	3. Schwarz 40.2	5. Schwarz	56.215	Superoxydum manganicum"

Die genauen Zahlen der Berzeliusschen Oxidreihe sind dem Original entnommen, L. Gmelin [1] gibt nur ganze Zahlen an und versieht die beiden niederen Oxide mit einem Fragezeichen. – J. J. Berzelius [5], der sich für seine Zusammenstellung außer auf die von L. Gmelin angeführten Autoren noch auf Ergebnisse von M. H. Klaproth und A. F. de Fourcroy bezieht, fügt seiner Tabelle hinzu: „Wenn das erste Suboxyd in Wirklichkeit existiert, so ist die Reihe [der Sauerstoffgehalte] 1, 2, 4, 6, 8; existiert es nicht, so wird sie 1, 2, 3, 4 seyn." – Ähnlich wie H. Davy [3] nahm auch L. J. Gay-Lussac [6] die Existenz von nur zwei Oxiden an, beide stimmten dabei mit J. L. Proust [7] überein, der im Jahre 1806 das Mangan zu „den 11 oder 12 Metallen, von denen bis jetzt nur zwei Oxydationsstufen bekannt sind", gerechnet hatte. – Daß die Annahme von ‚Suboxyden' nicht zutraf, erkannte J. J. Berzelius [8] später; s. dazu S. 87. – J. W. Döbereiner [9] schrieb im Jahre 1819, es gäbe drei Oxide, „wovon das eine dunkelolivfarben, das andere schwarzbraun und das dritte carminroth ist", und im Jahre 1827, in der nächsten Auflage seiner *Anfangsgründe* [10] glaubte er an die Existenz von vier Oxiden, wobei er zwischen das schwarzbraune und carminrothe Oxid das „schwarze metallisch glänzende, in Nadeln krystallisierende Fossil, das den Namen Braunstein führt", einschob; von dem vierten „carminrothen" Oxid wird angegeben, daß es sich wie eine Säure verhalte und noch nicht isoliert dargestellt worden sei. Davon abweichende Angaben übernahm er indessen in einer Aushängetafel: Übersicht der Haupteigenschaften der Erzmetalle, ihrer Oxyde und Salze (aus Pfaffs analytischer Chemie): „Oxydul schwarzgrau. Deutoxyd zimmtbraun. Tritoxyd schwarz. Peroxyd schwarz." – Auf eine eigenartige Weise hat diese bei allen (hier nicht einzeln anführbaren) Untersuchern offenbar werdende Unsicherheit über Anzahl und Zusammensetzung der Manganoxide F. F. Runge [11] zu klären versucht. Auch er nahm drei Oxide („Sauerstoffungsstufen") an, das „Oxydul = Einfach-Sauerstoffmangan", das „Hyperoxyd = Zweifach-Sauerstoffmangan" und die „Mangansäure = Dreifach-Sauerstoffmangan", die sich ohne Zersetzung nicht von ihren Basen trennen lassen. Dann legte er dar: „Weiter geht nun die Sauerstoffung des Mangans auf geradem Wege, wie man sie nennen könnte, nicht. Was sich ferner bildet, geschieht durch Verbindung dieser Stufen untereinander. Die erste Verbindung dieser Art entsteht aus der Vereinigung von Manganoxydul mit Manganhyperoxyd zu Manganoxyd. In der Verbindung, die schwarzes Manganoxyd genannt wird, ist das Oxydul die Basis, das Hyperoxyd die Säure. Eine Verbindung zwischen Manganoxydul und Mangansäure ist noch nicht mit Gewißheit ermittelt. Dagegen giebt es noch eine zusammengesetztere Verbindung von Manganoxydul mit Manganoxyd zu Manganoxydoxydul, die sich sehr leicht bildet, wenn das Manganoxydul im gewässerten oder erhitzten Zustande mit dem Sauerstoff der Luft in Berührung kommt." Dazu bringt er eine graphische Konstruktion der bildhaften Darstellung der quantitativen Verhältnisse, ähnlich der in Fig. 4, S. 86, dargestellten, die er erläutert: „Man sieht hieraus, welcher bewunderungswürdigen Gesetzmäßigkeit die Stoffe bei ihren Verbindungen gehorchen, und wie ganz einfache Verbindungsverhältnisse blos durch die

Fig. 4

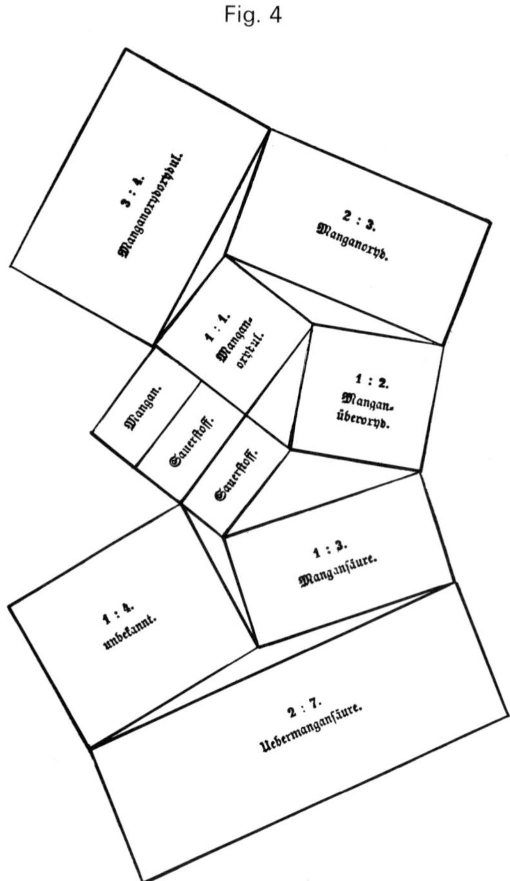

Graphische Darstellung der möglichen Mangan-Sauerstoff-Verbindungen nach F. F. Runge. Aus F. F. Runge (Grundriß der Chemie, Theil II, München 1847, S. 23).

Wiederholung sich als verschieden vervielfältigen. Die Bildung geht hier gleichsam von einem Kerne, dem Manganoxydul aus, das, aus Mangan und Sauerstoff im einfachsten Verhältniß bestehend, eine zweigliedrige Verbindung genannt werden kann. Das Manganhyperoxyd ist eine dreigliedrige, die Mangansäure eine viergliedrige, das Manganoxyd eine fünfgliedrige, und endlich das Manganoxydoxydul eine siebengliedrige Zusammensetzung von Mangan und Sauerstoff, denn 4mal ist dieser, 3mal jenes darin enthalten, was auch durch das entsprechende Größerwerden der Felder im Schema angedeutet ist." Im zweiten Teile seines *Grundriß der Chemie* sieht sich dann F. F. Runge [12] ein Jahr später veranlaßt, sein Schema um zwei Felder zu erweitern, das der Übermangansäure und einer „bis jetzt noch unbekannten Sauerstoffungsstufe, deren Abscheidung und Darstellung freilich nicht gelungen ist; dessen ungeachtet muß sie als möglich, und als in der Übermangansäure vorhanden, betrachtet werden. Aus diesem Grunde, und weil der Übermangansäure der andere Anhaltspunkt fehlen würde, ist ihr Feld mitgezeichnet. Dann beginnt gleichsam eine neue Gestaltung, in welcher das Metall wiederum das Übergewicht über den Sauerstoff gewinnt. Das Oxydul und das Überoxyd vereinigen sich nämlich zum schwarzen Manganoxyd, und dieses bildet dann mit demselben

Oxydul das braune Manganoxydoxydul," s. **Fig. 4**. – Heute sind bekannt: MnO, Mn_3O_4, Mn_2O_3, das wenig untersuchte Mn_5O_8 und natürlich MnO_2, die bei entsprechenden Temperaturbedingungen ineinander übergehen unter Sauerstoffaufnahme oder -abgabe, s. dazu „Mangan" C 1, 1973, S. 8. Außerdem bestehen zahlreiche Übergänge zwischen Oxid- und Hydroxidphasen, s. „Mangan" C 1, 1973, S. 368. – Ein noch mögliches Oxid MnO_3 ist wahrscheinlich keine reine Verbindung, s. „Mangan" C 1, 1973, S. 364.

Literatur:

[1] L. Gmelin (Handbuch der theoretischen Chemie, Bd. 2, Frankfurt a. M. 1817, S. 576/7). – [2] T. Bergman (Diss. de Mineris Ferri Albis [1774] in: Opuscula Physica et Chemica, Bd. 2, Uppsala 1780, S. 201/30, 204). – [3] H. Davy (Elements of Chemical Philosophy, London 1812, in: J. Davy, The Collected Works of Sir Humphry Davy, Bd. 4, London 1840, S. 272). – [4] J. F. John (J. Chem. Physik Gehlen **3** [1807] 452/85). – [5] J. J. Berzelius (Schweiggers J. Chem. Physik **7** [1813] 43/78, 76/8).

[6] L. J. Gay-Lussac (Ann. Chim. Phys. [2] **1** [1816] 32/45, 38/40). – [7] J. L. Proust (J. Phys. Chim. Hist. Nat. Arts **63** [1806] 422/49 nach J. Chem. Physik Gehlen **3** [1807] 410/51, 447). – [8] J. J. Berzelius (Lehrbuch der Chemie, aus dem Schwedischen übersetzt von K. Palmstedt, Bd. 2, Dresden 1824, S. 655/6). – [9] J. W. Döbereiner (Anfangsgründe der Chemie und Stöchiometrie, 2. Aufl., Jena 1819, S. 224). – [10] J. W. Döbereiner (Anfangsgründe der Chemie und Stöchiometrie, 3. Aufl., Jena 1826, S. 262/4).

[11] F. F. Runge (Grundriß der Chemie, Tl. 1, München 1846, S. 27/8). – [12] F. F. Runge (Grundriß der Chemie, Tl. 2, München 1847, S. 23/4). –

2.2.2 Die „Suboxyde"

The "Suboxides"

Zur Annahme der Existenz eines braunen Suboxydum Manganosum kam J. J. Berzelius [1] durch die auch von ihm selbst bestätigte Erfahrung von T. Bergman [2], nach der Manganmetall „in unvollkommenen Gefäßen zu einem umbrabraunen Pulver zerfällt, welches sich in den Säuren mit Wasserstoffgasentwicklung auflöset". J. J. Berzelius [1] beschrieb seinen eigenen Versuch etwas ausführlicher, und das Auftreten eines „stinkenden Wasserstoffgases" beim Übergießen dieses „Suboxyds" mit Säuren veranlaßte ihn, hinzuzufügen: „Ich habe darüber noch keine besonderen Versuche angestellt, und da es auf der einen Seite wohl ein Suboxyd seyn kann, so kann es auf der anderen auch eine Mischung von mehreren Oxydationsstufen des Mangans mit Mangangraphid sein, das an der Luft sich nicht zersetzt". Für L. J. Gay-Lussac [3] ist die Existenz des braunen „Suboxyds" eine zweifelhafte Sache, er hält es, wie L. Gmelin [4] es ausdrückt, für „ein Gemenge aus Metall und Oxydul".

Zur Annahme der Existenz eines grünen Suboxydum manganicum kam J. J. Berzelius [1] durch eine Beobachtung von J. F. John [5], wonach Manganmetall unter Wasser, wenn man die Luft abhält, zu einem grünen Oxid zerfällt, das auf 100 Teile Mangan nur 14.9 Teile Sauerstoff enthalten soll. Im Jahre 1829, als J. J. Berzelius [6] seine Vorstellungen über die „Suboxyde" schon längst revidiert hatte, gab J. Bachmann [7] an, er habe ähnliche Ergebnisse wie J. F. John erhalten und beschrieb sein Produkt als „anfangs von graulichweißer Farbe, nach und nach veränderte sich dieselbe in die grünlichgraue, bis sie endlich, nachdem alle Flüssigkeit verdampft war, und die Temperatur fast bis zum Glühen erhöht wurde, in eine reine hellgrüne Farbe überging. Nachdem bis zum Erkalten der Retorte Hydrogen über das Oxyd gestrichen ...", bestimmte er den Sauerstoffgehalt zu 14.285%. Beim Aussetzen an die Luft wurde das „Suboxyd" schwarz, sein Sauerstoffgehalt betrug dann 29.14%. – L. J. Gay-Lussac [3] beurteilte das grüne „Suboxyd" genauso wie das braune. – Indessen war J. J. Berzelius [6] nach Untersuchungen an vielen Elementen von seiner Vorstellung von der Existenz von

„Suboxyden" abgerückt; er schrieb: „Man war veranlaßt zu glauben, daß dieses Metall Suboxyde bilden könnte, wovon eines das braune Pulver sein würde..., das andere würde man nach John erhalten ... Das erste dieser Oxyde ist jedoch nichts anderes, als eine dem Eisenoxyd-Oxydul analoge Verbindung von Oxyd mit Oxydul... Das zweite dieser vermeinten Suboxyde ist grün von Farbe... Man hat Johns Versuch nicht wiederholt; aber es fehlt nicht an Gründen, dieses Oxyd für Manganoxydul zu halten, dessen Farbe durch eine größere Verteilung heller ist."

Literatur:

[1] J. J. Berzelius (Schweiggers J. Chem. Physik **7** [1813] 43/78, 76/8). – [2] T. Bergman (Diss. de Mineris Ferri Albis [1774] in: Opuscula Physica et Chemica, Bd. 2, Uppsala 1780, S. 201/30, 204). – [3] L. J. Gay-Lussac (Ann. Chim. Phys. [2] **1** [1816] 32/45, 38/40). – [4] L. Gmelin (Lehrbuch der theoretischen Chemie, Bd. 2, Frankfurt am Main 1817, S. 576/7). – [5] J. F. John (Chemische Untersuchungen, Bd. 2, Berlin 1811, S. 166 nach [6]).

[6] J. J. Berzelius (Lehrbuch der Chemie, aus dem Schwedischen übersetzt von K. Palmstedt, Bd. 2, Dresden 1824, S. 655/6). – [7] J. Bachmann (Z. Physik Math. Verwandte Wiss. Baumgartner **6** [1829] 172/99, 186/7, 191/2).

Manganese(II) Oxide

2.2.3 Mangan(II)-oxid MnO (Manganoxydul)

Der erste, der das Entstehen des grünen Manganoxids bei der Behandlung eines höheren Manganoxids mit starkem Feuer beobachtete, war im Jahre 1774 T. Bergman [14]: „Magnesium igne calcinatum nigrescentem praebet calcem, quae autem per 12 nyctemera continue ignita colorem adquirit obscure viridem ... Nigra valde exiguam retinet phlogisti portionem, alba autem ea scatet copia, quae ut calx acidis solvatur, est necessaria. [Das im Feuer kalzinierte Mangan liefert einen schwärzlichen Kalk, der 12 Tage und Nächte dem Feuer ausgesetzt, eine dunkelgrüne Farbe annimmt.... Der schwarze (Kalk) hält nur eine sehr geringe Menge Phlogiston zurück, der helle dagegen enthält eine solche Menge davon, wie nötig ist, daß der Kalk in Säuren gelöst wird]." Im Jahre 1780 erhielt S. Rinman [13] den grünen Kalk durch Glühen von feingepulvertem Braunstein bei hoher Weißglut, und meinte, die so erhaltene grüne Farbe sei „zum Strohmalen ganz brauchbar, aber nicht hübsch genug, um als Wasser- oder Ölfarbe angewandt zu werden". Für die Farbbildung hielt er den Eisengehalt des Braunsteins verantwortlich. – Daß die thermische Zersetzung der weniger stabilen Mangan(II)-salze zu einem niederen Oxid führt, hat am Mangan(II)-carbonat schon C. W. Scheele [1] beobachtet: „Dieser Versuch [die thermische Zersetzung von „phlogistisirtem Braunstein" = $MnCO_3$ bei starkem Feuer in einer gläsernen, offenen Retorte, die zu Braunstein führte] wurde noch einmal mit einer Drachme [Carbonat] gemacht, und eine luftleere Blase vor dem Hals der Retorte angebracht, auch mit starkem Feuer destillirt, und zwar so lange als die Blase von der [entwickelten] Luft ausgedehnt wurde. Die Luft nahm so viel Raum ein, als drey Unzen Wasser. Das Überbleibsel der Retorte wog, nachdem es die Luft los geworden war, 35 Gran, hatte eine weißgraue Farbe, und löste sich in Säuren ohne Zusatz von Brennbarem mit starker Erhitzung auf. Bey dem Grade der Hitze, bey welchem Schwefel raucht, aber noch nicht entzündet, verlohr es [an der Luft] die weiße Farbe, wurde schwarz und kam zum Glühen." Im Jahre 1830 hat W. E. Fuß [2] die Scheelesche Methode unter großen Vorsichtsmaßregeln wiederholt und die Zersetzung im Wasserstoffstrom durchgeführt, um ein reines Präparat in der Vorlesung vorzeigen zu können; er schrieb: „Es ist ein graugrünes Pulver". – Im Jahre 1812 stellte H. Davy [3], der die Existenz von nur zwei Manganoxiden annahm, sein „dunkelolivfarbenes Oxyd", s. S. 85, dadurch her, daß er das „Hydrat des Manganoxyds" aus einer Mangansalzlösung durch Kalilauge ausfällte, den Niederschlag in einer mit Wasserstoff gefüllten Retorte trocknete und dann thermisch zersetzte. Das Ergebnis beschrieb er folgendermaßen: Es erscheine, „wenn man größere Massen desselben im reinsten Zustande untersucht, fast ganz schwarz, breitet man es aber auf weißem Papier aus, so bemerkt man den Stich ins Olivenfarbene. Wird es gelinde erhitzt, so fängt es Feuer, nimmt an Gewicht zu, und erhält eine braunere Färbung." Er widersprach der Existenz eines grünen Oxids energisch und behauptete, das olivfarbene Oxid „werde grün durch die Wirkung des Kali; allein in diesem Falle findet eine Verbindung zwischen dem Alkali und dem Oxyd statt". – Im Jahre 1829 erhielt J. Bachmann [4] durch die thermische Zersetzung des Mangan(II)-oxalats das Oxid als „schön pistaziengrünes Pulver". Die Zersetzung des Oxalats hat später J. Liebig [5] genauer untersucht im Vergleich mit der Zersetzung anderer Schwermetalloxalate. –

Die höheren Manganoxyde lassen sich durch Kohlenstoff, z.B. durch Glühen im Graphittiegel, wie P. Berthier [6] beobachtete, oder durch Glühen im Wasserstoffstrom in das grüne Oxid umwandeln, eine Methode, die z.B. von E. Turner [7] in verschiedener Weise benutzt wurde. – Da alle diese Methoden ein an der Luft leicht oxidierendes Produkt lieferten, versuchten J. Liebig, F. Wöhler [8] ein stabiles Oxid dadurch herzustellen, daß sie geschmolzenes Mangan(II)-chlorid mit Salmiak und Natriumcarbonat mischten und bei Glühhitze schmolzen; bei Auflösen der Salzmasse in Wasser blieb das „grünlichgraue Manganoxydul" zurück.

Das Oxid kristallisiert in smaragdgrünen, durchsichtigen, hochglänzenden Oktaedern, wie H. Sainte Claire-Deville [9] zeigen konnte; er erhielt die Kristalle, wenn er die dem Schweinfurter Grün gleichende Substanz unter Wasserstoff, der eine Spur von Chlorwasserstoffgas enthielt, längere Zeit auf Kirschrotglut erhitzte. Das in der Natur vorkommende MnO, Manganosit genannt, ist undeutlich kristallinisch; es wurde von C. Blomstrand [10] im Jahre 1874 in Långbonshylton in Värmland (Schweden) aufgefunden und beschrieben.

Es ist auffällig, wie unterschiedliche Farbbezeichnungen dem Mangan(II)-oxid von den Herstellern gegeben wurden, sie reichen von weißgrau über Schweinfurter Grün bis dunkeloliv, in der 4. Auflage dieses *Handbuchs* sind sieben weitere angeführt; manche Forscher machen auch darauf aufmerksam, wie empfindlich die Farbe gegenüber der Atmosphäre ist, tatsächlich wird die Verbindung in der neuesten Zeit zum Nachweis kleinster Sauerstoffmengen und zur Absorption von Stickoxyden und gasförmigen Schwefelverbindungen vorgeschlagen, s. „Mangan" C 1, 1973, S. 73/4. Es ist also sehr überraschend, wenn das Mangan(II)-oxid nicht nur bald nach seiner Erstdarstellung, sondern noch zu Beginn dieses Jahrhunderts als grüner Farbkörper vorgeschlagen worden ist [11], und man glaubt dem Berichterstatter, daß es „wohl nie gebraucht" worden ist [12].

Literatur:

[1] C. W. Scheele (Vom Braunstein oder Magnesium und von dessen Eigenschaften [1774] in: Physische und chemische Werke, deutsch von S. F. Hermbstädt, Bd. 2, Berlin 1793, S. 69). – [2] W. E. Fuß (Schweiggers J. Chem. Physik **60** [1830] 345/58). – [3] H. Davy (Elements of Chemical Philosophy [1812] in: J. Davy, The Collected Works of Sir Humphry Davy, London 1840, S. 272/3, zitiert nach H. Davy's Beiträge zur Erweiterung des chemischen Theiles der Naturlehre, aus dem Englischen von F. Wolff, Berlin 1820, S. 337/9). – [4] J. Bachmann (Z. Physik Math. Verwandte Wiss. Baumgartner **6** [1829] 172/99, 193). – [5] J. Liebig (Liebigs Ann. Chem. **95** [1855] 116/8).

[6] P. Berthier (Ann. Chim. Phys. [2] **20** [1822] 344/52, 348). – [7] E. Turner (Phil. Mag. [2] **4** [1828] 22/35, 28). – [8] J. Liebig, F. Wöhler (Ann. Physik Chem. [2] **21** [1831] 578/86, 584). – [9] H. Sainte Claire-Deville (Compt. Rend. **53** [1861] 199/202). – [10] C. Blomstrand (Geologiska Föreningens i Stockholm Förhandlingar **2** [1874] 179 nach J. Dana, E. S. Dana, The System of Mineralogy, 7. Aufl., London 1946, S. 501/2; Ber. Deut. Chem. Ges. **8** [1875] 120/31, 130).

[11] Gentele-Buntrock (Lehrbuch der Farbenfabrikation II, Braunschweig 1909, S. 236 nach [12]). – [12] R. Haug (in: H. Kittel, Pigmente, Herstellung, Eigenschaften, Stuttgart 1960, S. 305). – [13] S. Rinman (Kgl. Svenska Vetenskaps Akad. Nya Handl. **1** [1780] 163/75 nach Neuesten Entdeckungen Chem. **8** [1783] 169/82, 170/1). – [14] T. Bergman (Diss. de Mineris Ferri Albis [1774] in: Opuscula Physica et Chemica, Bd. 2, Uppsala 1780, S. 184/230, 205).

"Braunstein". Magnesia nigra. Magnesia vitrariorum. Manganese(IV) Oxide

2.2.4 Braunstein, Magnesia nigra, Magnesia vitrariorum, Mangan(IV)-oxid, MnO_2

Vorbemerkung

Unter der Bezeichnung ‚Braunstein' und unter den lateinischen Namen ‚Magnesia nigra' [schwarze Magnesia] oder ‚Magnesia vitrariorum' [Magnesia der Glasmacher] ist stets eine größere Anzahl Mineralien von sehr verschiedenem Aussehen und recht verschiedenen physikalischen Eigenschaften verstanden worden – und wird es auch heute noch. Chemisch ähneln sie sich dagegen sehr, insofern, als der Hauptbestandteil immer Mangandioxid MnO_2 ist, und viele der anderen, oft sehr reichlich vorhandenen Elemente als Verunreinigungen oder Gittereinlagerungen zu deuten sind [1]. Zu Beginn des 18. Jahrhunderts stöhnt denn auch der sächsische Bergrat Johann Friedrich Henkel [1679 bis 1744] im Zusammenhang mit dem Braunstein oder der Magnesia: „... in Büchern grauete mir so sehr [über dieses Mineral] nachzusehen, als ich leider schon so oft dererselben Trostlosigkeit in Erfahrung gebracht" [2]. Und am Ende des gleichen Jahrhunderts sah sich Georg Friedrich Christian Fuchs [1760 bis 1813] veranlaßt, sein im Jahre 1791 in Jena erschienenes Buch: *Geschichte des Braunsteins* einzuleiten mit den Worten: „Es wird wohl nicht leicht, meines Erachtens, ein Körper gefunden werden, der so verschiedentlich [ein-]geordnet worden wäre, über dessen Bestandtheile man bei den Schriftstellern der Chemie und Mineralogie so getheilte Meinungen antrifft, als wie wir dieses beim Braunstein bemerken", und braucht ein Fünftel dieses Buches nur zur Darlegung dieser verschiedenen Auffassungen [3]. – Als im Jahre 1774 Carl Wilhelm Scheele [1742 bis 1786] sich an die genaue Untersuchung [4] des Minerals machte, stand ihm eine bariumhaltige Braunstein-Varietät zur Verfügung, die ihn, durch ihre chemischen Eigenschaften, nicht nur das Element Chlor, s. „Chlor", 1927, S. 1, sondern auch, in der Beimischung, das Element Barium [5] entdecken ließ; daß der Hauptbestandteil des Minerals etwas ‚Eigenständiges' war, erkannte er wohl, das Element darzustellen, gelang ihm nicht. – Moderne Werke der Mineralogie sprechen denn auch von den „Manganoxiden der Braunsteingruppe" [1] oder von der „Braunstein-Familie (im wesentlichen MnO_2)" [6]. Zum Verständnis der vielen Benennungen und Verwechslungen der ‚Familienglieder' im Laufe der Geschichte mit ähnlichen anderen Mineralien wird es angebracht sein, wenigstens auf zwei Hauptformen und ihre älteren Bezeichnungsweisen einzugehen.

P y r o l u s i t ist der Hauptvertreter der Gruppe; identisch mit β-MnO_2, s. „Mangan" C 1, 1973, S. 126ff., erhielt er seinen Namen im Jahre 1828 von W. Haidinger [7]: „Der Name bezieht sich auf die Eigenschaft, vermöge welcher diese Species für das schätzbarste unter den übrigen gehalten wird; er ist abgeleitet von [griechisch] πῦρ [pyr] = Feuer, und [griechisch] λούω [luo] = ich wasche, weil er wegen der großen Menge von Sauerstoffgas, die er in der Rothglühhitze gibt, um Glas von der durch kohlige Substanzen oder Eisenoxydul erzeugten braunen oder grünen Farbe zu befreien. Der käufliche Braunstein ist daher aus diesem Grunde, drollig genug, von den Franzosen le savon des verreries oder le savon du verre genannt worden." Er tritt in drei sehr verschiedenen Formvarietäten auf: Idiomorpher Pyrolusit, in schönen Kristallen mit starkem stahlgrauem Metallglanz, ähnlich den Sulfidmineralen, von A. Breithaupt [8] wegen seiner „stahlgrauen Farbe" (griechisch: πολιός [polios] = grau) im

Jahre 1844 Polianit (lichtes Graumanganerz) genannt; häufig als Pseudomorphosen, dann homogene, rhombisch-pseudotetragonale Kristalle vortäuschend; in kollomorphen bis strahlig-kristallinen Massen, die bergwirtschaftlich von Bedeutung sind [6].

Psilomelan, von griechisch ψιλός [psilos] = nackt, glatt, und μέλας [melas] = schwarz. „Diese Species ist unter den Manganerzen eine sehr gewöhnliche", schrieb W. Haidinger [9] und fügte hinzu, die von ihm gewählte griechische Benennung sei „eine fast wörtliche Übersetzung von einem der gewöhnlichsten Namen, mit denen man im Deutschen diese Species belegt hat, nämlich von dem Namen: *schwarzer Glaskopf*, der, obgleich die Schreibart das Gegentheil anzudeuten scheint, sicherlich eher *Glatzkopf* als *Glaskopf* heißen soll". – Über einige andere Formen wird später berichtet, s. S. 114.

Literatur:

[1] P. Ramdohr, H. Strunz (Klockmann's Lehrbuch der Mineralogie, 15. Aufl., Stuttgart 1967, S. 516/20). – [2] J. F. Henkel (Pyritologia oder Kieshistorie, Neue verbesserte Ausgabe, Leipzig 1754, S. 104). – [3] G. F. C. Fuchs (Geschichte des Braunsteins, seiner Verhältnisse gegen andere Körper und seine Anwendung in Künsten, Jena 1791, S. 3). – [4] C. W. Scheele (Vom Braunstein oder Magnesium und von dessen Eigenschaften [1774] in: Sämmtliche Physische und Chemische Werke, deutsch von S. F. Hermbstädt, Bd. 2, Berlin 1793, S. 33/90). – [5] M. E. Weeks, H. M. Leicester (Discovery of Elements, 7. Aufl., Easton, Pa., 1968, S. 488).

[6] H. Strunz, C. Tennyson (Mineralogische Tabellen, 4. Aufl., Leipzig 1966, S. 182/4). – [7] W. Haidinger (Edinburgh J. Sci. **9** [1828] 304/9; Ann. Physik Chem. [2] **14** [1828] 197/211, 201, 203/4). – [8] A. Breithaupt (Ann. Physik Chem. [2] **61** [1844] 187/200, 191/2). – [9] W. Haidinger (Ann. Physik Chem. [2] **14** [1828] 197/211, 201/2).

2.2.4.1 Namen, Benennungen, Symbole

Names. Nomenclatures. Symbols

2.2.4.1.1 Das deutsche Braunstein

The German "Braunstein"

Die deutsche Bezeichnung Braunstein für die in der Natur auftretenden Manganoxide kommt nach der Meinung des Professors der ökonomischen Wissenschaften in Göttingen, J. Beckmann [1739 bis 1811] „vielleicht in des Basilius Valentinus Schriften vor und hat anfänglich jede Eisenerde, deren sich die Töpfer zum Bemalen bedienten, bedeutet; so nennt C. Schwenkfeld [2] einen Blutstein (Hämatit) Braunstein und Braunfarbe" [1]. Schon A. Boëtius de Boodt [3] berichtete im Jahre 1609 von dieser Verwendung und Benennung in Hirschberg (Riesengebirge). Basilius Valentinus [4], der nicht, wie Beckmann noch annahm, ein Benediktinermönch des hohen Mittelalters gewesen war, sondern das Pseudonym eines Alchemisten aus dem Anfang des 17. Jahrhunderts [13], rechnete das Mineral zu den Eisenerzen: „... zum andern den Braunstein daraus man Glaß- und Eisen-Farb machet". Diese Namensbegründung nahm neuestens H. Lüschen [5] in seinem Buch *Die Namen der Steine* wieder auf: „Der weibliche magnes [des Plinius, s. S. 102], die Glasseife, hieß bei den Töpfern Braunstein, weil man ihn zur Herstellung brauner Glasuren [s. S. 204] verwendete", und bezog sich dabei auf den sächsischen Bergrat J. F. Henkel [1679 bis 1744], der im 2. Kapitel seiner *Pyritologia oder Kießhistorie* unter dem Titel „Von des Kieses eigentlichen, gleichgeltenden und zweydeutigen Namen" schrieb: „Nemlich in Glashütten ist Magnesia eine graue, schwarze, rusige, spitzige (und so dem Spießglas gleichende) martialische [d.i. eisenhaltige] Bergart, welche dem Glase, so in die Grüne oder Blaue fallen will, eine hellere Crystallenfarbe geben muß, wird Braunstein genannt, ist gleichsam des Glases Seife ... Wenn desselben zur Fritta zuviel genommen, oder das Glas nicht lange genug im Fluß gehalten wird, daß sichs läutern kann, so wird das Glas bräunlich, Topasartig, ja wohl schwärzlich, und wenn zu wenig oder gar kein Braunstein darzukömt, so sieht dasselbe gar zu weiß und Eißhaftig, ... Eben dieses Minerals bedienen sich auch die Töpfer, unter dem Namen des Braunsteins, zur schwarzen Kachellasur oder Farbe, heißet bei den Töpfern in Italien Manganese, weil es die Geschirre schwarz überglaset (mangoniret)." Diese Benennung ist von den schwedischen Chemikern als *brunsten* übernommen worden, erstmals wohl im Jahre 1747 von dem Chemieprofessor J. G. Wallerius (1709 bis 1785) in Uppsala [7].

Die bekannten deutschen ethymologischen Wörterbücher bringen keine Ableitung des Wortes, und das *Deutsche Wörterbuch* der Brüder Grimm [8] gibt unter ‚Braunstein' nur den Verweis auf ‚Magnesia', ein Beweis dafür, daß der Gebrauch auf die von diesen Forschern wenig berücksichtigte Fachliteratur beschränkt war.

Auf die Möglichkeit der Wortableitung aus einer anderen Eigenschaft des Minerals wies im Jahre 1791 G. F. C. Fuchs [9], Professor der Medizin in Jena, in seiner *Geschichte des Braunsteins* hin, in der er auch zahlreiche Synonyma aufzählte: „Der Braunstein ... ist unter vielerlei Namen bekannt, wovon ich die vornehmsten anführen will. Den Namen Braunstein hat er, wie [J. H.] Pott [10] richtig bemerkt, von der braunen Farbe, welche er durch anhaltendes Röstfeuer erhält. Sonst heißt er Magnesia, wegen der Ähnlichkeit, die man in den älteren Zeiten zwischen ihn und den Magnetstein fand, Magnesia, Sapo vitri [Glasseife], Lapis spurius [Bastardstein], französisch Manganese, Magnasie noire, Megalaize, Magne, Magnesie, [lateinisch] Magnesia vitrariorum [Magnesia der Glasmacher], Magnesium, Magalaea, Ferrum mineralisatum, Minera fuliginea manus inquinante [abfärbendes Rußerz], [Minera] quae sparsim striis convergentibus constat [Erz, das eine an verschiedenen Orten zusammenlaufende Kannelierung hat], Terra sitiens [sich ansaugende Erde], schwedisch brunsten, englisch Manganese; Molybdaenum Magnesia L[inné], Ferrum nigricans splendens Woltersdorffii [schwarz glänzendes Eisenerz nach Woltersdorff];" die Aufzählung ist weder vollständig, noch konnte sie in allen Einzelheiten bestätigt werden. Die Synonyma Schwarzstein und Eisenglanz für den Braunstein führt noch das *Grammatisch-Kritische Wörterbuch* des Jahres 1807 von J. C. Adelung [14] an. Auch J. H. Pott [10] gibt an der zitierten Stelle noch ein weiteres Synonym: Siderea [Eisenähnliches Erz], wegen seines Aussehens, Braunstein jedenfalls hält er für eine schlechte Benennung. Ähnlich kritisch äußerte sich erst wieder C. Girtanner [1760 bis 1800] in seinen *Anfangsgründen der antiphlogistischen Chemie*; er halte, so schrieb er im Jahre 1795, die Benennung „für die schwarze Halbsäure" für „sehr unschicklich, da sie weder Braun noch ein Stein ist" [11].

Für einen, wie die vielen Namen zeigen, offenbar bekannten Stoff von eigenartiger Wirksamkeit hätte man die Benutzung eines sogenannten alchemistischen Symbols, wenigstens als Kürzel, erwarten dürfen, doch scheint im Gegensatz zur ‚Magnesia', s. S. 96, kein derartiges Zeichen verwendet worden zu sein. J. J. Becher [12] jedenfalls hat in seinem erstmals im Jahre 1689 erschienenen *Schema Materialium pro Laboratorio Portabili* [Zusammenstellung der Stoffe für ein tragbares [Reise-]Laboratorium], in dem auch Braunstein aufgezählt wird, für einige Metalle und ein paar Mineralien Symbole als Abkürzungen eingeführt; Braunstein findet sich darunter nicht. Auch in den Lexika für alchemistische Symbole wird Braunstein nicht aufgeführt.

Literatur:

[1] J. Beckmann (Beyträge zur Geschichte der Erfindungen, Bd. 4, Leipzig 1795, S. 418). – [2] C. Schwenkfeld (Stirpium et Fossilium Silesiae Catalogus, Leipzig 1600, S. 381 nach [1]). – [3] A. Boëtius de Boodt (Gemmarum et Lapidum Historia, Buch 2, Kapitel 209, Hanau 1609, S. 192). – [4] Basilius Valentinus (Chymische Schriften alle, so viel derer vorhanden, anitzo zum Drittenmahl zusammengedruckt, Theil 2, Buch 2, Kapitel 6, Hamburg 1700, S.

198/9 [Erstausgabe 1677]). – [5] H. Lüschen (Die Namen der Steine, Thun-München 1968, S. 268).

[6] J. F. Henkel (Pyritologia oder Kieshistorie, Neue Aufl. Leipzig 1754, S. 98/9 [Erstausgabe 1725]). – [7] J. G. Wallerius (Mineralogia, eller Mineralriket, Stockholm 1747, S. 268 nach J. D. Dana, E. S. Dana, The System of Mineralogy, 7. Aufl., herausgegeben von C. Palache, H. Berman, C. Frendel, Bd. 1, New York-London 1946, S. 562). – [8] J. Grimm, W. Grimm (Deutsches Wörterbuch, Bd. 1, Leipzig 1860, S. 327). – [9] G. F. C. Fuchs (Geschichte des Braunsteins, seine Verhältnisse gegen andere Körper und seine Anwendung in Künsten, Jena 1791, S. 9). – [10] J. H. Pott (Miscellan. Berolinens. **6** Nr. 8 [1740] 40/54, 40).

[11] C. Girtanner (Anfangsgründe der antiphlogistischen Chemie, 2. Aufl., Berlin 1795, S. 283/6 [Erstausgabe 1791]). – [12] J. J. Becher (Tripus Hermeticus Fatidicus, Pandens Oracula Chymica seu Laboratorium Chymicum [Erstausgabe 1689] in: Opuscula Chymica Rariora, Nürnberg-Altdorf 1719, Tafel hinter S. 41). – [13] F. Fritz (Basilius Valentinus in: G. Bugge, Das Buch der großen Chemiker, Bd. 1, Berlin 1929 [Nachdruck Weinheim/Bergstr. 1955, S. 125/41]). – [14] J. C. Adelung (Grammatisch-Kritisches Wörterbuch der Hochdeutschen Mundart, Bd. 1, Wien 1807, Spalte 1166).

2.2.4.1.2 Griechisch-lateinisches Magnesia

The Magnesia of the Greeks and Romans

W o r t h e r k u n f t. Magnesia ist eine reine Herkunftsbezeichnung, für die es mehrere Bezugsorte gibt; Ruge [1] zählt drei Möglichkeiten auf: 1. *Μαγνησία, Μαγνῆτις* [Magnesia, Magnetis] eine Landschaft in Thessalien, 2. *Μαγνησία ἡ Ἀσιατική* [Magnesia he Asiatike] = (klein-)asiatisches Magnesia, identisch mit *Μαγνησία πρὸς Μαιάνδρῳ* [Magnesia pros Maiandro] = Magnesia am Mäander, einer Stadt in Jonien (Karien), am Mäander-Fluß (heute: Mendere Su), genauer: an seinem Nebenfluß Lethaios im Hinterland von Ephesus gelegen (heute: Aineh Bazar), 3. *Μαγνησία πρὸς Σιπύλῳ* [Magnesia pros Sipylo] = Magnesia am Sipylos, eine Stadt in Lydien, einer Landschaft im Westen Kleinasiens mit der alten Hauptstadt Sardes, am Gebirge Sipylos gelegen und heute Manisa geheißen [2]. Nach diesen Ortsnamen sollen eine Reihe von Mineralien und später andere Stoffe benannt worden sein, die vielfach miteinander verwechselt worden sind; H. Rommel [3] zählt als „Magnesia-Mineralien" auf: 1. Magneteisenstein (Magnet), 2. Kohlensaures Magnesium (Magnesit), 3. Magnesiumoxid, „unsere Magnesia oder Bittererde", 4. „Mangansuperoxyd" den Braunstein, 5. ein metallhaltiges Mineral aus Zypern, 6. „verschiedene, nicht näher bestimmbare, metallhaltige Mineralien (Pyrit, Markasit) oder künstliche Legierungen von hellweißer Farbe, die in der alchemistischen Literatur oft genannt werden".

Eine andere Wortableitung findet sich in der sogenannten alchemistischen griechischen Literatur: In einer Schrift des Zosimos von Panopolis [4], vermutlich im 4. nachchristlichen Jahrhundert lebend [5], findet sich der Satz:
„*Μαγνησία ἐτυμολογεῖται ἀπὸ τοῦ μιγνύειν τὰς κράσεις ἑνώσεις συμπλοκῇ τῶν δύο.*
[La magnésie tire son étymologie du fait du mélanger les matières unies par la combinaison]." – Ganz ähnlich schrieb ein anonymer Philosoph [6] (seine Schriften sind einem Kaiser Theodosius gewidmet, der erste dieses Namens regierte vom Jahre 379 bis 395, der zweite von 408 bis 450):
„*Ἐπείπερ καὶ μαγνησίαν ταύτην ἔνθεν ἐτυμολογοῦσιν ἐκ τοῦ ἀναμίγνυσθαι καὶ μάττεσθαι κατὰ μίαν οὐσίαν καὶ συνουσίωσιν γινομένην τῆς συγκράσεως.* [C'est ainsi qu'on donne comme étymologie du mot magnésie, ce fait qu'elle résulte du mélange et du pétrisage, lequel a confondu en une substance et une existence unique les composants du mélange]." Diese Etymologie dürfte

zwar kaum zutreffen, zeigt aber, was den Autoren bei der Magnesia am wichtigsten erschien, nämlich die Fähigkeit des Minerals, eine „Mischung", das heißt eine Legierung, etwa mit Kupfer, zu bilden.

Magnesia als Braunstein. Die oben erwähnte Vorstellung der sechsfachen Bedeutung des Wortes Magnesia ist allgemein übernommen worden, die nähere Untersuchung schon der antiken Literatur hat aber gezeigt, daß schon damals dem Wort wesentlich die Bedeutung ‚Braunstein' zukam, wie die Geschichte des Weißkupfers in der Antike, s. S. 11/21, erkennen läßt; die oben unter Ziffer 6. genannten Bedeutungen sind aus den Aufzählungen ähnlich wirksamer Stoffe in den antiken Vorschriften und der Weitergabe mißverstandener Interpretationen der Rezepte und Meinungen entstanden.

Magnesia als Magnet. Der Magneteisenstein dürfte seine Benennung wohl der oben angeführten Form „Magnetis" über das lateinische *magnes* erhalten haben, obwohl sich in einer französischen Handschrift des 14. Jahrhunderts (MS 1754, fol. 6, der Sloane Collection des British Museum in London) [13] der Ausdruck Magnesia ferrea findet mit der eindeutigen Definition: „une pyere ke est aymant si tret fer [ein Stein, der magnetisch ist, auch Eisen anzieht]". Doch scheint die Benennung sehr selten gewesen zu sein, denn der sehr belesene A. Libavius [1540 bis 1616] führt sie in keinem seiner Werke auf. Indessen muß hier auf eine ausführliche Behandlung dieses Gegenstandes verzichtet werden.

Magnesia als Mineral aus Zypern. Völlig unverständlich muß die Behauptung von H. Rommel [3] bleiben, Magnesia habe ein Mineral aus Zypern bedeutet. Er bezieht sich dabei auf eine Stelle in den von M. Berthelot [12] herausgegebenen sogenannten alchemistischen Schriften, mit einer Aussage der Alchemistin Maria, der Jüdin, die Zosimos in seiner Schrift *Über das Maß der Gilbung* bringt, s. S. 14; indessen ist weder in diesem Zitat noch in der ganzen genannten Schrift irgendein Hinweis darauf zu finden, daß das Mineral aus Zypern stamme. – Auf Zypern gibt es übrigens keine Braunsteinlagerstätten, wohl aber findet man dort bräunlich-schwarzen, gering manganhaltigen Eisenocker (Umbra, s. S. 115) [42].

Magnesia als Magnesit und Bittererde. Auf die Bedeutung Magnesia = Magnesit und Bittererde soll etwas näher eingegangen werden.

Unter den fünf Steinarten, die die Bezeichnung lateinisch magnes, griechisch *μαγνῆτις λίθος* [magnetis lithos] beides = magnesischer Stein haben, und die C. Plinius Secundus [14] aus dem Buch seines Gewährsmannes Sotacus übernahm, der frühestens im Ausgang des 4. vorchristlichen Jahrhunderts ein Steinbuch verfaßt hat [15], befindet sich auch ein Stein von weißer Farbe, ähnlich dem Bimsstein, der aus Magnesia in Asien kommt, das Eisen aber nicht anzieht, und den er die schlechteste Art nennt: „... deterrimus autem in Magnesia Asiae, candidus, neque attrahens ferrum similisque pumici." – Daß es sich hier um Magnesit $MgCO_3$ handelt, ist die feste Überzeugung von K. C. Bailey [16], ebenso die von H. Rommel [3], während M. Berthelot [31] der Meinung ist, daß weder die Antike noch das Mittelalter Magnesium-Minerale und Verbindungen kannten, und H. Kopp [17] diese Plinius-Stelle nicht erwähnt und die „Bittererde" [MgO] = Magnesia alba nach der Magnesia nigra benennen läßt: „Welche Ähnlichkeit man zwischen dieser Substanz [MgO] und dem Braunstein, der Magnesia nigra, gefunden haben mochte, daß man den Namen der letzteren auf die erstere übertrug, weiß ich nicht." Der Gedanke an eine Herkunftsbezeichnung lag ihm offenbar fern. M. Berthelot [34] mußte indessen schon ein Jahr später seine Meinung berichtigen, nachdem er eine, aus den ‚foundation deposits' des Palastes des assyrischen Königs Sargon (721 bis 705 vor Chr.) in Khorsabad stammende, vom Ausgräber im Jahre 1854 seltsamerweise als Antimontafel angesprochene, 185 g schwere, glänzend weiße Platte untersucht und dabei festgestellt hatte, daß sie aus dem in der Natur seltenen, reinen, kristallisierten Magnesiumcarbonat (Magnesit) bestand. – Möglicherweise handelt es sich auch bei einem Magnesia-Stein in einem der Bücher des *Corpus Hippocraticum* [18], das allerdings nicht zum Kern der alten Schriften gehört (die Entstehungszeit des Corpus Hippocraticum umfaßt 5 Jahrhunderte!), um Magnesit oder Magnesia usta [gebrannte Magnesia, Bittererde], da der Stoff als Laxiermittel verordnet werden soll [19]. – Für Magnesit hält J. R. Partington [20] einen von Theophrastus von Eresus [21] πώρος [poros] genannten Stein:

„Καὶ ὁ πόρος ὅμοιος τῷ χρώματι καὶ τῇ πυκνότητι τῷ Παρίῳ τὴν δὲ κουφότητα μόνον ἔχων τοῦ πόρου, διὸ καὶ ἐν τοῖς σπουδαζομένοις οἰκήμασιν ὥσπερ διάζωμα τιθέασιν αὐτὸν οἱ Αἰγύπτιοι.

[Und es gibt eine Varietät des poros (= Tuffstein oder Muschelkalk), der an Farbe und Dichte dem Parischen [Marmor] gleicht, allein die Leichtigkeit des [eigentlichen] poros hat; deswegen benutzen ihn in den Geschäftshäusern als Verkleidung die Ägypter]", während E. R. Caley, J. F. C. Richards, die modernen Herausgeber des *Steinbuchs* des Theophrastus [21] diese poros-Art für Travertin, nach H. Lüschen [22] ein schon in der Antike als Baustein verwendeter, verhältnismäßig widerstandsfähiger Kalktuff, halten. – Auch der Magnetis einer anderen Stelle bei Theophrastus [23], wo er die Bearbeitungsmöglichkeiten der Steine bespricht, ist für ein Magnesium-Mineral gehalten worden:

"Ἔνιαι δὲ λίθοι καὶ τὰς τοιαύτας ἔχουσι δυνάμεις εἰς τὸ μὴ πάσχειν, ὥσπερ εἴπομεν, οἷον τὸ μὴ γλύφεσθαι σιδηρίοις ἀλλὰ λίθοις ἑτέροις. ὅλως μὲν ἡ κατὰ τὰς ἐργασίας καὶ τῶν μειζόνων λίθων πολλὴ διαφορά. πριστοὶ γάρ, οἱ δὲ γλυπτοί, καθάπερ ἐλέχθη, καὶ τορνευτοὶ τυγχάνουσι, καθάπερ καὶ ἡ Μαγνῆτις αὕτη λίθος ἡ καὶ ὄψει περιττὸν ἔχουσα, καὶ ἧς γε δή τινες θαυμάζουσι τὴν ὁμοίωσιν τῷ ἀργύρῳ μηδαμῶς οὔσης συγγενοῦς.

[Einige Steine haben eine solche Härte, daß sie die besagte [Behandlung] nicht gestatten, sie können nicht mit Eisenwerkzeugen geschnitten werden, sondern nur mit anderen Steinen; manche sind sägbar, manche schneidbar, wie gesagt wurde, andere können gedrechselt werden, wie der Magnetis, der dann einen außergewöhnlichen Anblick bietet, über den manche sich wundern, daß er dem Silber gleicht, obwohl er keineswegs damit verwandt ist]." Die Herausgeber [23] halten im Anschluß an N. F. Moore [24] diesen Magnetis für Talk, während J. M. Stillman [25] darunter Marmor, Dolomit oder Gips verstehen möchte. Ganz abwegig ist die Vermutung von H. Blümner [26], es handele sich hier um den Magnetstein, und die von M. K. Stephanides [27], man müsse unter Magnetis den Markasit verstehen, meist wird jedoch Speckstein als wahrscheinlich angenommen. Den Weg von dieser Erwähnung eines Magnesiumminerals zu der Magnesia alba [weißen Magnesia] im Gegensatz zur Magnesia nigra hält schon H. Lüschen [28] für sehr schwierig zu verfolgen, „es genüge die Angabe, daß es im 18. Jahrhundert eine Magnesia alba [$MgCO_3$] zum Unterschied von der Magnesia nigra, dem Braunstein, gab ..." Nach T. Bergman [29] ist die Benennung Magnesia alba von einem ungenannten Geistlichen in Rom eingeführt worden: „Ineunte Saeculo jam currente, Canonicus quidam Regularis Romae divendidit pulverem, nomine *magnesiae albae,* vel *pulveris Comitis de Palma,* quem panaceae virtute instructum esse perhibuit. ... [Zu Beginn dieses (18.) Jahrhunderts hat in Rom ein regulierter Chorherr unter der Bezeichnung ‚Magnesia alba' oder ‚Pulver des Grafen von Palma' ein Pulver in den Handel gebracht, von dem er behauptete, es besitze die Eigenschaft einer Panacea (Allheilmittel) ...]", die zunächst geheimgehaltene Herstellung sei aber schon im Jahre 1707 bekannt geworden, s. Magnesium A1, 1952, S. 1/3. Nach E. M. Collins [32] hat das weiße, aus basischem Magnesiumcarbonat bestehende Pulver seinen Namen erhalten „because of its contrast in color to magnesia nigra", doch dürfte der Grund für die Benennung eher darin gelegen haben, daß die Magnesia alba sich in einer Beziehung genau so verhielt wie die Magnesia nigra, die A. F. Cronstedt in seiner zunächst anonym erschienenen *Mineralogie* [33] als eine unreduzierbare ‚Erde' charakterisiert hatte, daß nämlich aus beiden ‚Erden' mit den damaligen Mitteln kein Metall zu erhalten war. Es mag noch darauf hingewiesen werden, daß Caspar Neumann (1683 bis 1737) in seinen *Chemischen Vorlesungen* schon klar Magnesiumverbindungen von denen des Kalks unterschied [30].

Es soll noch erwähnt werden, daß ein seltenes, weißes Magnesiummineral, das für die Neuzeit erst im Jahre 1953 von G. T. Faust [35] entdeckt und beschrieben worden ist, nämlich der Huntit $CaMg_3[CO_3]_4$, bereits in der Antike gelegentlich als Weißpigment verwendet worden ist. Erstmals wurde dies auf Grund röntgenographischer und IR-spektroskopischer Untersuchungen an einem Weißpigment auf nubischen Terrakotten (etwa 1600 vor Chr.) von J. Riederer [36] belegt. Gleichzeitig wurde von italienischen Autoren [37] ein Fund in einem Schiffswrack vor der Nordküste der Insel Elba aus dem 2. bis 3. Jahrhundert nach Chr. als Huntit identifiziert. Darüber hinaus ist im Jahre 1976 von J. Clarke [38] bekanntgegeben worden, daß Eingeborene Westaustraliens in ihren Felsmalereien Huntit als Weißfarbe verwenden. – Der Grund für die gelegentliche, aber weitverbreitete Anwendung dieses Minerals als Farbe liegt nach W. Noll [39] offenbar darin, daß es weiße, erdige Massen bildet, die in Wasser leicht zerfallen und zu einem Malschlicker dispergiert werden können; solche Eigenschaften legen den Verdacht nahe, daß Huntit im Altertum häufiger als Pigment verwendet worden sein könnte, als bisher bekannt ist.

Die hier zusammengestellten Angaben über die bekanntgewordenen Verwendungen von Magnesiumverbindungen in der Antike und die außerordentlich wenigen Stellen in der antiken Literatur, die allenfalls als ein Hinweis auf Magnesiumverbindungen interpretiert werden können, machen es sehr unwahrscheinlich, daß, wie neuere Übersetzer [40] es als sicher hinstellen, C. Plinius Secundus bei der Beschreibung der Glasherstellung in seinen *Naturalis Historiae Libri, Buch 36, Kap. 65/70 (190/204)* Magnesit meinte, wenn er ‚magnes' zur Reinigung der Glasmasse zusetzen ließ; Text und Interpretation s. S. 183.

Symbole. Alchemistische Zeichen für die „Magnesien" und den Magnetstein, dessen Benennung ebenfalls auf eine der angegebenen Städte zurückgeführt wird, sind in **Fig. 5** wiedergegeben. Sie sind entnommen dem Neudruck [7] eines anonym im Jahre 1755 in Ulm und Memmingen unter dem Titel: *Medicinisch-Chymisch- und Alchemistisches Oraculum, darinnen man ... alle Zeichen ... findet,* erschienenen Buche, das die Zeichen aus einem mehr als 50 Jahre älteren Lexikon übernommen hat [8]. Dieses ist allerdings wegen der Vielfalt seiner Zeichen gegen Ende des 18. Jahrhunderts von J. C. Wiegleb [9] kritisiert worden. Die Symbole finden sich auch in der Sammlung der *Geheimsymbole* von G. W. Gessmann [10] und in der nach formalen Prinzipien geordneten Sammlung von F. Lüdy [11]. Während die alten Sammlungen vorsichtig von „Magnesien" sprechen, interpretierte der letztgenannte Autor mit „Bittererde, Magnesiumoxyd". Dies dürfte nach dem vorstehend Berichteten kaum zutreffen. – Ein Kurzzeichen für die Magnesia, ein großes My mit darübergesetztem Gamma, findet sich in dem byzantinischen *Codex Marcianus* [41], der aus dem 8. oder 9. Jahrhundert stammt.

Fig. 5

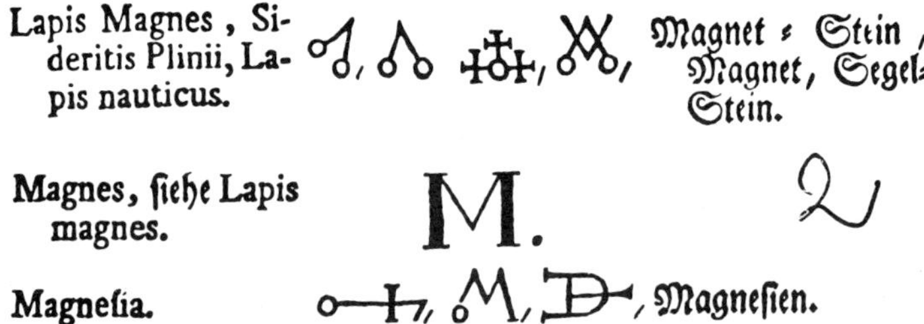

Symbole für den Magnetstein und die „Magnesien aus dem Medicinisch-Chymischen und Alchemistischen Oraculum 1755.

Literatur:

[1] Ruge (in: G. Wissowa, W. Kroll, Paulys Real-Encyclopädie der classischen Altertumswissenschaft, Neue Bearbeitung, Bd. 14, Tl. 1, Stuttgart 1928, S. 459/73). – [2] C. T. Lewis, C. Short (A Latin Dictionary, Oxford 1962, S. 1095, 1098, 1710). – [3] H. Rommel (in: G. Wissowa, W. Kroll, Paulys Real-Encyclopädie der classischen Altertumswissenschaft, Neue Bearbeitung, Bd. 14, Tl. 1, Stuttgart 1928, S. 473/4). – [4] M. Berthelot, C.-É. Ruelle (Collection des Anciens Alchimistes Grecs, Paris 1888, Texte Grec, S. 202, Traduction, S. 197). – [5] E. O. v. Lippmann (Entstehung und Ausbreitung der Alchemie, Berlin 1919, S. 337).

[6] M. Berthelot, C.-É. Ruelle (Collection des Anciens Alchimistes Grecs, Paris 1888, Introduction, S. 196, Texte Grec, S. 426, Traduction, S. 407). – [7] W. Schneider (Lexikon alchemistisch-pharmazeutischer Symbole, Weinheim/Bergstr. 1962, S. 43/4). – [8] J. C. Sommerhoff (Lexicon Pharmaceutico-Chymicum Latino-Germanicum et Germanico-Latinum, Nürnberg 1701, S. 260). – [9] J. C. Wiegleb (Geschichte des Wachstums und der Erfindungen in der Chemie in der ältesten und mittleren Zeit, aus dem Lateinischen übersetzt und mit Anmerkungen und Zusätzen versehen von T. Bergman, Berlin-Stettin 1792, S. 236 Fußnote). – [10] G. W. Gessmann (Die Geheimsymbole der Chemie und Medicin des Mittelalters, München 1900, Tafel 38).

[11] F. Lüdy (Alchemistische und Chemische Zeichen, Garmisch-Partenkirchen 1929, Tafel 88, 98). – [12] M. Berthelot, C.-É. Ruelle (Collection des Anciens Alchimistes Grecs, Paris 1888, Texte Grec, S. 182, Traduction, S. 180). – [13] R. Hadfield (J. Iron Steel Inst. [London] **115** [1927] 211/361, 215). – [14] C. Plinius Secundus (Naturalis Historiae Libri XXXVII, Buch 36, Kapitel 25, 128, in: D. E. Eichholz, Pliny, Natural History, Bd. 10, London–Cambridge, Mass., 1962, S. 102/3). – [15] Kind (in: W. Kroll, K. Mittelhaus, Paulys Real-Encyclopädie der classischen Altertumswissenschaft, Neue Bearbeitung, Zweite Reihe, 5. Halb-Bd., Stuttgart 1927, S. 1211).

[16] K. C. Bailey (The Elder Pliny's Chapters on Chemical Subjects, Bd. 2, London 1932, S. 247) – [17] H. Kopp (Geschichte der Chemie, Bd. 4, Braunschweig 1847, S. 53, 82). – [18] Hippocrates (De Internis Affectionibus, Kapitel 22 in: Hippocratis Opera, herausgegeben von J. F. Pierer, Bd. 2, Altenberg 1806, S. 196). [19] J. R. Partington (A History of Chemistry, Bd. 1, Tl. 1, London 1970, S. 33). – [20] J. R. Partington (A History of Chemistry, Bd. 1, Tl. 1, London 1970, S. 133).

[21] Theophrastus (On Stones, § 7, herausgegeben von E. R. Caley, J. F. C. Richards, Columbus, Ohio, 1956, S. 20, 46, 74). – [22] H. Lüschen (Die Namen der Steine, Thun–München 1968, S. 335). – [23] Theophrastus (On Stones, § 41, herausgegeben von E. R. Caley, J. F. C. Richards, Columbus, Ohio, 1956, S. 25, 53/4, 144/5). – [24] N. F. Moore (Ancient Mineralogy, New York 1859, S. 156 nach [9]). – [25] J. M. Stillman (The Story of Alchemy and Early Chemistry, New York 1924, S. 20, 72).

[26] H. Blümner (Technologie und Terminologie der Gewerbe und Künste bei Griechen und Römern, Bd. 3, Leipzig 1884, S. 278). – [27] M. K. Stephanides (The Mineralogy of Theophrastus [griechisch], Athen 1896, S. 159 nach [11]). – [28] H. Lüschen (Die Namen der Steine, Thun–München 1968, S. 270). – [29] T. Bergman (Diss. de Magnesia [1775] in: Opuscula Physica et Chemica, Bd. 1, Uppsala 1779, S. 365). – [30] C. Neumann (Praelectiones Chemicae seú Chemia Medico-Pharmaceutica Experimentalis et Rationalis, herausgegeben von J. C. Zimmermann, Berlin 1740, S. 493/4).

[31] M. Berthelot, C.-É. Ruelle (Collection des Anciens Alchimistes Grecs, Bd. 1, Paris 1888, Introduction, S. 221). – [32] E. M. Collins (J. Chem. Educ. **8** [1931] 1356/8). – [33] A. F. Cronstedt (Försök til Mineralogie eller Mineral-Rikets Upställming, Stockholm 1758, § 113, § 118, S. 104, 107/8). – [34] M. Berthelot (Introduction à l'Étude de la Chimie des Anciens et du Moyen Âge, Paris 1889, S. 221). – [35] G. T. Faust (Am. Mineralogist **38** [1953] 4/23).

[36] J. Riederer (Archaeometry **16** [1974] 102/9). – [37] M. Barbieri, G. Calderoni, C. Cortesi, M. Fornaseri (Archaeometry **16** [1974] 211/20). – [38] J. Clarke (Stud. Conserv. **21** [1976] 134/42). – [39] W. Noll (Fortschr. Mineral. **57** [1979] 202/63, 245). – [40] H. Knoll, A. Locher, R. C. A. Rottländer, O. Schaber, H. Scholze, G. Schulze, G. Strunk-Lichtenberg, D. Ullrich (Glastech. Ber. **52** [1979] 265/70).

[41] M. Berthelot, C.-É. Ruelle (Collection des Anciens Alchimistes Grecs, Paris 1888, Introduction, S. 108). – [42] G. Berg, F. Friedensburg (Mangan in: Die Metallischen Rohstoffe, Heft 5, Stuttgart 1942, S. 86).

Other Names for "Braunstein". Confusion with Other Minerals

2.2.4.1.3 Weitere Benennungen des Braunsteins. Verwechslung mit anderen Mineralien

Wie sich schon im Ablauf der Geschichte des Mangan-Neusilbers, bei dessen Herstellung der Braunstein Verwendung fand, erkennen läßt, sind die unter dieser Bezeichnung zusammengefaßten Mineralien mit verschiedenen Namen belegt und ihres Aussehens wegen mit anderen Erzen verwechselt worden, einige dieser Benennungen und Verwechslungen sollen hier besprochen werden.

Die zahllosen Verwechslungen mit Eisenerzen führten zu der Bezeichnung Siderea terra, wörtlich eisenhaltige Erde, abzuleiten vom griechischen *σίδηρος* [sideros] = Eisen, die sich bei H. Cardanus [1501 bis 1576] in seinem berühmten, in Spanien jedoch auf dem Index prohibitorum librorum [Verzeichnis verbotener Bücher] stehenden [2] Buche *De Subtilitate* [1] findet: „Syderea, quem Manganesem Itali vocant, terra est repurgando nitro [statt richtig: vitro] aptissima, illud tingens caeruleo colore [Siderea terra, die man in Italien Manganese nennt, ist die zur Reinigung des Glases geeignetste Erde, es himmelblau färbend]." Überraschend fügt er hinzu: „Est alia etiam, quae sic vitium [statt richtig: vitrum] tingit caerulei coloris, quam Zapheram quidam appellant [Es gibt noch eine andere (Erde), die das Glas so himmelblau färbt, die manche Zaffera (s. „Kobalt" Erg.-Bd. A, 1961, S. 14/9) heißen]." Daß er vom Glase und der Verwendung des Braunsteins bei seiner Herstellung nicht allzuviel weiß, zeigt sich an einer späteren Stelle, wo er die ‚Siderea' für einen Hauptbestandteil des Glases hält, das nach ihm aus „lapidibus lucidis vel arena, sale chali et syderea [hellen Steinen oder Sand, Pottasche und Siderea]" besteht. – In seiner Gegenschrift zu Cardano's Buch zitierte ihn I. C. Scaliger [3] unter Korrektur der Druckfehler zunächst wörtlich – Text und Übersetzung s. S. 191 – und stellt dann die falschen Angaben über die Siderea richtig. – Die Benennung findet sich auch bei M. Mercati (1541 bis 1593), der auch eine Begründung für diesen Namen gab [4]: „Syderea quibusdam dicitur, quod scintillas habeat instar ferri nitentes, quae dum frangitur, conspiciuntur. Pumiciosus est et friabilis, colore fusco aut ferrugineo; cum figulis, tum vitrariis usum praebet; nam vitrum tingit purpureo colore ipsumque depurat, adeo ut, si vivide vel flavum sua natura sit, eius mistione albescat, purisque efficiatur. [Von manchen wird [die Manganese] Syderea genannt, weil sie wie Eisen glänzende Flecken hat, die man erblickt, wenn sie zerbrochen wird. Sie ist porig und zerbrechlich, braun oder rostfarben; sowohl Töpfern als auch Glasmachern ist sie von Nutzen, denn sie färbt das Glas violett und reinigt es, dergestalt, daß durch seine Beimischung, wenn [das Glas] seiner Natur gemäß grün oder gelb ist, es weiß wird und klarer]." – Die Benennung scheint ziemlich bekannt gewesen zu sein, denn noch im Jahre 1788 führte sie J. G. Leonhardi auf unter den Bezeichnungen für Braunstein in seiner erweiterten Übersetzung des Macquerschen *Chymischen Wörterbuchs* [5]. – Die oben erwähnte Verwechslung mit der Zaffera scheint öfter vorgekommen zu sein, so untersuchte im Jahre 1726 J. F. Westrumb [12] den sogenannten Erdkobold von Rengersdorf (Lausitz), den N. G. Leske, Professor in Leipzig im Jahr zuvor [13] als ein Kobalterz bezeichnet hatte, und fand in ihm 50% Braunstein; Westrumb fuhr fort: „Im 3. Stück des *Leipziger Magazins zur Naturkunde und Ökonomie* 1786 hat Leske seinen Irrtum, wahrscheinlich auf meine Untersuchungen sich stützend, eingestanden".

Eine andere Braunstein-Benennung, die ebenfalls auf einer Verwechslung mit Eisenerzen beruht, ist die Bezeichnung Haematites spurius [falscher Hämatit]. Typisch dafür kann die Darstellung von G. A. Volkmann [6] aus dem Jahre 1720 gelten, der in seinem Bericht über die Bodenschätze Schlesiens im Kapitel *Vom Eisen-Ertz* schrieb: „§ 14 Es gibt auch einen Haematitem spurium, insgemein Braunstein oder Braunfarbe benahmet, weil er von den Töpffern zum Färben der Töpffe und andern Gefäße gebraucht wird, und ist dreyerley Art: Die eine weich, braun-rothglänzicht und friabel, die andere Eisen-roth, harte, dabei dennoch friabel, oder braunroth, so in und bey den Eisenertzen bricht. Die 3. ist ein schwerer und Eisenfarbener Stein, auswendig mit einem Berg-Röthel und über diesem mit einer blassen Kreyde überzogen, den eine Schale, wie andere Adlerstein, nur daß sie dünner und zerbrechlicher ist, bedecket, welche als eine Scheide-Wand durch den Stein gehet ..." Die Verwechslung geht aber sehr viel weiter zurück, mehr als 100 Jahre früher nannte A. Boëtius de Boodt [7] den Braunstein Haematites Spurius Triplex und sagt: „Nascitur in Silesia non procul ab Lehnenci arce ad Boberam flumen lapis similis haematiti ab incolis Bluëtstein, Braunstein aut Braunfarbe vocatus. [Es findet sich in Schlesien nicht weit von der Feste Löhn am Bober ein dem Hämatit ähnlicher Stein, von den Leuten dort Bluëtstein, Braunstein oder Braunfarbe genannt]." – Die Vorstellung, Braunstein sei ein Eisenerz, wurde, wie schon J. H. Pott [8] ausführlich zeigte und dann widerlegte, seit C. Plinius Secundus durch die Jahrhunderte weitergegeben; er zählt außer den vorstehend genannten Autoren noch C. Schwenkfeld (1563 bis 1609), Basilius Valentinus [J. Thölde?], A. Kircher (1620 bis 1680), C. Merrett (1614 bis 1695), J. Kunckel (1630 bis 1703), J. F. Henkel (1679 bis 1744), J. B. Rohr (1688 bis 1742) und J. G. Wallerius (1709 bis 1785) auf, eine Liste, die keinen Anspruch auf Vollständigkeit erhebt. Daß diese Vorstellung auch noch nach der Darstellung des Manganmetalls weiterwirkte, zeigt das Bekenntnis von S. Rinman, er habe das Metall „noch lange für eine Modifikation des Eisens gehalten", s. S. 50. Es ist also kaum verwunderlich, wenn noch im Jahre 1807 in einem *Grammatisch-Kritischen Wörterbuch der Hochdeutschen Mundart* für Braunstein neben anderen auch die Benennung Eisenglanz aufgeführt wird [9].

Eine weitere Verwechslung des Braunsteins mit einem anderen, einem seinen Formen ähnlichen Mineral, nämlich dem Stibium (Spießglanz Antimonsulfid), deutet sich schon in der Antike an: In den Vorschriften zur „Silber"-Herstellung der sogenannten griechischen Alchemisten wird als brauchbar für das Verfahren dicht nebeneinander „Magnesia oder italischer Spießglanz" genannt, s. S. 17, wobei allerdings offenbleiben muß, ob die beiden, mit Kupfer weiße Legierungen bildende Minerale nur wegen ihrer großen Ähnlichkeit in der genannten Reihenfolge angeführt wurden, oder ob sie einander gleichgesetzt, das heißt verwechselt wurden. – Für A. Libavius (1555/60 bis 1616), den großen Kenner der zeitgenössischen und älteren chemischen Literatur, gilt zwar [10]: „Magnesiae vox varie accipitur. Vulgo est antimonium minerale [das Wort Magnesia wird unterschiedlich aufgefaßt. Gemeinhin ist es Antimonerz]", an anderer Stelle [11] aber schrieb er: „Magnesia est stibium. Cum apponitur Saturnina, intellege plumbeum et crudum antimonium, ut ex minera effoditur, ferax metallorum paene omnium [Magnesia ist Stibium (Antimonsulfid). Wenn (das Attribut) Saturnina beigefügt ist, verstehe darunter etwas Bleiähnliches und rohes Antimonerz, wie es aus der Grube gefördert wird, das fast alle Metalle enthält]." Für J. R. Glauber indessen ist die Magnesia Saturnina recht eindeutig Braunstein, s. S. 105. – Jedenfalls dürfte die Verwechslung Magnesia – Stibium recht häufig gewesen sein, sonst hätte N. Flamellus, der berühmte französische Alchemist das Wort Stibium nicht als Decknamen für Braunstein bezeichnen können, s. S. 104.

Verwechslungen mit Wismuterzen sind ebenfalls vorgekommen. So stellte J. F. Henkel [14] in seiner Pyritologia fest: „Basilius Valentinus oder vielmehr Elias Montanus in seinem *Bergbuch*, S. 50, nennt Wismut und Magnesia einerlei." Gemeint sein dürfte damit wohl eine Stelle in den gesammelten *Chymischen Schriften* des Basilius Valentinus [15] aus dem „Ersten

Buch, darin angezeiget werden die Berg-Wercke ..." im Kapitel über die unreinen Metalle: „... denn es [Antimonium] ist und gehöret zugleich zwischen die Zinn und Bley / wie das Wismut oder Magnesia unter und zwischen Zinn und Eisen ..." Diese Bemerkung dürfte zurückgehen auf eine Angabe des Aureolus Philippus Theophrastus Bombast von Hohenheim Paracelsus, der in seinem *Liber Vexationum* schrieb [16]: „Die fünffte Regel / auf des Saturni Arth / vnd seiner Eygenschaft ... Antimonium / Spißglaß / das ist zweyerley: Eins ist das gemeine Schwartze Antimonium / dadurch man das Gold leutteret und reiniget / wann man es darein vermenget vnnd durchgehen lasset: Vnd dieser ist des Bleys nechste Freundschafft oder seines Geschlechts. Das ander Spißglaß / ist das weisse / vnd heißt auch Magnesia oder Conterfeht / Wismut: Das ist des Zins nechste Freundschafft / vnd Augmentieret mit anderm Spißglaß vermenget Lunam [das Silber]."

Schließlich muß hier noch erwähnt werden, daß die Wortform Magnesium für den Braunstein im Jahre 1793 überraschenderweise von S. F. Hermbstädt (1760 bis 1833), Professor der Chemie und Pharmazie am Collegium Medicum in Berlin, bei seiner Übersetzung der großen Scheeleschen Veröffentlichung *„Om Brunsten eller Magnesia, och dess Egenskaper"* anstelle der Bezeichnung „Magnesia" des Originals gewählt worden ist mit der Begründung [17]: „... weil Magnesia, und im lateinischen Magnesia nigra [schwarze Magnesia] leicht mit der Magnesia amara [bittere Magnesia] Verwechslung darbietet. Eigentlich kommt der Name Magnesium freilich nur dem metallisirten Braunstein zu, ich glaube aber auch, daß es kein Fehler ist, den gemeinen Braunstein damit zu belegen." Für die Metallbenennung hatte diese Form schon 19 Jahre zuvor T. Bergman gebraucht, s. S. 7. – Überraschenderweise hat schon fünf Jahre vor Hermbstädts Veröffentlichung J. G. Leonhardi [18], der Übersetzer des berühmten Macquerschen *Chymischen Wörterbuchs* in seinem Benennungskatalog für Braunstein die Wortform Magnesium ohne eine Herkunftsangabe aufgeführt.

Literatur:

[1] H. Cardanus (De Subtilitate Libri XXI, Buch 5, Neue Aufl., Lyon 1554, S. 232, 245 [Erstausgabe 1550]). – [2] J. R. Partington (A History of Chemistry, Bd. 2, London-New York 1961, S. 10). – [3] I. C. Scaliger [Exotericarum Exercitationum Liber XV, De Subtilitate ad Hieronymum Cardanum Exercitatio CIV, 23, Frankfurt a. M. 1607, S. 399/400 [Erstausgabe 1557]). – [4] M. Mercati (Metallotheca, Cap. 5, Rom 1717, S. 148). – [5] J. G. Leonhardi (in: P. J. Macquer, Chymisches Wörterbuch, übersetzt von J. G. Leonhardi, 2. Aufl., Bd. 1, Leipzig 1788, S. 563).

[6] G. A. Volkmann (Silesia Subterranea oder Schlesien mit seinen unterirdischen Schätzen, Leipzig 1720, S. 219). – [7] A. Boëtius de Boodt (Gemmarum et Lapidum Historia, Buch 2, Kap. 209, Hanau a. M. 1609, S. 192). – [8] J. H. Pott (Miscellanea Berolinensia **6** [1740] 40/53). – [9] J. C. Adelung (Grammatisch-Kritisches Wörterbuch der Hochdeutschen Mundart, Bd. 1, Wien 1807, Spalte 1166). – [10] A. Libavius (Syntagmatis Arcanorum Chymicorum Tomi II, Tractatus Secundus, De Alchymia Pharmaceutica, Frankfurt a. M. 1613, S. 383).

[11] A. Libavius (Liber Hypomnematum qui est Apocalypsis Hermeticae Pars Prior in: Syntagmatis Arcanorum Chymicorum Tomus Secundus, Frankfurt a. M. 1613, S. 253). – [12] J. F. Westrumb (Chem. Ann. Crell **2** [1787] 336/7). – [13] N. G. Leske (Reise durch Sachsen in Rücksicht der Naturgeschichte und Oeconomie, Leipzig 1785 nach F. Ferchl-Mittenwald, Chemisch-Pharmaceutisches Bio- und Bibliographikon, Mittenwald 1938 [Neudruck Wiesbaden 1971], S. 311). – [14] J. F. Henkel (Pyritologia oder Kieshistorie, Neue Auflage, Leipzig 1754, S. 100 Fußnote z [Erstausgabe 1725]). – [15] Basilius Valentinus (Chymischer Schriften, aller, soviel derer vorhanden, Ander Theil, Buch 1, Kap. 2, Hamburg 1700, S. 53).

[16] Aureolus Philippus Theophrastus Bombast von Hohenheim Paracelsus (Coelum Philosophorum seu Liber Vexationum in: Opera, herausgegeben von J. Huser, Bd. 1, Straßburg 1603, S. 928). – [17] S. F. Hermbstädt (in: C. W. Scheele, Sämmtliche physische und chemische Werke, deutsch von S. F. Hermbstädt, Bd. 2, Berlin 1793, S. 35 Fußnote). – [18] J. G. Leonhardi (in: P. J. Macquer, Chymisches Wörterbuch, deutsch von J. G. Leonhardi, 2. Aufl., Bd. 1, Leipzig 1788, S. 563).

2.2.4.2 Braunstein in der Antike

"Braunstein" in Antiquity

Das Wort *Μαγνησία* [magnesia], so stellte D. Goltz [1] richtig fest, tauchte erstmals in den griechischen chemischen Papyri auf, s. dazu S. 11/21, doch sagten diese zur Identifizierung des Stoffes nichts aus, da die Magnesia nur als Rezeptbestandteil genannt und nie beschrieben wird. Übersehen wird mit dieser Behauptung, daß gelegentlich in den Rezepten von der *Μαγνησία τῶν ὑελίνων* [magnesia ton hyëlínon = Magnesia der Glasmacher] die Rede ist, s. S. 17, ferner, daß diese Magnesia selbst sich „weißen" läßt, d. h. durch geeignete Behandlung mit Säuren in weiße Verbindungen umgewandelt werden kann, s. S. 17, und daß diese weißen Verbindungen durch Glühen wieder zu Braunstein werden, leicht durch ihre Färbung von gleichbehandelten Eisenverbindungen unterscheidbar, s. S. 82, und schließlich, daß nach den Vorschriften der *Papyri* silberfarbene Legierungen des Kupfers erhalten werden. Die Magnesia sei, meinte D. Goltz [1] in Übereinstimmung mit M. Berthelot, s. S. 18, als Magneteisenstein zu betrachten. Dies, obwohl (Pseudo-)Demokritos deutlich zwischen *Μαγνησία* und *Μάγνης* [magnes – Magnetstein] unterscheidet, s. S. 17/8. Außerdem findet sich in einer der von M. Berthelot [2] herausgegebenen Handschriften eine Definition der Magnesia, die durchaus hinreichend ist zur Gleichsetzung dieses Stoffes mit Braunstein, allerdings unter einem zunächst etwas überraschenden Titel, der jedoch verständlich wird, wenn man an die Vorstellungen der griechischen ‚Alchemisten' vom ‚Quecksilber'-Gehalt der Magnesia bei der Weißfärbung des Kupfers, s. S. 17, und an braune Formen des Minerals denkt:

Ἄλλως περὶ κινναβάρεως. — Δεῖ γινώσκειν ὅτι ἡ μαγνησία ἡ ὑελουργικὴ ταύτη ἐστὶν ἡ τῆς Ἀσίας, δι' ἧς ὁ ὕελος τὰς βαφὰς δέχεται, καὶ ὁ ἰνδικὸς σίδηρος γίνεται, καὶ τὰ θαυμάσια ξίφη.

[Anders über Zinnober. – Man muß wissen, daß die Glasmachermagnesia die ist aus [Klein-]Asien, durch die das Glas die Färbungen erhält, und das indische Eisen gemacht wird, und die wunderbaren Schwerter]." Man hält also für charakteristisch für das Mineral seine Fähigkeit, Glas zu färben und zu entfärben (wie man wohl aus der Verwendung des Plurals des Wortes *βαφή* [baphe = Farbe] entnehmen kann) und die andere Eigenschaft, die Stahlherstellung zu ermöglichen. M. Berthelot kommentiert jedoch: „Le mot de magnésie designe ici le minerai de fer magnétique, employé à la fois dans la fabrication du verre et dans celle des armes." – Es finden sich in den griechischen alchemistischen Schriften noch einige andere Bestimmungen des Wesens der Magnesia, die die Kenntnis der ‚Silber'-Herstellung voraussetzen: Das *Alphabetische Lexikon des Goldmachens* *Λέξικον κατὰ στοιχεῖον τῆς χρυσοποιίας* [Lexikon kata stoicheion tes chrysopoiias)] definiert [3]: „*Μαγνησία ἐστὶ μόλυβδος λευκὸς καὶ πυρίτης. — Μαγνησία ἐστὶν ἀπαλάκιστον ὄξος, καὶ ἡ ἀνάσπασις. — Μαγνησία ἐστὶ στίμμι θηλυκὸν τὸ χαλκηδόνιον.*— [Magnesia, das ist weißes Blei (= Zinn) und Pyrites. – Magnesia, das ist stärkster Essig, und das Hervorholen (des ‚Quecksilbers'). – Magnesia, das ist weibliches Stimmi (Antimonerz) aus Chalcedon]"; außerdem diente sie zur Erklärung für Kadmia (Galmei): *Καδμεία ἐστὶ Μαγνησία* [Kadmia, das ist Magnesia]." Ihr Wesen wird hier also zu beschreiben versucht durch die Aufzählung von Stoffen wie Zinn, Galmei und Antimon[-erz], die alle die Farbe des Kupfers bei entsprechender Behandlung zu beeinflussen vermögen, wobei für den letztgenannten Stoff die Aufzählung auch wegen der äußeren Ähnlichkeit mit bestimmten Braunsteinformen nicht ausgeschlossen werden kann. Außerdem wird ein Decknamen (Essig, s. S. 17) angeführt und das Verfahren genannt, bei dem die Magnesia gebraucht wird (das Hervorholen). Der angegebene Decknamen ist nicht der einzige bekannte, ein anderer ist „Erde von Chios" (s. S. 14), und E. O. v. Lippmann [4] weiß zu berichten, daß an einer (nicht genannten) Stelle der Ausdruck „magnetische Blumenblätter" nichts anderes bedeutet als Braunstein und kann dies auch gut begründen. – Eine „Beschreibung" des Minerals Magnesia (in falscher Schreibweise), die sich auf zwei Merkmale beschränkt, fand im *Leidener Papyrus* H. Brugsch [5]: „Der Magnesia-*Stein,* Manesia (sic): ein schwarzer Stein, ähnlich dem Stm (Stimmi)-Mineral (Antimon). Zerreibst du ihn, so ist er schwarz."

Daß M. Berthelot stets die Vorstellung verfocht, die Magnesia sei in der Antike identisch gewesen mit Magnes = Magneteisenstein, dürfte die gleiche Ursache haben wie die rund 150 Jahre früher von J. H. Pott aufgestellte Behauptung, die Antike habe den Braunstein nicht gekannt, nämlich die Angabe des C. Plinius Secundus [6] über die Reinigung des Glases mit „Magnes = Magneteisenstein" (Text s. S. 183). Beide Autoren vergaßen, daß zunächst der Begriff „magnes" bei Plinius keineswegs eindeutig ist, sprach er doch an einer anderen Stelle [6] von einem „männlichen" und einem „weiblichen" Magnes: „Magnes appellatus est ab inventore, ut auctor es Nicander, – in Ida repertus, namque et passim inveniuntur, in Hispania quoque – invenisse autem fertur clavis crepidarum, baculi cuspide haerentibus cum armenta pasceret. Quinque genera magnetis Sotacus demonstrat: Aethiopicam et a Magnesia Macedoniae contermina a Boebe Iolcum petentibus dextra, tertium in Hyetto Boeotiae, quartum circa Alexandriam Troadem, quintum in Magnesia Asiae. Differentia prima, mas sit an femina, proxima in colore. Namque in Magnesia Macedonica reperiuntur rufi nigrique sunt, Boeoti vero rufi coloris plus habent quam nigri. Is qui Troade invenitur niger est et feminei sexus ideoque sine viribus, deterrimus autem in Magnesiae Asiae, candidus neque attrahens ferrum similisque pumici. Conpertum tanto meliores esse, quanto sint magis coerulei. Aethiopico palma datur pondusque argento rependitur. Invenitur hic in Aethiopiae Zmiri; ita vocatur regio harenosa. [Der Magnetstein wird nach seinem Entdecker genannt, überliefert uns Nikander (der etwa um das Jahr 200 vor Chr. ein pharmakologisches Lehrgedicht verfaßte [7]), er wurde am Ida(gebirge) gefunden, – doch findet man ihn allenthalben, auch in Spanien – aufgefunden soll man ihn aber haben, weil die Nägel an den Schuhen und die Spitze des Stabes an ihm hängen blieb, als (der Entdecker) dort Vieh weidete. Fünf Arten des Magnetsteins kennt Sotakus (ein griechischer Steinkundiger, der frühestens im Ausgang des 4. vorchristlichen Jahrhunderts lebte [8]): den äthiopischen und den aus dem mazedonischen Magnesia, das gleich auf der rechten Seite liegt, wenn man vom (See) Boebeis nach (der Stadt) Iolkos reist, die dritte (Sorte findet man bei der Stadt) Hyettos in Böotien, die vierte in der Umgebung von Alexandria in der Troas, die fünfte im kleinasiatischen Magnesia. Der erste Unterschied besteht darin, ob er männlich oder weiblich ist, der nächste in der Farbe. Denn die man im mazedonischen Magnesia findet, sind rotschwarz, während die böotischen mehr rot als schwarz sind. Der [Magnetstein], der in der Troas gefunden wird, ist schwarz und weiblichen Geschlechts und also ohne Kräfte, der schlechteste aber [wird gefunden] im kleinasiatischen Magnesia, er ist weiß und zieht das Eisen nicht an und ist dem Bimsstein ähnlich. Es ist eine sichere Erfahrung, daß sie um so besser sind, je mehr blau sie sind. Der äthiopische [Magnetstein] hat den höchsten Ruhm und sein Gewicht wird mit Silber aufgewogen. Gefunden wird er in Äthiopia Zmiris, so heißt eine sandige Gegend dort]." Außerdem vergaßen sie, daß Plinius farbloses Glas sehr rühmt, s. S. 183, dieses aber keineswegs mit dem starkfärbenden Magneteisenstein zu erreichen ist, wohl aber mit Braunstein, und daß Plinius noch ein anderes Mineral kennt, das beim Glasherstellen gebraucht wird, den Alabandicus niger, wahrscheinlich ein Mangansilikat, s. S. 177. – So erscheint es durchaus möglich, daß der „weibliche Magnes" zwar nicht die Kräfte hat, das Eisen anzuziehen, wohl aber die „Mißfarbe" des Glases, s. S. 183, zu beseitigen. Es ist also nicht verwunderlich, wenn in der Glasherstellung erfahrene Autoren, so schon der Engländer C. Merrett [1614 bis 1695] in seinen von J. Kunckel übersetzten [16] Anmerkungen zur *Glasmacherkunst* des Italieners A. Neri (Ersterscheinung 1612), stets bei Plinius die Kenntnis von Braunstein annehmen und auf eine Verwechslung der Benennungen schließen.

Androdamas. Überraschenderweise ist von einem anderen, der Antike bekannten Mineral die Identität mit Braunstein behauptet worden. Der Androdamas (von griechisch ἀνδροδάμας = Männerbezwingend) habe bei den Römern wie das Wort *magnes* sowohl Magneteisenstein als auch Braunstein bedeutet, behauptete im Jahre 1866 F. Hoefer [9]. Er bezog sich dabei auf C. Plinius Secundus [10], der berichtet hat: „Sotacus e vetustissimis auctoribus quinque genera haematitarum tradit praeter magnetem, principatum dat ex iis Aethiopico, oculorum medicamentis utilissimo et iis quae panchresta appellat, item ambustis. alterum androdamanta dicit vocari, colore nigrum, pondere ac duritia insignem, et inde nomen traxisse praecipueque in Africa repertum; trahere autem in se argentum, aes, ferrum. experimentum eius esse in cote ex lapide basanite – reddere enim sucum sanguineum – et esse ad iocineris vitia praecipui remedii. tertium genus Arabici facit, simili duritia, vix reddentis sucum ad cotem aquariam, aliquando croco similem. quarti generis hepatiten vocari quamdiu crudus sit, coctum vero miltiten, utilem ambustis, ad omnia utiliorem rubrica; quinti generis schiston, haemorroidas reprimentem in potu. [Sotakus überliefert aus sehr alten Autoren fünf Arten des Hämatit außer dem Magnetstein. Die erste Stelle unter ihnen gibt er dem aus Äthiopien, der der nützlichste sei als Heilmittel bei Augen(krankheiten), und das sei, was man ein Allheilmittel nennt, ebenso (nützlich) sei er bei Verbrennungen. Die nächste Art heiße Androdamas, sagt er, sei von schwarzer Farbe, auffällig durch Gewicht und Härte, auch habe er daher seinen Namen erhalten und werde hauptsächlich in Afrika gefunden; er enthalte in sich Silber, Kupfer und Eisen. Ein Nachweis für ihn sei, daß er beim Reiben auf dem (feuchten) Wetzstein einen blutfarbenen Brei gebe – auch sei er bei Leberschäden ein Hauptheilmittel. Die dritte Art macht die arabische aus, von ähnlicher Härte, aber kaum einen (roten) Brei auf dem gewässerten Wetzstein liefernd, höchstens einen dem Krokus ähnlichen. Die vierte Art werde Hepatit genannt, so lange sie unbearbeitet sei, geglüht aber Miltites, nützlich bei Verbrennungen, für alle Zwecke nützlicher als Rötel. Die fünfte Art sei der Schistos, der als Trank (verabreicht), Hämorrhoiden zurückdrängt]." Der Herausgeber des benutzten lateinischen Textes [10] kommentiert in einer Fußnote den Androdamas als eine besondere Hämatit-Art, nach K. C. Bayley [11], in seinen Erläuterungen zu den chemischen Kapiteln des Plinius, handelt es sich bei dem Androdamas um Spekulavit (Eisenglanz), während H. Lüschen [12] der Meinung ist, daß für eine eindeutige Bestimmung des Minerals die in der Antike gegebenen und weiter tradierten Merkmale nicht ausreichten. C. Julius Solinus [13] – ihn dürfte für diese Merkmale, ohne ihn zu nennen, H. Lüschen wohl zitiert haben – gab sie zusammenfassend an mit: „Androdamanten iidem legunt Arabes nitoris argentei, lateribus aequaliter quadris, quem de adamante nonnihil mutuatum putes [der Androdamas habe, sagen die Araber, Silberglanz, besitze gleichgroße quadratische Flächen, und man könnte glauben, daß er sich vom Adamas [= Stahl] überhaupt nicht unterscheide]." – C. Plinius Secundus, den Solinus fast wörtlich zitiert, hat seiner Mineralbeschreibung noch eine Angabe über die Herkunft des Namens angehängt [14]: „Magi putant nomen impositum ab eo, quod impetus hominum et iracundias domet [die Magier glauben, er habe seinen Namen davon erhalten, daß er die Triebe der Menschen und ihre Zornesausbrüche bändige]". Und mit dieser „Eigenschaft" allein, nicht etwa mit der einer Braunsteinart, ist er in die mittelalterliche Literatur eingegangen [12].

Im vollen Gegensatz zu den aufgezählten Angaben befindet sich die Definition des Androdamas in dem oben erwähnten *Alphabetischen Lexikon der Goldmacherei* [15]:

„Ἀνδροδάμας ἐστὶ πυρίτης καὶ ἀρσένικον [Androdamas, das ist Pyrites (s. dazu S. 16) und Auripigment]", er wird hier zwei Stoffen gleichgesetzt, die bei der Herstellung von Weißkupfer neben der Magnesia Verwendung fanden. Aber unter dem Buchstaben *Π* findet sich die Erklärung: „Πορφυρίτης ἐστὶ λίθος ἐτήσιος καὶ ἀνδροδάμας [Porphyrites, das ist etesischer Stein und Androdamas]." – Keine der angeführten Definitionen, auch nicht die Beschreibung des Minerals, rechtfertigen die Hoefersche Behauptung, daß Androdamas in der Antike soviel wie Braunstein bedeutet habe.

Literatur.

[1] D. Goltz (Studien zur Geschichte der Mineralnamen in Pharmazie, Chemie und Medizin von den Anfängen bis Paracelsus, Sudhoffs Archiv, Beiheft 14, Wiesbaden 1972, S. 180). – [2] M. Berthelot, C.-É. Ruelle (Collection des Anciens Alchimistes Grecs, Paris 1888, Texte Grec, S. 38, Traduction, S. 39 Fußnote 5). – [3] M. Berthelot, C.-É. Ruelle (Collection des Anciens Alchimistes Grecs, Paris 1888, Texte Grec, S. 11, 9, Traduction, S. 10/1). – [4] E. O. v. Lippmann (Entstehung und Ausbreitung der Alchemie, Berlin 1919, S. 28). – [5] H. Brugsch (Die Aegyptiologie, Leipzig 1891, S. 397).

[6] C. Plinius Secundus (Naturalis Historiae Libri XXXVII, Buch 36, Kap. 25, 27/8 in: D. E. Eichholz, Pliny, Natural History, Bd. 10, London-Cambridge, Mass., 1962, S. 100/3). – [7] E. O. v. Lippmann (Entstehung und Ausbreitung der Alchemie, Berlin 1919, S. 643). – [8] Kind (in: W. Kroll, K. Mittelhaus, Pauly's Realencyclopädie der Classischen Altertumswissenschaft, Neue Bearbeitung, 2. Reihe, 5. Halbband, Stuttgart 1927, S. 1211). – [9] F. Hoefer (Histoire de la Chimie, 2. Aufl., Bd. 1, Paris 1866, S. 136). – [10] C. Plinius Secundus (Naturalis Historiae Libri XXXVII, Buch 36, Kap. 38, 146 in: D. E. Eichholz, Pliny, Natural History, Bd. 10, London-Cambridge, Mass., 1962, S. 116/7).

[11] K. C. Bayley (The Elder Pliny's Chapters on Chemical Subjects, Bd. 2, London 1932, S. 260). – [12] H. Lüschen (Die Namen der Steine, Thun-München 1968, S. 176/7). – [13] C. Julius Solinus (in: C. Salmasius, Plinianae Exercitationes in Caji Julii Solini Polyhistora, Kap. 33, Utrecht 1689, S. 46). – [14] C. Plinius Secundus (Naturalis Historiae Libri XXXVII, Buch 37, Kap. 54, 144 in: D. E. Eichholz, Pliny, Natural History, Bd. 10, London-Cambridge, Mass., 1962, S. 280/3). – [15] M. Berthelot, C.-É. Ruelle (Collection des Anciens Alchimistes Grecs, Paris 1888, Texte Grec, S. 5, 12, Traduction, S. 5, 13).

[16] J. Kunckel (Ars Vitraria Experimentalis, Frankfurt a. M. 1689, S. 243 [Neudruck Hildesheim-New York 1972]).

The "Braunstein" (Magnesia) of the Alchemists

2.2.4.3 Braunstein (Magnesia) bei den Alchemisten

Die Frage, ob die Alchemisten den Braunstein gekannt haben, beantwortete der Erfurter Medizinprofessor G. F. C. Fuchs [1760 bis 1813] positiv [1] und schrieb die durch schlechte und mißverstandene Tradierung antiken Wissens entstandene Verwirrung aufzeigend: „Da die Alchemisten, L. R. Orvius [das ist: Ludwig Conrad von Berg] [2] und andere das Geheimnis des sogenannten gebenedeyten Steines in dem Braunstein zu finden glaubten, wovon aber J. G. Lehmann, preußischer Bergrat in Berlin, bereits sagt [3], daß es ihm damit nicht geglückt habe, ob er gleich schönen Braunstein von Piemont anwendete, so findet man bei einigen von ihnen ziemlich deutliche Spuren. David Lagneus [das ist: Lagneau] sagt [4] unter anderem, Magnesia heißt das gekochte Werk, die weißgemachte Magnesia verhindert die Sprödigkeit der Körper, daß sie kupfrigt werden, Nicolaus Flamellus [Flamel, 1330 bis 1418] sagt an einem Orte [5], Magnesia ist die ganze Mischung [der Elemente], woraus unsere Feuchtigkeit, nämlich das Quecksilber, extrahiert wird, an einem anderen Orte [6] sagt er, die Magnesia ist die Hauptmaterie, woraus die Elemente gezogen werden. Auch nennt er [7] den Stein der Weisen, nach dem er die Fäulnis überstanden, Magnesia. Als gleichgeltende Namen [Decknamen] führt er folgende an [8]: *Lac Maris Coagulatus* [koagulierte Milch des Meeres], *Aphrosellinum Orientis* [Silberschaum [9] des Orients], *Magnesia Lydiae* [Magnesia aus

Lydien], *Italicum Stibium* [italienischer Spießglanz], *Pyrites Achaiae cuius Filia est Mysterium quod in ipsa latitat* [achäischer Pyrites, dessen Tochter das Geheimnis ist, das in ihr selbst versteckt ist], *Margarita Pretiosa* [kostbare Perle], *Flammiger* [der Feurige], *Splendor Vestis Auro Contextae* [Glanz des golddurchwebten Kleides], *Aureus Nitor* [goldenes Gleißen], *Victor Bellator* [siegreicher Kämpfer]. Albertus Magnus oder von Bollstädt [9], der um 1280 starb, sagt vom Braunstein ‚er enthalte einen unreinen Schwefel, ein mehr erdigtes unreines Quecksilber, der Schwefel sei feuerfester und weniger entzündbar und das Quecksilber nähere sich mehr der Natur des Eisens'. Bei dem Heerführer der chemischen Sekte, dem Theophrastus Paracelsus Bombast ab Hohenheim findet man keine deutlichen Spuren, daß er den Braunstein gekannt habe. Man findet bei ihm zwar den Namen Magnesia [10], aber ohne zu bestimmen, was es sey; an einem anderen Ort [11] sagt er: das ander Spießglas ist das weisse und heißt auch Magnesia oder Conterfeht Wismat, welche Stelle aber garnicht auf den Braunstein passen kann. Deutlicher handelt davon J. R. Glauber [1603 bis 1670], er nennt [12] sie Magnesia Saturnina und sagt, daß die graue zu Friaul die beßte sey, sie enthalte sehr viel Tinktur, welche man daraus am beßten durch Salpeter erhalte. Der in Piemont sey grauschwarz." – Daß mit dem Wort Magnesia aber ursprünglich Braunstein gemeint war, geht eindeutig aus einer Handschrift (MS Nr. 3661, fol. 135, der Sloan Collection des British Museum) hervor, die im Jahre 1372 als Abschrift eines älteren Manuskripts angefertigt worden ist und diesen Stoff auch zur Herstellung eines violetten Glases vorschreibt [13]. Daß sich die Bedeutung des Wortes immer stärker in der von G. F. C. Fuchs angegebenen Richtung nach dem „philosophischen Stein" oder einer Vorstufe davon verschieben konnte, ist sicher nicht nur durch die schon in der Antike beginnenden Mißverständnisse, sondern auch dadurch bedingt gewesen, daß offenbar nur wenige das Mineral wirklich kannten; so konnte beispielsweise noch Robert Boyle [14] sich in einer im Jahre 1690 erschienenen Veröffentlichung rühmen, daß er kraft seiner Kenntnisse des italienischen Braunsteins als Erster eine Lagerstätte des Minerals in England gefunden habe. Das im Jahre 1657 in London erschienene *Lexicon Chymicum* des W. Johnson [15] definiert denn auch wenig aufschlußreich: „Magnesia, est testudo vel Sulphur [Magnesia, das ist Schild[kröte] oder Schwefel]" und „Magnesia est foemina [Magnesia ist weiblich]". – Die Bedeutungsverschiebung wurde bestätigt bei einer Durchmusterung der in den sechs Bänden des *Theatrum Chemicum* [16] auftretenden weiteren Stellen für Magnesia, bei denen in keinem Falle dem Wort die Bedeutung Braunstein zukommt. – Was aber genauer gesagt werden sollte mit dem Wort Magnesia, konnte auch der belesene A. Libavius nicht eindeutig aussagen; an einer Stelle [17] schrieb er: „Lapis ... dicitur Magnesia, quia fit magni, et exaltatione in sublimem dignitatem perficitur ... Nostra terra est Magnesia ... [Der (philosophische) Stein ... wird Magnesia genannt, weil Großes (mit ihm) geschieht, und sie durch (alchemistische Farb-)Erhöhung zur höchsten Würde gelangt ... Unsere (der Alchemisten) Erde ist die Magnesia]" und fuhr im gleichen Abschnitt fort: „Rubrum habemus Magnesiam, habemus et albam ... et nigram, licet hanc instabiliter [Eine rot[braune] Magnesia haben wir, wir haben auch eine weiße ... und eine schwarze, diese vielleicht unsicher]"; den letzten Satz kann man durchaus auf Braunstein beziehen, wenn man an die Farbänderung bei der thermischen Zersetzung und bei der Behandlung mit Säuren denkt. Ein paar Seiten zuvor hat er geschrieben: „Aurum in corpore Magnesiae occultum ... Rupescissae vitriolum intellegitur, in cuius corpore est aurum invisibile, quod sulphur dicitur incombustibile. In opere nostro materia tunc vocatur magnesia, quando tota est denigrata et fluxilis sicut stibium ... [Gold ist im Körper der Magnesia verborgen ... Rupescissa (Johannes von Rupescissa, Juan de Pera-Tallada, Jean Rochetaillade [18]) versteht darunter ein Vitriol, in dessen Körper unsichtbares Gold ist, das unverbrennbarer Schwefel genannt wird. In unserem (alchemistischen) Werk nennt man eine Materie Magnesia, sobald sie ganz geschwärzt ist und verflüßigbar wie Stibium ...]." – Was man sich etwa unter Magnesia als Vorstufe zu dem „großen Werk" vorzustellen hat, ist bereits auf S. 25 durch ein Zitat von Paracelsus aufzuzeigen versucht worden.

Literatur:

[1] G. F. C. Fuchs (Geschichte des Braunsteins, seiner Verhältnisse gegen andere Körper und seiner Anwendung in Künsten, Jena 1791, S. 3/5). – [2] L. R. Orvius [L. C. v. Berg] (Philosophia Occulta sive Caetum Sapientium et Vexatio Stultorum, Frankfurt a. M. 1737 nach [1]). – [3] J. G. Lehmann (Abhandlung von den Metallmüttern und der Erzeugung der Metalle, Berlin 1753, S. 217/9). – [4] D. Lagneus [Lagneau] (Harmonia seu Consensus Philosophorum Chemicorum Magno cum Studio et Labore in Ordinem Digestus et a Nemini Alio hac Methodo Distributus [1601] in: Theatrum Chemicum, Bd. 4, Straßburg 1659, S. 713, 715). – [5] N. Flamellus (Lud. Puer in: Theatrum Chemicum, Bd. 1, Straßburg 1613, S. 136/7 nach [1]).

[6] N. Flamellus ([5] 820 nach [1]). – [7] N. Flamellus ([5] 824 nach [1]). – [8] N. Flamellus ([5] 852 nach [1]). – [9] Albertus Magnus (De Mineralibus et Rebus Metallicis Libri V, Buch 5, Kap. 5, Köln 1569, S. 385/6). – [10] Paracelsus (Paragrani Alterius Tractatus I, De Philosophia in: Werke, Basel 1589, Anderer Theil, S. 116 nach [1]).

[11] Paracelsus (Coelum Philosophorum seu Liber Vexationum in: Werke, Theil VI, Basel 1590, S. 381 nach [1]). – [12] J. R. Glauber (Teutschlands Wohlfart, Tl. III, Kap. IV in: Glauberus Concentratus, S. 425 nach [1]). – [13] R. Hadfield (J. Iron Steel Inst. [London] **115** [1927] 211/361, 215). – [14] R. Boyle (A Previous Hydrostatical Way of Estimating Ores [1690] in: The Works of the Honourable Robert Boyle, Neue Ausgabe, London 1772, S. 489/507, 500). – [15] W. Johnson (Lexicon Chymicum [London 1657] in: J. J. Manget, Bibliotheca Chemica Curiosa, Bd. 1, Genf 1702, S. 217/90, 252).

[16] L. Zetzner (Theatrum Chemicum, Bd. 1, Straßburg 1659, S. 1/794, Bd. 2, S. 1/549, Bd. 3, S. 1/859, Bd. 4, S. 1/1014, Bd. 5, Straßburg 1660, S. 1/912, Bd. 6, Straßburg 1661, S. 1/772). – [17] A. Libavius (Apocalypseos Hermeticae Pars Posterior in: Syntagmatis Arcanorum Chymicorum Tomus Secundus, Frankfurt a. M. 1613, S. 418, 383). – [18] L. Thorndike (A History of Magic and Experimental Science, Bd. 3, New York 1934, S. 347/69).

Uses of "Braunstein"

2.2.4.4 Einiges zur Verwendung des Braunsteins

Als Farbpigment. Häufig wird in der einschlägigen Literatur angegeben, daß in den Höhlenmalereien des jüngeren Paläothikums Braunstein als Farbkörper verwendet worden sei, so in den Höhlen Ostspaniens [1], in Altamira [2, 3, 4] und Lascaux [5]; R. J. Forbes [6] vertrat sogar die Meinung, daß die in der Literatur als „coal-black" oder „dark-nigger" bezeichneten Pigmente nichts anderes als Braunstein seien, doch steht eine genauere mineralogische und chemische Untersuchung fast gänzlich aus [7]. Einen interessanten Hinweis jedoch auf die Natur der hier verwendeten Malmaterialien gaben H. Newesely, R. Meldau [8]: Malstifte aus der Höhle von Roufignac (Dordogne, Frankreich) erwiesen sich bei der röntgenographischen und elektronenmikroskopischen Untersuchung als aus Hydrohausmannit bestehend.

Entgegen aller Erwartung, die sich daran knüpft, daß dunkelfarbige, erdige Manganocker sich als Schwarzpigmente geradezu anbieten und von Naturvölkern, etwa in Ozeanien auf den Admiralitätsinseln noch bis in unsere Zeit [18] gebraucht werden, daß solche in der Tat schon sehr früh in der keramischen Manganschwarztechnik, s. S. 204, auch verarbeitet wurden, scheinen jedoch in historischer Zeit Manganoxidmineralien nur in beschränktem Ausmaß und seltener als Kohlenstoffpigmente verwendet worden zu sein. Eine Ausnahme macht lediglich Ägypten, wo in über vier Jahrtausenden keramischen Schaffens Manganocker nicht nur keramisch verarbeitet, sondern wahrscheinlich auch in der Kaltbemalung von Keramik eingesetzt wurde. Der Befund, daß das Schwarzpigment mikromorphologisch aus kleinsten rundlichen Partikeln besteht, andererseits aber röntgenographisch sich als Hämatit erweist, der bis zu 12% Mn_2O_3 gelöst enthalten kann, ist wohl dahingehend zu interpretieren, daß Ockererden, wie sie den Ägyptern unter anderem aus der Baharia-Oase zur Verfügung standen, auch durch Erhitzen zum Pigment formiert wurden [10]. In reiner Form ist Braunstein indessen neben Kohle in den Malereien in Beni Hasan (XII. Dynastie, 2000 bis 1788 vor Chr.) angetroffen worden [9]. – Es sei noch darauf aufmerksam gemacht, daß in Ägypten gelegentlich auch feinstgepulverter Braunstein anstelle des meist benutzten Bleisulfids oder auch Antimonsulfids (*στίμμι* (stimmi]) als Augenschminke gebraucht worden ist, wie schon J. G. Wilkinson [11] berichtete; die Sitte des Augenschminkens bei Verwendung der gleichen Materialien ist noch zu Beginn unseres Jahrhunderts bei Beduinenfrauen beobachtet worden [12]; s. auch „Blei“ A1, 1973, S. 133. – Als Pigment in der Wandmalerei ist im Japan des 5. und 6. Jahrhunderts nach Chr. (Kofun-Periode) neben Kohle auch ein Mangan und Eisen enthaltendes Mineral verwendet worden, wie sich in zwei Grabkammern dieser Zeit, gefunden in der Präfektur Fukuoka, die eine in Kaisen-machi, die andere in Wakamiya-machi, zeigte, deren Wände vollständig mit figürlicher Malerei bedeckt waren [13]; im übrigen ist der Braunstein von japanischen Malern nicht gebraucht worden [14].

Alle in der Natur vorkommenden Manganoxide dienen noch heute in feingemahlenem Zustand unter dem Namen Mangan- oder Zementschwarz als billige Leim- oder Ölanstrichfarben, insbesondere aber wegen ihrer Kalkechtheit als Kalk-Zement- und Kunststeinfarbe [15]. Wichtiger sind jedoch die Manganerden, die sich auf Braunspat-Spateisenstein-Verwitterungsplätzen an vielen Orten der Welt finden und als Umbra bezeichnet werden, s. S. 115. – Künstlich gefällter Braunstein, in Wirklichkeit ein Hydrat des Manganoxids ist vielfach als Pigment gebraucht und hergestellt worden. Man ging dabei von den bei der Chlor-Darstellung anfallenden Manganchloridlösungen aus, fällte mit Natronlauge oder Kalkwasser und setzte den Niederschlag der oxidierenden Wirkung der Luft aus und benutzte das entstehende braune Pulver meist ohne es vorher zu glühen [16]; die Farbe wurde oft auch Manganbister genannt und diente, auf der Faser erzeugt, auch im Stoffdruck, s. S. 116. – Eine Kombination von Braunstein mit Eisenverbindungen, die allerdings nach der Fällung des Glühens bedurfte, war nach C. H. Schmidt [17] unter der Bezeichnung „Brun de Mars bistre“ im Handel und sollte das sogenannte van Dyck-Braun (eine besondere Braunkohlenfarbe) ersetzen. Die Mn-Fe-Farbe wurde hergestellt, indem man eine Lösung von drei Teilen Mangansulfat und zwei Teilen Eisensulfat mit Pottasche fällte und den ausgewaschenen Niederschlag trocknete und glühte. – Vielfache Verwendung fand auch die braune Manganverbindung, die sich bei der Reaktion von Kaliumpermanganat mit organischer Substanz bildet, etwa wenn Holz mit einer Permanganatlösung gestrichen wurde, man sprach dann von einer Holzbeize, in diesem Falle der braunen Farbe wegen von Nußbaumbeize; noch im Jahre 1875 findet sich in der Literatur eine derartige Vorschrift, die als Beschleuniger der Reaktion einen Zusatz von Magnesiumsulfat empfahl [42]. Siehe auch S. 115.

B r a u n s t e i n a l s S a u e r s t o f f q u e l l e. „Ausser Erde ... enthält der Braunstein noch dephlogistisirte Luft [das ist Sauerstoff] ... Ich will zuerst die dephlogistisirte Luft betrachten, wovon Herr Hermbstädt mit Recht die entbrennbarende [oxydierende] Eigenschaft des Braunsteins ableitet“, schrieb G. F. C. Fuchs in seiner Monographie über den Braunstein [19]: „Man erhält diese von allem Brennbaren befreite Luft, die auch Lebensluft heißt und die sich durch ihre vorzüglichen Eigenschaften in den neueren Zeiten besonders berühmt gemacht hat, aus Salpeter, aus Metalkalchen [Oxiden], am meisten und am beßten aber aus Braunstein. Um sie aus diesen, sowie aus anderen Körpern zu erhalten, füllt man eine irdene [mit Lehm] beschlagene oder unbeschlagene Retorte (eine beschlagene kann nur öfterer gebraucht werden) mit Braunstein an, küttet an diese mit gebranntem und mit Wasser zu einem Teig gebrachten Gyps, eine blechene oder gläserne Röhre, die am Ende gekrümmt ist, und leitet dieses gekrümmte Ende in eine Wanne oder Zuber unter Wasser, die Retorte legt man in einen kleinen beweglichen Ofen von Eisenblech, fängt ganz gelinde zu feuern an und verstärkt nach und nach das Feuer bis zum Glühen der Retorte. Die sich entbindende Luft fängt man in gläsernen mit Wasser gefüllten Bouteillen auf. Priestlei [!] brauchte zur Erhaltung der dephlogistisirten Luft aus dem Braunstein ein Flintenrohr [20], allein man erhält hierbei, wie Herr Pelletier [21] gezeigt hat, auch fixe und brennbare Luft [Kohlendioxid und Wasserstoff] und es ist daher allemal die Retorte vorzuziehen [22], Herr Hermbstädt [23] erhielt von 1 Loth Braunstein in einer kleinen Retorte, die er dem Feuer aussetzte, 80 Unzenmaas sehr schöne Luft und keine Spur Luftsäure [CO_2]. Auch aus Braunstein, aus dem alle Luft ausgetrieben worden, erhielt er durch Vitriolsäure aufs neue Luft. Von Unc. XVI. Braunstein erhielt Herr Hermbstädt [24] 1528. Cubiczoll dephlogistisirte Luft, und wenn er ihn mit Vitriolsäure behandelte, noch 1856. Cubiczoll, zusammen 3384. Cubiczoll. Mir gaben Unc. IV. Illmenauer Braunstein 14 hießige Maasbouteillen schöne Luft, einmal aber nur 9 Maasbouteillen. Wie ich Saulfelder Braunstein auf diese Art behandelte, erhielt ich gar keine Luft. Um zu bestimmen, wieviel eine gewisse Menge Braunstein bei der Entbindung der Luft verliert, habe ich den Braunstein gleich nach der Entbindung gewogen, so hatten Unc. XII. Braunstein bei der Entbindung der Luft Unc. 1. Drachm. II., Unc. IV. aber Drachm. VI. verloren, Herr Hermbstädt wog den Braunstein glüend, er hatte nichts an Gewicht verloren und sahe braunroth [aus]. Wie man die Masse mit Vitriolsäure behandelte, erhielt Herr Hermbstädt eine graue, salzigte Masse, die sich in Wasser bis auf Unc. II. unzerlegten Braunstein auflößte. Die Lauge gab vitriolisirten Braunstein. Wie er die Kristallen in eine Retorte that und eine Vorlage mit Wasser vorlegte, so gieng bei dem Erhitzen die Vitriolsäure in Dampfen über, der Rückstand gab nun aufs neue mit Vitriolöl behandelt, 112 Cubiczoll dephlogistisirte Luft. Da man iezt die dephlogistisirte Luft auch als Arzneimittel anwendet, so ist die Hermbstädtische Methode mit allem Recht in Krankenhäusern wegen ihrer Bequemlichkeit anzuwenden [25]." Das Verfahren erschien so wichtig, daß auch G. R. Lichtenstein, Professor der Medizin in Helmstädt, seine mit Hermbstädts Versuchen gleichzeitigen Untersuchungen veröffentlichen ließ [26] und betonte, er habe sich zuerst der von A. Volta vorgeschlagenen Methode bedient und Wasserdampf über den glühenden Braunstein geleitet, aber bald beobachtet, daß es zur Sauerstoffgewinnung des Dampfes nicht bedürfe. Alle diese Versuche sind darauf zurückzuführen, daß man sich von der „Lebensluft", wie man den Sauerstoff benannte, große Heilwirkung versprach, und Prinz Heinrich von Preußen (1726 bis 1802) diese in Hospitälern prüfen lassen wollte und der mit solchen Versuchen beauftragte Professor F. C. Achard (1753 bis 1821) in der Charité in Berlin mit dem aus Salpeter entwickelten Gas ohne Erfolg geblieben war. Die Sauerstoffentwicklung aus Braunstein ist bis in neuere Zeit benutzt und vielfach variiert worden, s. „Sauerstoff" 3, 1958, S. 311.

Braunstein als Katalysator. Im Jahre 1820 beobachtete J. W. Döbereiner [27], daß die thermische Zersetzung vom Kaliumchlorat leichter und rascher einsetzt, wenn man Braunstein zusetzt, eine Reaktion, die unter die heterogen-katalytischen zu rechnen ist; er empfahl das Verfahren zur Darstellung des Sauerstoffs im Laboratorium. Döbereiner hat die besondere Rolle des Braunstein dabei zwar beobachtet, aber nicht näher untersucht, er fand nichts Auffälliges darin, sondern begnügte sich mit der Feststellung: „Es ist hier die leichte Gasentwicklung bloß durch das Daseyn einer festen, nicht schmelzbaren Substanz bedingt, so wie das schnelle Kochen klarer Flüssigkeiten durch Hinzutun zerbrochenen Glases oder eines anderen harten und spitzen Körpers, welcher die Wärme schnell leitet und ausstrahlt." – Wenn A. Mittasch, E. Theis [28] behaupten, es habe schon 24 Jahre früher M. van Marum [29] eine andere heterogen-katalytische Reaktion an Braunstein beobachtet, nämlich die Zersetzung von Alkoholdämpfen, so ist dies ein Irrtum; der in der Arbeit erwähnte Braunstein wurde zur Sauerstofferzeugung für die Verbrennung des Zersetzungsproduktes der „Metallkohle" verwendet. Die chemische Reaktion von Alkoholdampf mit erhitzem Braunstein, der „dadurch in rothes Oxyd verwandelt" wird, beschrieb J. Döbereiner [30] im Jahre 1822. – Bei der Beschreibung des obengenannten Döbereinschen Versuchs meinte E. Mitscherlich [31]: „Daß die Zerlegung des chlorsauren Kalis nur unter gewissen Umständen erfolgt, scheint von der Anordnung der Atome herzurühren. Die Atome Sauerstoff können das Chlor und das Kalium so voneinander trennen, daß die Verbindung desselben erst stattfinden kann, wenn durch eine Contaktsubstanz die Lage derselben verändert wird." Die nähere Untersuchung der Sauerstoffentwicklung auf die Döbereinersche Art führte im Jahre 1862 E. Wiederhold [32] zu der Überzeugung, daß die „angeblich katalytische" Reaktion nur durch das große Wärmeabsorptionsvermögen des Braunsteins (und der anderen ähnlich wirkenden Substanzen) hervorgerufen werde. Es kann darum nicht verwundern, wenn A. Mittasch, E. Theis [28] vermerken: „Diese Reaktion hat dementsprechend auf die nunmehr einsetzende Entwicklung der Katalyse zunächst keinen Einfluß ausgeübt." – Die katalytische Zersetzung des Ozons durch Braunstein beobachtete schon C. F. Schönbein [33], die Reaktion ist in der Folgezeit recht genau untersucht worden, s. „Sauerstoff" 4, 1960, S. 1018/9.

Besondere Bedeutung hat die Verwendung von Braunstein als positive Elektrode in dem von G. Leclanché (1839 bis 1882) entwickelten Primärelement [34] erhalten, nach dem (oder nach seinen Varianten) heute etwa 90% der in der Welt benutzten Trockenelemente hergestellt werden; schon im Jahre 1868 konnte er berichten, daß „schon 20000 seiner Elemente bei Post und Bahn in verschiedenen Ländern in Gebrauch" seien. Seine Untersuchungen, die ihn zu dem neuen Primärelement führten [35], gingen auf die Beobachtungen von C. Wheatstone [36] im Jahre 1843 zurück, nach denen eine elektrische Batterie, deren positives Metall mit Pb- oder Mn-Peroxid bedeckt war, eine höhere elektromotorische Kraft lieferte.

Auf die zahlreichen Anwendungen des Braunsteins als Oxidationsmittel wie etwa die schon von C. W. Scheele [37] entdeckte und später zu einem technischen Verfahren ausgebaute Darstellung des Chors, s. „Chlor", 1927, S. 7/8, oder die von Ch. Blayden [41] und gleichzeitig von I. Milner [40] im Jahre 1789 durchgeführte Umwandlung der „flüchtigen alkalischen Luft" in „Salpeterluft mit glühendem Braunstein", oder die Verwendung in der Zündholzindustrie, die mit den „geräuschlosen Zündhölzern" und den sogenannten „Antiphosphorfeuerzeugen" [38, 39] begann, kann hier nicht eingegangen werden; s. „Mangan" C1, 1973, S. 355/63.

Literatur:.

[1] H. Obermaier (Quartär [Bonn] **1** [1938] 111/9, 112). – [2] W. H. Riddel (Altamira, London 1938 nach [6]). – [3] E. Pietsch (Technikgeschichte **29** [1940] 15/43). – [4] F. Wiegers (Z. Ethnologie **46** [1914] 830/65, 850/2). – [5] F. W. Windels (The Lascaux Cave Paintings, London 1949 nach [6]).

[6] R. J. Forbes (Studies in Ancient Technology, Bd. 3, Leiden 1955, S. 204). – [7] W. Noll (Fortschr. Mineral. **57** [1979] 203/63, 240). – [8] H. Newesely, R. Meldau (Manganknollen – Malstifte von Höhlenzeichnungen des Paläolithikums in: H. W. Hennicke, Mineralische Rohstoffe als kulturhistorische Informationsquellen, Hagen 1978 nach [7]). – [9] F. C. J. Spurrell (Archaeol. J. **52** [1895] 222/39, 229). – [10] W. Noll (Neues Jahrb. Mineral. Abhandl. **133** [1978] 227/90, 278/81).

[11] J. G. Wilkinson (The Manners and Costums of the Ancient Egyptians, 2. Aufl., Bd. 2, London 1878, S. 347). – [12] M. Gsell (Eisen, Kupfer und Bronze bei den alten Ägyptern, Karlsruhe 1910, S. 44). – [13] Kakuzo Yamasaki (3rd Archaeol. Chem. Symp., Atlantic City 1962 [1967], S. 347/65). – [14] Rokuro Oyemara (Eastern Art [Philadelphia] **3** [1931] 47/60). – [15] H. Kittel (Pigmente, Herstellung, Eigenschaften, Anwendung, Stuttgart 1960, S. 301).

[16] W. Siegel (in: F. Ullmann, Enzyklopädie der technischen Chemie, 2. Aufl., Bd. 7, Berlin-Wien 1931 [1940], S. 467). – [17] C. H. Schmidt (Vollständiges Farbenlaboratorium, 3. Aufl., Weimar 1857, S. 393). – [18] K. Weule (Chemische Technologie der Naturvölker, Stuttgart 1922, S. 31). – [19] G. F. C. Fuchs (Geschichte des Braunsteins, seiner Verhältnisse

gegen andere Körper und seine Anwendung in Künsten, Jena 1791, S. 54/6). – [20] J. Priestley (Versuche und Beobachtungen über verschiedene Gattungen der Luft, deutsch von C. Ludwig, Bd. 4, Wien-Leipzig 1780, S. 203 nach [19]).

[21] B. Pelletier (Observations Phys. Hist. Nat. Arts Rozier **26** [1785] 389/97). – [22] S. Hermbstädt (Physikalische und chemische Versuche und Beobachtungen, Bd. 1, Berlin 1786, S. 256). – [23] S. Hermbstädt (Beitr. Chem. Ann. Crell **1786** I 316/8). – [24] S. Hermbstädt (Beitr. Chem. Ann. Crell **1787** I 299/300). – [25] C. G. Selle (Neue Beitr. Natur-Arzeney-Wiss. [Selle] **3** [1786] 3/20, 4/6).

[26] G. R. Lichtenstein (Auswahl aller eigenthümlichen Abhandlungen und Beobachtungen aus den neuesten Entdeckungen der Chemie, Bd. 4, Leipzig 1786, S. 163/8). – [27] J. W. Döbereiner (Schweiggers J. Chem. Physik **28** [1820] 247/9). – [28] A. Mittasch, E. Theis (Von Davy und Döbereiner bis Deacon, Ein Halbjahrhundert Grenzflächenkatalyse, Berlin 1932, S. 18, 32 Fußnote 1). – [29] M. van Marum (Neues J. Physik Gren **3** [1796] 369/82). – [30] J. Döbereiner (Schweiggers J. Chem. Physik **34** [1822] 91/2).

[31] E. Mitscherlich (Ann. Physik Chem. [2] **53** [1841] 95/117, 109). – [32] E. Wiederhold (Ann. Physik Chem. [2] **116** [1862] 171/80, 180). – [33] C. F. Schönbein (J. Prakt. Chem. **64** [1855] 96/100). – [34] G. Leclanché (Mondes **7** [1868] 532/5). – [35] G. Leclanché (Ann. Chim. Phys. [5] **10** [1870] 420/9).

[36] C. Wheatstone (Phil. Trans. Roy. Soc. [London] **133** [1843] 303/28 nach Ann. Chim. Phys. [3] **10** [1843] 257/98, 279/80). – [37] C. W. Scheele (Sämmtliche Physische und Chemische Werke, übersetzt von S. Hermbstädt, Bd. 2, Berlin 1793, S. 41, 55). – [38] R. Böttcher (Liebigs Ann. Chem. **37** [1841] 113/9). – [39] Anonyme Veröffentlichung (Dinglers Polytech. J. **142** [1856] 396). – [40] J. Senebier (J. Phys. Chim. Hist. Nat. Arts **35** [1789] 225, 437 nach J. Physik Gren **2** [1790] 129).

[41] R. Kirwan (Beitr. Chem. Ann. Crell **1790** I 335/6). – [42] C. H. Viedt (Dinglers Polytech. J. **17** [1875] 336/7).

"Braunstein" in Other Cultures

2.2.4.5 Braunstein in anderen Kulturkreisen

"Braunstein" in Mesopotamia

2.2.4.5.1 Braunstein in Mesopotamien

Ob der Braunstein in den mesopotanischen Kulturen bekannt war und verwendet wurde, ist sehr fraglich; möglicherweise handelt es sich bei einem bisher noch nicht sicher identifizierten Erz, das durch das akkadische Wort *lulû* bezeichnet wird [1], dessen sumerische Namen aber noch nicht eindeutig lesbar sind [2], um Braunstein; leider läßt sich dies aus den Nachfolgesprachen nicht nachweisen. Man unterschied aber eine männliche und eine weibliche Art des Erzes, damit an das lateinische magnes erinnernd, und benutzte das Mineral als Zusatz zu Glasuren und als Medikament in salbenartigen Zubereitungen. Allerdings wird es auch – und dies läßt D. Goltz [3] es als eine Zinkverbindung ansprechen – bei der Herstellung von Kupferlegierungen verwendet. In der lexikalischen Liste HAR.RA = hubullu wird es zwischen Zinn, Eisen, Salpeter und Blei aufgeführt, wo auch noch andere „Schmelzmassen" und Färbemittel für Glasuren genannt sind [4], so daß man wiederum an Braunstein denken kann. – Die Möglichkeit, daß schon im alten Assur Braunstein mit Magnetit oder Hämatit verwechselt worden ist, ließ R. C. Thompson [5] die Tatsache vermuten, daß in den Keilschrifttexten gelegentlich von einer das Glas ‚blau' färbenden Substanz *tarabanu šadda* die Rede ist, wobei er annehmen möchte, daß der zweite Teil der Benennung auf Eigenschaften des Magnetits hinweist, für das Mineral selbst aber eine andere Benennung bekannt ist.

Literatur:

[1] R. C. Thompson (Dictionary of Assyrian Chemistry and Geology, Oxford 1936, S. 74). – [2] H. Limet (Le Travail du Métal au Pays du Sumer au Temps de la IIIe Dynastie d'Ur, Bibliothèque de la Faculté de Philosophie et des Lettres de l'Université de Liège, Bd. 155, Paris 1960, S. 55). – [3] D. Goltz (Studien zur Geschichte der Mineralnamen in Pharmazie, Chemie und Medizin von den Anfängen bis Paracelsus, Sudhoffs Archiv, Beiheft 14, Wiesbaden 1972, S. 84/5). – [4] B. Landsberger (Materialien zum sumerischen Lexikon, Bd. 7, Rom 1959, S. 139, 296). – [5] R. C. Thompson (On the Chemistry of Ancient Assyrians, London 1925, S. 53/4).

2.2.4.5.2 Braunstein in Ägypten und Afrika

"Braunstein" in Egypt and Africa

Der berühmte Archäologe W. M. Flinders Petrie [9] hat in einem zusammenfassenden Bericht über ägyptische Ausgrabungen erwähnt, daß Braunstein in drei Formen angetroffen worden ist: Wad bei Grabungen aus der XII. Dynastie (2000 bis 1788 vor Chr.), Pyrolusit bei solchen der XVIII. Dynastie (1580 bis 1350 vor Chr.) und, undatierbar, Psilomelan; über die Verwendung konnte er indessen keine Angaben machen. Doch hatte schon A. Lucas [10] festgestellt, daß die Verwendung von Braunstein in Gläsern und Glasuren in Ägypten sehr alt ist und auf eine frühe, nicht mehr genau festzulegende Zeit zurückgeht. W. Noll [11] konnte zeigen, daß in Ägypten die Manganschwarzmalerei, s. S. 204, in über viertausend Jahren keramischen Schaffens in Anwendung gekommen ist. Auch hat im Jahre 1892 A. Wiedemann [1] über eine andere Verwendung des Braunsteins berichtet: Es ist nämlich unter den in der einschlägigen Literatur allgemein für Antimonsulfid gehaltenen Funden ägyptischer Augenschminke, ägyptisch: *Kohl*, s. dazu auch „Blei" A1, 1973, S. 131/3, neben Bleisulfid gelegentlich auch feinst zerriebener Braunstein angetroffen worden. So bestand ein Fund aus Kahun (XII. Dynastie, 2000 bis 1788 vor Chr.) aus kupferhaltigem Braunstein, wobei angenommen wurde, daß das Kupfer zur Farbvertiefung dienen sollte; ein anderer Fund aus dem gleichen Ort, aber aus der XVIII. Dynastie (1580 bis 1350 vor Chr.) enthielt 20% MnO_2 neben anderen Manganoxiden, sowie kleine Mengen von Bleisulfid, Eisenoxid, Ocker und Kieselsaure und dürfte, meinte Wiedemann, aus gepulvertem Pyrolusit bestehen. Ein dritter Fund, aus der XIX. Dynastie (1350 bis 1205 vor Chr.), bestand aus Braunstein mit Spuren von Blei. – E. O. v. Lippmann [2] machte darauf aufmerksam, daß diese Verwendungsart des Erzes nach einem Dokument aus dem sog. *Papyrus Erzherzog Rainer* [3] noch im 9. nachchristlichen Jahrhundert in Ägypten anzutreffen war. – Braunstein und braunsteinhaltiger Hämatit ist nach J. de Morgan [4] tatsächlich an mehreren Orten der Sinai-Halbinsel zu finden, und die Ausbeutung dieser Lagerstätten durch die semitischen Ureinwohner schon vor der Ankunft der pharaonischen Ägypter nachgewiesen worden, eine Meinung, die auch G. Maspero [8] vertritt. Daß in der Antike auf der Sinai-Halbinsel die Manganerze, wie sie beispielsweise am Djebel Serbal in Eisenerzlagerstätten häufig einbrechen, im Gegensatz zu den Eisenerzen mit großer Aufmerksamkeit abgebaut worden sind, beobachtete E. Fraas, der Entdecker der antiken Türkisgruben auf der genannten Halbinsel [5]. – Auch in Nubien sind Braunsteinvorkommen in der Antike schon ausgebeutet und das Mineral mindestens seit der XVIII. Dynastie als Glas- und Emailfarbe verwendet worden, stellte J. Vercoutter [6] fest, ohne auf Einzelheiten näher einzugehen.

In Afrika ist auch eine der frühesten Verwendungen eines Manganminerals entdeckt worden: Bereits im Jahre 1931 haben R. A. Dart und N. del Grande bei Mumbwa in Nord-Rhodesien rohe, paläolithische Werkzeuge, Fäustel und Schlagsteine aus Psilomelan gefunden, später wurde 150 Meilen nordöstlich von Mumbwa ein steinzeitliches Manganbergwerk entdeckt und beschrieben [7]. Das Bergwerk dürfte um 4000 vor Chr. betrieben worden sein, wie aus der Form der Faustkeile geschlossen werden kann; da Beifunde fehlen, ist eine genaue Zeitbestimmung nicht möglich. Das Bergwerk scheint lange Zeit in Betrieb gewesen zu sein, denn die Menge der bei der Werkzeugherstellung anfallenden Abschläge betrug 3000 bis 4000 t. Man scheint das Mineral auch zu anderen Zwecken verwendet zu haben, da ein Quarzitreibstein gefunden worden ist, in dem sich noch Spuren pulverisierten Braunsteins fanden.

Literatur:

[1] A. Wiedemann (Varieties of ancient „kohl" in: W. M. F. Petrie, Medum, London 1892, S. 41/4). – [2] E. O. v. Lippmann (Beiträge zur Geschichte der Naturwissenschaften und der Technik, Bd. 2, Weinheim/Bergstr. 1953, S. 6). – [3] J. Karabacek (in: Papyrus Erzherzog Rainer, Führer durch die Ausstellung, Wien 1894, Nr. 841, S. 225). – [4] J. de Morgan (Recherches sur les Origines de l'Égypt, Bd. 1, L'Âge de la Pierre et les Métaux, Paris 1896/97, S. 225, 230). – [5] F. Freise (Z. Berg-Hütten-Salinenw. Deut. Reich **56** [1908] 347/416, 362).

[6] J. Vercoutter (in: Dictionnaire Archéologique des Techniques, Paris 1964, S. 660). – [7] R. A. Dart (Trans. Roy. Soc. S. Africa **22** [1934] 55/70). – [8] G. Maspero (The Down of Civilisation, London 1894, S. 334/5). – [9] W. M. F. Petrie (Descriptive Sociology, Ancient Egyptians, S. 49 nach [10]). – [10] A. Lucas (Ancient Egyptian Materials and Industries, 3. Aufl., London 1948, S. 296).

[11] W. Noll (Neues Jahrbuch Mineral. Abhandl. **133** [1978] 227/90, 278/91).

"Braunstein" in the Arabic World

2.2.4.5.3 Braunstein bei den Arabern

Das älteste Dokument arabischer Mineralogie, das *Steinbuch des Aristoteles* [1], das wohl schon vor dem Jahre 850 in arabischer Sprache von einem unbekannten, mit der griechischen und persischen Literatur wohlvertrauten Syrer geschrieben worden ist und als eine Übersetzung eines griechischen Originals gelten wollte, spricht nur ganz allgemein über die „vielen Arten des Steins Magnēsiya", den er dadurch kennzeichnet, daß er bemerkt: „die Herstellung des Glases werde nicht vollendet außer durch ihn"; vgl. S. 202. – Avicenna [Ibn Sina, 980 bis 1037], der berühmteste der arabischen Ärzte, weiß nur sehr wenig über die Magnesia zu berichten: „Magnesia quid est? Est in dispositionibus marchasitae et est melior ea [Was ist Magnesia? Sie gehört in die Ordnung der Markasite, ist aber besser als diese]" schrieb er in seinem berühmten *Canon*; doch ist im Kapitel Marchasita nichts zu finden, was auf Braunstein zu beziehen wäre [6].

Weit besser sind die Kenntnisse vom Braunstein des anderen berühmten arabischen Arztes Al-Rāzī, dessen voller Name Abu Bekr Muhammad Al-Razi sich gelegentlich zu Bubekr oder Bubacar verkürzt findet, und der ebenfalls um die Wende des 9. Jahrhunderts lebte [2], er schrieb in seinem Buche *Geheimnis der Geheimnisse* im 1. Hauptstück, 2. Abschnitt, 3. Die Steine, § 14 Die Magnīsiya: „Es gibt verschiedene Arten (Farben). Es gibt von ihr eine erdartige, schwarze Art, in der glänzende Augen sind. Dann gibt es von ihr auch harte, eisenartige Stücke, das ist die männliche. Dann gibt es noch eine rote, mit Kruste, das ist die weibliche; in ihr sind blitzende Augen und dies ist die beste ihrer Art" [3]. Der Übersetzer, J. Ruska, kommentiert: Man unterscheide auch heute noch zwischen Hart- und Weichmanganerzen, und die ‚blitzenden Augen' will er als kleine Kristallflächen gedeutet wissen, die beim Hinundherwenden der Stücke in der Sonne aufblitzten, vielleicht aber auch als metallglänzende Stellen auf glanzlosem Untergrund. Die in roter Krustenform auftretende Art hält er für Manganspat, der als Umlagerungsprodukt häufig auf Braunsteinlagerstätten vorkommt; die genaue Unterscheidung der verschiedenen Arten lasse auf Al-Rāzīs Kenntnis der Vorkommen in Persien schließen. Die Magnisiya wird mehrfach in diesem Werk angeführt, doch zweifelt J. Ruska daran, daß jedes Mal die beschriebene Magnisiya, die zweifellos Manganverbindungen bezeichnet, gemeint ist; daß zahlreiche Decknamen für dieses Erz in der Literatur vorkommen, darauf geht er nicht ein. – Männliche und weibliche Magnesia unterscheidet auch Abu'l Qāsim 'Abdallāh ben 'Alī ben Mohammad ben 'Alī Tāhir al-Qāšānī, vermutlich Angehöriger einer berühmten Töpferfamilie in Kasan, in seinem im Jahre 1301 [700 nach der Hedschra] verfaßten Werke *Buch von den Edelsteinen und Spezereien* [Gawāhir al-'arā'is wa 'atājib an-nafā'is], dessen letztes Kapitel über das Glasieren von Irdenware handelt. Unter den zwölf für die Herstellung von Glasuren benötigten Rohstoffen wird an achter Stelle – neben Gold- und Silbermarkasit, d.h. gelben und grauweißen Kiesen – die männliche und weibliche Magnesia genannt, zweifellos die oben genannten Manganverbindungen. Schwieriger ist die Deutung eines an siebter Stelle angeführten Stoffes, der mit *muzarrad* bezeichnet wird. Die wörtliche Übersetzung des arabischen Namens ist: „mit Panzerringen versehen". Der Rohstoff wurde aus den Bergen von Ğāğarm in Horāsān bezogen und diente zur Herstellung einer schwarzen Glasur. Einer der Übersetzer, R. Winderlich, brachte zur Erklärung zunächst Graphit in Vorschlag, dessen Verwendung in der Töpferei altbekannt ist, aber in der natürlich vorkommenden Form nie zur Verfertigung einer Glasur verwendet wird; dann verwies er auf eisenhaltige Kupfererze, die vielleicht [!] eine schwarze Glasur zu liefern vermöchten [4]. Eher ist hier wohl an ein gemischtes Eisen-Manganerz zu denken, das in der Glasurtechnik eine lange Geschichte hat, s. S. 204.

Von den späteren arabischen Gelehrten sind die angeführten frühen Angaben übernommen und weitergegeben worden, so schon in dem ausführlichen *Wörterbuch über die Heil- und Genußmittel* des Ibn al-Beitār aus Malaga [gestorben 1248], der die genannten Sorten der Magnisiya aufzählt, ihre Bedeutung für die Glasmacher erwähnt und noch hinzufügt: „Man braucht sie auch unter Collyrien [Augenheilmittel]; die Kraft dieser Erde ist kühlend, adstringierend, trocknend und die Unreinigkeit abstergierend [5]". – Siehe auch S. 24.

Literatur:

[1] J. Ruska (Das Steinbuch des Aristoteles, Heidelberg 1912, S. 160) – [2] E. O. v. Lippmann (Entstehung und Ausbreitung der Alchemie, Berlin 1919, S. 400). – [3] J. Ruska (Al-Rāzī's Buch Geheimnis der Geheimnisse in: Quellen Studien Geschichte Naturwissenschaften Med. **6** [1937] 86, 43). – [4] H. Ritter, J. Ruska, F. Sarre, R. Winderlich (Orientalische Steinbücher und persische Fayencetechnik, Istanbul. Mitt. **1935**, Heft 3, S. 36 nach K. Röder, Z. Deut. Morgenländ. Ges. **14** [1935] 225/42, 231/2). – [5] Ibn al-Baitār (Große Zusammenstellung über die Kräfte der bekannten einfachen Heilmittel von Abu Mohammed Abdallah ben Ahmed aus Malaga, bekannt unter dem Namen Ebn Baithar, aus dem Arabischen übersetzt von J. v. Sontheimer, Bd. 2, Stuttgart 1842, S. 523).

[6] Avicenna (Liber Canonis, de Medicinis, Cordialibus et Contica, Buch 2, Tractat 2, Kap. 473, Venedig 1544, Fol. 142r).

2.2.4.5.4 Braunstein in China

"Braunstein" in China

Ob Manganerze ähnlich den Arsenverbindungen zum Weißen von Kupfer (Spiegelmetall) benutzt worden sind, ist nicht bekannt [1], aber der Braunstein wurde von etwa dem Jahre 973 nach Chr. an in pharmazeutischen Naturgeschichten beschrieben unter der Bezeichnung *wu ming i*, also etwa seit dem Erscheinen des *Khai-Pao Pên Tshao* [Pharmakopöe der Khai-Pao-Periode] des Sang. – Die Tatsache, das im Anfang des 20. Jahrhunderts ein Spiegeleisen [ching tzu thieh] mit 20% Mn in großen Mengen aus China exportiert wurde, könnte man als Hinweis darauf betrachten, daß der Braunstein schon früher bekannt war und wohl auch angewendet wurde. Die Gelehrten europäischer Herkunft, die die moderne Chemie nach China brachten, prägten für Stoffe, die dort nicht bekannt waren, in einigen Fällen, so auch für das metallische Mangan, einen neuen Ausdruck, der keinerlei Beziehung hatte zu der oben angegebenen Benennung für das Mangandioxid. Heute wird für das Metall der phonetische Ausdruck *meng* benutzt [2]. – Sicher bekannt waren die recht häufig in Szechnan vorkommenden dendritischen MnO_2-Bildungen, die *sung lin shih* [Kieferwaldsteine] genannt wurden, und deren früheste Beschreibung durch Chao Hsi-Ku (13. Jahrhundert) gegeben wurde [3]. – Siehe auch S. 77.

Literatur:

[1] J. Needham, Lu Gwei-Djen (Science and Civilisation in China, Bd. 5, Chemistry and Chemical Technology, Tl. 2, Spagyrical Discovery and Invention, Magisteries of Gold and Immortality, Cambridge 1974, S. 191). – [2] J. Needham, Lu Gwei-Djen ([1], Bd. 5, Tl. 3, Spagyrical Discovery and Invention, Historical Survey, from Cinnabar Elixirs to Synthetic Insulin, Cambridge 1976, S. 252). – [3] J. Needham, Wang Ling (Science and Civilisation in China, Bd. 3, Mathematics and the Sciences of the Heavens and the Earth, Cambridge 1959, S. 613).

"Braunstein" in Pre-Columbian America

2.2.4.5.5 Braunstein im vorkolumbianischen Amerika

Über die Verwendung von Braunstein im vorkolumbianischen Amerika liegen kaum Angaben vor. Außer der S. 78 erwähnten medizinischen Verwendung in Honduras ist noch bekannt geworden, daß bei den Töpfereien der prähistorischen Pueblo-Indianer (Blütezeit: 900 bis 1300 nach Chr.) sich vier Arten von schwarzen Farben unterscheiden lassen, von denen drei aus Kohlenstoff mit Eisenoxid Fe_2O_3 bestehen, die vierte aber aus meist ebenfalls eisenhaltigem Braunstein [1].

Literatur:

[1] F. M. Hawley (J. Chem. Educ. **8** [1931] 35/42).

Special Forms of "Braunstein": Black Wad, Umber, Bister

2.2.4.6 Besondere Formen des Braunsteins: Schwarzer Wad, Umbra, Bister

Schwarzer Wad. In seinen *Elements of Mineralogy* berichtete R. Kirwan [1] über eine besondere Braunsteinform seiner Heimat: „Eines der merkwürdigsten Braunsteinerze ist das sogenannte schwarze Wad; es ist von dunkelbrauner Farbe; theils in Pulver, theils verhärtet, und zerbrechlich. Wenn man ein halbes Pfund hiervon vor dem Feuer trocknet, und hernach eine Stunde abkühlen läßt, und dann zwey Unzen Leinöl allmählig hinzu giest, und sie nur wenig, wie etwa Hefen mit Mehl, vermischt, so werden sich kleine Klumpen bilden; und in einer kleinen halben Stunde wird das Ganze warm werden, und endlich in eine Flamme ausbrechen; wie ich verschiedenemal bey Sir Jos. Banks [1743 bis 1820, Reisebegleiter Capt. Cooks, Präsident der Royal Society] gesehen habe. Die Temperatur des Zimmers, worinn das Experiment geschah, war etwa 50° [F]. Die Hize, der das Erz um zu trocknen, mochte ausgesetzt gewesen seyn, war etwa 130° [F] ... Nach Herrn Wedgewood's Zerlegung, enthalten 100 Theile schwarzen Wad's, 43 Braunstein, 43 Eisen, 4.5 Bley und 5 Glimmer." Als Fundort gibt J. Black [35] Winster in Derbyshire an und vermerkt, daß „die brennende Masse einen gewürzhaften, keineswegs unangenehmen Geruch ausstoße". Kirwan hatte T. Bergman, wie dieser in seiner letzten, 2 Tage vor seinem Tode vollendeten Arbeit berichtet [2], eine Probe des Wad zur Analyse zugesandt; Letzterer fand darin mit Kalk vermischten Braunstein, 12% SiO_2, weiter Bleioxid und ‚Schwererde' [Barit], zusammen 6%. Bei diesem geringen Unterschied zum gewöhnlichen Braunstein vermutete Bergman, daß jeder Braunstein die gleiche oxidierende Wirkung zeigen könne. Dieses eigenartige ,Erz' lief unter vielen verschiedenen Namen, alle auf das geringe spezifische Gewicht oder das Abfärben beim Berühren anspielend: Manganschaum, Braunsteinschaum, Mangan-Graphit, schaumiger Wad-Graphit, Schaumerz und Rahmerz werden im 19. Jahrhundert in einem *Handwörterbuch der reinen und angewandten Chemie* [3] aufgezählt und die Mineralogen haben ihm außerdem noch zahlreiche Benennungen gegeben, wobei sie versuchten, die jeweils hauptsächlichste Verunreinigung (Kobalt, Eisen, Kupfer, Blei, Aluminium, Lithium) erkennbar zu machen [4]; schon G. Agricola [5] hat ein kobalthaltiges Wad als Cobaltum nigrum [schwarzer Kobalt] angeführt. – Die heute gültige Hauptbezeichnung *Wad* entstammt dem Englischen und ist unbekannter Herkunft [6]. – Möglicherweise hat, wenigstens nimmt H. O. Lenz [7] dies an, schon die Antike unter den Begriff Wad fallende Erze gekannt. Theophrastus von Eresos (372 bis 322 vor Chr.) schreibt nämlich [8]: „In den Bergwerken von Skapte Hyle [an der Küste Thraziens] hat man einst einen Stein gefunden, der faulem Holze ähnlich sah. Gießt man Öl auf ihn, so brennt er, zeigt sich aber, wenn die Flamme erloschen, unverändert." – Die vorstehend erwähnte Erwartung Bergmans, jeder Braunstein könne die gleiche Erscheinung der Oxidation organischer Substanzen hervorbringen, hat im Jahre 1822 J. W. Döbereiner [9] bestätigen können: „Wenn man locker zusammenhängenden Braunstein ... in erhitztem Zustande mit Alkoholdampf unter Zutritt von Luft in Berührung bringt, so wird er wie erhitzter Platindraht plötzlich glühend, und bleibt dies so lange, als Alkoholdampf und Sauerstoffgas vorhanden sind ... Der Braunstein wird dadurch in rothes Oxyd verwandelt."

Umbra. Unter der Bezeichnung Umbra – für die Herkunft dieser Benennung gibt G. C. Wittstein [10] und vor ihm C. F. A. Hochheimer [11] den angeblich ersten Fundort dieses Farbkörpers, die Landschaft Umbrien in Italien, I. C. Gentele [12] das lateinische Wort *umbra* = Schatten an, da „alle Umbraune einen schwärzlichen Farbton" hätten – läuft eine reich nuancierte Reihe dunkelbrauner Körperfarben der verschiedensten Zusammensetzung. Man unterscheidet zwischen echten Umbren (Umbraunen), die vorwiegend aus MnO_2 bestehen und einen mäßigen Gehalt an ungefärbten Silikaten mit kolloid dispersen Anteilen haben, und Ockerumbren, die wenig Mangan, dagegen viel Eisenhydroxid mit natürlichen, ungefärbten Silikaten und Carbonaten enthalten [13], sogar eine viel Eisenoxid enthaltende Braunkohle lief unter diesem Namen [14], wie schon J. H. Pott [36] im Jahre 1751 beobachten konnte. – Die natürlichen echten Umbren finden sich auf Braunspat- und Spateisenstein-Verwitterungsplätzen, zum Beispiel in Saalfeld in Thüringen, im Harz, am Rhein, in Bayern, in Hessen, in Oberfranken, im Elsaß, in Belgien, Holland, England, Italien, Sizilien, auf der Insel Zypern, in Kleinasien und an vielen anderen Orten der Welt [15] und werden häufig nach ihrem Herkunftsort zubenannt, wie beispielsweise die zyprische Umbra [11], das Cappaghbraun aus der Grafschaft Cork (Irland) oder das Kalledonischbraun [16]. – Das offenbar häufige Vorkommen dieser schönen Farbe erklärt leicht, daß schon die Künstler der Steinzeit bei ihren Malereien in den Höhlen Spaniens und Frankreichs sie verwendeten neben Rötel, Ocker und zerriebener Holzkohle, zumal sie sich, wie K. Herberts [17] gezeigt hat, auch ohne Bindemittel wie Fett, Milch oder Blut, nur als wäßrige Suspension aufgetragen, mit dem Kalksinter verfestigte, so daß man von diesen Malereien als „natürlichen Fresken" sprechen kann [18]. Auch in römischen Wandgemälden, vor allem in Pompeji, ist die Verwendung der Umbra nachgewiesen; nach G. Vasari [1511 bis 1574] ist sie zur Zeit Cenninis, also im 15. Jahrhundert, in der Malerei nicht benutzt worden. Dies ist nach W. Gerstner [19] durchaus möglich, da es bekannt ist, daß manche andere Farben des Altertums im Mittelalter aus der Technik der Maler verschwunden sind und erst im 15. oder 16. Jahrhundert wieder eingeführt wurden. Bekannt ist, daß seit dem 15. Jahrhundert Umbra zum Antönen von Zeichenpapieren naß oder trocken verwendet wurde, daß sie zur Herstellung farbiger Tinten für Federzeichnungen in Deutschland im 16. und 17. Jahrhundert benutzt, oder wie Rötel, von einigen Beispielen aus dem 17. Jahrhundert abgesehen, erst im 18. Jahrhundert in Frankreich verbreitet als

Zeichenstift verwendet wurde [20]. Jedenfalls wird sie im Jahre 1584 in der Künstlerfarbenliste des Borghini aufgeführt, sie kann, da alkalibeständig, in allen Maltechniken verwendet werden, und diente als Öl-, Anstrich- und Künstlerfarbe für die Kalk-, Fresko- und (im 19. Jahrhundert) Wasserglasmalerei, als Vergoldergrund, für die Imitation von Holzmaserung zu Holzbeizen und auch zur Firnisbereitung. Die grünlichen Umbrasorten waren bei den Künstlern früher besonders geschätzt, das schönste grünstichige Produkt sollte von der Insel Zypern stammen, dort scheint Umbra jetzt nicht mehr gegraben zu werden [15]. Ende des 18. Jahrhunderts wurde sie „zur feinen Malerey ... nicht mehr gebraucht. Doch wird in dem sächsischen Erzgebürge, und nahmentlich zu Annaberg, Scheibenberg und Schwarzenberg, noch viel gegraben, geschlemmet, in viereckigte Formen gebracht, und in Fässern verkauft" [11]. In Thüringen, wo man die sonst Umbra genannten Zersetzungsprodukte als *Mulm* bezeichnete (das Wort gehört zu *mahlen* und ist eigentlich Benennung für das braune, verfaulte, pulverförmig gewordene Holz in hohlen Bäumen), ist sie nicht nur in der beschriebenen Weise verarbeitet, sondern auch teilweise unbehandelt in Kugelform verkauft worden [12, 15]. – Man hat ähnlich wie den Ocker auch die Umbra „gebrannt", das heißt einer Glühung unterzogen, um einen anderen Farbton zu erhalten: „Wenn man sie glühet, so erhält sie eine völlig braunrothe Farbe", behauptet C. F. A. Hochheimer [11], wird sie aber nur einem schwachen Glühen ausgesetzt, so gehen die Produkte der meisten Fundorte in die farbtiefere „Gebrannte Umbra" über, die unter dieser Bezeichnung, aber auch als Kastanienbraun, Rehbraun, Samtbraun oder Mangansamtbraun eine bekannte Malerfarbe ist [12, 15]. Manche Umbren, so das oben erwähnte Kalledonischbraun, werden beim Glühen fast schwarz [16].

Mineralischer Bister. Auf der Faser entstehende braune Manganoxide dienten im 19. Jahrhundert unter der Bezeichnung [mineralischer] Bister den Stoffdruckern als sehr beständige Farbe, so benannt nach einem in der Aquarellmalerei und als Tinte benutzten, aus Glanzruß hergestellten, lange Zeit begehrten, heute nicht mehr verwendeten Farbstoff [21]. Der erste Hinweis auf die namengebende Farbe dürfte sich unter der Bezeichnung *caligo* = Rauch in Jehan de Begues *Tabula de Vocabulis Sinonymis et Equivocis Colorum* [Tafel der synonymen und gleichbedeutenden Farb-Benennungen] (1431) finden, bei den Italienern noch des 16. und 17. Jahrhunderts hieß er *caligine* oder *fuligine*. Die Bezeichnung *bistre* taucht erst im 16. Jahrhundert in Frankreich auf und wird nach und nach Gemeingut, seine Herkunft ist unbekannt [22, 23]. Es ist darum angenommen worden, daß es aus dem deutschen mundartlichen biester-düster ins Französische gekommen sei [24], doch ist die Ableitung von dem im Französischen und Provençalischen auftretenden *bis* (aus dem mittellateinischen *bisus*) = schwarzbraun weit eher anzunehmen [25]. – Der mineralische Bister taucht erstmals in der deutschen Literatur – zunächst noch ohne diese Benennung – im Jahre 1834 auf, als J. W. Döbereiner [34] nach einem Hinweis durch einen „glaubwürdigen Mann in Elberfeld" feststellen mußte, daß die allgemeine Meinung, Mangan(II)-salze würden von den Färbern „zum Auflösen [d.i. Reduzieren] des Indigs" benutzt, nicht zutreffen könne. Er sei aber der wahren Verwendung auf die Spur gekommen, da ihm „ein preussischer Kattunfabrikant eine ‚Probe englischen [bedruckten] Kattuns von eigenthümlich umbraunartiger Grundfarbe'" mit der Bitte um Untersuchung zugesandt habe und dabei die Farbe sich als Braunstein erwiesen habe, den man offenbar auf die Faser gefällt habe. Döbereiner empfahl, die Farbe durch Reduktion von Braunstein mit Alkohol in Pulverform herzustellen, der Prozeß gehe „schnell unter glühendem Verbrennen des Alkohols und mit Entwicklung von Lampensäure vonstatten, wobei jeder Krystall des Hyperoxyds in die kleinsten Staubtheilchen zerfällt". Welche Bedeutung diesem Bister dann in der Folge zukam, geht aus den Lehrbüchern von F. F. Runge [26, 27] hervor, der über den Bister ausführlich berichtet und ein technisch brauchbares Verfahren für den Zeugdruck liefert: „Das künstliche Manganoxydhydrat verdient hier noch eine Erwähnung, weil die Mode es meinen Lesern unter die Augen führt, ohne daß sie sich dabei vielleicht seines Namens und seiner Bereitungsart bewußt geworden sind. Das schöne

Bister, welches man jetzt vielfältig auf Kleider- und Möbelkattunen sieht, ist dieses Hydrat. Es entsteht, wenn Manganoxydulhydrat aus der Luft Sauerstoff aufnehmen kann. Wird demnach ein Stück Zeug mit einer Auflösung von Chlormangan getränkt, und nach dem Trockengewordensein in Kalilauge getaucht, so schlägt sich anfangs Oxydulhydrat auf die Faser nieder, das nach und nach in Oxydhydrat übergeht, und sich dadurch noch inniger mit der Faser verbindet. [Absatz] Es würde diese Farbe zu keinem so allgemeinen Gebrauche gekommen sein, wenn sie nicht neben ihrer Echtheit gegen Licht, Luft und Seife auch wiederum leicht zu zerstören und vom Zeuge zu entfernen wäre. Ihr Verhalten zur Chlorwasserstoffsäure und dem Zinn macht dieß möglich. Wird ein Stück Kattun, welches mit Manganbister gefärbt ist, in Chlorwasserstoffsäure getaucht, so verliert es bald seine Farbe und wird weiß. Es entsteht nämlich Chlormangan unter gleichzeitiger Entwicklung von Chlor. Dasselbe geschieht, wenn man starke Salzsäure, mit Gummi [arabicum] verdickt, aufdruckt. Die bedruckten Stellen werden weiß und bleiben es auch nach dem Auswaschen. Man wird aber bald bemerken, daß sie sehr mürbe sind und zerreißen. Dieß ist die Wirkung des Chlors. Man sieht also, welch ein Fehler ein Kattundrucker begeht, wenn er auf diese Weise weiße Muster auf den braunen Grund anätzen will. Zum Glück beseitigt ein Zusatz von Zinn alle Gefahr und erleichtert den Prozeß. [Absatz] Wenn man sich nämlich eine Beize bereitet, die aus gleichen Gewichtstheilen Einfach-Chlorzinn, Wasser und Salzsäure besteht, und mit dieser, nachdem sie mit Tragant verdickt worden, druckt, so erhält man ein schönes, scharfbegrenztes Muster ohne Nachtheile für die Haltbarkeit des Zeuges, wenn es nur bald nach dem Druck ausgewaschen wird. Es wird nämlich hier kein Chlor frei, das Zinn verbindet sich damit zu Zweifach-Chlorzinn. Durch Vermischen der Zinnbeize mit den Absuden von Fernambuk, Blauholz und Persischen Beeren [Gelbbeeren, Früchte von Rhamnus tinctoria] erhält man anstatt der weißen farbige Muster." Als Beispiel für das Verfahren ist Runges erstem Buche [26] eine 30 × 30 mm große, bedruckte, dreifarbige Kattunprobe eingeklebt; in seinem späteren Grundriß der Chemie [27] geht Runge für die Herstellung des Bister vom Manganvitriol aus und erwähnt die Beizmoglichkeiten nicht mehr, die modischen Farben waren wohl andere geworden. – Erst rund 40 Jahre später taucht Mangan-Bister wieder in der Literatur auf, als Balanche [30, 31] im Jahre 1882 eine Manganchlorid, Kaliumbichromat und Natriumacetat enthaltende Paste zum Zeugdruck bekannt gab, nachdem zwei Jahre vorher A. Endler [32] schon die Oxidation der Manganverbindungen mittels Chromaten beim Färben vorgeschlagen hatte. Es war für die Zeugdrucker wegen der Möglichkeit der Farbätzung wichtig zu wissen, ob bei den Chromat verwendenden Verfahren Manganoxide oder Mn-Cr-Verbindungen entstehen, A. Wurz [33] mindestens nahm das Auftreten einer derartigen Verbindung an.

Eine andere Anwendungsmöglichkeit der leichten Oxidation von Mangansalzen unter Bildung von Braunstein sah C. F. Schönbein [29] gegeben durch seine Beobachtung, daß auch trockenes Mangansulfat durch das von ihm entdeckte Ozon angegriffen wurde: Die Reaktion sollte nicht nur zum Nachweis dieses Gases dienen, sondern auch als Geheimtinte (sympathetische Tinte) benutzt werden; er meinte, man könne sie auch zum Färben von Stoffen verwenden [28].

Literatur:

[1] R. Kirwan (Anfangsgründe der Mineralogie, deutsch von D. L. Crell, Berlin-Stettin 1785, S. 390). – [2] T. Bergman (Chem. Ann. Crell **1784** II 387/400, 397/400). – [3] T. Scheerer (in: J. Liebig, J. C. Poggendorff, F. Wöhler, Handwörterbuch der reinen und angewandten Chemie, Bd. 5, Braunschweig 1851, S. 110). – [4] J. D. Dana, E. S. Dana (The System of Mineralogy, 7. Aufl., herausgegeben von C. Palache, H. Berman, C. Frondel, Bd. 1, New York-London 1946, S. 566/73). – [5] G. Agricola (Bermannus, sive de Re Metallica Dialogus [Erstausgabe 1530] in: Opera, Basel 1558, S. 459).

[6] Encyclopaedia Britannica, Bd. 23, London-Chicago-Toronto 1959, S. 265. – [7] H. O. Lenz (Mineralogie der Griechen und Römer, Gotha 1861, S. 19 Fußnote 63). – [8] Theophrastus (De Lapidibus 17 in: E. R. Caley, Theophrastus, On Stones, Columbus, Ohio, 1956, S. 21, 48, 88/9). – [9] J. W. Döbereiner (Schweiggers J. Chem. Physik **34** [1822] 91/2). – [10] G. C. Wittstein (Vollständiges etymologisch-chemisches Handwörterbuch, Bd. 2, München 1847, S. 749).

[11] C. F. A. Hochheimer (Chemische Farbenlehre oder ausführlicher Unterricht von Bereitung der Farben zu allen Arten der Malerey, Leipzig 1792, S. 117). – [12] I. C. Gentele (Lehrbuch der Farbenfabrikation, Braunschweig 1888, S. 72). – [13] H. Wagner, G. Hofmann (Umbra, Veröffentlichung Fachausschuß Anstrichtechnik VDI, Heft 8, Düsseldorf 1931, S. 28). – [14] R. Rübencamp (in: F. Ullmann, Enzyklopädie der technischen Chemie, 2. Aufl., Bd. 4, Berlin-Wien 1929, S. 478/9). – [15] R. Haug (in: F. Kittel, Pigmente, Herstellung, Eigenschaften, Anwendung, Stuttgart 1960, S. 302, 304).

[16] G. Zerr, R. Rübencamp (Handbuch der Farbenfabrikation, 4. Aufl., Berlin 1930, S. 189). – [17] K. Herberts (10000 Jahre Malerei und ihre Werkstoffe, 2. Aufl., Wuppertal 1939, S. 11/2). – [18] W. Gerstner (Die BASF **24** Nr. 3 [1974] 18/26, 18). – [19] W. Gerstner (Die BASF **27** Nr. 2 [1977] 60/75, 63). – [20] J. Meder (Die Handzeichnung, ihre Technik und Entwicklung, Wien 1919, S. 47, 71, 130).

[21] H. Römpp (Chemie-Lexikon, 6. Aufl., herausgegeben von E. Ühlein, Bd. 1, Stuttgart 1966, S. 699). – [22] J. Meder (Die Handzeichnung, ihre Technik und Entwicklung, Wien 1919, S. 66/7). – [23] A. Dauzat, J. Dubois, H. Mitterand (Nouveau Dictionnaire Éthymologique et Historique, Paris 1964, S. 90). – [24] D. Sanders (Wörterbuch der deutschen Sprache, Bd. 1, Leipzig 1876, S. 128). – [25] A. Heyes (Fremdwörterbuch, 21. Aufl., Hannover 1922, S. 118).

[26] F. F. Runge (Technische Chemie der nützlichsten Metalle, 1. Abtheilung, Berlin 1838, S. 88/90). – [27] F. F. Runge (Grundriß der Chemie, Theil 2, München 1847, S. 7). – [28] C. F. Schönbein (Ann. Physik Chem. [2] **72** [1847] 457/9). – [29] C. F. Schönbein (Ann. Physik Chem. [2] **72** [1847] 462/5). – [30] Balanche (Bull. de Rouen **1882** 579 nach Jahresber. Chem. Technol. **1884** 1101/2).

[31] Balanche (Monit. Sci. **1882** 579 nach Dinglers Polytech. J. **249** [1883] 36/7). – [32] A. Endler (Bull. de Mulhouse **1880** 27 nach Jahresber. Chem. Technol. **1884** 1102). – [33] A. Wurz (Dictionnaire de Chimie, Bd. 1, S. 895 nach [31]). – [34] J. W. Döbereiner (J. Prakt. Chem. **1** [1834] 450/2). – [35] J. Black (Vorlesungen über die Grundlagen der Chemie, deutsch von L. v. Crell, Bd. 3, Hamburg 1805, S. 311 nach M. H. Klaproth, F. Wolff, Chemisches Wörterbuch, Bd. 3, Berlin 1808, S. 470).

[36] J. H. Pott (Fortsetzung der Chymische Untersuchungen, welche fürnehmlich von der Lithogeognosia handeln, Berlin-Potsdam 1751, S. 16).

Chamaeleon minerale. Manganese Acids.

2.2.5 Chamaeleon minerale. Die Mangansäuren

2.2.5.1 Das Chamaeleon minerale

Chamaeleon minerale

Die erste Beschreibung des Chamaeleon minerale, jedoch ohne diese Bezeichnung für das eigentümliche Verhalten der Lösung der Kalisalze der Mangansäuren zu gebrauchen, findet sich in den im Jahre 1659 erschienenen *Dritten Theil* von *Theutschlandes Wohlfahrt* von Johann Rudolph Glauber (1604 bis 1670), den P. Walden [1] den „größten Chemiker jener Zeit, d. h. des 17. Jahrhunderts" nennt, in dem mit *Prophezeyungh Doctoris Philippi Theophrasti Paracelsi. Vom Löwen aus Mitternacht* überschriebenen Abschnitt [2]; darin schildert er ausführlich, was er über die Magnesia weiß und wie seine Beobachtungen bei den Versuchen über die Glasfärbung und die Behauptungen des Paracelsus ihn zu weiteren Experimenten veranlaßten:

„Demmegst sagt er / es sein drey grosse Schätze begraben / wer solche findet / derselbe solte zu einem grossen Triumph geführet werden. Diese Orter / welche Paracelsus benennet / da die Schätze begraben sein sollen / sein solche Orter / da herzliche Mineralien gegraben werden / vnd sonderlich eine solche Minera, die nicht gemein ist / darinnen ein mächtige hohe Tinctur [wörtlich: Farbe, besonders die, die bei der Transmutation wirksam werden kann] verborgen / dergleichen sonsten weder in dem Golde / noch in andern kleinen / oder grossen Metallen oder Mineralien zu finden. Ich halte dafür / Paracelsus habe diese Mineram gekent / ein Tinctur darauß bereitet / vnd dahero solche Schätze also verblümbt beschreiben wollen. Wer sie finden / daß ist / wer solche heraus graben / vnd eine Tinctur daraus bereiten könte / der würde ohne zweiffel zu grossem Triumph geführet werden / wann er sich bekant machen wolte? ... Was dieses nun für eine Minera sey / darinnen GOTT solche hohe Tinctur gelegt / vnd vor den Hoffertigen / vnd Geitzigen Augen begraben / vnd verborgen hatt / geziemet sich nicht zu offenbahren; Dieweilen aber GOTT alles in Handen hatt / vnd dehnen ers günt geben / vnd andern nehmen kan; Derhalben fürchte ich gahr nicht / wann ich solches subjectum gleich bekant mache / daß so leichtlich jederman den tieffbegrabenen Schatz daraus ziehen wird. So viel hab ich erfahren / daß viel eine höhere Tinctur darin verborgen / alß in keinem einigen Metal, oder Mineral zu finden. Daß ich aber ein Universal Tinctur daraus solte gezogen / vnd fix gemacht haben / daß sage ich nicht / dan meine Zeit vnd gelegenheit solches biß dato niemahlen leiden wollen. Particulariter hab ich vielmahl die Lunam [Mond = Silber] darmit gradirt, das sie etwas bestendiges Sol [Sonne = Gold] hinterlassen / daraus ich gemercket / das viel gutes damit außzurichten / wann solche flüchtige Tinctur nach der Kunst fix vnd flüssig gemacht würde; ... [Absatz] Den Nahmen solches subjecti betreffend / so wird es Magnesia saturnina genant. Diese zwischen Franckreich / vnd Spanien in dem Piemontischen Gebirg / wird Magnesia Piemontana ins gemein genant / sie ist aber gahr ungleich / dan etliche ist grauschwartz / welche von den Glaßmachern zu Venedig gebraucht wird / wann sie ein wenig im schmeltzen unter daß Glaß thun / selbiges hell vnd klahr darmit zu machen / daß Glaß erlang anfänglich davon gantz ein Purpur, oder Ametisten Farb / aber die Farb bleibt über ein Stunde nicht / sondern verrauchet / weil sie noch unfix ist / vnd daß Glaß wird gantz hell davon; Wollen sie aber daß Glaß Purpur behalten / so müssen sie solches / sobald die Magnesia darin geschmoltzen / verarbeiten / so bleibt die Farb im Glaß. Vor vielen Jahren / da ich noch in geringern dingen mich geübet / vnd die Cristallen in allerhand Farben Gläser bereitet / davon in dem Vierdten Theil meiner Offen zu sehen / hab ich erfahren / das solche schöne Purpur Farb nicht fix im Fewr sey / vnd daß solche Magnesia auch sehr viel unreinigkeit bey sich hat / dardurch mir meine Gläser dunckel worden; Gleichwoll hab ich nicht nachgelassen / die reine Tinctur durch Kunst daraus zu ziehen / vnd von den vnreinen fecibus zuscheiden / darzu ich vielerley Menstrua gebraucht / habe aber soviel als nichts darmit außrichten können / biß daß ich endlich solche Magnesiam mit einem fixen Salpeter vermischt / vnd beederley im Tiegel starck zu sammen kochen lassen / da hat mein Salpeter das Corpus Magnesiae auffgeschlossen / vnd ist auß beiden ein schöne Purpur-Farbe Massa worden / dieselbe hab ich außgossen / pulverisirt, mit warmem Wasser extrahirt, vnd viltrirt, endlich aber einen überaus schönen Purpur-Farben fewrichen liquorem bekommen / welcher schier alle Stunden / nur in der kälte also stehende / sich an Farben verendert / baldt ist er Graßgrün / bald Himmelblaw / baldt Bluthroth von sich selber worden / baldt hat er wieder andere schone Farben an sich genommen / auß welchem liquore ich dan noch einmahl das reinere theil separirt, vnd endlich solches rothe Pulver zu meiner Glaß färbung gebrauchet / davon mir zwar die Gläser schon worden sein / aber weil die Tinctur noch flüchtiger wahr / alß der Stein selber / davon sie gezogen / hab ichs auch müssen stehen lassen: Dardurch aber gleichwohl erfahren / daß eine mächtige Tinctur in gedachter Magnesia verborgen / hab auch seithero den sachen weiters nachgedacht / die Magnesiam also flüchtig auff die Lunam [Mond = Silber] versucht / vnd etwas Sol [Sonne = Gold] gefunden / aber zur volligen fixation wegen manglung der Zeit / vnd überhäuffung vieler unruhigen Geschefften weiters nichts darmit vornehmen können. Bin aber der meinung / wann es GOTT einem gönnen wolte / das man daraus eine Tincturam, auff Metallen vnd Menschen / bereiten könte; Dieses sein meine Gedancken / weiß aber gahr wohl / daß die Spötter vnd Ignoranten nur daß gelächter davon treiben werden / dehnen ichs nicht wehren kan. [Absatz] Dieser in Friaul ist eine Magnesia saturnina, vnd viel reiner vnd besser / als der in Piemont, auch ist mehr Tinctur darin / welche sich durch den Salpeter extrahiren, oder außgraben läst: Vnd obwohlen die Minera grawlicht / dannoch der Salpeter also balden eine überaus schone grüne herauß ziehet / welche sich gleicherweise in Purpur, Blaw / Roth / vnd wieder in Grün verwandelt / auch also flüchtig ein jewedere Lunam [Mond = Silber] gradirt, vnd etwas Güldisch macht. Diese beede Mineralia hab ich vielmahl unterhanden gehabt / vnd einen grünen Lewen dardurch zu wegen gebracht / aber weiters bin ich darmit nicht kommen ..." –

Im Jahre 1715 erschien eine Gesamtausgabe der Glauberschen Werke unter dem Titel: *Glauberus Concentratus oder Kern der Glauberischen Schriften, worinnen alles unnöthige Streit-Wesen weggelassen, was nutzbar ist, in die Enge gezogen / und was undeutlich oder verstecket, so viel möglich klar gemacht, und in Form eines Leicht begreifflichen Processes gebracht worden. Auffgesetzet Von einem Liebhaber Philosophischer Geheimnisse.* Der stark gekürzte Text der Erstausgabe läßt nach dieser Redaktion nicht mehr erkennen, welche Bedeutung der Magnesia von den Alchemisten beigemessen wurde und welche Versuche J. R. Glauber zu seiner näheren Untersuchung des Braunsteins und damit zur Entdeckung des Chamaeleon minerale führten [3]: „... Die drey grossen begrabenen Schätze / so ihren Erfinder zu einem grossen Triumph führen werden / und die vom Paracelso angezeigte Oerter derselben / seynd solche Oerter / da herrliche Mineralien gegraben werden / und sonderlich eine nicht gemeine Minera, worinn eine mächtige hohe Tinctur verborgen / dergleichen weder im Gold / noch in keinem einigen Metallo oder Minerali anzutreffen. Weil es nun die Zeit ist / da GOTT haben will / solche Paracelsische Mineram zu offenbaren / so will ich ihren Namen auch kund machen / welcher ist Magnesia Saturnina. Diese nun in Friaul ist die reinste und beste / und ist am meisten Tinktur drinn / welche sich per nitrum [Salpeter] extrahiren / oder ausgraben lässet: und obwohl die Minera graulicht / dannoch der nitrum [Salpeter] eine überaus schöne Grüne extrahiret / welche sich gleichweise in purpur / blau / roth / und wieder in grün verwandelt / auch also flüchtig eine iede Lunam [Silber] gradirt / und etwas goldisch machet. Der andere Schatz zwischen Schwaben und Baeyern ist diesem nicht viel ungleich. Der dritte zwischen Spanien und Franckreich im Piemontesischen Gebürg wird Magnesia Piemontana communiter genannt / sie ist aber gar ungleich / dann etliche ist grau-schwartz / wird von den Venetianischen Glasmachern gebraucht / wann sie ein wenig im Schmeltzen unter das Glas thun / selbes hell und klar damit zu machen / so wird das Glas anfänglich gantz Purpur- oder Amethisten-Farb / aber die Farbe verraucht in einer Stunde / weil sie noch unfix ist / und das Glas wird gantz hell davon. Wann man aber das Glas / sobald als die Magnesia geschmoltzen / verarbeitet / so bleibt die Farb im Glas / Ich habe solche Magnesiam mit fixem nitrum [Salpeter] miscirt / und zusammen im Tiegel starck kochen lassen / so hat der Salpeter die Magnesiam auffgeschlossen / und ist aus beeden eine schöne purpurfarbe Massa worden. Diese habe ich ausgegossen / pulverisirt / mit aqua calida [warmes Wasser] extrahirt / filtrirt / und einen überaus schönen purpurfarben feurigen Liquorem bekommen / welcher schier alle Stunden nur in der Kälte sich an Farben verändert / bald ist er Gras-grün / bald Himmel-blau / bald Blut-roth von sich selbsten worden / bald hat er wieder andere schöne Farben an sich genommen; aus welchem Liquore ich dann noch einmal das reinere Theil separirt / und endlich solches rothe Pulver zur Glas-Färbung gebraucht / wovon mir zwar die Gläser schön worden / aber weil die Tinctur noch flüchtiger war als der Stein selbst / woraus sie gezogen / habe ichs auch müssen stehen lassen: soviel aber habe ich erfahren / daß eine mächtige Tinctur in gedachter Magnesia verborgen / dann da ich die Magnesiam also flüchtig nur auf Luna [Silber] versucht / fande ich etwas Sol [Gold]. Ich gratulire dem / der diese Tinktur figiret / zu einer Panacée [= Universalheilmittel, von griechisch πᾶν (pan = alles) und ἀκέομαι (akeomai = ich heile)] uff Menschen und Metallen. Ich habe nebst dieser auch die obgedachte Friaulische Magnesiam offt unter Handen gehabt / und einen grünen Löwen daraus zuwegen gebracht ..." Mit der Bezeichnung ,Grüner Löwe' benutzte J. R. Glauber einen Ausdruck, der für die alchemistischen Goldmacher von großer Bedeutung war, worauf C. G. Jung [4] mehrfach hinwies; nach M. Rulandus [5] ist er einfach als [grüner?] Vitriol, nach der Meinung gewisser Leute aber als Gold zu interpretieren. Es bleibt unklar, ob J. R. Glauber hier sagen will, er habe das mangansaure Kali in kristallisierter Form erhalten. – Bei dieser bedeutsamen Benennung wunderte sich denn auch im Jahre 1740 der Berliner Chemiker J. H. Pott [6] in seiner berühmten Untersuchung über den Braunstein [Examen Chymicum Magnesiae Vitrariorum, Germanis Braunstein], daß niemand außer D. P. Jungker – gemeint ist: J. Juncker [7] in seinem Buche *Conspectus Chemiae Theoretico-Practicae* des Jahres 1730 – auf das Glaubersche Experiment zurückgekommen sei, und meinte, das habe seinen Grund darin, daß man Glaubers Angaben für unrichtig gehalten habe, „obwohl doch sonst die ,Jünger der Alchemie' [neoterici] hinter Farbwechseln höchst eifrig her sind". Demnach ist ihm eine anonyme Schrift *„Schlüssel zu dem Cabinet der geheimen Schatzkammer der Natur"* [8], die oft einem J. Waiz zugeschrieben wird, in Wirklichkeit die Alchemistin Dorothea Juliana Wallich als Verfasserin hat [9], entgangen, in der für das Auftreten der verschiedenen Farben die umgekehrte Reihenfolge Glaubers angegeben wird.

J. H. Pott beschreibt die Darstellung ausführlich [6]: „Magnesia ordinaria pulverisata cum 2. partibus Nitri commixta & Tigillo candenti pervices injecta, nullo modo detonat, sed parvas scintinulas dimittit, cum diutina ebulitione, sub qva, si Tigillum non satis capax fuerit, facile transcendit, demum cum solutio perfecta est, mox fluere desinit, consistit & indurescit, & massam gryseam nigram hinc inde flaviorem duriusculum efformat, sub fluxu interim etiam Tigillum hinc inde penetrat, aliudqve colore viridi vel purpureo vitrescente imbuit. Massa pulverisata non deliqvescit, sed affusa aqua calida mox egregie viridescit, caelurescit, purpurascit, demum viridescit & hanc colorum mutationem pro varia vitri agitatione saepius de novo subit, pulcherrimo sane spectaculo, qvale uspiam videri potest. [Gewöhnliche pulverisierte Magnesia wird mit 2 Teilen Salpeter gemischt und nach und nach in einen glühenden Tiegel eingetragen, dabei detoniert sie keineswegs, sondern wirft kleine Fünkchen aus. Nach längerem Sieden, bei dem, wenn der Tiegel nicht genügend geräumig sein sollte, [die Schmelze] leicht übersteigt, hört sie schließlich, wenn die Lösung vollständig ist, bald zu fließen auf, bleibt stehen und erhärtet und bildet eine grauschwarze, darauf rötlichere, härtliche Masse. Während des Fließens durchdringt sie auch den Tiegel und färbt ihn glasig grün oder purpurn. Die pulverisierte Masse zerfließt nicht [an der Luft], löst sich aber beim Zugießen von warmem Wasser ausnehmend schön grün, wird dann blau, dann purpurn und schließlich grün, und bringt diesen Farbwechsel bei jedem Schütteln des Glases öfter von neuem hervor, das schönste Schauspiel, das man irgendwo sehen kann]." Diese Veröffentlichung Potts ist von J. G. Leonhardi [10] und M. H. Klaproth, F. Wolff [11] für die erste über diese Erscheinungen gehalten worden, die sie, ohne etwas über die Herkunft der eigenartigen Benennung zu sagen, unter dem Stichwort *,Chamäleon, mineralisches'* ausführlich referieren. Ein späteres etymologisches Wörterbuch [14] gibt eine Erläuterung: „Chamäleon minerale – wegen des Farbwechsels seiner wäßrigen Lösung, wie ihn auch die Eidechsenart Chamäleon unter gewissen Umständen auf der Haut zeigt; Chamäleon aus χαμα [chama] (klein) und λεων [leon] (Löwe), weil das Thier leicht in Wut gerät, wobei es seinen Körper aufbläst und die Haut verschiedene Farben annimmt", eine Angabe über den Erstgebrauch kann es nicht machen. – Erstmals angetroffen worden ist die Bezeichnung als Überschrift einer Veröffentlichung aus dem Jahre 1782 von J. J. Bindheim [12], damals Apotheker und Professor in Moskau, in der er eine auch von beiden *Chemischen Wörterbüchern* seiner Zeit [10, 11] übernommene Herstellung der Substanz und Beschreibung der Erscheinungen bekannt gab; aber auch er machte keinerlei Bemerkung zu der eigenartigen Benennung, die zwölf Jahre später L. B. Guyton de Morveau [13] unter bezug auf Bindheim übernahm. Die erst so spät erfolgte Benennung wird durch J. Beckmann [24] bestätigt, der im Jahre 1795 bei der Beobachtung der Entfärbung von Mangangläsern durch Licht fragte: „Oder ist hier so etwas, was man seit einiger Zeit mineralisches Chamäleon nennt?" – Die Zeitgenossen erwähnen meistens noch die kurzen Angaben über das Chamäleon, die sich bei T. Bergman [15] finden, offenbar ohne die Versuche und Erkenntnisse von C. W. Scheele, s. S. 73, und P. J. Helm, s. S. 79, zu kennen.

Aus dem vorstehenden dürfte erkennbar sein, daß die Behauptung [16] nicht zutrifft, es habe die Behandlung des Braunsteins mit Salpeter und das überraschende Ergebnis derselben erstmals im Jahre 1659 der berühmte sogenannte Geber beschrieben, dessen Werke sind indessen rund 300 Jahre früher entstanden [17] und enthalten nichts derartiges. Ebensowenig trifft die Angabe [16, 18, 23] zu, C. W. Scheele habe die Benennung Chamaeleon minerale geprägt. – Dafür, daß die Reaktion schon vor Becher bekannt war, gibt es höchstens einige unsichere Hinweise: So die Tatsache, daß die für die alchemistische Gewinnung des Goldes ursprünglich notwendigen vier Phasen: Melanosis [Schwärzung], Leukosis [Weißung], Xanthosis [Gelbung] und Iosis [Rötung] im 15./16. Jahrhundert um einen Schritt vermindert werden, weil die Xanthosis entfiel und gelegentlich auf die Melanosis die „viriditas [= Grünung]" folgte, wie C. G. Jung [20] berichtet, weiter, daß der „grüne Löwe" in der Stufenfolge des „Prozesses" eine bedeutende Rolle spielt, wie schon A. Libavius [21] aufzeigt, und daß vielfach, so schon im *Liber de Septuaginta* [22] aus der Magnesia die „Tinktur" [wörtlich: Färbung] gezogen wird, ohne daß allerdings das Verfahren oder das Ergebnis beschrieben würde.

Schon im Jahre 1800 ist von J. J. Winterl [25] für das Chamäleon die Bildung einer Säure angenommen worden; bei der Darstellung des Stoffes erklärte er: „... at Aër vitalis omnis Magnesio unitur, quod sic acidum factum Pottassae unitur in Salem neutrum [aber die Lebensluft wird gänzlich mit dem Braunstein vereinigt, und weil so eine Säure entsteht, vereinigt sie sich mit der Pottasche zu einem neutralen Salz]." Er hat die Vorstellung: „Insolatione et frigore crystallisatur coloribus viridi, coeruleo, rubro pro circumstantiis concurrentibus [Bei Erwärmen und Abkühlen kristallisiert es je nach den Bedingungen in grüner, blauer und roter Farbe]." Für die Farbigkeit gibt er in einer Fußnote sozusagen als Begründung an: „Quis non videt, hoc Acidum Magnesii *Chromium* esse, quo nummerus Metallorum inconsulto auctus est? [Wer erkennt hier nicht, daß diese Mangansäure (eigentlich) zum *Chrom* gehört, durch das die Zahl der Metalle unerwartet (1798) vermehrt worden ist?]." – Der Erste, der sich genauer für die Reihenfolge des Auftretens der verschiedenen Farben und die Gründe für den Wechsel interessierte, war M. E. Chevreul [19]; er definierte das Chamäleon zunächst als „eine Verbindung der Pottasche mit einem höheren Manganoxid, avec un oxide de manganèse plus oxidé que celui du carbonate", und widersprach der Behauptung Scheeles, daß die gelbe Abscheidung bei der Farbänderung von Eisen herrühre, da die Fällung auch bei Verwendung eisenfreien Manganoxids eintrete. Überhaupt sei das Chamäleon nicht blau, sondern grün und rot und die Farbfolge entstehe durch die Vermischung von grünem und rotem Chamäleon. – Die Gründe für den Übergang von Grün nach Rot und von Rot nach Grün haben P.-F. Chevillot, W. F. Edwards [18] systematisch untersucht, nachdem schon zehn Jahre vorher sich M. H. Klaproth [26] mit dieser Frage beschäftigt hatte.

Die Darstellung des Chamäleon hat den Chemikern des ausgehenden 18. Jahrhunderts offenbar Schwierigkeiten gemacht; so schrieb J. F. Gmelin [27] im Jahre 1791, es gehe ihm wie J. F. Westrumb (Apotheker in Hameln), J. F. A. Göttling (Professor für Chemie und Pharmazie in Jena) und H. W. Kels (Arzt und Apotheker der holländischen Compagnie in Surinam), es gelinge ihm nicht immer, das mineralische Chamäleon richtig herzustellen. Das dürfte daran gelegen haben, daß die Bedeutung des Luftsauerstoffs bei der Bildung nicht bekannt war, erst im Jahre 1817 wiesen P.-F. Chevillot, W. F. Edwards [18] darauf hin. Man hat auch die Brauchbarkeit anderer Alkalien für die Manganatbildung untersucht, mit Barium- und Strontiumoxid hatten P.-F. Chevillot, W. F. Edwards [28] Erfolg, ebenso mit Ätznatron, doch blieb er ihnen bei Ammoniak und Ätzkalk versagt. – Da die Bedeutung des Permanganats in der Chemie ständig wuchs, versuchte man zu billigeren Verfahren zu gelangen: Im Jahre 1833 veröffentlichte F. Wöhler [29] eine „*Leichte Darstellungsweise des übermangansauren Kalis*", bei der er als Oxidationsmittel chlorsaures Kali verwendete. Das Verfahren kritisierte zwei Jahre später W. Gregory [30], weil es den Verlust von „5 Atomen Sauerstoff" bringe, und gab eine neue Vorschrift, die Liebig in einer Fußnote kommentiert: „Hr. Dr. Gregory hat die Güte gehabt, uns von der Zweckmäßigkeit seines Verfahrens im hiesigen Laboratorium zu überzeugen." Dreißig Jahre später kam R. Böttger [31] noch einmal auf die Oxidation mit Kaliumchlorat zurück, nachdem er das Permanganat zur Herstellung einer „perpetuirlichen Ozonquelle" (mit Schwefelsäure zusammengerührt) auf der 36. Versammlung Deutscher Naturforscher und Ärzte in Königsberg empfohlen hatte [32]. Alle diese Verfahren wurden von N. Gräger [33] scharf kritisiert, weil man für „dieses, für Maaßanalyse wichtigen und unentbehrlichen Präparat" den höchst ungleichmäßigen und schwer pulverisierbaren Braunstein verwende; er empfahl das „rote Manganoxyd Mn_2O_3, das man durch Glühen von Mangancarbonat" leicht aus den Ablaugen der Chlorbereitung erhalten könne und gab entsprechende Vorschriften bekannt.

Große Bedeutung kam auch den Natriumsalzen zu, die von Tessié du Mothay, Marechal [34] in großem Umfang zu Bleichzwecken eingesetzt worden sind; er stellte das Manganat durch Erhitzen von Braunstein mit Ätznatron her und wandelte das Manganat in das Permanganat um unter Zusatz von Magnesiumsulfat. Später gab er ein Verfahren bekannt [35], bei dem er Natron oder Kali dadurch einsparen wollte, daß er das Manganoxid mit Bariumoxid glühte und das Reaktionsprodukt in geeigneter Form oxidierte und das Barium ausfällte. Der Bedarf an den Salzen der Mangansäuren war offenbar sehr groß, so daß der Verein zur Beförderung des Gewerbefleißes in Preußen für ein geeignetes Verfahren einer billigen Herstellung im Jahre 1870 einen Preis aussetzte, den E. Desclabissac [36] in Aachen zugesprochen erhielt; er beschrieb sein wasserhaltiges mangansaures Natron als „fast farblose, glaubersalzähnliche Krystalle". Von ihm erfahren wir auch den Preis: „rohes mangansaures Natron wird schon zu 1 Frank das Kilogramm geliefert", und hören, daß schon im Jahre 1862 der Londoner Fabrikant H. B. Condy die Verbindung als „industrielles Erzeugnis" in verschiedenen Reinheitsgraden auf der allgemeinen Londoner Industrie-Ausstellung zum Kauf anbot.

Die ersten Kristalle des Kaliumpermanganats scheinen im Jahre 1817 P.-F. Chevillot, W. F. Edwards [18] erhalten zu haben; sie waren überrascht, daß sie sie „unverändert ein Jahr in gutem Zustand" hatten aufbewahren können. Die ersten Messungen an Permanganat-Kristallen machte E. Mitscherlich [37] und beschrieb sie als „gerade rhombische Prismen".

Literatur:

[1] P. Walden (in: G. Bugge, Das Buch der großen Chemiker, Bd. 1, Berlin 1929 [Nachdruck 1955], S. 153). – [2] J. R. Glauber (Theutschlandes Wohlfahrt, Dritter Theil, Amsterdam 1659, S. 89/93). – [3] J. R. Glauber (Theutschlandes Wohlfahrt, Dritter Theil in: Glauberus Concentratus, oder Kern der Glauberischen Schriften, Leipzig-Breslau 1715, S. 425/6). – [4] C. G. Jung (Psychologie und Alchemie, 2. Aufl., Zürich 1952, S. 390, 454/5, 553, 564/5, 591). – [5] M. Rulandus (Lexicon Alchemiae, Frankfurt a. M. 1612, S. 303).

[6] J. H. Pott (Miscellanea Berolinensia **6** [1740] 40/53, 45/6). – [7] J. Juncker (Conspectus Chemiae Theoretico-Practicae, Halle a. d. S. 1730, S. 454). – [8] Anonym (Schlüssel zu dem Cabinet der geheimen Schatzkammer der Natur, Frankfurt a. M. 1706, Leipzig 1722 nach J. W. Mellor, A Comprehensive Treatise on Inorganic and Theoretical

Chemistry, Bd. 12, London-New York-Toronto 1932 [Nachdruck 1957], S. 281, 290; hier fälschlich J. Waiz zugeschrieben). – [9] M. Holzmann, H. Bohatta (Deutsches Anonymen-Lexikon, Bd. 4, Weimar 1907 [Nachdruck Wiesbaden 1961], Nr. 1189, S. 39). – [10] J. G. Leonhardi (in: P. J. Macquer, Chymisches Wörterbuch, deutsch von J. G. Leonhardi, 2. Aufl., Bd. 1, Leipzig 1788, S. 773/6).

[11] M. H. Klaproth, F. Wolff (Chemisches Wörterbuch, Bd. 1, Berlin 1807, S. 587/9). – J. J. Bindheim (Neuesten Entdeckungen Chem. **5** [1782] 70/4). – [13] L. B. Guyton de Morveau (J. Phys. Chim. Hist. Nat. Arts **37** [1790] 386/7). – [14] G. C. Wittstein (Vollständiges etymologisch-chemisches Handwörterbuch, Bd. 1, München 1847, S. 271). – [15] T. Bergman (Diss. de Mineris Ferri Albis [1774] in: Opuscula Physica et Chemica, Bd. 2, Uppsala 1780, S. 184/230, 220).

[16] B. Kerl (in: F. Stohmann, B. Kerl, Encyklopädisches Handbuch der Technischen Chemie, 4. Aufl., Bd. 5, Braunschweig 1896, S. 1160). – [17] E. O. v. Lippmann (Beiträge zur Geschichte der Naturwissenschaften und der Technik, Bd. 2, Weinheim/Bergstr. 1953, S. 127/9). – [18] P.-F. Chevillot, W. F. Edwards (Ann. Chim. Phys. [2] **4** [1817] 287/97, 287). – [19] M. E. Chevreul (Ann. Chim. Phys. [2] **4** [1817] 42/9). – [20] C. G. Jung (Psychologie und Alchemie, 2. Aufl., Zürich 1952, S. 318).

[21] A. Libavius (Alchymia, Frankfurt 1606, S. 55 nach [20], 389/90). – [22] M. Berthelot (La Chimie du Moyen Âge, Bd. 1, Paris 1893, S. 283, 331). – [23] O. Sackur (in: R. Abegg, F. Auerbach, Handbuch der anorganischen Chemie, Bd. 4, Tl. 2, Leipzig 1913, S. 841). – [24] J. Beckmann (Vorrath kleiner Anmerkungen über mancherlei gelehrte Gegenstände, Bd. 1, Göttingen 1795, S. 110). – [25] J. J. Winterl (Prolusiones ad Chemiam Saeculi Decimi Noni, Budapest 1800, S. 50, 52).

[26] M. H. Klaproth, F. Wolff (Chemisches Wörterbuch, Bd. 1, Berlin 1807, S. 587/9). – [27] J. F. Gmelin (Beitr. Chem. Ann. Crell **1791** II 417/9). – [28] P.-F. Chevillot, W. F. Edwards (Ann. Chim. Phys. [2] **8** [1818] 337/58, 337/9). – [29] F. Wöhler (Ann. Physik Chem. [2] **27** [1833] 626/7). – [30] W. Gregory (Liebigs Ann. Chem. **15** [1835] 237/9.)

[31] R. Böttger (J. Prakt. Chem. **90** [1863] 156/61). – [32] G. Lewinstein (Z. Chem. Pharm. **3** [1860] 718/25, 719/20). – [33] N. Gräger (J. Prakt. Chem. **96** [1865] 169/71). – [34] Tessié du Mothay, Marechal (Jahresber. Chem. Technol. **17** [1871] 353/4). – [35] Tessié du Mothay (Dinglers Polytech. J. **211** [1874] 404).

[36] E. Desclabissac (Verhandl. Vereins Beförderung Gewerbefleißes Preußen **1870** 142/67 nach Jahresber. Chem. Technol. **17** [1871] 353/6). – [37] E. Mitscherlich (Ann. Physik Chem. [2] **25** [1832] 287/302, 300).

Barium Compounds of Manganese Acids

2.2.5.2 Bariumverbindungen der Mangansäuren. Mangangrün, Casseler Grün, Rosenstiehls Grün, Barytgrün, Manganblau

Im Jahre 1818 berichteten P.-F. Chevillot, W. F. Edwards [1] der Pariser Akademie über die Weiterführung ihrer Untersuchungen über das „Mineralische Chamäleon"; sie hatten dabei Versuche auch mit Bariumoxid gemacht, beim Glühen des Braunstein-Bariumoxid-Gemisches in einer Sauerstoff-Atmosphäre auch das Abnehmen des Gasvolumens beobachtet, und eine grüne, wasserunlösliche Masse erhalten. Die Bildung der grünen Verbindung war ihnen auch aufgefallen, als sie Bariumoxid in eine Lösung des ‚roten Chamäleons' (Kaliumpermanganat) warfen. J. G. Forchhammer [2] erhielt zwei Jahre später die Verbindung durch Glühen von Bariumnitrat mit Braunstein und Auswaschen des Produktes mit siedendem Wasser als smaragdgrünes, an der Luft beständiges Pulver. Hellgrün war indessen das Pulver, das auf die gleiche Weise vier Jahre später C. Frommherz [3] erhielt, blaugrün dagegen, wenn er „zu flüssiger Mangansäure einen Überschuß an Barytwasser" zusetzte; das letztere sah er als das „Hydrat des basisch mangansauren Baryts" an. – Auf das Bariummanganat stieß im Jahre 1833 auch F. Wöhler [4] bei der Suche nach einer bequemen Art der Herstellung von

Kaliumpermanganat: Er erhielt den farbigen Körper, indem er in schmelzendes chlorsaures Kali Bariumhydrat eintrug und dann Braunstein zusetzte; die Beobachtung der Umwandlung des in Wasser suspendierten Bariummanganats in das Permanganat beim Durchleiten von Kohlensäure zeigte ihm, daß die von Frommherz postulierte „freie Mangansäure" nichts anderes als Bariumpermanganat gewesen war. Die letztgenannte Verbindung auch kristallisiert zu erhalten, gelang 30 Jahre später R. Böttger [5]. Ihm folgte im Jahre 1873 E. Fleischer [6], der das Bariumpermanganat durch Fällung einer Kaliumpermanganatlösung mit Chlorbarium bei dauerndem Sieden als „rothvioletten (pfirsichblütenfarbigen)", abfiltrierbaren und bei 100°C trockenbaren Niederschlag erhalten hatte. – Kristallisiertes Bariummanganat hatte 10 Jahre früher A. Šafařik [7] als cm-lange grüne Kristallnadeln in der Schmelze aus Braunstein, Kaliumchlorat und Bariumhydroxid beobachtet, sie zu isolieren gelang jedoch nicht, da sie beim Waschen zerfielen.

Mangangrün. Im Jahre 1864 ließ gemäß einer kurzen Notiz von J. R. Wagner [8] ein C. Vogt in England eine dem nachstehend beschriebenen Gewinnungsverfahren für Bariummanganat ähnliche Methode patentieren, wie man wohl annehmen darf, um es als Farbkörper zu verwenden. Ein Jahr später wurde das Bariummanganat von zwei Seiten ziemlich gleichzeitig in Frankreich von A. Rosenstiehl [9] und in Deutschland von L. Schad [10] in Kassel – nach J. R. Wagner [8] von letzterem „wie es scheint früher als von Rosenstiehl" – als angeblich neue grüne Malerfarbe zum Patent gemeldet. Das Schadsche Verfahren bestand darin, daß eine Manganverbindung mit Bariumnitrat innig gemischt und dann ohne zum Schmelzen zu bringen erhitzt wurde. Um das Schmelzen zu verhindern, empfahl er, eine unwirksame Masse wie Schwerspat oder Porzellanerde zuzumischen. Anschließend wurde das Produkt unter Wasserzufluß fein gemahlen und schließlich, um die Beständigkeit des Farbtons zu sichern, am Ende eine kleine Menge Dextrin oder Gummi arabicum zugesetzt. Die Farbe kam als Casseler Grün in den Handel [10]. A. Rosenstiehl in Straßburg bereitete [9] seinen nach ihm auch ‚Vert tiges de roses' genannten Farbkörper, dem er die Formel 3 $BaO + 2\,MnO_3$ zuschrieb, durch schwaches Glühen eines feuchten Gemenges von „Ätzbaryt" (aus dem Nitrat erhalten), Bariumnitrat und Braunstein, nach Auswaschen der erkalteten gepulverten Masse; er schilderte ihn als smaragdgrünes Pulver, welches unter dem Mikroskop hexagonale Schuppen zeigte, in Wasser unlöslich war und, darin suspendiert, ein eigentümliches Schillern der Flüssigkeit hervorrief. Verdünnte Säuren zersetzten die Verbindung, ebenso die Luftfeuchtigkeit beim Lagern; trocken sollte sie sehr stabil sein und sich mit Leim auf Papier und mit Albumin auf Stoffen fixieren lassen. Nach E. Fleischer [6] ist der nach dem Rosenstiehlschen Verfahren bereitete Farbstoff schöner und gleichmäßiger als der nach der Prozedur von Schad erhältliche. Das schönste Bariummanganat erhielt er allerdings durch Glühen von gefälltem mangansaurem Baryt, aus siedender Lösung von Kaliumpermanganat mit Bariumchlorid, wobei ein stark körniger, aber nicht kristalliner Niederschlag von violetter bis blauer Farbe erhalten wird. Beim Trocknen verliert er mit steigender Temperatur seine Farbe immer mehr und ist bei dunkelster Rotglut fast vollständig weiß, erhitzt man dann unter Luftzutritt noch stärker, so wird er allmählich grün und schließlich schön grünblau; bei noch größererer Hitze zerfällt die Verbindung und es entsteht eine graubraune Masse. Der blaue, bis dahin nicht beschriebene Niederschlag kann „fast rein blau" erhalten werden und „ähnelt am meisten der hellblauen Farbe der Schwungfedern mancher Papageien". – Zwei Jahre später veröffentlichte R. Böttger [11], der der Meinung war, das Mangangrün könne das giftige Schweinfurter Grün verdrängen, eine gute Vorschrift für die Gewinnung eines gleichmäßigen, rein grünen Produktes, sein Verfahren ist nach F. Rose [12] in die Praxis der Farbenfabriken eingegangen. Er trug Braunstein und chlorsaures Kali in geschmolzenes Alkali ein, das entstehende chlorsaure Mangan löste sich in Wasser mit grüner Farbe, die Lösung wurde mit Bariumnitrat gefällt, wobei sich violettes Bariummanganat abschied, der ausgewaschene und getrocknete Niederschlag wurde mit Bariumhydroxid gemischt und geglüht, wobei das Produkt eine rein grüne Farbe annahm [15]. Überraschenderweise kannte aber J. G. Gentele [13] in seinem fünf Jahre später erschienenen *Lehrbuch der Farbenfabrikation* das Mangangrün überhaupt nicht. – Ein anderes Verfahren hat im Jahre 1887 E. Donath [14] beschrieben, das darin bestand, daß Braunstein mit der dreifachen Menge „Bariumsuperoxyd" geglüht wurde; es sollte so ein Präparat von großer Farbstärke mit einem Stich ins Blaugrüne erhalten werden, das keiner Behandlung mit Wasser bedurfte und damit die den Farbton beeinflussende Permanganatbildung vermied. – Die Reindarstellung des Bariummanganats für wissenschaftliche Zwecke unternahmen zuerst G. Kassner, H. Keller [16] durch Behandlung von Kaliummanganat mit Bariumchlorid, doch enthält nach H. I. Schlesinger, H. B. Siems [17] das Produkt in vielen Fällen noch störendes Chlorid. Die Letztgenannten erhielten ein sehr reines Produkt, indem sie unter den nötigen Vorsichtsmaßnahmen in kochende, gesättigte Bariumhydroxidlösung in Intervallen kleine Mengen konzentrierter Lösung von Kaliumpermanganat eingaben und das Produkt für mehrere Stunden am Kochen hielten.

Manganblau. Der oben erwähnte blaue Niederschlag wurde Veranlassung zur Gewinnung eines blauen Pigments, des Manganblau. Es soll erstmals von Bong [18] im Jahre 1907 durch Glühen von Kaolin, Manganoxid und Bariumnitrat in oxidierender Atmosphäre hergestellt worden sein. In neuerer Zeit stellte man das Pigment auf einfachere Weise als Mischkristall von $BaSO_4$ und $BaMnO_4$ aus Lösungen her und glühte die Produkte [19, 20, 21]. Man ging auch von Mangangrün aus, das man in Wasser suspendierte und nach Ansäuern mit Chlorwasserstoffsäure mit Natriumnitrit in ein feuriges Blaupigment überführte [22]. Das Manganblau ist zwar sehr licht- und kalkecht, grünt aber beim Feinmalen in Ölen oder Lacken infolge der Zerstörung der Mischkristalle [23].

Literatur:

[1] P.-F. Chevillot, W. F. Edwards (Ann. Chim. Phys. [2] **8** [1818] 337/58, 338, 348). – [2] J. G. Forchhammer, T. G. Repp (Diss. de Mangano, Kopenhagen 1820, S. 24). – [3] C. Frommherz (Schweiggers J. Chem. Physik **41** [1824] 257/92, 291). – [4] F. Wöhler (Ann. Physik [2] **27** [1833] 626/8). – [5] R. Böttger (J. Prakt. Chem. **90** [1863] 145/64, 160).

[6] E. Fleischer (Arch. Pharm. **203** [1873] 300/4). – [7] A. Šafařik (Sitz.-Ber. Akad. Wiss. Wien Math. Naturw. Kl. II **47** [1863] 246/63, 260). – [8] J. R. Wagner (Jahresber. Chem. Technol. **11** [1866] 365 Fußnote 3). – [9] A. Rosenstiehl (Bull. Soc. Ind. Mulhouse **40** [1870] 127 nach Dinglers Polytech. J. **198** [1870] 64/72, 64). – [10] L. Schad (Deut. Ind. Ztg. **1865** nach [8]).

[11] R. Böttger (Polytech. Notizbl. **30** [1875] 240 nach C. **1875** 568). – [12] F. Rose (Die Mineralfarben und die durch Mineralstoffe erzeugten Färbungen, Leipzig 1916, S. 257). – [13] J. G. Gentele (Lehrbuch der Farbenfabrikation, Braunschweig 1880). – [14] E. Donath (Dinglers Polytech. J. **263** [1887] 246/9). – [15] G. Zerr, R. Rübencamp (Handbuch der Farbenfabrikation, 4. Aufl., Berlin 1930, S. 548).

[16] G. Kassner, H. Keller (Arch. Pharm. **239** [1901] 473/90). – [17] H. I. Schlesinger, H. B. Siems (J. Am. Chem. Soc. **46** [1924] 1965/78, 1968) – [18] Bong (Farben-Ztg. **13** [1907] 77 nach H. Kittel, Pigmente, Herstellung, Eigenschaften, Anwendung, Stuttgart 1960, S. 305). – [19] H. G. Grimm, E. Lederle (D.P. 549664 [1930] nach C. **1932** I 3502). – [20] IG-Farbenindustrie (F.P. 778290 [1934] nach C. **1935** II 134).

[21] W. Mühberger (F.P. 802687 [1936] nach C. **1937** I 204/5). – [22] Kali-Chemie (B.P. 478523 [1936] nach [23]). – [23] A. Goeb (in: W. Foerst, Ullmanns Encyclopädie der technischen Chemie, 3. Aufl., Bd. 13, München-Berlin 1962, S. 800).

2.2.5.3 Die Mangansäuren

Manganese Acids

Im Jahre 1818 beobachteten P.-F. Chevillot, W. F. Edwards [1] einen violetten, jodähnlichen, sich an der Gefäßwand kondensierenden, unbeständigen Dampf, der sich aus einer Lösung von Kaliumpermanganat in konzentrierter Schwefelsäure entwickelte, wenn sie eine solche Menge Wasser eingossen, die ausreichte, die Lösung deutlich zu erwärmen; sie hielten den Dampf für eine Verbindung „des schwarzen Manganoxyds mit dem Sauerstoff". Zwei Jahre später befaßte sich G. Forchhammer [2] mit Versuchen, wäßrige Lösungen der Säure auf verschiedene Weisen herzustellen, die von C. Frommherz [3] einer ausführlichen Kritik unterzogen wurden. Zur gleichen Zeit wie G. Forchhammer hatte auch J. B. van Mons [4] behauptet, die Säure durch Behandlung einer konzentrierten Lösung des grünen Chamaeleons – „submanganigsaures oder hyposubmangansaures Kali" wie van Mons sich ausdrückte – mit Weinsäure erhalten zu haben; C. Frommherz [3] kommentierte: „Ich kann nicht begreifen, wie es diesem Chemiker gelungen ist, auf diese Art eine reine Mangansäure zu erhalten." Das Ergebnis seiner eigenen Versuche beschrieb C. Frommherz: „Die reine Mangansäure ist bei gewöhnlicher Temperatur fest. Sie erscheint entweder krystallisiert in kleinen feinen Nadeln, deren Form ich wegen ihrer Kleinheit nicht näher bestimmen konnte, oder als eine dichte Masse, welche keine deutliche Krystallisation zeigt ... Die Mangansäure besitzt eine dunkelkarminrothe Farbe und keinen Geruch. Ihr Geschmack ist anfangs häßlich, dann bitter, herbe und adstringirend. Sie färbt die Haut braun, indem sich durch Zersetzung Mangan-Deuteroxyd abscheidet ... Sie ist fähig, bei erhöhter Temperatur unter günstigen Umständen, den elastischflüssigen, dampfförmigen Zustand anzunehmen." Den Kristallen schrieb er einen gewissen Wassergehalt zu. Zwei Jahre später beschrieb O. Unverdorben [5] sein Produkt einer Destillation von mangansaurem Kali mit wenig Schwefelsäure als Gas, „das durchsichtig roth ist und für sich bald in Manganoxyd und Sauerstoffgas zerfällt. Von Wasser wird dieses Gas zu einer rothen Flüssigkeit verdichtet. Im Augenblick der Berührung schien sich ein rother krystalliner Stoff abzusetzen, der gleich darauf in Wasser gelöst wurde. Manchmal detonirt das Gas in der Retorte ..." – Im Jahre 1839 versuchte L. Hünefeld [6] die Mangansäure aus ihrem Bariumsalz und Phosphorsäure zu erhalten und beschrieb seine Säure als „eine bräunlichrothe, an einigen Stellen krystallinisch strahlige Masse, die auch hin und wieder metallischen Glanz, nach Art des Indigo's, zeigte; ausgebildete Krystalle konnte ich nicht erhalten". Er stellte fest, daß „die Mangansäure mit trockener Schwefelsäure verdampfbar" sei und will darum die älteren Angaben über diese Phase der Mangansäure dem Gemisch zugeschrieben wissen. Indessen hat nach O. Glemser, H. Schröder [7] erst im Jahre 1860 H. Aschoff [8] reine Übermangansäure dargestellt, indem er in gekühlte Schwefelsäure nach und nach Kaliumganat löste: „das Salz löst sich leicht und vollständig ohne Gasentwicklung in der Schwefelsäure mit intensiv olivgrüner Farbe auf; gleichzeitig bilden sich ölartige Tropfen, welche in der Flüssigkeit untersinken ... in reichlicher Menge ... Die ölartig von der übrigen Flüssigkeit sich abscheidenden ... Tropfen sind die wasserfreie Übermangansäure. Sie bildet eine dunkelrothbraune Flüssigkeit, welche bei $-20°$ noch nicht fest wird. Sie ist außerordentlich unbeständig; der Luft ausgesetzt, steigen fortwährend Bläschen von Sauerstoffgas aus ihr auf, welche durch Fortreißen von Säure in der Luft violette Nebel bilden. Sie zieht gleichzeitig sehr rasch Feuchtigkeit aus der Luft an, und zersetzt sich in der so entstandenen concentrirten Lösung rasch; tröpfelt man sie in Wasser, löst sie sich allmählich in demselben mit der schönen violetten Farbe ihrer Salze unter Wärmeentwicklung, welche leicht eine theilweise Zersetzung hervorruft ... Außerordentlicht leicht giebt die wasserfreie Säure beim Erwärmen einen Theil ihres Sauerstoffs ab ... sie ließ sich im Wasserbade bis zu 65° erhitzen, ohne daß sich im luftleeren Raume eine Spur von Dämpfen zeigte; übersteigt die Temperatur des Wasserbades 65°, so erfolgt eine heftige mit Feuererscheinung verbundene Detonation ..." Diese Angaben wurden von A. Terreil [9] bestätigt, der die Substanz lange unzersetzt aufbewahren konnte, wenn sie vor Staub und Feuchtigkeit geschützt wurde. Die Abtrennung der Verbindung vom Reaktionsgemisch durch Destillation versuchte B. Franke [10], doch gelang dies nicht, denn er isolierte die dabei auftretenden violetten Nebel und formulierte sie als MnO_3. Seine Ansicht, die auch von T. E. Thorpe, F. J. Hambly [11] vertreten wurde, wurde im Jahre 1913 von F. R. Lankshear [12] widerlegt, der unter Ausschluß von Feuchtigkeit im Vakuum destillierte. Es entstand ein farbloses Gas, das in einer gekühlten Vorlage in Form grüner Kristalle abgeschieden wurde; die roten Nebel, die nur bei Anwesenheit von Wasserdampf entstehen, erkannte er als wasserhaltige Mangansäure. Brauchbare Methoden zur Darstellung der Verbindung gaben J. M. Loven [13] und 30 Jahre später A. Simon, F. Fehér [14], eine ausführliche Untersuchung der Eigenschaften ist erst im Jahre 1953 erschienen [7].

Auf die Existenz des oben erwähnten MnO_3 glaubten im Jahre 1951 S. K. K. Jatkar, V. B. Mainkar [15] aus dem Verlauf der Potentialkurve bei der potentiometrischen Titration von MnO_4^- mit Mn^{2+} schließen zu dürfen, und im Jahre 1954 nahm A. E. Simchen [16] die Bildung von MnO_3 beim thermischen Zerfall von Kaliumpermanganat an, doch sahen dies U. Kläning, M. C. R. Symons [17] als äußerst unwahrscheinlich an.

Literatur:

[1] P.-F. Chevillot, W. F. Edwards (Ann. Chim. Phys. [2] **8** [1818] 337/58, 357). – [2] G. Forchhammer (Diss. de Mangano, Kopenhagen 1820, S. 1/54; Trommsdorff Neues J. **6** [1820] 277/84). – [3] C. Frommherz (Schweiggers J. Chem. Physik **41** [1824] 257/92, 257/62). – [4] J. B. van Mons (Ann. Gen. Sci. Phys. [Brüssel] **6** [1820] 112/3; Trommsdorff Neues J. **1** [1820] 283). – [5] O. Unverdorben (Ann. Physik Chem. [2] **7** [1826] 311/24, 322/3).

[6] L. Hünefeld (Schweiggers J. Chem. Physik **60** [1830] 133/9). – [7] O. Glemser, H. Schröder (Z. Anorg. Allgem. Chem. **271** [1953] 293/304). – [8] H. Aschoff (J. Prakt. Chem. **81** [1860] 29/40). – [9] A. Terreil (Bull. Soc. Chim. France **1862** 40 nach Jahresber. Chem. Technol. **8** [1862/63] 322/3). – [10] B. Franke (J. Prakt. Chem. [2] **36** [1887] 31/43; 166/74).

[11] T. E. Thorpe, F. J. Hambly (J. Chem. Soc. **53** [1888] 175 nach [7]). – [12] F. R. Lankshear (Z. Anorg. Allgem. Chem. **82** [1913] 97/102). – [13] J. M. Loven (Ber. Deut. Chem. Ges. **25** [1892] 620/1). – [14] A. Simon, F. Fehér (Z. Electrochem. **38** [1932] 137/48, 138/9). – [15] S. K. K. Jatkar, V. B. Mainkar (J. Indian Chem. Soc. **28** [1951] 497/503, 502/3).

[16] A. E. Simchen (Bull. Soc. Chim. France **1954** 638/9). – [17] U. Kläning, M. C. R. Symons (J. Chem. Soc. **1954** 3269/72).

Manganese and Nitrogen

2.3 Mangan und Stickstoff

Manganese Nitrides

2.3.1 Mangannitride

Im Jahre 1819 schrieb J. W. Döbereiner [1] in seinem Lehrbuch: „Hydrogen und Azot [Stickstoff] gehen mit dem Mangan keine Verbindung ein.“ Diese Behauptung schien, soweit sie den Stickstoff betraf, zu Recht zu bestehen, bis im Jahre 1887 H. N. Warren [2] angeben konnte, durch Glühen von „Manganoxyduloxyd“ im Ammoniakstrom ein Nitrid des Mangans erhalten zu haben; seine Ergebnisse konnten jedoch im Jahre 1894 von O. Prelinger [3] nicht bestätigt werden. Prelinger selbst versuchte die Azotierung von Manganmetall oder Manganamalgam – bei letzterem trat dabei Erglühen auf – im Stickstoffstrom und erhielt so eine definierte Verbindung mit 9.18% N (Mn_5N_2) als schiefergraues Pulver von matt metallischem Glanz, die er als „Mangannitrür“ bezeichnet wissen wollte; beim Erhitzen im Wasserstoffstrom lieferte die Verbindung Ammoniak. Unternahm Prelinger aber die Azotierung im Ammoniakstrom, erhielt er bei den gleichen Ausgangsmaterialien ohne Erglühen ein dunkelgraues Pulver mit dem hohen, bei dem anderen Verfahren nicht erreichbaren Stickstoffgehalt von 14%, entsprechend einer Verbindung Mn_3N_2, die er „Mangannitrid" benannte. F. Haber, G. van Oordt [4] behaupteten im Jahre 1905, daß Prelingers Befund der unterschiedlichen Maximalkonzentrationen bei den verschiedenen Azotierungsverfahren nicht möglich wäre, ohne genauere Gründe für diese Behauptung anzuführen; sie versuchten, den geringeren N-Gehalt im ersten Falle durch die Annahme zu erklären, daß noch vorhandene Sauerstoffreste in dem verwendeten Gas das Mangan teilweise oxidiert und so die Analyse verfälscht hätten, doch haben nach M. Hansen [5] die „weitaus meisten späteren Untersuchungen" Prelingers Ergebnisse bestätigt. – Über erfolgreiche Azotierungsversuche mit Manganmetall in einer Dicyan enthaltenden Atmosphäre berichtete im Jahre 1903 A. P. Lidov [6].

Eine weitere Verbindung, nämlich MnN (mit 20.32% N), glaubte im Jahre 1913 N. Tchijiski [7] neben Mn_3N_2 gefunden zu haben, doch zeigte später G. Hägg [8], daß Präparate mit mehr als 13.5% N bereits bei 400° C Stickstoff freisetzen; Tchijiski müßte also die Verbindung bei tieferen Temperaturen hergestellt haben. Die Existenz dieser Verbindung ist im Jahre 1952 erneut behauptet worden [9] mit einem Stickstoffgehalt von 21% (51 Atom-%), doch handelte es sich um Mn_3N_2, dem kleine Mengen MnO beigemischt waren [10].

Ein Zustandsdiagramm glaubte erstmalig auf Grund röntgenographischer Untersuchungen an mittels Ammoniak azotiertem und dann bei verschiedenen Temperaturen homogenisierten Mangan im Jahre 1929 G. Hägg [8] aufstellen zu können, es gelang dabei, die von E. Wedekind, T. Veit [11] als stark ferromagnetisch beschriebene und als Mn_7N_2 angesprochene Phase als gleichstrukturig mit Fe_4N zu erkennen. Im Jahre 1958 unternahmen U. Zwicker, J. Motz [12] eine Korrektur des Zustandsdiagramms, doch zeigen jüngste Darstellungen [13, 14], die unterschiedliche Auffassungen der vorliegenden experimentellen Daten zeigen, daß die Diskussion über die im System Mn-N auftretenden Phasen und ihre Homogenitätsbereiche noch nicht abgeschlossen ist.

Mn-N-Legierungen werden, da sie als Zusatzstoffe bei der Stahlerzeugung Verwendung finden, auch technisch dargestellt; es sind hier Verfahren nach den vorstehend beschriebenen Methoden patentiert worden, wobei entweder von technischem Metall (93 bis 99% Mn) [15] oder auch von feinverteiltem Mangan [16] ausgegangen und in ≈100 kg Chargen gearbeitet wird. Auch ein kontinuierliches Verfahren ist bekanntgemacht worden [17].

Ferromagnetismus an Mn-N-Legierungen haben schon im Jahre 1906 E. Wedekind, T. Veit [11] beobachtet, wie sie drei Jahre später bekanntgaben, als sie erfuhren, daß I. Shukow [18] kurz nach ihnen die gleiche Beobachtung gemacht hatte. Von den Nitriden sind nur die mit niedrigen Stickstoffgehalten ferromagnetisch, das Maximum der Magnetisierbarkeit liegt nach F. W. R. Groh [19] bei der Zusammensetzung $Mn_{4.5}N$; daß bereits Mn_3N_2 unmagnetisch ist, wurde schon von Groh erwähnt und kurz danach von S. Hilpert, Th. Dieckmann [20] bestätigt. Eine systematische Untersuchung unternahm im Jahre 1932 R. Ochsenfeld [21], sie wurde von C. Guillaud, J. Wyart [22] ergänzt.

Literatur:

[1] J. W. Döbereiner (Anfangsgründe der Chemie und Stöchiometrie, 2. Aufl., Jena 1819, S. 226). – [2] H. N. Warren (Chem. News **55** [1887] 155/6). – [3] O. Prelinger (Monatsh. Chem. **15** [1894] 391/401). – [4] F. Haber, G. van Oordt (Z. Anorg. Allgem. Chem. **44** [1905] 341/78, 373). – [5] M. Hansen (Der Aufbau der Zweistofflegierungen, Berlin 1936, S. 884).

[6] A. P. Lidov (J. Russ. Phys. Chem. Ges. **35** [1903] 1238). – [7] N. Tchijiski (Rev. Soc. Met. **1** [1913] 127 [russisch]) nach T. Ishiwara (Sci. Rept. Tohoku Imp. Univ. I **5** [1916] 53/61, 54). – [8] G. Hägg (Z. Physik. Chem. B **4** [1929] 346/70). – [9] Z. Nishiyama, R. Iwagana

(Mem. Inst. Sci. Ind. Res. Osaka Univ. **9** [1952] 74/5). – [10] G. Sh. Mamporiya, R. I. Agladze (Zh. Neorgan. Khim. **12** [1967] 2541/5; Russ. J. Inorg. Chem. **12** [1967] 1342/4).

[11] E. Wedekind, T. Veit (Ber. Deut. Chem. Ges. **41** [1908] 3769/73, 3772). – [12] U. Zwicker, J. Motz (in: M. Hansen, K. Anderko, Constitution of Binary Alloys, 2. Aufl., New York-Toronto-London 1958, S. 936). – [13] R. Juza (Advan. Inorg. Chem. Radiochem. **9** [1966] 81/131, 88). – [14] G. Sh. Mamporiya (Soobshch. Akad. Nauk Gruz. SSR **45** [1967] 663/7; C. A. **67** [1967] Nr. 85416). – [15] E. Müller, H. Winterhager (D. P. 938486 [1941/56]).

[16] T. Banerjee, P. P. Bhatnagar, M. K. Gupta (Ind. P. 62338 [1957/58]; C. A. **1959** 499). – [17] E. M. Wanamaker, D. D. Forbes (U.S.P. 2860080 [1958]; C. A. **1959** 3017). – [18] I. Shukow (J. Russ. Phys. Chem. Ges. **40** [1908] 457/9 nach C. **1908** II 484).– [19] F. W. R. Groh (Diss. Berlin 1912, S. 5/50, 27). – [20] S. Hilpert, Th. Dieckmann (Ber. Deut. Chem. Ges. **47** [1914] 780/4).

[21] R. Ochsenfeld (Ann. Physik [5] **12** [1932] 353/84). – [22] C. Guillaud, J. Wyart (Rev. Met. [Paris] **45** [1948] 271/6).

Nitrites

2.3.2 Nitrite

C. W. Scheele [1] schrieb in seiner großen Untersuchung über den Braunstein: „§5. Braunstein und phlogistisirte Salpetersäure [HNO_2]. Da sich die rauchende Salpetersäure bey verschiedenen Versuchen ganz anders verhält wie die gemeine, so wollte ich auch ihr Verhalten zum Braunstein prüfen. Dem zu folge mischte ich etwas ganz fein geriebenen Braunstein mit Wasser, schüttete diese Mischung in einen großen Recipienten, und nach dem ich den Hals einer Tubularretorte damit verbunden hatte, wurden durch die Öffnung einige Unzen gewöhnliche Salpetersäure in die Retorte gegossen, öfters Eisenfeile dazugeschüttet, und nun die Öffnung mit einem gläsernen Stöpsel verschlossen. Hier ging nun die mit dem phlogistischen Theile des Eisens vereinigte Salpetersäure [HNO_2] in den Rezipienten über, und verband sich mit der darin befindlichen schwarzen Mischung, nach Verlauf einiger Stunden war der Braunstein ganz und gar aufgelöst, die Auflösung war klar wie Wasser, ausser etwas weniger feiner Erde, welche sich wie Kieselerde verhielt. Auch nun fällete sich, eine solche Erde, wie (§4.b.) ist erwähnt worden [Bariumsulfat], und übrigens verhielt sich diese Auflösung, wie die im vorhergehenden Aufsatze bemerkte mit reiner Salpetersäure.“ Scheele hat also erkannt, daß er auf diese Weise nur das Nitrat erhalten hatte. Im Jahre 1834 untersuchte K. J. B. Karsten [2] erneut die Reaktion zwischen Braunstein, suspendiert in Wasser, und Stickoxid und kam zu dem Ergebnis, daß sich bei kleinen Mengen Braunstein langsam ein Nitrit bilde, bei größeren Mengen jedoch das Nitrat. Ähnliches nahm auch C. F. Schönbein [3] an. Im Jahre 1863 stellte J. Lang [4] in seiner großen Untersuchung über die salpetrigsauren Salze fest, daß das „salpetrigsaure Manganoxydul sich in fester Form nicht darstellen läßt, weil unter allen Umständen die Säure zersetzt und dunkelbraunes Manganoxyd abgeschieden wird“.

Literatur:

[1] C. W. Scheele (Vom Braunstein oder Magnesium und von dessen Eigenschaften [1774] in: Sämmtliche Physische und Chemische Werke, deutsch von S. F. Hermbstädt, Bd. 2, Berlin 1793, S. 40/1). – [2] K. J. B. Karsten (Kastners Arch. Naturlehre **26** [1834] 165). – [3] C. F. Schönbein (J. Prakt. Chem. **81** [1860] 265/76). – [4] J. Lang (Ann. Physik Chem. [2] **118** [1863] 282/302, 290).

Manganese Nitrates

2.3.3 Mangannitrate

Im Jahre 1740 berichtete J. H. Pott [1], er habe aus dem rohen Aquafort [Salpetersäure], das auf gebrannten Braunstein eingewirkt hatte, mit Alkali [Pottasche] eine ‚weiße Erde‘ fällen können, ohne daß er auf das von der Säure Aufgenommene näher einging; er fügte nur hinzu, Christopher Merret (1614 bis 1695) habe in seiner erweiterten Übersetzung der *Ars vitraria* [Glasmacherkunst] des Antonio Neri (gestorben 1614) bei dem gleichen Experiment nur das Auftreten einiger Gasblasen beobachten können. – Keine Einwirkung von Scheidewasser, weder auf rohen noch auf gerösteten Braunstein, behauptete im Jahre 1765 S. Rinman [2] in seinem „Versuch über den Braunstein" wahrgenommen zu haben. Neun Jahre später aber weiß C. W. Scheele [3] über seinen Versuch des Aufschlusses von Braunstein mit Salpetersäure folgendermaßen zu berichten: „§4. Braunstein und reine Salpetersäure. a) Zwey Drachmen feingeriebenen Braunstein übergoß ich mit einer Unze weißer und reiner Salpetersäure [diese beschreibt er in einer Anmerkung als farblos und in der Wärme weiße Dämpfe gebend] und setzte die Mischung in Digestion. Nach einigen Tagen hatte das Auflösungsmittel nichts von seiner Säure verloren, auch wurde kein Aufwallen darin bemerket. Ich zog die Säure durch eine Destillation ab, goß sodann das Übergegangene auf den Überrest zurück, und zog es zum zweitenmal ganz langsam herüber. Nun wurde der Rückstand aus der Retorte genommen, es fand sich aber sehr wenig davon aufgelöst. Ich goß das Destillat nun abermals zurück, that noch so viel Braunstein hinzu, und zwar so viel, bis die Säure vollkommen gesättigt wurde, wozu neun Drachmen erforderlich wurden. – b) Jene mit Salpetersäure gesättigte Auflösung des Braunsteins wurde nun filtrirt; und in zwey gleiche Theile getheilet. Zu der einen Hälfte wurden einige Tropfen Vitriolsäure getröpfelt, wodurch ein sehr feines weißes Pulver gefüllet wurde, das sich jedoch erst nach einigen Stunden zu Boden setzte; und so wenig in kochendem Wasser, als in den Säuren auflösbar war. Die übrige klare Auflösung wurde nun abgedunstet, und lieferte einige Selenit oder Gipskrystallen; wollte aber übrigens nicht weiter anschießen. – c) Die andere Hälfte der Auflösung ließ ich in gelinder Wärme verdunsten, und erhielt kleine glänzende Kristalle, welche so wie die ganze Auflösung einen bittern Geschmack besaßen, und ohngefähr zehn Gran wogen. Da ich in die durch die Wärme verdickte Auflösung einige Tropfen Vitriolsäure goß, so entstand kein Niederschlag, bis auf eine ganz geringe Quantität Selenit, so bald sie aber bis zur Honigdicke verdunstet war, bildeten sich mit einemmal feine spießige Kristallen die aus einerlei Mittelpunkt ausgiengen; sie waren aber weich, und schmolzen in einigen Tagen." Seine Untersuchungen führte er im folgenden Paragraphen weiter: „§5. Braunstein und phlogistisirte Salpetersäure", d.h., er stellte Versuche mit salpetriger Säure an, s. dazu im vorstehenden, und mußte feststellen, daß sein Ergebnis das nämliche war wie bei der Salpetersäure, abgesehen davon, daß der gesamte Braunstein aufgelöst wurde. Seine Beobachtungen mit Salpeter- und Schwefelsäure führten ihn zu folgendem für die letztere ausführlich dargestellten Schluß: „§16. Da nun blos ein Theil Braunstein vom Vitriolgeiste aufgelöst wird, so entsteht die Frage: warum das Uebrige nicht aufgelöst wird? Die Anwort ist: das Unaufgelöste hat das wenige Brennbare, welches es seiner Natur nach besass, dem Theil Braunstein gegeben, der sich in der ersten Digestion mit dem Vitriolgeiste vereinigt hat; denn, ohne dieses Prinzipium ist der Braunstein nicht aufzulösen. Dass der übergebliebene Braunstein sein Brennbares verlohren hat, siehet man daraus, dass, wenn reine Salpetersäure über ihn abgezogen wird, sich am Ende wenig oder gar keine Röthe zeigt. Dass der Braunstein nach seiner zweyten allgemeinen Eigenschaft das Brennbare stärker anziehet, wenn er in Gesellschaft mit einigen Säuren ist, zeigen folgende Versuche:

a) Feinzerriebener Braunstein, digerirt oder gekocht, mit aufgelöstem Zucker, Honig, arabischen Gummi oder Gallerte von Hirschhorn, wird nicht verändert. Vermengt man aber den Braunstein mit Vitriolgeist oder reinem Salpetergeist, und kömmt etwas weniges von diesen Sachen hinzu, und wird das Mengsel in Digestion gesetzt, so sieht man mit Verwunderung wie die schwarze Farbe nach und nach vergeht, und die Auflösung so klar wie Wasser wird. Dabey sondern sich eine gewisse Menge Blasen mit heftigem Aufwallen ab, und diese sind Luftsäure [CO_2]. Ja der Braunstein zeigt in dieser Vermischung eine so starke Anziehung gegen das Brennbare, dass Metalle, die edlen nicht ausgenommen, ihn in solchen Säuren klar auflösbar machen; und was noch mehr ist, dass dabey das flüchtige Alkali, nebst den vorerwähnten vegetabilischen und animalischen Beymischungen, gänzlich zerstört wird. . . . Aus diesen Versuchen schliesse ich, dass wenn die äussern Theile eines feingeriebenen Braunsteins eine Säure berühren, sie dadurch einen heftigen Trieb nach Brennbarem bekommen; und wenn die Säure nichts davon hat, auch der Braunstein nicht so viel, dass er ganz und gar in solcher Säure aufgelöst wird (§ 2.4. a.a.) so ziehen diese äussern Theile, das was dazu fehlt, von den inwendig liegenden Partikeln, welche die Säure noch nicht berührt hat. Das ist der Grund, warum die äussern Theile in Vitriol- oder Salpetersäure aufgelöst werden, und die innern, die ihres Brennbaren beraubt worden sind, unaufgelöst bleiben; aber auch diese werden aufgelöst, sobald ihnen das fehlende Brennbare, von vorerwähnten Beymischungen z. E. Zucker u. d. gl. mitgetheilt wird." Weiter: „§21. Das Verhalten des Braunsteins mit Salpetersäure ist in der Hauptsache wie beym Vitriolgeiste. Wäre es möglich, daß diese Säure so große Hitze ausstünde, als Vitriol, so würde sie auch den Braunstein gänzlich auflösen, ohne Zusatz von Brennbarem. Da sie aber das nicht kann, so ist es nöthig, den Abgang am Brennbaren zu ersetzen ... §22. Im Verhalten mit phlogistisirter Salpetersäure, sieht man alles, was vorhin bewiesen worden ist, deutlicher ..." Nirgendwo aber geht er noch einmal auf das entstehende Salz ein. – Noch im gleichen Jahre konnte T. Bergman [4] über seine eigenen Versuche mit Salpetersäure und dem „Magnesium-Regulus" sowohl als auch dessen „weißem Kalk" [Mangancarbonat] und „grünem Kalk" [Manganmonoxid] berichten, aber auch ihm gelang die Herstellung des Mangan(II)-nitrats nicht so recht: „Regulum solvit acidum nitri cum quadam effervescentia e genito aëre nitroso, restat tamen spongiosum corpus nigrum & friabile, molybdaenum qua indole referens ... Solutio saepe colore gaudet fusco, qui forte martiali, magnesio adhaerenti, adscribendus est. Calx alba suscipitur facillime, sub qua operatione acidum expellitur aëreum, sed nullus prodit aër nitrosus. Menstruum satiatum aquae prae se fert faciem, nisi martiale adsit inquinamentum. Calx nigra parcissime solvitur, magna tamen copia tandem saturitas attingitur. Additamenta phlogisticata solutionem perficiunt, sed iis non opus est, si acidum adhibetur phlogisticatum ... Calx viridis eodem se gerit modo ac in acido vitriolico. Solutiones purae nullas deponunt crystallos solidas, quamvis etiam lentissime vaporent. [Den Regulus löst die Salpetersäure mit einigem Aufbrausen wegen der entstehenden salpetrigen Luft, es bleibt aber ein schwammiger, schwarzer und zerbrechlicher Körper zurück, etwa wie Molybdäna [das ist Graphit] aussehend ... Die Lösung besitzt oft eine rötlichbraune Farbe, was den dem ‚Magnesium' [Mangan] zufällig anhaftenden Eisenteilen zuzuschreiben ist. Der ‚weiße Kalk' wird [von der Säure] sehr leicht aufgenommen, wobei Luftsäure [Kohlensäure] ausgetrieben wird, jedoch entsteht keine nitrose Luft. Das gesättigte Lösungsmittel sieht genau wie Wasser aus, wenn keine Verunreinigung durch Eisen vorhanden ist. Der ‚schwarze Kalk' [Braunstein] wird nur sehr wenig gelöst, doch wird Sättigung [der Säure] schließlich durch eine große Menge erreicht. Die Zugabe phlogistonhaltiger Stoffe bewirkt die Auflösung, doch benötigt man sie nicht, wenn man die phlogistisierte Säure anwendet ... Der ‚grüne Kalk' verhält sich in der gleichen Weise wie gegen die Schwefelsäure. Die reinen Lösungen setzen keine Kristalle ab, auch wenn man sie sehr langsam eindampft." J. G. Leonhardi [5] sieht es daraufhin als unmöglich an, den „Braunsteinsalpeter" in feste Kristalle zu bringen. Doch war dies schon Scheele, s. vorstehend, und dann drei Jahre vor dieser Behauptung auch S. Hermbstädt [6] gelungen, der von „ziemlich großen Kristallen, die sehr zerfließlich waren", zu berichten weiß. Für den Wassergehalt derselben gab E. Millon [7] im Jahre 1842 sechs Moleküle an. Ein 3-Hydrat konnte C. Schultze-Sellack [8] fast 30 Jahre später erhalten und ein Monohydrat stellte kurz danach A. Ditte [9] her; das wasserfreie Mangan(II)-nitrat zu isolieren gelang erst im Jahre 1909 den Chemikern Guntz und Martin [10].

Literatur:

[1] J. H. Pott (Miscellanea Berolinensia **6** [1740] 40/54, 47). – [2] S. Rinman (Versuch über den Braunstein, Kgl. Svenska Vetenskaps Akad. Handl. **1765** 241 nach Kgl. Schwed. Akad.

Wiss. Abh. Naturlehre **27** [1767] 251/67, 256). – [3] C. W. Scheele (Vom Braunstein oder Magnesium und dessen Eigenschaften [1774] in: Sämmtliche Physische und Chemische Werke, deutsch von S. F. Hermbstädt, Bd. 2, Berlin 1793, S. 38/41, 54/5). – [4] T. Bergman (Diss. de Mineris Ferri Albis [1774] in: Opuscula Physica et Chemica, Bd. 2, Uppsala 1780, S. 216/7). – [5] J. G. Leonhardi (in: P. J. Macquer, Chymisches Wörterbuch, deutsch von J. G. Leonhardi, 2. Aufl., Bd. 5, Leipzig 1790, S. 361).

[6] S. Hermbstädt (Ann. Chem. Crell **1787** II 198/202, 202). – [7] E. Millon (Compt. Rend. **14** [1842] 905/12, 907). – [8] C. Schultze-Sellack (Z. Chem. Pharm. [2] **6** [1870] 646 nach C. **1871** 20). – [9] A. Ditte (Ann. Chim. Phys. [5] **18** [1879] 320/45, 333/5). – [10] Guntz, Martin (Bull. Soc. Chim. France [4] **5** [1909] 1004/11, 1006/7).

2.4 Mangan und Halogene

Manganese and Halogens

2.4.1 Mangan und Fluor

Manganese and Fluorine

Die ersten Untersuchungen mit Braunstein und Fluorwasserstoffsäure, die er selbst drei Jahre zuvor entdeckt hatte, unternahm im Jahre 1774 C. W. Scheele [1]: „Nach einer Digerierung von einigen Tagen war vom Braunstein sehr wenig aufgelöset, und mußte noch wieder zugesetzt werden, ehe die Säure gesättigt ward. Die Auflösung hatte kaum einen merklichen Geschmack und gab mit Laugensalz wenigen Niederschlag. Wenn man aber einen aus dieser Säure und flüchtigem Laugensalze zusammengesetzten Salmiak zur Auflösung in dieser Säure thut, so geschieht eine zweifache Zerlegung, und der Braunstein fällt, mit der Flußspathsäure vereinigt, nieder." Da Scheele keine nähere Beschreibung des Niederschlages gibt, läßt sich kaum entscheiden, was für eine Verbindung er erhalten hat. – Als 50 Jahre später J. J. Berzelius [2] sich ausführlich mit der Flußsäure befaßte, beobachtete er die Löslichkeit des Salzes in der überschüssigen Säure und erhielt es „beim Abdunsten theils als Pulver, theils als verworrene Krystalle, die einen Stich ins Amethystrote haben". Es gelang ihm auch, ein Manganifluorid (Mangan(III)-fluorid) durch Auflösen des „natürlichen Oxydhydrates" in der Säure zu erhalten. – Das zweiwertige Salz stellte C. Brunner [3] im Jahre 1857 her, als er versuchen wollte, reines Manganmetall durch Reduktion dieses Salzes mit metallischem Natrium darzustellen; er sättigte Flußsäure mit Mangancarbonat und erhielt ein weißes, ins Rosarote spielendes Pulver. Ein paar Jahre später stellte es Röder [4] in Form sehr kleiner rötlicher Nadeln her, indem er eine Schmelze aus Mangan(II)-chlorid, Kochsalz und Fluornatrium mit Wasser auszog. Durch Lösen von metallischem Mangan in verdünnter Fluorwasserstoffsäure bei guter Kühlung erhält man nach H. Moissan, Venturi [5] eine erst bei dicker Schicht schwach rosa gefärbte Flüssigkeit, die ein Hydrat des Mangan(II)-fluorids enthält; beim Kochen fällt die wasserfreie Verbindung als weißes Pulver aus. Als hellrosafarbene Schmelze erhielten die Autoren das Salz, als sie heißes Manganmetall gasförmiger Fluorwasserstoffsäure aussetzten. Das weiße Kristallpulver kann auch im Flußsäuregasstrom geschmolzen werden. In etwa 1 cm langen Kristallen erhielten sie das Salz beim langsamen Abkühlen einer bis zur Rotglut gebrachten Schmelze aus Mangan(II)-chlorid und Mangan(II)-fluorid. Unter normalen Bedingungen kristallisiert die Verbindung in quadratischen hellrosa Prismen [6]. In neuester Zeit hat sich herausgestellt, daß stabile Hochdruckmodifikationen existieren [7].

Mangan(III)-fluorid erhielt als wasserfreie violette Verbindung H. Moissan [8] im Jahre 1900 auf verschiedene Weise: Durch Überleiten von Fluor über Mangan(II)-jodid, wobei ein weinfarbenes Produkt erhalten wurde, und im Gemisch mit Mangan(II)-fluorid bei der Reaktion von metallischem Mangan mit Fluor; unvollständig bleibt auch die Fluorierung des Mangan(II)-fluorids mit elementarem Fluor. Vier Jahre zuvor schon hatte H. Moissan [9] die Verbindung unter schöner Leuchterscheinung aus dem Mangancarbid im Fluorgasstrom erhalten. Die wasserhaltige Verbindung hat schon, wie oben bemerkt, im Jahre 1824 J. J. Berzelius [10] in Händen gehabt: „Flußspathsaures Manganoxyd erhielt ich, wenn natürliches Oxydhydrat geschlämmt und in Flußspathsäure gelöst wurde. Die Lösung ist tief dunkelroth und setzt während der freiwilligen Verdunstung dunkelbraune prismatische Krystalle ab, von welchen die kleineren durchsichtig rubinroth sind wie Krystalle von Rotgültigerz. Sie gaben ein rosenrothes Pulver. In einer sehr geringen Menge Wasser lösen sie sich ohne Zersetzung auf; dagegen wird die Flüssigkeit durchs Verdünnen sowie durchs Kochen gefällt, und ein basisches Salz abgeschieden, während ein saures in Lösung bleibt ..." Den Wassergehalt der Kristalle bestimmte sechzig Jahre später O. T. Christensen [11].

Ein Mangan(IV)-fluorid soll J. Niclès [12] schon im Jahre 1867 wenigstens in Lösung erhalten haben, die feste Verbindung wurde erst in jüngster Zeit isoliert [13].

Im Jahre 1827 entdeckte F. Wöhler [14] ein „gasförmiges Fluormangan": „Die neuerlich entdeckten Fluor- und Chlormetalle, die eine den Säuren dieser Metalle proportionale Zusammensetzung haben und durch ihre Gasförmigkeit ... ausgezeichnet sind, veranlaßten mich, zu versuchen, ob sich auch ein Fluormangan herstellen lasse, welches in seiner Zusammensetzung der Mangansäure entspräche. — Wenn man gewöhnliches mineralisches Chamäleon [$KMnO_4$] mit ungefähr halb soviel Flußspathpulver vermischt und mit Schwefelsäure übergießt, so entwickelt sich mit großer Heftigkeit und in Menge ein prächtig purpurrother Dampf. Wenn man den Versuch in einer Platinretorte macht, deren Hals man in einen Platintiegel leitet, auf dessen Boden sich etwas Wasser befindet, so wird das Gas vom Wasser absorbiert, welches davon in kurzer Zeit die schöne purpurrothe Farbe einer gesättigten Auflösung von Mangansäure annimmt und sauer wird. Öffnet man, noch ehe die Entwicklung beendigt ist, die Platinretorte, so sieht man sie mit einem gelben Gase angefüllt, welches aber augenblicklich in Berührung mit der Luft purpurrothe Nebel bildet." Er beobachtete die Haltbarkeit der wäßrigen Lösung des Gases und deren Fähigkeit, Metalle „ohne alle Gasentwicklung schnell" aufzulösen. — Im Jahre 1869 trug G. Gore [15] feuchtes Kaliumpermanganat in vermeintlich wasserfreien Fluorwasserstoff ein und stellte die Bildung einer grünen Lösung fest, ohne aber gasförmige Produkte zu beschreiben. — Erst im Jahre 1914 wurde die gasförmige Verbindung, jetzt Manganylfluorid benannt, von O. Ruff [16] wieder beschrieben; seine Versuche einer Analyse scheiterten: „Es ist darum ungewiß, ob es [das Gas] Fluor als wesentlichen Bestandteil enthält, nicht einmal unmöglich, daß man es einfach mit Manganheptoxyd zu tun hat." — Die Beobachtungen der älteren Chemiker konnte K. Fredenhagen [17] im Jahre 1931 bestätigen und durch die Angabe, daß das Gas sich leicht kondensieren, nicht aber von überschüssigem Fluorwasserstoff trennen lasse, ergänzen. Ein paar Jahre später sprach er die Vermutung aus, die grünen Dämpfe müßten von einem „Manganoxyfluorid" herrühren, bei dem das Mangan in siebenwertiger Form vorliege [18]. Im Jahre 1950 stellte K. Wiechert [19] erneut Versuche mit dem grünen Gas an, das er zu verflüssigen und als Festkörper zu erhalten vermochte, doch blieb auch jetzt noch die Abtrennung des Fluorwasserstoffs unvollständig. Vier Jahre später gelang A. Engelbrecht, A. V. Grosse [20] die Reindarstellung der Verbindung als dunkelgrüne Kristalle, die bei −38° C schmelzen, und deren Dampf, ähnlich wie Ozon riechend, nur unterhalb 0° C stabil ist.

Auf die zahlreichen Fluoromanganate, die in neuerer Zeit aufgefunden worden sind, darunter auch Edelgasverbindungen, kann hier nicht eingegangen werden; s. dazu „Mangan" C4, 1977.

Literatur:

[1] C.W. Scheele (Kgl. Svenska Vetenskaps Akad. Handl. **35** [1774] 89/116, 94; Neuesten Entdeckungen Chem. **1** [1781] 112/37, 116/7; Sämmtliche Physische und Chemische Werke,

deutsch von S. F. Hermbstädt, Bd. 2, Berlin 1793, S. 35/90, 42). – [2] J. J. Berzelius (Ann. Physik Chem. [2] **1** [1824] 1/48, 24/5). – [3] C. Brunner (Ann. Physik Chem. [2] **101** [1857] 264/71, 267). – [4] Röder (Fluorverbindungen, Diss. Göttingen 1863, S. 19 nach [5]). – [5] H. Moissan, Venturi (Compt. Rend. **130** [1900] 1158/62).

[6] A. de Schulten (Compt. Rend. **152** [1911] 1261/3). – [7] L. M. Azzoria, F. Dachille (J. Phys. Chem. **65** [1961] 889/91). – [8] H. Moissan (Compt. Rend. **130** [1900] 622/7). – [9] H. Moissan (Ann. Chim. Phys. [7] **9** [1896] 302/37, 320/3). – [10] J. J. Berzelius (Ann. Physik Chem. [2] **1** [1824] 1/48, 24).

[11] O. T. Christensen (J. Prakt. Chem. [2] **35** [1886/87] 57/82, 70/2). – [12] J. Niclès (Compt. Rend. **65** [1867] 107/11). – [13] R. Hoppe, W. Dähne, W. Klemm (Naturwissenschaften **48** [1961] 429). – [14] F. Wöhler (Ann. Physik Chem. [2] **9** [1827] 619/22). – [15] G. Gore (J. Chem. Soc. **22** [1869] 368/406, 395).

[16] O. Ruff (Ber. Deut. Chem. Ges. **47** [1914] 656/60, 660). – [17] K. Fredenhagen (Z. Elektrochem. **37** [1931] 684/94, 686). – [18] K. Fredenhagen (Z. Anorg. Allgem. Chem. **242** [1939] 23/32, 30). – [19] K. Wiechert (Z. Anorg. Allgem. Chem. **261** [1950] 310/23, 317/20). – [20] A. Engelbrecht, A. V. Grosse (J. Am. Chem. Soc. **76** [1954] 2042/5).

2.4.2 Mangan und Chlor

Manganese and Chlorine

Im Jahre 1740 hat J. H. Pott [25] auf zwei verschiedene Weisen Manganchloridlösungen hergestellt, ohne jedoch das Salz daraus zu gewinnen, er wies es lediglich durch Fällen mit Alkali nach. Sein einfachster Weg war die Behandlung von kalziniertem Braunstein mit Salzsäure, und er beschreibt ihn ganz ähnlich wie später C. W. Scheele, ohne allerdings auf den auftretenden Geruch und die Farbe einzugehen: „Ita quoque calcinata [Magnesia] a Spiritu Salis in calore solvitur cum strepitu, & a Sale alcalino praecipitatur Terra Alba. [So wird auch kalzinierter Braunstein in der Wärme vom Salzgeist unter Aufbrausen gelöst, und durch Alkalisalz eine weiße Erde gefällt." Sein anderer Weg ist weniger einfach, war aber bei den Alchemisten sehr gebräuchlich: „Magnesia c. 2. p. Salis ammoniaci bina vice sublimata parum solidi secum evexit, interim aliqvam Spiritus urinosi portionem dimisit, sed qvod in fundo restat sic dictum Caput mortuum qvodammodo rubescit, & solvendo cum aqva dat solutionem limpidam sed satis saturatam, restante licet multo pulvere albicante non soluto; siqvidem solutio cum Sale alcalino soluto mixta sistit album densum coagulum, adeoqve solutionem mineræ nostræ in acido Salis monstrat, qvod vero per Sal armoniacum ita resolvatur, ut in pulchram Tincturam evehatur, docente D. P. Jungkero ex Neri, id ex his experimentis non liqvet. [Magnesia, mit der zweifachen Menge Salmiak zweimal sublimiert, gibt wenig Festes ab, verliert indessen etwas Ammoniak[gas]. Was aber am Grunde zurückbleibt, der sogenannte Totenkopf, wird in einer gewissen Weise rot, und beim Lösen in Wasser gibt er eine klare, aber ziemlich gesättigte Lösung, zurückbleibt ziemlich viel nicht gelöstes, weißliches Pulver; mischt man diese Lösung mit gelöstem Alkalisalz, so entsteht ein dichtes, weißes Koagulum, so wie es auch die Lösung unseres Erzes in Salzsäure zeigt. Daß aber das, was der Salmiak auflöst, zu einer schönen Tinktur führe, wie D. P. Jungker nach Neri lehrt, ist aus diesen Versuchen nicht erkennbar]." Der Hinweis auf Johann Juncker (1679 bis 1759) und die *Ars vitraria* des Antonio Neri, erschienen im Jahre 1612, zeigt, daß Manganchlorid, auf diese Weise bereitet, schon lange in den Händen der Chemiebeflissenen gewesen sein dürfte, ohne daß diese es beachtet haben.

Im Jahre 1767 untersuchte C. F. G. Westfeld [1] den Braunstein, um herauszufinden, ob er nicht eines der bekannten Metalle enthalte, und übergoß ihn mit „gemeinem Salzgeist, den ich noch einmal über Küchensalz abstrahirt hatte." Dabei beobachtete er die Gelbfärbung der Säure und schloß daraus, daß der Braunstein ein Eisenerz sei, da er die Färbung durch das ihm bekannte gelbe Eisensalz hervorgerufen glaubte. Als C. W. Scheele [2] sieben Jahre später den

Versuch zur Nachprüfung des Westfeldschen Ergebnisses wiederholte, beobachtete er genauer und entdeckte dabei das Element Chlor, s. „Chlor", 1927, S. 1. Er schrieb: „§.6. Mit gewöhnlicher Salzsäure. — A. Auf eine halbe Unze feinzerriebenen Braunstein goß ich eine Unze reine Salzsäure. Nachdem dieses Mengsel eine Stunde in der Kälte gestanden hatte, war die Säure dunkelbraun geworden. Ein Theil dieser Auflösung wurde in ein Glas gegossen, das man offen an die Wärme stellte. Die Solution gab einen Geruch wie warmes Königswasser, und nach einer viertel Stunde war sie klar, farbenlos wie Wasser, und der Geruch vergangen. — B. Das Überbleibsel der braunen Mischung wurde in Digestion gesetzt, um zu sehen, ob sich die Salzsäure mit Braunstein sättigen würde. Sobald das Mengsel warm ward, verstärkte sich dessen Königswassergeruch ansehnlich, es entstand auch ein Aufwallen, das bis den anderen Tag anhielt, da sich dann die Säure gesättigt befand. Auf das Rückständige, welches sich nicht auflösen ließ, goß ich wieder eine Unze Salzsäure, wobey alle vorerwähnten Begebenheiten sich ereigneten, und der Braunstein ganz und gar aufgelöst wurde, bis auf ein wenig Kieselerde. — C. Diese gelbe Auflösung wurde in zwey Theile getheilt. In den einen tröpfelte ich einige Tropfen Vitriolsäure. Nach wenigen Minuten wurde die Auflösung weiß, und ein feines Pulver gefället, das sich in Wasser nicht auflöste [Bariumsulfat]. Nachdem die Auflösung abgedunstet war, setzten sich einige kleine Selenitkrystalle [Gips] zu Boden ... — D. Die andere Hälfte wurde abgedunstet, und dabey bekam ich gleichfalls kleine eckigte glänzende Krystallen, und alles verhielt sich, was die Krystallisation betrift, jetzt auch wie vorhin bey der Salpetersäure." Dort sagt er wenig aus, s. S. 131. — Das Verhalten des Manganmetalls gegen das „oxygenirtsalzsaure Gas", wie er dem vorstehenden entsprechend das Chlor benannte, untersuchte im Jahre 1810 Sir H. Davy [3], der sagte, daß es beim Erhitzen in dem Gas verbrannte. Über das Reaktionsprodukt bemerkte er: „Das Product aus Manganes ist in dunkler Rothglühhitze nicht flüchtig. Es ist dunkelbraun, wenn aber Wasser darauf einwirkt, wird es heller braun, und in der Auflösung bleibt salzsaures Manganes, welches die Lakmustinktur nicht röthet; der schokoladenbraune Rückstand ist nicht auflöslich." In einer Fußnote kommentiert er: „Salzsaures Manganes, durch Auflösen von Manganes-Oxyd in Salzsäure gebildet, ist eine neutrale Verbindung, und läßt sich durch Hitze zersetzen, wobei salzsaures Gas entweicht, und braunes Manganes-Oxyd zurück bleibt. In dieser Hinsicht erscheint Manganes als ein Mittelding zwischen den alten und den neu entdeckten Metallen. Salzsaures Manganes wird nemlich gleich der salzsauren Magnesia zersetzt, und das Oxyd desselben ist, so weit meine Versuche reichen, das einzige unter den länger bekannten Metallen, welche die saure Kraft des salzsauren Gas neutralisirt, so daß dieses in der Auflösung blaue Pflanzenfarben nicht verändert." Zwei Jahre später schrieb sein Bruder J. Davy [4]: „Ich habe auf mehr als eine Art versucht, mehr als eine Verbindung dieser verschiedenen Metalle [nach der Kapitelüberschrift: Mn, Pb, Zn, As, Sb und Bi] mit Halogen [hier: Chlor] zu erhalten, aber ohne Erfolg." Er stellte ebenfalls die wasserfreie Verbindung her „durch Verdunstung des weißen salzsauren Mangans zur Trockenheit und Erhitzung des Rückstandes zum Rothglühen in einer Glasröhre mit sehr enger Mündung ... Die Verbindung von Mangan und Halogen ist ein sehr schöner Körper von großem Glanz und gewöhnlich reiner zarten hell nelkenbrauner Farbe und blättrigem Gefüge, aus breiten, dünnen Flächen gebildet ... Diese Verbindung zerfließt, der Atmosphäre ausgesetzt, und wird in ein weißes, salzsaures Salz verwandelt." Im Jahre 1818 stellte J. A. Arfvedson [5] das Salz durch Behandlung von Mangan(II)-carbonat mit Salzsäuregas zuerst bei gewöhnlicher, dann bei höheren Temperaturen her und beschrieb es als rosenrot. Später erhielt H. Rose [6] die Verbindung „in Nadeln krystallisirt, mit der überschüssigen Kohle vermengt", als er über glühendes, mit Kohle vermengtes Mangancarbonat unter Glühen einen Chlorgasstrom leitete.

Im Jahre 1872 schrieb F. W. Krecke [7] in Utrecht: „Den Namen „Chamäleon minerale" führt bekanntlich das mangansaure Kali, wegen der merkwürdigen Farbenveränderungen, welche die wäßrige Lösung dieses Salzes erfährt. Unter den anderen Mangansalzen giebt es eins, welches mit eben so vielem, wenn nicht mit größerem Rechte mit diesem Namen belegt werden könnte: nämlich das Manganchlorür. Bei zunehmender Concentration einer wäßrigen Auflösung dieses Salzes bei einer Temperatur zwischen 70 und 100° C nimmt die anfänglich farblose Auflösung erst eine rosenrothe, darauf eine gelbe Farbe an, um endlich, noch bevor es krystallisirt, prächtig grün zu werden. Diese Erscheinung, welche, soweit mir bekannt, noch nicht beschrieben ist, wurde von mir beobachtet, als ich beschäftigt war, chemisch reine Krystalle jenes Salzes zu bereiten ..."; er glaubte dabei, gewissen Zersetzungserscheinungen der Verbindung auf die Spur gekommen zu sein. Noch im gleichen Jahre konnte J. A. Kappers [8] unzweideutig beweisen, daß die Farbänderungen auf einen Gehalt an Kobalt zurückzuführen waren. Die Beobachtungen Kreckes dürften nur dadurch möglich geworden sein, daß das Mangansalz aus den Ablaugen der Chlorgewinnung erhalten worden ist, bei der von natürlichem, ungereinigtem, gelegentlich kobalthaltigem Braunstein ausgegangen wurde; wie groß die Mengen solcher $MnCl_2$-Laugen gewesen sein mag, kann man aus einer gleichzeitigen Notiz [26] abschätzen: „Bei der Herstellung des Chlors für die Präparation von Chloralhydrat fielen bei der Firma Schering in Berlin damals in 2 Jahren circa 5000 Ballons mit Chlormanganlösung an, die bloß im Wert der Gefäße kein geringes Kapital verschlangen, so daß man sich zuletzt entschließen mußte, die Flüssigkeit wegzuschütten." An die Möglichkeit der Regenerierung des ‚Mangansuperoxyds', etwa nach dem englischen Patent des Jahres 1855 von C. T. Dunlop [27] über die Zersetzung des auszufällenden Mangancarbonats an der Luft, ist wohl wegen der Billigkeit des Braunsteins nicht gedacht worden.

Höhere Manganchloride. In der dunkelbraunen Flüssigkeit, die entsteht, wenn man Braunstein mit konzentrierter Salzsäure übergießt, wie schon von C. W. Scheele beschrieben wurde, s. im vorstehenden, soll sich nach den Versuchen von W. W. Fisher [9] im Jahre 1878 die schon fast sechzig Jahre vorher von G. Forchhammer [10] vermutete Verbindung $MnCl_4$ befinden, doch kritisierte bereits im folgenden Jahre S. U. Pickering [11] die Beweisführung Fishers, wie er auch ähnliche Angaben über die Verbindung $MnCl_4$ von J. Niclès [12] aus dem Jahre 1865 als falsch nachweisen konnte; Pickering selbst nahm das Auftreten einer Molekel Mn_2Cl_6 an. – Im Jahre 1894 konnte G. Neumann [13] und vier Jahre später C. F. Rice [14], dieser wohl ohne Kenntnis der älteren Veröffentlichung, sicher Doppelsalze des $MnCl_3$ darstellen, während ältere Forscher unterschiedlich entweder auf die Existenz von $MnCl_4$ [15, 16, 17] oder von $MnCl_3$ [18] in ihren Lösungen geschlossen hatten, so daß, durch eigene Versuche gestützt, R. J. Meyer, der erste der Herausgeber der 8. Auflage dieses Handbuchs, und H. Best [19] schon im Jahre 1900 zu der Überzeugung kamen, die Existenz der reinen höheren Manganchloride sei keineswegs gesichert, eine Meinung, die siebzig Jahre später bei einer kritischen Betrachtung der Chemie der höheren Oxidationsstufen des Mangans von W. Levason, C. A. McAuliffe [20] erneut vertreten wurde, obwohl in der Zwischenzeit mehrfach behauptet worden ist, es sei gelungen, die Verbindungen zu fassen – das $MnCl_3$ schon im Jahre 1907 [21] – oder gar, wenigstens bei tiefen Temperaturen, in fester Form darzustellen, s. dazu „Mangan" C 5, 1978, S. 89/90, 92/3.

Natürliches Manganchlorid. Im Jahre 1827 glaubte J. McMullen [22] ein natürlich vorkommendes, schwerlösliches Manganchlorid nachgewiesen zu haben, als er beobachtete, daß beim Übergießen von Braunstein mit konzentrierter Schwefelsäure neben dem Sauerstoff auch Chlorgas entwickelt wurde und er im Waschwasser des Braunsteins kein Chlor nachweisen konnte. Kurz danach teilte R. Phillips [23] mit, daß er die gleiche Beobachtung gemacht habe, es sei ihm jedoch gelungen, im Waschwasser des Braunsteins Calciumchlorid nachzuweisen. Sieben Jahre später gab A. Vogel [24] bekannt, daß die Chlorentwicklung nur auftrete, wenn man bei der Sauerstoffgewinnung englische Schwefelsäure verwende, mit deutscher Schwefelsäure sei der Sauerstoff chlorfrei.

Literatur:

[1] C. F. G. Westfeld (Mineralogische Abhandlungen, Göttingen-Gotha 1767, S. 1/22, 14). – [2] C. W. Scheele (Vom Braunstein oder Magnesium und von dessen Eigenschaften [1774] in: Sämmtliche Physische und Chemische Werke, deutsch von S. F. Hermbstädt, Bd. 2, Berlin 1793, S. 41/2). – [3] H. Davy (Phil. Trans. Roy. Soc. London **35** [1811] 1/35 nach Ann. Physik **39** [1811] 43/89, 71, 73). – [4] J. Davy (Phil. Trans. Roy. Soc. London **102** [1812] 169/204; Schweiggers J. Chem. Physik **10** [1814] 311/54, 329). – [5] J. A. Arfvedson (Afhandl. Fys. Kemi Mineral. **6** [1818] 222/36; Schweiggers J. Chem. Physik **42** [1824] 202/14, 213).

[6] H. Rose (Ann. Physik Chem. [2] **27** [1833] 565/75, 574). – [7] F. W. Krecke (J. Prakt. Chem. [2] **5** [1872] 105/9). – [8] J. A. Kappers (Ber. Deut. Chem. Ges. **5** [1872] 582/3). – [9] W. W. Fisher (J. Chem. Soc. **33** [1878] 409/15). – [10] G. Forchhammer (Diss. de Mangano, Kopenhagen 1820, S. 1/54).

[11] S. U. Pickering (J. Chem. Soc. **35** [1879] 654/73). – [12] J. Niclès (Ann. Chim. Phys. [4] **5** [1865] 161/74, 164). – [13] G. Neumann (Monatsh. Chem. **15** [1894] 489/94). – [14] C. E. Rice (J. Chem. Soc. **73** [1898] 258/61). – [15] M. Berthelot (Compt. Rend. **91** [1880] 231/6).

[16] B. Franke (J. Prakt. Chem. [2] **36** [1887] 31/43, 39). – [17] H. M. Vernon (Chem. News **61** [1890] 203). – [18] O. T. Christensen (J. Prakt. Chem. [2] **34** [1886] 41/6, 42, **35** [1887] 57/82, 67). – [19] R. J. Meyer, H. Best (Z. Anorg. Allgem. Chem. **22** [1900] 169/91). – [20] W. Levason, C. A. McAuliffe (Coord. Chem. Rev. **7** [1971] 353/87, 367).

[21] W. B. Holmes (J. Am. Chem. Soc. **29** [1907] 1277/88, 1282). – [22] J. McMullen (Phil. Mag. [2] **1** [1827] 142). – [23] R. Phillips (Phil. Mag [2] **1** [1827] 313/4). – [24] A. Vogel (J. Prakt. Chem. **1** [1834] 446/50). – [25] J. H. Pott (Miscellan. Berolinens. **6** [1740] 40/53, 47).

[26] G. Detsenyi (Ackermanns Gewerbe-Ztg. **1873** 28 nach Dinglers Polytech. J. **209** [1873] 224/7). – [27] C. T. Dunlop (Repertory of Patent-Inventions, 1856, S. 236 nach Dinglers Polytech. J. **140** [1856] 104/5).

Manganese and Bromine

2.4.3 Mangan und Brom

Der Entdecker des Broms, A. G. Balard, untersuchte erst acht Jahre nach seiner Entdeckung das Verhalten von Bromwasser gegen Oxide des Mangan: „Manganoxyd erleidet keine Veränderung durch das Brom; das Oxydul hingegen wird sogleich davon umgewandelt, und zwar in Manganbromür und in ein schwarzes Hydrat, das sich nicht ohne Entwicklung von Chlor in kalter Chlorwasserstoffsäure löst, und also nichts als Manganoxyd ist" [1]. Mit metallischem Mangan hatte schon vier Jahre vorher J. B. Berthemot [2] Versuche unternommen und dabei festgestellt, daß pulverisiertes Manganmetall sich beim Erwärmen mit dem Bromgas verbindet und dabei eine weißliche, schwach rosafarbene geschmolzene Masse entsteht. Mit Bromwasser erhielt er aus dem Metall – diese Reaktion verlangte, um vollständig zu sein, Erwärmung – zerfließliche, stechend schmeckende Kristalle, die im Kristallwasser bei Wärmezufuhr schmolzen, bei weiterem Erhitzen ihr Wasser verloren, bei Erreichen der Rotglut erneut schmolzen und dann sich zu zersetzen begannen; dieses ‚Bromür' sei auch erhältlich, wenn man Mangancarbonat in Bromwasserstoffsäure auflöse. Die Kristallform dieses $MnBr_2 \cdot 4\,H_2O$ bestimmte im Jahre 1857 J. C. G. de Marignac [3]. Dampfdruckmessungen zur Bestimmung der Zahl der auftretenden $MnBr_2$-Hydrate unternahm H. Lescœur [4], zwei davon, nämlich das Hexahydrat und das Monohydrat, lehrte im Jahre 1897 P. Kusnezow [5] herzustellen.

Die Existenz eines $MnBr_4$, das beim Behandeln von Braunstein mit einer ätherischen Lösung von Bromwasserstoffsäure mit grüner Farbe auftreten sollte, behauptete im Jahre 1865

J. Niclès [6], doch konnten diese Angaben durch die Untersuchungen von R. J. Meyer, H. Best [7] nicht bestätigt werden. Ebenso konnte ein $MnBr_3$, das bei der Reaktion von Manganmetallpulver mit überschüssigem Brom in Äther entstehen sollte [8], später nicht wieder erhalten werden [9].

Literatur:

[1] A. G. Balard (Bibliotheque Universelle Sci. Arts Geneve **19** [1834] 372 nach J. Prakt. Chem. **4** [1835] 165/80, 178). – [2] J. B. Berthemot (Ann. Chim. Phys. [2] **44** [1830] 382/96, 392/3). – [3] J. C. G. de Marignac (Ann. Mines [5] **12** [1857] 1/74, 7/8). – [4] H. Lescœur (Ann. Chim. Phys. [7] **2** [1894] 78/117, 103/4). – [5] P. Kusnezow (J. Russ. Phys. Chem. Ges. **29** [1897] 288 nach C. **1897** II 329).

[6] J. Niclès (Ann. Chim. Phys. [4] **5** [1865] 161/74, 167). – [7] R. J. Meyer, H. Best (Z. Anorg. Allgem. Chem. **22** [1900] 169/91, 182). – [8] F. Ducelliez, A. Raynaud (Bull. Soc. Chim. France [4] **15** [1914] 408/13). – [9] J. G. F. Druce (J. Chem. Soc. **1937** 1407/8).

2.4.4 Mangan und Jod

Manganese and Iodine

Im Jahre 1819, also sechs Jahre nach der Bekanntgabe der Entdeckung des neuen Elementes durch N. Clément, C.-B. Desormes [1], mußte J. W. Döbereiner in seinen *Anfangsgründen der Chemie* noch bekennen: „Das Verhalten der Jodine gegen Mangan kennt man noch nicht" [2]. Erst zehn Jahre später gab J. L. Lassaigne [3] bekannt, daß er aus Mangancarbonat und Jodwasserstoffsäure eine weiße, in Nadeln kristallisierende hygroskopische Verbindung erhalten habe. Gleichzeitig berichtete J. Bachmann [4] ausführlicher: „Wird feingepülvertes Manganmetall mit Jod in einer kleinen Retorte erwärmt, so verbindet es sich mit beträchtlicher Hitze mit demselben, ohne daß jedoch dabei die Masse ins Glühen geräth. Wenn Manganoxyd mit Jod erhitzt wird, so entweicht das Jod, ohne daß eine Vereinigung beider Körper stattfindet. Das Oxydul und kohlensaure Salze werden von der Jodwasserstoffsäure lebhaft angegriffen; am leichtesten erhält man jedoch diese Verbindung, wenn Schwefelmangan mit Jod und Wasser in einer Flasche geschüttelt wird, die Flüssigkeit erwärmt sich sehr stark; sie wird farblos, wenn das Sulfurid hinlänglich zugegen war, und enthält eine Auflösung von Jodmangan; das Jod entreißt dabei dem Schwefel einen Antheil Metall, es sondert sich etwas gelber Schwefel ab, der größte Theil des Rückstandes hat eine braunrothe Farbe und scheint eine eigene höhere Schwefelungsstufe zu bilden, auf welche Jod keine Wirkung mehr hat. Die Auflösung des Jodmangan im Wasser ist farblos, wenn sie rein ist; sie wird aber bei der Concentration roth, welches von ausgeschiedenem Jod herzurühren scheint; diese Auflösung ist schwer zum Krystallisieren zu bringen, und die Krystalle zerfließen an der Luft; in einer kleinen Retorte erhitzt, schmelzen sie in ihrem Krystallwasser, bei stärkerer Erhitzung wird dieses ausgetrieben, wobei zugleich etwas Jod entweicht, und das Wasser davon roth gefärbt wird; beim Glühen in verschlossenen Gefäßen wird das Salz nicht zersetzt, es sublimiren sich einige gelblichweiße Krystalle, welche bald zu dunkelrothen Tropfen zerfließen, und am Boden der Retorte bleibt ein weißer Klumpen; bei Zutritt der Luft wird es zersetzt; in einer Porzellanschale erhitzt, wird es sehr leicht zerlegt, Jod entweicht und braunes Manganoxyd bleibt zurück; durch kohlensaure und blausaure Alkalien wird es weiß gefällt; durch Ammoniak wird der ganze Mangangehalt nicht ausgefällt, sondern es bildet damit ein Doppelsalz, welches von mehr Ammoniak nicht verändert wird; concentrirte Jodwasserstoffsäure bildet mit schwarzem Manganoxyd eine dunkelrote Auflösung, die nach Jod riecht; Jodkalium mit Chamäleon gemischt und in einer Retorte mit Schwefelsäure übergossen, gab im ersten Augenblicke einen rothen Dampf, bald aber entwickelte sich Jod, in violetten Dämpfen, schweflige Säure gab sich durch den Geruch zu erkennen. Jodwasserstoff mit Jod gemengt destillirte in rothen, höchst ätzenden Tropfen (ganz so wie Jodsäure) über, und im

Halse der Retorte sublimirten sich gelbe Nadeln, die aber bald ins Grünlichgelbe übergingen, und die ich ihrer geringen Menge wegen nicht näher untersuchen konnte; ..." Daß das obenerwähnte Hydrat sechs Moleküle Wasser enthält, zeigte H. Lescœur [5]; durch Dampfdruckmessungen konnte er noch die Existenz eines Mono-, eines Di- und eines Tetrahydrats nachweisen. Daß auch ein Hydrat mit 9 H_2O vorkommt, konnte P. Kusnezow [6] zeigen, dem auch die Isolierung desselben gelang.

Das Auftreten eines höheren Manganjodids nahm J. L. Lassaigne [3] an, als er beobachtete, daß beim Schütteln von feingepulvertem Braunstein in kalter Jodwasserstoffsäure eine dunkelrote Lösung entstand, die sich beim Erwärmen rasch unter Jodentwicklung und Bildung von Mangan(II)-jodid zersetzte. Auch J. Niclès [11] berichtete über die Bildung eines höheren Manganjodids, das als grüne Lösung erhalten werde, wenn Jodwasserstoff in eine Suspension von Braunstein in Äther eingeleitet wird.

Das Manganjodat $Mn(JO_3)_2$ stellte auf verschiedene Weise im Jahre 1838 C. Rammelsberg [7] als blaßrotes, wasserfreies Kristallpulver her. – Kleine, glänzende rosenfarbene Kristalle des fast unlöslichen Salzes konnte A. Ditte [8] erhalten.

Die Versuche, ein „überjodsaures Mangan" durch Auflösen von Mangancarbonat in Perjodsäure oder Vermischen von Mangansalzlösungen mit solchen von Alkaliperjodaten zu erhalten, schlagen nach C. Rammelsberg [9] fehl, da nur Oxidierung des Mangans eintritt. Doch gelang es 35 Jahre später W. B. Price [10] sowohl die Alkalidoppelsalze als auch die freie Manganiperjodsäure darzustellen.

Literatur:

[1] N. Clément, C.-B. Desormes (Ann. Chim. Phys. **88** [1813] 304/10). – [2] J. W. Döbereiner (Anfangsgründe der Chemie und Stöchiometrie, 2. Aufl., Jena 1819, S. 226). – [3] J. L. Lassaigne (J. Chim. Med. Pharm. Toxicol. **5** [1829] 330/5). – [4] J. Bachmann (Z. Physik Math. Verwandte Wiss. Baumgartner **6** [1829] 172/99, 197/9). – [5] H. Lescœur (Ann. Chim. Phys. [7] **2** [1894] 78/117, 110/2).

[6] P. Kusnezow (J. Russ. Phys. Chem. Ges. **32** [1900] 290/7 nach C. **1900** II 525). – [7] C. Rammelsberg (Ann. Physik Chem. [2] **44** [1838] 545/91, 558). – [8] A. Ditte (Ann. Chim. Phys. [6] **21** [1890] 145/88, 157). – [9] C. Rammelsberg (Ann. Physik Chem. [2] **134** [1868] 499/536, 528). – [10] W. B. Price (Am. Chem. J. **30** [1903] 172/4).

[11] J. Niclès (Ann. Chim. Phys. [4] **5** [1865] 161/74, 171/2).

Manganese and Chalcogens

2.5 Mangan und Chalkogene

Manganese and Sulfur

2.5.1 Mangan und Schwefel

Manganese Sulfides

2.5.1.1 Mangansulfide

„Um zu versuchen, ob der Schwefel auf den Braunstein eine mineralisirende Kraft äußerte", schrieb im Jahre 1765 S. Rinman [1] über seine neun Jahre zuvor angestellten *Versuche über den Braunstein*, „wurde eine Probe von einem [Probier-]Centner rohen Braunstein, und einem halben Centner reinen Schwefelkies mit einem zugesetzten Glasfluß von Kiesel, Flußspath und Kalch gemacht; aber die ganze Masse verglasete sich zu einem braunen, leberfarbenen Glase, ohne die Spur eines Königs, ob der Kies gleich allein 27 Procent Schwefel, und 31 Procent Eisen hielt". – C. W. Scheele [2] hat ebenfalls nur Versuche mit Braunstein und einem Sulfid, nämlich Zinnober, unternommen und dabei die Oxidation des Schwefels zu seinem Dioxid und die Bildung von metallischem Quecksilber beobachtet; mit Schwefel allein hat er anscheinend keinen Versuch angestellt. Dies tat offensichtlich T. Bergman [3] und zwar mit dem Metallregulus, wenn er berichtete: „Magnesium regulinum sulphur respuere videtur [das regulinische Mangan scheint Schwefel nicht anzunehmen]". Es ist daher nicht sehr verwunderlich, wenn noch im Jahre 1812 H. Davy [4] in seinen *Elements of Chemical Philosophy* schreiben konnte: "Hydrogen, azote, sulphur, and charcoal, have no distinct action on manganesum"; für J. W. Döbereiner [5] aber, der die deutsche Übersetzung des Werkes (deutsch von F. Wolff, Berlin 1814, S. 340) zitiert, „kam diese Behauptung ... unerwartet". Er weiß (aus eigener Erfahrung?) nämlich, daß „höchstfeinvertheiltes metallisches Mangan in glühendem Zustande mit Schwefel in Berührung gebracht, sich mit diesem zu Schwefelmangan verbindet. Auch läßt sich diese Verbindung nach meiner Erfahrung dadurch bewirken, daß man irgend ein Manganoxyd mit seinem gleichen Gewichte Schwefel schmilzt und glüht, und die geglühte Masse nach dem Erkalten zerreibt und mit der Hälfte ihres Gewichtes Schwefel und 10 procent Kienruß vermengt, und das Gemenge in einer bedeckten Probirtute vor dem Gebläse einer solchen Hitze aussetzt, als das Schmelzgefäß ertragen kann. Es bildet sich dadurch eine geflossene, schwarzgraue, matt metallisch glänzende Substanz, welche sich ganz wie Schwefelmangan verhält." Döbereiner dürfte sich hier auf das schon im Jahre 1784 von J. F. Müller v. Reichenstein [7] in Nagyag in Siebenbürgen gefundene und beschriebene, von M. H. Klaproth [6] in seinem *Wörterbuch* unter den Manganerzen aufgeführte Mineral beziehen, das von seinen Analytikern M. H. Klaproth [8], J. L. Proust [9] und N. L. Vauquelin [10] als „schwefelhaltiges Manganes" bezeichnet worden ist. Doch scheint es Döbereiner entgangen zu sein, daß M. H. Klaproth [11] seine schon länger zurückliegenden Versuche, ein Mangansulfid herzustellen, und seine Meinung über das Ergebnis ausführlich beschrieben hat: „Mit dem oxydulirten Manganes läßt sich, den Versuchen von Klaproth zufolge der Schwefel verbinden. Von dem aus dem Erze abgeschiedenen Manganesoxydul wurden 83 Gran mit 41 Gran Schwefel vermischt, und in einer Retorte nach angefügter Vorlage, im Sandbade bis zum Glühen erhitzt. Der überflüssige Schwefel wurde in die Hohe getrieben, und es blieb ein Rückstand, welcher 98 Gran wog. Derselbe hatte eine mattgrüne Erdfarbe, derjenigen ähnlich, mit welcher die Stücke des Schwarzerzes [Manganblende], wenn sie lange Zeit der Luft ausgesetzt sind, auf der Oberfläche beschlagen. Vauquelin, welcher diese Versuche wiederhol te, fand, daß, wenn das schwefelhaltige Manganes noch warm ausgeschüttet wurde, es sich an der Luft nach Art des Pyrophors entzündete. Sowohl das natürliche als schwefelhaltige Manganes lösen sich in Salpetersäure, mit Entwicklung von schwefelhaltigem Wasserstoffgas [H_2S], auf. Klaproth sieht letzteres als Produkt an, welches durch Zersetzung eines Antheils Wasser gebildet wurde. Da das Manganes hiervon nicht die Ursache sein kann, indem es schon mit Sauerstoff verbunden ist, so vermuthet Vauquelin, daß der Schwefel, in Verbindung mit oxydulirtem Manganes, das Wasser durch Aneignung des Sauerstoffs zu zersetzen und den Wasserstoff, der sich mit einem anderen Theile Schwefel verbindet, in Freiheit zu setzen fähig sey." – Im Jahre 1822 nahm J. A. Arfvedson [12] Untersuchungen über Mangansulfide auf, angeregt durch die Erfahrung, daß „die feuerfesten Alkalien durch Wasserstoffgas zu Schwefelmetallen können reducirt werden ... Ich nahm mir deshalb vor nach der genannten Methode die Natur der Verbindung des Schwefels mit Mangan näher zu bestimmen, von der man lange glaubte, sie enthalte das Mangan im oxydirten Zustande ..." Das Ergebnis des angekündigten Versuches war die Entdeckung des wahren „Mangan-oxysulphureds" [Oxisulfids Mn_2OS], das sich vom Sulfid durch seine hellere Farbe unterschied, beim Erhitzen an der Luft Feuer fing und im Schwefelwasserstoffstrom unter Bildung von Wasser in das bekannte Sulfid umgewandelt werden konnte. (Im Jahre 1838 unternahm die Reduktion des Mangan(II)-sulfats F. F. Runge [34] „mit 1/6 Kohlepulver" und 1851 zeigte K. Stammer [13], daß die Reduktion auch durch Kohlenmonoxid erreicht werden kann; zwanzig Jahre später beobachtete J. Landauer [14], daß die Verbindung auch durch Zugabe irgendeines Mangansalzes zu einer Schmelze von „unterschwefligsaurem Natron" erhalten wird, und wollte diese Bildungsweise als analytische Reaktion auf Mangan verwendet wissen.) J. A. Arfvedson [12] unternahm nach seinen ersten Untersuchungen „um zu wissen, ob etwa noch eine andere Schwefelungsstufe könne gebildet werden", den Versuch der Reduktion des „Manganoxyduls" mit Schwefelwasserstoff und erhielt dabei nur das ihm schon bekannte Sulfid, „woraus zu folgen scheint, daß das Mangan auf trockenem Wege nicht mit mehr Schwefel könne verbunden werden".

Ein natürliches höheres Mangansulfid ist im Jahre 1846 von K. Adler in Kalinka bei Végles unweit Altsohl in Ungarn aufgefunden und im folgenden Jahre von W. Haidinger [15] beschrieben, analysiert und Hauerit benannt worden; im Jahre 1851 synthetisierte H. de Sénarmont [16] diese Verbindung durch die Behandlung von Mangan(II)-Verbindungen mit Kaliumpolysulfid in Lösung unter Druck bei höheren Temperaturen, eine Methode, die im Jahre 1936 von W. Biltz, F. Wiechmann [17] verbessert und genauer beschrieben wurde. Möglicherweise hat schon im Jahre 1838 F. F. Runge [34] ein höheres Mangansulfid in Händen gehabt, er stellte fest: „Bis dahin ist es noch nicht gelungen, so vielfache Verbindungen des Schwefels mit dem Mangan darzustellen, als es Sauerstoffverbindungen giebt, höchstens lassen sich zwei unterscheiden"; dann fährt er fort: „Ein anderes Schwefelmangan erhält man durch gelindes Glühen von gleichen Gewichtsmengen Braunstein, kohlensauerem Kali und Schwefel. Nach dem Auswaschen der geschmolzenen Masse mit Wasser bleibt ein braunes Pulver, welches, in einer Glasröhre erhitzt, unter Entwicklung von Schwefel zu grünem Einfach-Schwefelmangan wird." – Ein weiteres höheres Mangansulfid, dem sie die Formel Mn_3S_4 zuschrieben, wollten A. Gautier, L. Hallopeau [18] im Jahre 1889 erhalten haben, indem sie auf weißglühendes Mangansilikat (Rhodonit) Schwefelkohlenstoffdämpfe einwirken ließen; sie beschrieben die Verbindung als halbmetallischen, leicht pulverisierbaren Körper, der schon in der Kälte unter Schwefelwasserstoffentwicklung das Wasser zersetze. Indessen zeigte die thermische Analyse des natürlichen MnS_2 (Hauerit), daß zwischen diesem und dem Monosulfid ein anderes Sulfid nicht auftritt [17]. Ein Mangantrisulfid MnS_3 dagegen ist im Jahre 1958 beobachtet worden [22]. Das Zustandsdiagramm des Systems Mn-S haben schon im Jahre 1902 H. Le Chatelier, M. Ziegler [19] aufzustellen begonnen, doch sind die meisten entsprechenden Untersuchungen, die mehrere instabile Formen des MnS erkennen ließen, erst in den dreißiger Jahren veröffentlicht worden [20]. – Es mag noch erwähnt werden, daß Mangansulfid, hergestellt nach dem aluminothermischen Verfahren, nach E. Wedekind [21] wie viele andere binäre Manganverbindungen magnetisierbar sein soll.

Die Gewinnung des Mangansulfids auf nassem Wege ist schon früh bekannt gewesen. J. J. Berzelius [23] schrieb im Jahre 1824: „Auf dem nassen Wege erhält man Schwefelmangan, wenn essigsaures Manganoxydul mit Schwefelwasserstoffgas, oder wenn ein Manganoxydulsalz mit Hydrothionkali gefällt wird. Der Niederschlag ist schön feuerroth, ins Rothe spielend, nimmt an der Luft eine ziegelrothe und dann eine weiße Farbe an. Aufs Filtrum genommen, gewaschen, getrocknet und in Destillationsgefäßen erhitzt, giebt er Wasser [ab] und wird grün. Man hat es als hydrothionsaures Manganoxydul angesehen, aber nach dem, was wir nun über das Verhältniß des Schwefelwasserstoffs und im Allgemeinen über die Wasserstoffsäuren zu Salzbasen wissen, ist es wahrscheinlicher, daß es wasserhaltiges Schwefelmangan ist ..." In der vierten Auflage seines *Lehrbuchs* bezeichnet J. J. Berzelius [24] den Niederschlag als „schön brandgelb, ins Rothe spielend". Da die Farbe von den Fällungsbedingungen abhängt, wie im Jahre 1857 von A. Terreil [25] gezeigt wurde, sind die wechselnden Farbangaben verständlich, meist findet sich für die rote Form nach H. Schnaase [26] die Bezeichnung fleischfarbig. Über die Farbe der Verbindung und deren Beständigkeit scheint noch lange Unklarheit bestanden zu haben, hat doch nach W. Lambrecht [27] noch im Jahre 1860 J. G. Gentele in seinem *Lehrbuch der Farbenfabrikation* die Verwendung des Schwefelmangans als roten Farbkörper für möglich gehalten. Unter der Überschrift „Manganfarben" meinte er: „Schwefelmangan. Es wird erhalten ... als eine Verbindung von schöner fleisch- bis dunkelrosenrother Farbe, deren Haltbarkeit als sehr gut bezeichnet wird." Aber schon im folgenden Jahre machte R. Fresenius [31] auf den spontanen Übergang der Farbe des roten Niederschlags ins Grüne aufmerksam: „... bemerkte ich wiederholt, daß der zuerst rein fleischrothe Niederschlag bald nach längerer, bald nach kürzerer Zeit (d.h. erst nach vielen Tagen) sich in einen grünen verwandelte, eine Erscheinung, welche mir neu war. Dieselbe beruht offenbar auf dem Übergang des hydratischen Schwefelmangans in wasserfreies Sulfür. Sie beginnt an einem Punkte und verbreitet sich allmählich weiter, bis endlich der ganze Niederschlag grün geworden ist." Dementsprechend findet sich in der Neuauflage des Genteleschen *Lehrbuchs* vom Jahre 1880 keine Erwähnung des Schwefelmangans mehr als Farbkörper, auch nicht unter den Manganfarben eines modernen Lehrbuchs [28]. Daß der grüne Niederschlag direkt bei der Fällung in Anwesenheit von Kaliumoxalat beim Kochen erhalten werden kann, zeigte im Jahre 1877 A. Classen [32], daß dies auch durch einen Ammoniaküberschuß beim Fällen mit Schwefelammonium erreicht werden kann, beobachtete 11 Jahre später C. Meineke [33].

Die von Berzelius angegebene Fällbarkeit eines Mangansulfids mit Schwefelwasserstoff ist, wie im Jahre 1924 L. Moser, M. Behr [29] genauer untersuchten, keineswegs vollständig und verläuft außerdem sehr langsam; auch die Vollständigkeit der Fällung mit Ammonsulfid ist, wie schon im Jahre 1869 A. Classen [30] feststellte, an bestimmte Bedingungen geknüpft. Derartige, schon in frühen Arbeiten sich andeutende Beobachtungen haben zu zahlreichen Untersuchungen geführt, von denen ein großer Teil von A. Mickwitz, G. Landesen [35] genauer diskutiert worden sind; ihr Ergebnis ist, neben der Beobachtung optimaler Fällungsmethoden, die Feststellung, daß das grüne Sulfid als wasserfrei mit der Zusammensetzung MnS zu betrachten ist, während die fleischfarbenen Niederschläge den Formeln $H_2Mn_3S_4$ oder $(NH_4)HMn_3S_4$, je nach den Fällungsbedingungen, entsprechen sollten. Bei derartigen Untersuchungen beobachteten G. Landesen, M. Reistal [36] noch einen weiteren Farbübergang von Rosa in Orange. Für die Umwandlung von Rot nach Grün war die Behauptung aufgestellt worden [35], es sei die Anwesenheit von Ammoniak dabei notwendig, H. B. Weiser, W. O. Milligan [37] aber konnten zeigen, daß auch bei völliger Abwesenheit von Ammoniak, nämlich bei Fällung mit Alkalisulfid, die genannte Umwandlung eintritt. Und dadurch, daß sie die Fällung des fleischfarbenen Sulfids in Lösungen mit verschiedenem Ammoniumgehalt vornahmen, konnten sie auch nachweisen, daß die Gehalte an Ammoniak und an Schwefel in den Bodenkörpern auf Adsorption beruhen, nicht etwa auf der Bildung der genannten Verbindungen.

Die von Berzelius angenommene Wasserhaltigkeit des fleischfarbenen Mangansulfids schien mehrfach, allerdings mit unterschiedlichen Ergebnissen bestätigt zu werden: So fand F. Muck [41] im Jahre 1869 in dem Niederschlag, den er für ein Oxisulfid hielt, 7.43% Wasser, acht Jahre später gaben P. de Clermont, H. Guiot [38] einen Wassergehalt von 9% bekannt, während etwa 30 Jahre früher A. Völker [39] nur den geringen Gehalt von 2% angetroffen hatte. Völlig unübersichtlich wurde die Frage nach der Zusammensetzung der beiden Sulfide, als dann im Jahre 1897 in dem renommierten, in mehreren Auflagen erschienenen *Ausführlichen Lehrbuch der Chemie* von Roscoe-Schorlemer [40] behauptet wurde, dem grünen Sulfid gebühre (unter Bezugnahme auf F. Muck [41]) die Formel 3 $MnS + H_2O$, während das „röthliche" Sulfid als wasserfrei anzusehen sei und ihm die Formel MnS gebühre. Aber bereits vier Jahre zuvor hatten U. Antony, P. Donnini [42] behauptet, daß das grüne und rote Sulfid die gleiche Zusammensetzung hätten und auf keinen Fall für Hydrate oder gar Oxisulfide gehalten werden dürften. Daß das fleischfarbene Sulfid und das grüne Sulfid nur instabile und stabile Form derselben Substanz seien, erkannten rund zehn Jahre später J. C. Olsen, W. S. Rapalje [43], für den gelegentlich nachweisbaren Wassergehalt glaubten sie eine graue Form der Verbindung verantwortlich machen zu können, die sich aber als ein Gemisch der grünen und roten Form erwies [26]. Die endgültige Lösung der Frage brachten die röntgenographischen

Untersuchungen des Jahres 1933 von H. Schnaase [26], der seine Ergebnisse zusammenfassen konnte: „Bei den aus wässriger Lösung als Bodenkörpern ausfallenden Sulfiden des Mangans handelt es sich nicht um durch ihre chemische Zusammensetzung unterschiedene Stoffe, sondern um Modifikationen ein und derselben Substanz, entsprechend der Formel MnS." Er unterschied die grüne (α-) Modifikation mit Natriumchloridstruktur und das rote Sulfid (β-Modifikation), einmal kubisch und auch hexagonal kristallisierend.

Literatur:

[1] S. Rinman (Kgl. Schwed. Akad. Wiss. Abh. Naturlehre **1765** 251/67, 259). – [2] C. W. Scheele (Vom Braunstein oder Magnesium und von dessen Eigenschaften [1774] in: S. F. Hermbstädt, Sämmtliche Physische und Chemische Werke, Bd. 2, Berlin 1793, S. 77/8).– [3] T. Bergman (Diss. de Mineris Ferri Albis [1774] in: Opuscula Physica et Chemica, Bd. 2, Uppsala 1780, S. 221). – [4] H. Davy (Elements of Chemical Philosophy [1812] in: J. Davy, The Collected Works of Sir Humphry Davy, Bd. 4, London 1840, S. 275). – [5] J. W. Döbereiner (Schweiggers J. Chem. Physik **14** [1815] 206/23, 208/17).

[6] M. H. Klaproth, F. Wolff (Chemisches Wörterbuch, Bd. 3, Berlin 1808, S. 473). – [7] J. F. Müller v. Reichenstein (Phys. Arbeiten Einträchtigen Freunde Wien **1** [1784] 86). – [8] M. H. Klaproth (Beiträge zur chemischen Kenntnis der Mineralkörper, Bd. 3, Berlin 1802, S. 42). – [9] J. L. Proust (J. Phys. Chim. Hist. Nat. Arts **54** [1802] 93/4). – [10] N. L. Vauquelin (Phil. Mag. [1] **24** [1806] 324/9).

[11] M. H. Klaproth, F. Wolff (Chemisches Wörterbuch, Bd. 3, Berlin 1808, S. 465/6). – [12] J. A. Arfvedson (Kngl. Svenska Vetenskaps Akad. Nya Handl. **1822** 427/49 nach Ann. Physik Chem. [2] **1** [1824] 49/74, 49/59). – [13] K. Stammer (Ann. Physik Chem. [2] **82** [1851] 136/41, 140). – [14] J. Landauer (Ber. Deut. Chem. Ges. **5** [1872] 406/7). – [15] W. Haidinger (Ann. Physik Chem. [2] **70** [1847] 148/50).

[16] H. de Sénarmont (Ann. Chim. Phys. [3] **32** [1851] 129/75, 163/4). – [17] W. Biltz, F. Wiechmann (Z. Anorg. Allgem. Chem. **228** [1936] 268/74). – [18] A. Gautier, L. Hallopeau (Compt. Rend. **108** [1889] 806/9). – [19] H. Le Chatelier, M. Ziegler (Bull. Soc. Chim. France [3] **27** [1902] 1139/40). – [20] M. Hansen, K. Anderko (Constitution of Binary Alloys, 2. Aufl., New York-Toronto-London 1958, S. 949/50).

[21] E. Wedekind (Z. Elektrochem. **11** [1905] 850/1). – [22] E. M. Nanobashvili, S. G. Kurashvili (Tr. Inst. Khim. Akad. Nauk Gruz. SSR **14** [1958] 105/12 nach C. A. **1961** 7124). – [23] J. J. Berzelius (Lehrbuch der Chemie, deutsch von K. Palmstedt, Bd. 2, Dresden 1824, S. 666/7). – [24] J. J. Berzelius (Lehrbuch der Chemie, übersetzt von F. Wöhler, 4. Aufl., Bd. 3, Dresden-Leipzig 1836, S. 488). – [25] A. Terreil (Compt. Rend. **45** [1857] 652/5, 653).

[26] H. Schnaase (Z. Physik. Chem. B **20** [1933] 89/117, 90, 92, 116). – [27] W. Lambrecht (Farbenchemiker **9** [1938] 293/4). – [28] H. Kittel (Pigmente, Herstellung, Eigenschaften, Anwendung, Stuttgart 1960, S. 301/5). – [29] L. Moser, M. Behr (Z. Anorg. Allgem. Chem. **134** [1924] 49/74, 56). – [30] A. Classen (Z. Anal. Chem. **8** [1869] 370/7).

[31] R. Fresenius (J. Prakt. Chem. **82** [1861] 257/76, 268). – [32] A. Classen (Z. Anal. Chem. **16** [1877] 319/20). – [33] C. Meineke (Z. Angew. Chem. **1** [1888] 3/7). – [34] F. F. Runge (Technische Chemie der nützlichsten Metalle für Jedermann, Bd. 1, Berlin 1838, S. 95/8). – [35] A. Mickwitz, G. Landesen (Z. Anorg. Allgem. Chem. **131** [1923] 101/18).

[36] G. Landesen, M. Reistal (Z. Anorg. Allgem. Chem. **193** [1930] 277/96, 281). – [37] H. B. Weiser, W. O. Milligan (J. Phys. Chem. **35** [1931] 2330/44). – [38] P. de Clermont, H. Guiot (Bull. Soc. Chim. France [2] **27** [1877] 353/9, 358). – [39] A. Völker (Liebigs Ann. Chem. **59** [1846] 35/41, 40). – [40] H. E. Roscoe, A. Classen (Lehrbuch der anorganischen Chemie, 3. Aufl., Bd. 2, Braunschweig 1897, S. 651).

[41] F. Muck (Z. Chem. Pharm. [2] **5** [1869] 580/2, **6** [1870] 6/7). – [42] U. Antony, P. Donnini (Gazz. Chim. Ital. **23** I [1893] 560/7, 566). – [43] J. C. Olsen, W. S. Rapalje (J. Am. Chem. Soc. **26** [1904] 1615/22).

2.5.1.2 Mangansulfite

Manganese Sulfites

Seinen Versuch, das Verhalten des Braunsteins gegen Schwefeldioxid zu prüfen und, wenn möglich, das entstehende Salz zu gewinnen, beschrieb C. W. Scheele [1] in seiner Abhandlung über den Braunstein folgendermaßen: „§3. Braunstein und Phlogistisirte oder flüchtige Schwefelsäure. Nach Stahls Vorschrift wurden einige Lappen mit einer Auflösung von Weinsteinalkali [K_2CO_3] getränkt, hierauf mit der Säure von brennendem Schwefel gesättiget, sodann in einer Retorte mit Weinsäure übergossen, und hierauf eine Vorlage anlutirt [angekittet], in welcher sich eine Mischung von Wasser und fein zerriebenen Braunstein befand. Die Retorte ward hierauf einen Tag lang in warmen Sand gesetzt, und nun fand sich, daß die Mischung in der Vorlage eine Wasserhelle Farbe hatte, und auf dem Boden lag etwas feines Pulver, welches größtentheils Kieselsäure war." Später, bei der Besprechung dieses Versuches, schrieb er: „§ 20. Das Verhalten des Braunsteins mit flüchtiger Schwefelsäure ... der Braunstein nimmt das mit der Säure verbundene Brennbare in sich [auf], welches der Säure seine große Flüchtigkeit mittheilt, und macht, daß er nun in reiner Vitriolsäure aufgelöst wird ..." Scheele hat also erkannt, daß das auf diese Weise entstehende Salz das Mangan(II)-sulfat ist. – Als im Jahre 1818 der Besitzer einer chemischen Fabrik in Valenciennes, Jean Joseph Welter, beim Einrichten einer mit Chlor arbeitenden Bleicherei den geschilderten Versuch Scheele's, den er wohl kaum gekannt haben dürfte, wiederholte, dieses Mal aber in der Kälte, entdeckte er die Bildung einer neuen Säure des Schwefels, die ein leichtlösliches Bariumsalz bildet; die genaue Prüfung des neuen Stoffes trug er L. J. Gay-Lussac [2] an; dieser unterzog sich dieser Aufgabe, analysierte und beschrieb die neue Säure und gab ihr den Namen „acide hyposulfurique", unterschweflige Säure. Den scheinbaren Widerspruch der beiden älteren Beobachtungen klärte im Jahre 1901 in genauen Untersuchungen J. Meyer [3] auf.

Das Mangansulfit stellte als erster J. F. John [4] her durch Einleiten von Schwefeldioxid in eine wässrige Suspension des Carbonats; er erhielt die Verbindung als „auf dem Boden des Gefäßes liegendes, weißes, körniges Pulver", das geschmacklos und sowohl in Wasser als auch in Alkohol unlöslich war. Dem Hersteller fiel die Beständigkeit des Salzes gegen Atmosphärilien auf, er bemerkte außerdem einen Wassergehalt seines Präparates, ohne ihn jedoch bei der Analyse näher zu bestimmen. Spätere Angaben über diesen Wassergehalt fielen recht unterschiedlich aus: So fand im Jahre 1844 J. S. Muspratt [5] einen Gehalt von 2 Molekeln, eine Angabe, die zwei Jahre später von C. Rammelsberg [6] als durch Verwechslung der Analysenzahlen entstanden, kritisiert wurde, es sei 2 $MnSO_3 \cdot 5\ H_2O$ zu formulieren. Eine Bestätigung dieser Formel gab im Jahre 1888 A. Röhrig [7], doch hatte schon früher (1843) A. Wächter [8] die Verbindung als Trihydrat bezeichnet. Vierzig Jahre später behauptete A. Gorgeu [9], das bei der oben beschriebenen Darstellung erhältliche Salz enthalte drei Molekel Wasser, bringe man die Lösung dabei zum Kochen, so erhalte man die Verbindung mit nur einer Molekel Wasser; die anderen beobachteten Wassergehalte kämen durch Gemische des Mono- und Trihydrats zustande.

Das wasserfreie Mangan(II)-sulfit bildet sich zwar nach J. Meyer [3] neben dem Dithionit und dem Sulfat, wenn man in Wasser aufgeschlämmten Braunstein unter Einleiten von Schwefeldioxid kocht, doch dürfte die Reindarstellung der Verbindung durch vorsichtiges Trocknen des Hydrates erst in neuester Zeit unternommen worden sein, s. Gmelin Handbuch „Mangan" C 6, 1976, S. 76.

Literatur:

[1] C. W. Scheele (Vom Braunstein oder Magnesium, und von dessen Eigenschaften [1774] in: S. F. Hermbstädt, Sämmtliche Physische und Chemische Werke, Bd. 2, Berlin 1793, S. 38, 53). – [2] J. J. Welter, L. J. Gay-Lussac (Ann. Chim. Phys. [2] **10** [1819] 312/8). – [3] J. Meyer (Ber. Deut. Chem. Ges. **34** [1901] 3606/10, 3606/7). – [4] J. F. John (J. Physik

Chem. Gehlen **3** [1807] 452/8, 461/2). – [5] J. S. Muspratt (Liebigs Ann. Chem. **50** [1844] 259/92, 280/1).

[6] C. Rammelsberg (Ann. Physik Chem. [2] **67** [1846] 245/57, 256/7). – [7] A. Röhrig (J. Prakt. Chem. [2] **37** [1888] 217/53, 243/5). – [8] A. Wächter (J. Prakt. Chem. **30** [1843] 321/34, 326). – [9] A. Gorgeu (Compt. Rend. **96** [1883] 341/3).

Manganese Sulfates

2.5.1.3 Mangansulfate

Dem Vitriol, das aus der Magnesia [vitrariorum] erhalten werden kann, scheinen einige Alchemisten auf ihrem Wege zum Stein der Weisen große Bedeutung zugemessen zu haben. Es fand H. Cassebaum [1] nämlich in einer anonymen alchemistischen Schrift: D.I.W. [wohl: Dorothea Juliane Wallich] *Das Mineralische Gluten/... Langer und kurtzer Weg zur Universal-Tinktur*, Leipzig 1705, S.9, eine Figura Cabalistica, s. **Fig. 6**, zu der er folgende Erläuterung gibt: Für einige Adepten sei es offenbar die erste alchemistische Operation auf dem Weg zum Stein der Weisen gewesen, das Vitriol aus der Magnesia (was auch immer darunter verstanden wurde, s. S. 104) zu bereiten, das gehe aus den beiden äußeren Kreisen hervor. Von da, fortschreitend zum Innenkreis, folgt das Confusum Chaos, die vier Elemente Wasser, Feuer, Erde und Luft, dann die drei Prinzipien Mercurius, Sulfur und Sal, diese durch ihre Symbole in den Ecken des Trigons dargestellt. Der Innenkreis, das Ziel, ist durch ein Hexagramm [Davidstern] und den Ouroburos [griechisch: οὐροβόρος = Schwanzfresser[1)]] als Stein der Weisen gekennzeichnet. H. Cassebaum [1] fand auch in einer nur wenig späteren Schrift des Ludwig Conrad Orvius [d.i. L. C. von Berg] die wohl früheste Beschreibung der Gewinnung eines Vitriols von „grasegrüner" Farbe, der in vielen [Kristall-] Formen erhältlich sei [2] aus der Magnesia aus Piemont, von der Orvius nach dem Urteil des preußischen Bergrats J. G. Lehmann [3] „ein ungeheueres Lärmen" mache, weil er zu den Leuten gehöre, die „in diesem Mineral die größten chymischen Künste der Verwandlung derer Metalle gesucht haben". – In seiner großen Untersuchung über den Braunstein geht der Berliner Professor der theoretischen und praktischen Chemie am Collegium medicum, Johann Heinrich Pott (1692 bis 1777) [4] auf die Methode des Orvius näher ein, da dieser „viele Ungenauigkeiten [seinem Text] beigemischt" habe: „Qvodsi nempe Magnesia pulverisata calcinata vel non calcinata cum qvarta vel potius dimidia parte pulverisati Sulphuris probe misceatur, & Tigillo imprimatur, idque (pro capacitate Tigilli) inter qvatuor lapides murarios reponatur, & carbonibus mortuis obtegatur, iique superne accendantur, & tamdiu ignis continuetur, donec nullus amplius Sulphuris fumus persentiatur, tum refrigescat Tigillum, & reperietur massa ex flavo fusca, qvam Orvius repetito cum Sulphure calcinare & reverberare jubet, donec colorem purpureum acqvirat, sed hujus rei necessitatem non perspicio: hæc aqva vel aceto destillato excocta, filtrata, inspassata, largitur copiosum Sal album (non gramineo viride ut Orvius vult,) qvod ex acido Sulphuris abacta ipsius portione inflammabili, cum Terra alcalina magnesiæ in tale corpus concrevit. Salinum hoc corpus in magnas satis angulares crystallos pellucidas concrescit, saporis est amariusculi adstringentis cum inseqventi qvadam dulcedine, adeoqve speciem Vitrioli albi, vel si mavis Aluminis imperfecti constituit. Nam dulcedo hæc cum dulcedine Aluminis non proprie convenit, & repetita operatione dulcedo hæc augetur. [Wenn man nämlich kalzinierte oder nichtkalzinierte gepulverte Magnesia mit dem vierten Teil oder besser der Hälfte [des Gewichts] pulverisierten Schwefels sorgfältig mischt und in einem Tiegel eindrückt und diesen (je nach der Größe des Tiegels) zwischen vier Mauersteine stellt und mit

---

[1)] Nach C. G. Jung (Psychologie und Alchemie, 2. Aufl., Zürich 1952, S. 401/2) wiederholen die Alchemisten immer wieder, daß das „Opus" [das Werk, das zur Universaltinktur, dem Stein der Weisen führt] aus e i n e r Sache hervorgehe und zu Einem wieder zurückführe, also gewissermaßen ein Kreislauf sei, wie ein Drache, der sich in den Schwanz beißt. Einen solchen Kreisprozeß ergeben die Reaktionen: Braunstein→Mangan(II)-sulfat→Braunstein.

Fig. 6

Figura Cabalistica, das gantze Universal, A. und O. Anfang und Ende/ Vor-Arbeit und Nach-Arbeit. Erste/ andere und dritte Reinigung/ Scheidung purum ab impuro, darinnen alle Menstrua entdecket/ und das Paradiß gezeiget/ da sich der Nilus in 4. Ströhme theilet/ Einer führet ☉. und das ☉. desselben Landes ist köstlich; das andere/ so um das gantze Mohren-Land fleust/ das unsern Stein schwärtzet. Wenn du diesen Stein nicht erst in Kopffe gemacht/ wirst du ihn mit den Händen wohl ungemacht lassen.

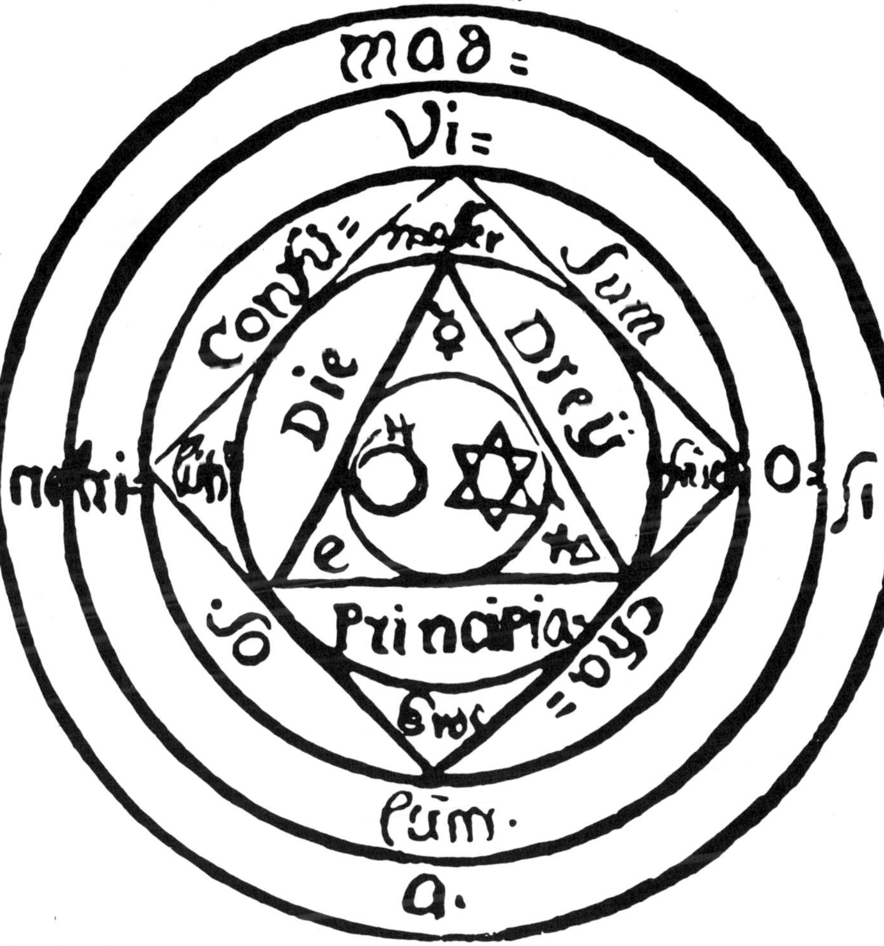

Aus der alchemistischen Schrift D. I. W. [Dorothea Juliane Wallisch], Das Mineralische Gluten/... Langer und kurtzer Weg zur Universal-Tinktur, Leipzig 1705, S. 9 nach [1].

toten [kalten] Kohlen bedeckt, diese von oben her anzündet und das Feuer so lange unterhält, bis kein Schwefelgeruch mehr wahrgenommen wird, und dann den Tiegel erkalten läßt, so wird man darin eine rotgelbe Masse finden, die Orvius wiederholt mit Schwefel zu kalzinieren und zu glühen befiehlt, bis sie eine Purpurfarbe angenommen habe, aber die Notwendigkeit hiervon sehe ich nicht ein. Diese [Masse], ausgekocht mit Wasser oder destilliertem Essig und filtriert, liefert nach dem Eindampfen eine große Menge weißes Salz (nicht grasgrün, wie Orvius will), das auch anwächst zu einem gleichbeschaffenen Körper aus Schwefelsäure, von der der brennbare Teil abgetrieben ist, zusammen mit der alkalinischen Erde der Magnesia. Dieser Salzkörper schießt an in großen, gut gewinkelten, durchsichtigen Kristallen von bitterem, adstringierendem Geschmack, der schließlich etwas Süßes hat, so wie das weiße Vitriol, oder besser wie unvollkommener Alaun. Denn diese Süße stimmt mit der Süße des Alauns nicht genau überein, und durch Wiederholung der Operation wird diese Süßigkeit verstärkt]." Am Ende dieses Abschnittes seiner Veröffentlichung gibt Pott sein eigenes Verfahren bekannt: „Copiosius quoque Sal nostrum producitur, si Magnesia cum dimidia Sulphuris portione calcinata, postmodum non cum pura aqua, sed cum oleo Vitrioli per aquam diluto, seu Spiritu Vitrioli digerendo extrahatur, effervescit enim satis vegete & ebullit cum odore putrido, unde postea filtratur evaporatur & crystallisatur, inde quippe copiosum Sal album paulo tamen ad colorem Florum persicorum inclinans producitur, sapore ad Salia digestiva accedens, sed dulcedine ista carens qualem id, quod cum puro Sulphure producitur, commonstrat. [Reichlicher auch wird unser Salz erhalten, wenn Magnesia mit der Hälfte ihres Gewichts an Schwefel kalziniert wird und dann nicht mit reinem Wasser, sondern durch mit Wasser verdünntem Vitriolöl oder Vitriolgeist mittels Digerieren extrahiert wird; es braust dann ziemlich lebhaft und kocht mit einem fauligen Geruch auf. Später wird es filtriert und eingedampft. Und dabei entsteht wahrlich reichlich weißes Salz, das ein wenig zur Farbe der Pfirsichblüten neigt. Sein Geschmack kommt dem der abführenden Salze nahe, aber entbehrt jener obenerwähnten Süße, wie sie das [Salz], das mit Schwefel allein hergestellt wird, besitzt]." – Im Jahre 1857 hat C. Brunner [42] diese Methode wiederentdeckt und genau beschrieben, da sie ohne die kostspielige Schwefelsäure auskommt. Aus dem gleichen Grunde haben vorher schon Fischer und Klauer Braunstein mit Eisenvitriol geglüht und das gebildete Mangansulfat durch Auslaugen gewonnen [41].

Daß das Mangan(II)-sulfat auch auf einfachere Methode zu erhalten und wohl auch schon früher bereitet worden ist und zur Verwechslung mit Alaun geführt hat, bewies in seiner großen Untersuchung über den Braunstein im Jahre 1774 C. W. Scheele [5] in „§.2. Verhalten des Braunsteins zur Schwefelsäure" wo er zunächst feststellt, daß Braunstein in kalter verdünnter Säure nur wenig löslich ist, und dann fortfährt: „b) Auf den übrig gebliebenen Braunstein, wurde abermals eine Unze verdünnte Vitriolsäure gegossen; da diese ihn aber nicht mehr angreifen wollte, so brachte ich noch eine halbe Unze Braunstein hinzu, und lies die Mischung kochen. Auch hier behielt die Auflösung noch etwas freye Säure; nachdem aber noch zwey Drachmen Braunstein hinzu gethan wurden, entstand ein bitterer Geschmack. – c) Es wurde nun eine Unze Braunstein mit einer Unze Vitriolöl gemischet, woraus eine honigdicke Masse entstand, welche ich in einer gläsernen Retorte bis zum Glühen erhitzte, wobey blos etwas mit Wasser vermengte Vitriolsäure überging; und beym Zerschlagen der Retorte fand sich darin eine weisrothe Masse, am Gewicht zwölf und eine halbe Drachme. Sie wurde zerstossen und mit Wasser übergossen, wobey sie sich stark erhitzte, und ein grosser Theil aufgelöst wurde; die Auflösung wurde filtrirt, und der Rückstand mit Wasser ausgesüsst, da er denn nach dem Trocknen anderthalb Drachmen wog. Dieser Rückstand wurde sodann in einem Tiegel mit Vitriolöl übergossen, und damit geglühet, bis kein Rauch mehr aufstieg, und nun wieder in Wasser aufgelöst; wobey nur eine Drachme unaufgelöst blieb; welche bey einer neuen Glühung mit Vitriolöl, und Auslaugung, nur eine halbe Drachma zurück lies, welches die Gestalt eines weissen Pulvers hatte [später als Bariumsulfat erkannt] ... e) Die Auflösung des Braunsteins, welche durch die öftere Glühung mit Vitriolöl erhalten worden war, wurde abgedunstet, wobey sich wenige ganz kleine Krystallen absetzten, die sich als ein Selenit zu erkennen gaben. Hierauf schossen schöne grosse Krystallen an, die so lange sich vermehrten, als noch etwas von der Auflösung vorhanden war. Ihr Geschmack war dem englischen Bittersalze ähnlich. Herr Westfeld hielt sie für Alaun, welchem Salze sie aber weiter in nichts gleichen, als dass sie einerley Säure mit demselben haben." C. W. Scheele bezog sich hier auf einen entsprechenden Artikel in den im Jahre 1767 in Göttingen-Gotha erschienenen *Mineralogischen Abhandlungen* des Rektors der Stadtschule in Bückeburg C. F. G. H. Westfeld (1746 bis 1823), in dem sich die Behauptung findet, das mit Schwefelsäure und Braunstein zu erhaltende Salz sei Alaun [6]. Ohne Westfeld zu nennen, hatte sich schon vorher J. H. Pott [11] gegen die Gleichsetzung von Mangansulfat mit Alaun gewendet, da das Mangansulfat „auf Kohlen noch nicht so recht fließet und aufblähet", auch wenn eine „allaunige Erde", d.h. wie bei Alaunlösung ein weißer Niederschlag durch Alkalien erhalten werde. Daß aber auch der von Scheele erwähnte „dem englischen Bittersalz [Magnesiumsulfat] ähnliche Geschmack" des Ergebnisses einer Behandlung von natürlichem Braunstein mit Vitriolöl zu der Behauptung geführt hat, die „Bittererde" [MgO] sei ein Wesensbestandteil des Braunsteins, darauf wies S. F. Hermbstädt [7] im Jahre 1787 hin; der Apotheker und Bergkommissär J. C. Ilsemann in Clausthal [1727 bis 1822] war der Erste, der im Jahre 1782 einen Gehalt des Minerals an „Bittererde" durch die Gleichheit der Kristalle mit dem „Englischen Purgier- und Seidlizer Salze" auch bei Beobachtung der Kristallisation unter dem Mikroskop glaubte feststellen zu können [8], obwohl er das Mangansulfat gut beschrieben und auch seine thermische Zersetzung an der Luft beobachtet hat. Auf Grund der Ilsemannschen Angaben und einiger eigenen Versuche hielt sich der Apotheker und großbritannische Bergkommissär in Hameln, J. F. Westrumb [9], für berechtigt, den Bittererdegehalt des Braunsteins als sichere Erfahrung hinzustellen, was S. F. Hermbstädt [7] denn „doch für etwas gewagt" hielt. Trotzdem war noch im Jahre 1789 J. G. Schmeiszer [53] überzeugt, in dem Sulfat „Bittersalzkrystallen, welche diese Erde deutlich charakterisiren", vor sich zu haben. – Scheele war keineswegs der Erste, der einen Aufschluß des Braunsteins mit Schwefelsäure unternommen hat. So berichtet J. H. Pott [4] über seine eigenen Versuche und ihn verwundernde Angaben des englischen Arztes Christopher Merret [1614 bis 1695] in seinen Anmerkungen zu der *Glasmacherkunst* des Florentiners A. Neri: „Solus Spiritus vitrioli cum minera nostra digestus tingitur colore roseo a parte ipsius colorante, interim solutio est satis; parca, & perqvam modice solidi qvid per Sal alcalinum deturbatur, tantum ergo abest, ut Merretti experimentum confirmare possem, qvi in notis ad artem Vitriar: Neri p.m. 93. asserit: Magnesium cum Spiritu Vitrioli effervescere qvodammodo, & inflammari cum excitatione multarum scintillarum, ut manu teneri non possit, et affusa aqva (qvod magnesia proprium est) calor augetur, cum parva hæc solutio absqve ulla effervescentia satis lente procedat, nec ullo modo vel scintillæ appareant, nec calor excitetur, vel affusa aqva augeatur, nisi forte magnesia Anglica a nostra multum differat. [Reiner Vitriolgeist mit unserem Erz digeriert, färbt sich durch dessen färbenden Teil in rosenroter Farbe; hat sich einstweilen genug gelöst – es ist nur wenig – so wird [die Lösung] doch durch äußerst wenig festes Alkalisalz getrübt. Es fehlt also alles, wodurch ich die Erfahrung von Merret bestätigen könnte, der in seinen Anmerkungen zur *Glasmacherkunst* des Neri, S.93, versichert: 'Magnesia koche mit Vitriolgeist gewissermaßen auf und entzünde sich unter Auftreten vieler Funken, so daß man sie nicht in der Hand halten könne und, wenn man Wasser zugieße (was eine Besonderheit der Magnesia ist), werde die Wärme vermehrt.' Es geht nämlich diese geringe Löslichkeit ohne jede Erwärmung recht langsam vonstatten, es treten auch in keinem Falle Funken auf, noch tritt Wärme auf, noch wird sie durch Wasserzugabe vermehrt, es sei denn, daß die englische Magnesia von der unsrigen sehr stark verschieden ist]." Noch im Jahre vor Scheeles großer Untersuchung gab der Berliner Apotheker A. S. Marggraf [1709 bis 1782] seine Erfahrungen über das Mangansulfat bekannt [10], das er als blaßrote Kristalle erhalten hatte; bei fraktionierter Kristallisation wurden die Kristalle zunehmend stärker blau, und die letzten glichen völlig Kupfervitriolkristallen, die er durch Abscheiden von Kupfer (am Eisendraht) identifizieren konnte. Auch er wies die Westfeldsche Behauptung, es handele sich bei den weißen Kristallen um Alaun, scharf zurück, nachdem er das Mangansulfat mit dem Alaun sorgfältig verglichen hatte und beim ersteren mit der thermischen Zersetzung nach vier Stunden Glühen ein dunkelbraunes Pulver (statt eines weißen) erhalten hatte.

Scheele ist der Frage nach der Löslichkeit des Braunsteins in Schwefelsäure unterschiedlicher Konzentration nachgegangen: „§. 15. Von der mit Wasser verdünnten Vitriolsäure wird der Braunstein nur zum Theil aufgelöst, man mag ihn darin digerieren oder kochen ...", und später: „§. 17. Nun zum Verhalten des Braunsteins mit dem Vitriolöl (2. c.). Es ist merkwürdig, daß diese konzentrierte Säure, den Braunstein ganz und gar, ohne Zusatz von etwas Brennbarem, auflöst ...," doch kann hier auf seine Überlegungen nicht näher eingegangen werden, sie führen ihn zur Erkenntnis, daß es vom Mangan unterschiedliche Oxidationsstufen gibt. Er hat sich auch etwas genauer mit dem Mangan(II)-sulfat beschäftigt: „§. 19. Wenn das Mittelsalz aus Vitriolsäure und Braunstein (§. 2. e.) noch einmal in destilliertem Wasser aufgelöst wird, und nach dem kristallisiert, so bekommt man ein ganz reines Salz ..., aus dem man durch Weinsteinalkali einen Braunstein fällen kann, der mit Brennbarem gesättiget ist ... Hätte Herr Westfeld diesen Präcipitat etwas genauer untersucht, so wäre er von ihm sicherlich nicht für Alaunerde ausgegeben worden ..." [5].

Das Mangansulfat ist in den folgenden Jahrzehnten schon wegen seiner leichten Darstellungsmöglichkeit und als Vorstufe zum Carbonat, das zur Darstellung der meisten Manganverbindungen diente, häufig untersucht worden, zumal nach der Einführung des Bleichens mittels Chlor, das zum Teil aus Kochsalz, Braunstein und Schwefelsäure gewonnen wurde, s. „Chlor", 1927, S. 7/8, eine sulfathaltige 'Manganlauge' anfiel. F. F. Runge [12] empfahl, das beigemengte Glaubersalz durch Ausfrieren abzuscheiden, die Mutterlauge zur weiteren Auflösung von frischen Chlorrückständen zu benutzen, erneut auszufrieren, und die nun an Mangansulfat angereicherte Lösung in ein Kristallisiergefäß zu bringen, wo „nach längerer Zeit man den Vitriol in rosenrothen durchsichtigen, 4- oder 6seitigen Säulen angeschlossen finden werde." Einfacher sei die Salzgewinnung, wenn von Salzsäure anstelle des Kochsalzes ausgegangen werde, doch empfehle es sich hier, andere metallische Beimischungen vor der Kristallisation durch Einleiten von Schwefelwasserstoff zu entfernen, da Mangan dadurch nicht gefällt werde. – Als man begann, Chlor ohne Verwendung von Braunstein herzustellen, gewann man das Mangansulfat in England im Großen dadurch, daß man Braunstein mit 10% Steinkohlepulver in einer Leuchtgasretorte glühte, das entstandene „Manganoxydul" in Schwefelsäure löste, die Lösung zur Trockne eindampfte, wieder (zur Zerstörung des Eisensulfats) in der Gasretorte glühte und das Mangansulfat mit Wasser extrahierte [52].

Die Ergebnisse der Forscher schienen aber einander, was Farbe und Kristallisation der Verbindung betraf, deutlich zu widersprechen. „Was die Farbe des Manganoxyduls betrifft", schrieb im Jahre 1830 der Apotheker R. Brandes [13] aus Salzuflen, „so wird gewöhnlich angegeben, daß es eine blasse Rosenfarbe besitze; auch Bucholz bemerkt in seinen *Beiträgen* [14], daß dieses Salz stets röthlich gefärbt sey. Trommsdorff [15] erinnert indessen schon 1803, daß dieses Salz nicht nothwendig röthlich gefärbt sey, indem die Farbe bloß von dem Grade der Oxydation abhänge, da völlig reines kohlensaures Manganoxydul bei seiner Auflösung in Schwefelsäure stets eine farblose Auflösung gebe, aus welcher das Salz in weißen ungefärbten Krystallen anschieße. Brandenburg [16] giebt zwar zu, daß die röthliche Farbe dieses Salzes im Allgemeinen einem größeren Sauerstoffgehalte zuzuschreiben sey, daß aber zugleich ein Rückhalt von Kupfer aus dem Mangansuperoxyde daran Antheil haben könne. Bachmann [17] wendet aber mit Recht hiergegen ein, daß reines, farbloses schwefelsaures Manganoxydul durch Kupfervitriolzusatz nicht roth, sondern bläulich werde, und daß ein röthlich gefärbtes schwefelsaures Manganoxydul, welches zufällig Kupfer enthält, von diesem befreit werden könne durch Schwefelwasserstoffgas, ohne daß es dabei seine röthliche Farbe verliere. Auch Frommherz [18] erhielt das schwefelsaure Manganoxydul in vollkommen wasserhellen, ungefärbten, geschobenen, vierseitigen Tafeln und leitet die röthliche Färbung von schwefelsaurem Manganoxydul-Oxyd her. Nicht minder hat Hünefeld [19] gezeigt, daß das reine schwefelsaure Manganoxydul vollkommen durchsichtige, weiße Krystalle liefert." Hünefeld hat die Rückstände der Sauerstoffgewinnung aus Braunstein mit Schwefelsäure aufgearbeitet und die weißen Kristalle als isomorph mit Zinkvitriol beschrieben. Dagegen hat C. H. Pfaff [20] bei der gleichen Arbeit zwei Salze beobachtet, „die sich in ihren physikalischen Eigenschaften, so wie in ihrer Mischung [Zusammensetzung] voneinander unterscheiden; das eine krystallisirte in vollkommen weißen, durchsichtigen, vierseitigen, an den Enden schief abgeschnittenen Säulen, das andere in rosenfarbigen, mehr rhomboidalen Krystallen. Ersteres enthielt verhältnismäßig mehr Oxydul als letzteres." Die Beobachtung der Abscheidung weißer und rosenroter Mangansulfatkristalle aus der gleichen rosenroten Lösung erstaunte H. Schiff [51] noch im Jahre 1861; er wies darauf hin, ohne nähere Angaben zu machen, daß schon früher F. Wöhler ähnliches berichtet habe. – Den Grund für die unterschiedliche Färbung sahen R. Brandes [13] und C. Frommherz [18] darin, daß im roten Salz eine höhere Oxidationsstufe des Mangans beigemischt sei, und Isomere hielt J. J. Berzelius [21] für die Ursache der verschiedenen Färbungen. Diesen Vorstellungen widersprach L. Gmelin [20], ebenso der Behauptung von Brandes, die Farbe der rosafarbenen Kristalle ließe sich durch Kochen mit organischen Stoffen wie Zucker oder Alkohol entfärben. Im Jahre 1846 schien es A. Völker [22] zwar eine Möglichkeit zu sein, die rosa Farbe des Sulfats durch die Anwesenheit höherer Manganoxide zu erklären, da es ihm möglich schien, rosa Mangansulfat durch Einleiten von Schwefeldioxid zu entfärben, doch war er überzeugt, daß die Färbung durch die Anwesenheit von kleinen Mengen Kobalt hervorgerufen werde. Umgekehrt war im Jahre 1854 Gorgeu [23] der Meinung, „à l'état de cristaux, comme sous forme de dissolution, les sels manganeux solubles sont rosés," und daß die farblosen Salze durch Nickel, Eisen oder Kupfer verunreinigt seien. Nach seinen Versuchen genügten bereits 8% Nickelsulfat, oder 4% Eisensulfat oder 11% Kupfersulfat, um Lösungen von rosa Mangansulfat in Schichtdicken von einigen Zentimetern zu entfärben, die festen Salze seien jedoch in den beiden letztgenannten Fällen grünlich bzw. violett; Nickel sei übrigens als Verunreinigung tatsächlich nachgewiesen worden.

Auch der Wassergehalt der verschiedenen Formen des Mangan(II)-sulfats ist umstritten gewesen. Als Erster hat im Jahre 1807 J. F. John [24] die Tatsache des Wassergehaltes des von ihm selbst hergestellten Sulfats festgehalten, ohne näher darauf einzugehen, aber neunzig Jahre später sah sich W. Schieber [25] veranlaßt zu schreiben: „Es wurde behauptet, und viele der ausführlichen Handbücher der Chemie reproduciren diese Angabe, daß das Mangansulfat je nach den Bedingungen der Entstehungsweise 7, 6, 5, 4, 3, 2 und 1 Moleküle Krystallwasser binden sollte ... Indeß sind diese Angaben relativ alten Datums und sind meines Wissens überhaupt noch nicht überprüft." Er selbst fand nur Kristalle mit 7, 5, 4 und 1 Molekülen Wasser und stellte fest, daß es ein Manganosulfat mit 6, 3 und 2 Molekülen Wasser nicht gibt, und daß $MnSO_4 \cdot 4H_2O$ dimorph auftrete; s. dazu „Mangan" C6, 1976, S.101/28. – Das Mangan(II)-sulfat mit 6 Molekülen Wasser glaubte im Jahre 1830 R. Brandes [13] gefunden zu haben: „Wenn das Salz mit 7 Atomen Wasser bei einer Temperatur von 6 bis 8°R zwischen Papier gepreßt wird, so verliert es nach und nach gegen 3 Procent Wasser und wird farblos, so daß der Stich in's Rosenfarbene fast völlig verschwindet. Stellt man dasselbe Salz der Luft bloß, in einer Temperatur von 7 bis 9 °R, so verliert es nach einigen Tagen gegen 4.9% Wasser, dann aber in dieser Temperatur nicht merklich mehr. Dieses scheint dafür zu sprechen, daß sich in diesem Falle ein Salz mit 6 Atomen Wasser bildet." Es erscheint verständlich, wenn diese Angaben in den ihnen zeitlich folgenden Auflagen dieses *Handbuchs* nicht erwähnt werden. Im Jahre

1893 jedoch glaubte C. E. Linebarger [26], dieses Hydrat beim Eindampfen der Lösung bei 10 bis 15 °R erhalten zu haben. Doch ist im Jahre 1931 die Abscheidung eines metastabilen Pentahydrats neben dem stabilen Heptahydrat beobachtet worden, so daß das Auftreten eines Hexahydrats vorgetäuscht worden sein kann [27]. – Auch das Trihydrat will R. Brandes [13] haben herstellen können, indem er das wasserfreie Salz feuchter Luft aussetzte [28], indessen konnte W. Schieber [25] zeigen, daß das trockene $MnSO_4$ zwar hygroskopisch ist, stöchiometrische Beziehungen bei dieser Wasseraufnahme aber nicht zu beobachten sind. Auf andere Weise als Brandes glaubte im Jahre 1835 T. Graham [29] das Trihydrat erhalten zu haben, nämlich als weiße Rinden aus einer entsprechend konzentrierten Lösung unterhalb Siedehitze; ähnliche Krusten wollten A. Regnault beim Kristallisieren zwischen 20 und 30 °R und J. C. G. de Marignac zwischen 30 und 40 °R erhalten haben, doch können diese Ergebnisse von W. Schieber [25] nicht bestätigt werden. Bei der Bestimmung der Lösungswärme der verschiedenen Hydrate glaubt J. Thomsen [30] indessen, auf die Existenz eines Trihydrates schließen zu können, neuere Untersuchungen unterschiedlicher Art [31, 32, 33] können das Trihydrat allerdings nicht auffinden, obwohl thermogravimetrische und dilatometrische Untersuchungen am Penta- und Tetrahydrat auf das Auftreten eines Trihydrats schließen ließen [34]. – Die Existenz eines Dihydrates, das R. Brandes [13] beim Schmelzen des Heptahydrates beobachtet hatte und T. E. Thorpe, J. J. Watts [35] bei der Behandlung des gleichen Hydrates mit absolutem Alkohol gefunden hatten, ist von W. Schieber [25], von F. G. Cottrell [36] und wieder im Jahre 1939 von J. Perreu [37] bestritten worden. Im letztgenannten Jahre aber konnte R. Rohmer [38] das Dihydrat als metastabile Phase im System $MnSO_4$–H_2O nachweisen. – Auch die Existenz eines Hemihydrats ist diskutiert worden. Im Jahre 1914 wollte R. de Forcrand [43] es bei seinen Experimenten aufgefunden haben und sah sich durch seine Auswertung der Dampfspannungsmessungen über Mangansulfat von H. Bolte [44] bestätigt, der selber seine Ergebnisse nicht in dieser Weise interpretiert hatte. Eine Bestätigung des Halbhydrats konnten H. Křepelka, B. Rejha [27] nach kritischer Würdigung beider Veröffentlichungen und den eigenen Experimenten nicht geben. – „Das krystallwasserfreie Salz bleibt als Rückstand (als weißes Pulver) beim schwachen Glühen der krystallwasserhaltigen Manganosulfate zurück", schrieb W. Schieber [25], wobei das letzte Wassermolekül nach T. E. Thorpe, J. J. Watts [35] erst bei 280 °[R] abgegeben werden soll. Gerlach [39] hat im Jahre 1866 behauptet, das wasserfreie Salz sei beim Eindampfen einer gesättigten Lösung zu erhalten, was aber durch die gemeinsamen Untersuchungen von O. B. Kühn und Oehlmann [40] aus dem Jahre 1831 zu widerlegen ist.

Kristallographische Angaben machten die meisten der Untersucher in unterschiedlicher Weise. Die am leichtesten verständlichen gab schon im Jahre 1842 V. Regnault [45]: „So krystallisirt ... das schwefelsaure Manganoxydul bei einer Temperatur unterhalb 6 °[R] mit 7 Äquivalenten Wasser in einer Form, die mit der des bei gewöhnlicher Temperatur krystallisirten schwefelsauren Eisenoxyduls übereinkommt, und zwar so genau, daß ein Krystall von schwefelsaurem Eisen sich zu vergrößern fortfährt, wenn man ihn in eine gesättigte Auflösung von schwefelsaurem Mangan unterhalb 6 ° taucht. Die Auflösung desselben schwefelsauren Mangans giebt mit 5 Atomen Wasser Krystalle von einer Form, die mit der erstern in durchaus keine Verbindung zu bringen ist, wenn man es bei einer Temperatur zwischen 7 ° und 20 ° erhält. In dieser neuen Gestalt ist das schwefelsaure Manganoxydul isomorph mit dem bei gewöhnlicher Temperatur krystallisirten schwefelsauren Kupferoxyd. Endlich krystallisirt dieß Salz zwischen 20 ° und 30 ° mit 4 Äquivalenten Wasser, und seine Krystallform, verschieden von den beiden vorhergehenden, ist jetzt identisch mit der des schwefelsauren Eisenoxyduls, wenn es bei 80 ° krystallisiert."

Die Zahl der im 18. und 19. Jahrhundert sehr beliebten „sympathetischen Tinten" [Geheimtinten, bei denen durch chemische oder physikalische Einwirkung auf eine, die unsichtbare Schrift bildende Chemikalie das Geschriebene sichtbar gemacht wird] konnte im

Jahre 1848 C. F. Schönbein [54] mit dem von ihm entdeckten Ozon vermehren: Er hatte beobachtet, daß mit einer Mangansulfatlösung Geschriebenes in ozonhaltiger Atmosphäre durch Entstehen von Braunstein lesbar wird. Da aber dann langsame Desoxidierung eintritt, verschwindet die Schrift nach einiger Zeit wieder, kann jedoch durch erneute Behandlung mit Ozon wieder lesbar gemacht werden. – Andere Verwendungen des gegen Sauerstoff empfindlichen Mangansulfats schlug im Jahre 1865 H. Schwarz [55] vor, der die Sauerstoff übertragende Wirkung des Mangansulfats, die zuerst von V. Harcourt [56] beobachtet worden war, zur Beschleunigung einer Reihe von Oxidationen einsetzen wollte, beispielsweise für die rasche Oxidation des Alkohols zu Essigsäure.

Es muß noch erwähnt werden, daß kristallisiertes Mangansulfat in Mengen bis zu 20% als Verunreinigung in den Vitriolen aller Farben, die seit dem 16. Jahrhundert oft unter den gleichgesetzten antiken Bezeichnungen *Chalkanthum* [griechisch = Erzblüte] und *Atramentum sutorium* [lateinisch = Schusterschwärze] besonders in Pharmacopöen erwähnt werden und im Handel waren, nach Analysen von alten Apothekenbeständen sowohl in natürlichen, etwa aus verlassenen Gängen des Rammelsbergs stammenden, als auch in den künstlich hergestellten vorhanden war [57].

Mangan(III)-sulfat. Ein Versuch, der das Auftreten eines höheren Mangansulfates erkennen läßt, findet sich, ohne Herkunftsangabe, schon in der im Jahre 1817 erschienenen ersten Auflage dieses *Handbuchs* [46]: „Schwefelsaures Manganoxyd. Das feingepulverte Hyperoxyd löst sich im Vitriolöl, wenn von außen keine Hitze angebracht wird, mit dunkelvioletter Farbe auf, welche durch Verdünnung mit Wasser karmoisinroth wird. Die Flüssigkeit wird durch Erhitzen entfärbt, in schwefelsaures Manganoxydul mit Überschuß der Säure verwandelt; sie wird durch reine und kohlensaure Alkalien röthlichbraun, durch blausaures Eisenkali gelblich braun gefällt." Ganz ähnliche Beobachtungen hat im Jahre 1829 R. Phillips [58] gemacht, ohne näher auf die Verbindung einzugehen. Die Gmelinsche Notiz findet sich, etwas ausführlicher, wieder in der 5. Auflage des Berzeliusschen *Lehrbuchs* [47]. Der Erste, der das Mangan(III)-sulfat im Jahre 1858 isolierte, L. Carius [48], beklagte sich, daß „die Angaben der Lehrbücher über schwefelsaures Manganoxyd sehr mangelhaft und ungenau sind, so daß es überhaupt wahrscheinlich ist, daß dieses Salz früher noch nie, wenigstens nicht rein dargestellt worden ist". Er fand jedoch eine Angabe [49], nach der man aus der oben angegebenen Lösung „einen grünen pulvrigen Körper erhalte, welcher wasserfreies schwefelsaures Manganoxyd zu sein scheine". Es gelang Carius, dieses als grünen amorphen Körper herzustellen und zu analysieren. Im Jahre 1887 vermochte B. Franke [50] auf anderem Wege, ausgehend vom Kaliumpermanganat und Schwefelsäure, die Verbindung kristallisiert zu erhalten und ihr thermisches und chemisches Verhalten zu untersuchen.

Literatur:

[1] H. Cassebaum (Sudhoffs Archiv **63** [1979] 136/53, 140/2). – [2] L. C. Orvius (Occulta Philosophia sive Caelum Sapientium et Vexatio Stultorum ... wahren hermetischen Wissenschaften aus einem sehr alten und raren Manuscript, herausgegeben von L.H.J.V.A.J.D., gedruckt in der Insul der Zufriedenheit 1737 [Frankfurt a.M. 1737], S. 27/9 nach [1]). – [3] J. G. Lehmann (Abhandlung von den Metall-Müttern und der Erzeugung der Metalle, Berlin 1753, S. 217). – [4] J. H. Pott (Miscellanea Berolinensia **6** [1740] 40/53, 48/50). – [5] C. W. Scheele (Vom Braunstein oder Magnesium und von dessen Eigenschaften [1774] in: Sämmtliche Physische und Chemische Werke, deutsch von S. F. Hermbstädt, Bd. 2, Berlin 1793, S. 36/8, 48, 49, 53).

[6] J. C. Poggendorff (Biographisch-Literarisches Handwörterbuch zur Geschichte der Exacten Wissenschaften, Bd. 2, Leipzig 1863, Spalte 1305). – [7] S. F. Hermbstädt (Ann. Chem. Crell **1787** I 198/202, 199/200). – [8] J. C. Ilsemann (Neuesten Entdeckungen Chem. **4** [1782] 24/42). – [9] J. F. Westrumb (Neuesten Entdeckungen Chem. **8** [1783] 82/96). –

[10] A. S. Marggraf (Nouveaux Mémoires de l'Académie Royale des Sciences et des Belles Lettres de Berlin, Année 1773 [1775] 3/8).

[11] J. H. Pott (Fortsetzung der Chymischen Untersuchungen, die hauptsächlich von der Lithogeognosie handeln, Berlin-Potsdam 1751, S. 76). – [12] F. F. Runge (Technische Chemie der nützlichsten Metalle für Jedermann, Bd. 1, Berlin 1838, S. 65/6). – [13] R. Brandes (Ann. Physik Chem. [2] **20** [1830] 556/90, 558, 569/70, 572). – [14] C. F. Bucholz (Beiträge zur Erweiterung und Berichtigung der Chemie, Erfurt 1799/1800 nach [13]). – [15] J. B. Trommsdorff (Trommsdorff J. Pharm. **10** Nr. 2 [1803] 48 nach [13]).

[16] F. A. Brandenburg (Schweiggers J. Chem. Physik **14** [1815] 336/51, 346). – [17] J. Bachmann (Chemische Abhandlungen über das Mangan, Wien 1829, S. 62 nach [13]). – [18] C. Frommherz (Schweiggers J. Chem. Physik **44** [1825] 327/40, 340). – [19] L. Hünefeld (Schweiggers J. Chem. Physik **53** [1828] 121/2). – [20] L. Gmelin (Handbuch der Chemie, 4. Aufl., Bd. 2, Heidelberg 1844, S. 650).

[21] J. J. Berzelius (Jahresber. Fortschr. Phys. Wiss. **11** [1833] 186 nach [20]). – [22] A. Völker (Liebigs Ann. Chem. **59** [1846] 27/33). – [23] A. Gorgeu (Ann. Chim. Phys. [3] **42** [1854] 70/81). – [24] J. F. John (J. Chem. Physik Gehlen **3** [1807] 452/85, 473). – [25] W. Schieber (Monatsh. Chem. **19** [1898] 280/97).

[26] C. E. Linebarger (Am. Chem. J. **15** [1893] 225/48, 234). – [27] H. Křepelka, B. Rejha (Collection Czech. Chem. Commun. **3** [1931] 517/35, 531/2 [englisch]). – [28] Zeisel (in: O. Dammer, Handbuch der anorganischen Chemie, Bd. 3, Stuttgart 1893, S. 264). – [29] T. Graham (Phil. Mag. [3] **6** [1835] 417/24, 420). – [30] J. Thomsen (J. Prakt. Chem. [2] **18** [1878] 1/63, 26/7).

[31] R. de Forcrand (Compt. Rend. **158** [1914] 1760/3). – [32] H. Křepelka, B. Rejha (Collection Czech. Chem. Commun. **3** [1931] 515/35, 526/7). – [33] J. Perreu (Compt. Rend. **209** [1939] 167/9). – [34] R. Rencker, P. Dubois (Compt. Rend. **203** [1936] 185/7). – [35] T. E. Thorpe, J. J. Watts (J. Chem. Soc. **37** [1880] 102/17, 113).

[36] F. G. Cottrell (J. Phys. Chem. **4** [1899/1900] 637/56). – [37] J. Perreu (Compt. Rend. **209** [1939] 167/9). – [38] R. Rohmer (Compt. Rend. **209** [1939] 315/7). – [39] Gerlach (Jahresber. Fortschr. Chem. **1866** 129 nach [25, S. 297]). – [40] O. B. Kühn (Schweiggers J. Chem. Physik **61** [1831] 236/45, 239/40).

[41] L. Gmelin (Handbuch der Chemie, 4. Aufl., Bd. 2, Heidelberg 1844, S. 648). – [42] C. Brunner (Ann. Physik Chem. [2] **101** [1857] 264/71, 265). – [43] R. de Forcrand (Compt. Rend. **158** [1914] 1760/3). – [44] H. Bolte (Z. Physik. Chem. **80** [1912] 338/60, 352/4). – [45] V. Regnault (Compt. Rend. **12** [1841] 56/83; J. Prakt. Chem. **25** [1842] 127/70, 165).

[46] L. Gmelin (Handbuch der theoretischen Chemie, Bd. 2, Frankfurt a.M. 1817, S. 582/3). – [47] J. J. Berzelius (Lehrbuch der Chemie, 5. Aufl., Bd. 3, Dresden-Leipzig 1845, S. 545/6). – [48] L. Carius (Ann. Chem. Pharm. Liebig **98** [1856] 53/66). – [49] T. Graham, F. J. Otto (Ausführliches Lehrbuch der Chemie, 2. Aufl., Bd. 2, Tl. 2, S. 462 nach [48, S. 53]). – [50] B. Franke (J. Prakt. Chem. [2] **36** [1887] 451/68, 457/61).

[51] H. Schiff (Liebigs Ann. Chem. **118** [1861] 362/72, 365 Fußnote). – [52] T. Graham, F. J. Otto (Lehrbuch der Chemie, 4. Aufl., Bd. 2, Tl. 2, Braunschweig 1863, S. 1014 nach L. Gmelin, Handbuch der anorganischen Chemie, 6. Aufl., herausgegeben von K. Kraut, H. Hilger, Bd. 2, Tl. 2, Heidelberg 1897, S. 485). – [53] J. G. Schmeiszer (Chem. Ann. Crell **1789** II 39/44). – [54] C. F. Schönbein (Ann. Physik Chem. [2] **75** [1848] 366/7). – [55] H. Schwarz (Breslauer Gewerbeblatt **1865** Nr. 27; Polytech. Zentr. **1865** 1023 nach Jahresber. Leistungen Chem. Technol. **11** [1865/66] 364/5).

[56] V. Harcourt (Breslauer Gewerbeblatt **1865** Nr. 27; Polytech. Zentr. **1865** 1022 nach Jahresber. Leistungen Chem. Technol. **11** [1865/66] 233). – [57] E. G. Hickel (Chemikalien im Arzneischatz deutscher Apotheken des 16. Jahrhunderts unter besonderer Berücksichtigung der Metalle, Braunschweig 1963, S. 125). – [58] R. Phillips (Phil. Mag. [2] **5** [1829] 209/16, 214).

2.5.2 Mangan und Selen

Manganese and Selenium

Der Entdecker des Selens, J. J. Berzelius [1817], sagt in seiner großen Veröffentlichung über das neue Element [1], von der H. Rose [2] in seiner Gedächtnisrede auf Berzelius sagen konnte: „Noch nie ist über einen interessanten unbekannten einfachen Stoff eine so gediegene und erschöpfende Arbeit erschienen ...," nur recht wenig über dessen Verbindungen mit dem Mangan aus, und dies fast nur in allgemeineren Angaben: „Die Niederschläge [mit Selenwasserstoff] aus den Salzen des Zinkoxyds, des Manganoxyduls, des Ceroxyduls und vielleicht des Manganoxyds sind Selenwasserstoffsalze, welche aber bald in der Luft zersetzt und in Selenmetalloxyde verwandelt werden, wobei ihre im Anfang bleichere Farbe dunkelroth wird. Die Oxyde der übrigen Metalle werden zerlegt, und Selenmetalle werden gebildet, deren Farbe schwarz oder dunkelbraun ist. Sie nehmen nach dem Trocknen unter dem Polierstahl Metallglanz an." In einem früheren Abschnitt hatte er festgestellt: „Die beste Art, die Selen-Metalle in ihren bestimmten Verbindungsstufen zu erhalten, ist ohne Zweifel, ihre Auflösungen mit Selenwasserstoffgas niederzuschlagen. Eine andere Methode ist auch, sie mit Selenium im Überschuß zu vermischen und das Überschüssige abzudestilliren." Er weiß auch, daß „Selenalkali" als Fällungsmittel dienen kann, muß aber hinzufügen: „Ich habe mit diesen Verbindungen gar keine speciellen Versuche gemacht; ich habe mich bloß von ihrem Daseyn überzeugt." Nur mit dem „selensauren Manganoxydul" hat er sich näher befaßt: „... ist ein unauflösliches weißes Pulver, welches im Trocknen zum feinkörnigen Mehle wird, und der kohlensauren Kalkerde ähnelt. Es schmilzt ziemlich leicht, ohne seine Säure zu entlassen, wenn es nicht zugleich von der Luft getroffen wird, wobei das Oxydul oxydirt wird und die Säure weggeht. Das geschmolzene Mangansalz hat die Eigenschaft, das Glas voller Blasen zu machen, in höheren Grade als die Salze mit Kalk und Talkerde. Die Blasen durchbohren das Glas und steigen zu seiner Oberfläche hinauf, wo sie zerplatzen und Löcher zurücklassen, ohne daß das zwischenliegende Glas vom Mangansalz gefärbt wird. – Das Biseleniat ist leicht aufzulösen, und trocknet zu einer Salzmasse ein." – Erst 70 Jahre später ist die Herstellung von Manganselenid aus den Elementen von C. Fabre [3] unternommen und beschrieben worden; er leitete Selendämpfe über das auf Dunkelrotglut erhitzte Manganmetall, die Verbindung bildete sich unter Aufleuchten und war eine schwarze, glänzende, im Bruch kristalline Masse, die an feuchter Luft ihren Glanz verlor. Genauer an die Vorschrift von Berzelius über die Darstellung aus den Elementen hielten sich E. Wedekind, T. Veit [4], die eine schwache Magnetisierbarkeit der aus der Schmelze erhaltenen Verbindung beobachteten. – Durch Reaktion von Selenwasserstoff mit auf Rotglut erhitztem Mangan(II)-chlorid erhielt Fonzes-Diacon [5] ein Selenid, dem die Formel MnSe zukam, als schwarze, glänzende, aufgeblähte Masse, deren Inneres feine, graue, gelbes Licht durchlassende prismatische Nadeln zeigte; ähnlich war auch sein Produkt, das durch Reduktion von Manganseleniat mit Kohle im elektrischen Ofen erhältlich ist. – Durch Fällung erhielt C. Fabre [3] die Verbindung als rötlich grauen Niederschlag beim Zusammengießen einer frisch bereiteten Natriumselenidlösung mit der Auflösung von Mangan(II)-sulfat; der Niederschlag zersetzte sich an der Luft zu einem braunen Pulver, das mit Säuren seinen Selenwasserstoff entwickelte. – Die nach Berzelius' Meinung beste Art, die Verbindung zu gewinnen, nämlich durch Einleiten von Selenwasserstoff in Mangansalzlösungen, hat dann im Jahre 1869 der Apotheker Reeb [6] in Straßburg untersucht; er fand, daß die Fällung aus saurer Lösung sehr unvollständig ist, und daß aus essigsaurer, mit Natriumacetat versetzter Lösung ein schwarzer, noch rotes Selen enthaltender Niederschlag erhältlich ist, während Kaliumselenidlösung einen fleischfarbenen, braun werdenden Niederschlag hervorruft. Daß je nach der Herstellungsart verschiedene Modifikationen auftreten, zeigte als erster A. Baroni [7].

Ein höheres Manganselenid, Mangan(II)-diselenid $MnSe_2$, das Berzelius nach dem obenstehenden offenbar vermutet hatte, erhielt im Jahre 1937 N. Elliot [8] durch Erhitzen stöchiometrischer Mengen der Elemente auf 550° C im evakuierten, abgeschmolzenen

Pyrexrohr. – Ein Zustandsdiagramm aufzustellen ist bis zum Jahre 1958 nicht versucht worden [9].

Literatur:

[1] J. J. Berzelius (Schweiggers J. Chem. Physik **23** [1818] 309/44, 430/84, 468, 430, 445, 456/7). – [2] H. Rose (Gedächtnisrede auf Berzelius, gehalten am 3. Juli 1851, Berlin 1852, S. 37). – [3] C. Fabre (Ann. Chim. Phys. [6] **10** [1887] 472/550, 523/5). – [4] E. Wedekind, T. Veit (Ber. Deut. Chem. Ges. **44** [1911] 2663/70, 2667). – [5] Fonzes-Diacon (Bull. Chim. Soc. France [3] **23** [1900] 503/5).

[6] Reeb (J. Pharm. Chim. [4] **9** [1869] 173/6). – [7] A. Baroni (Z. Krist. **99** [1938] 336/9). – [8] N. Elliot (J. Am. Chem. Soc. **59** [1937] 1958/62). – [9] M. Hansen, K. Anderko (Constitution of Binary Alloys, New York-Toronto-London 1958, S. 953).

Manganese and Tellurium

2.5.3 Mangan und Tellur

Ein Mangantellurid scheinen als erste E. Wedekind, T. Veit [1] durch Erhitzen stöchiometrischer Mengen der Elemente im evakuierten, dann zugeschmolzenen Gefäß im Jahre 1911 hergestellt zu haben. J. J. Berzelius [2] hat zumindest um die Existenz dieser Verbindung gewußt, berichtet er doch bei seiner Beschreibung der Tellurgewinnung: „... Im Porcellangefäß bleibt dann ein kleiner Regulus, welcher meist aus Tellurgold besteht, aber auch Tellurkupfer, Tellureisen und Tellurmangan enthält ..." Dargestellt und beschrieben hat er die Verbindung nicht, wohl aber das „tellursaure Manganoxydul" als „weißen flockigen Niederschlag, der, aus einem rosenfarbenen Mangansalze gefällt, sich ins Rosenrothe zieht, so bald er sich gesenkt hat", ebenso das „tellurigsaure Manganoxyd", das er an einer anderen Stelle mit fast den gleichen Worten beschreibt [3]. – Auf die Wedekind-Veitsche Methode konnte I. Oftedal nicht nur die Verbindung MnTe [4], sondern auch das Ditellurid $MnTe_2$ [5] erhalten und auch ihre Kristallstruktur bestimmen. R. Ochsenfeld [6] vermochte allerdings auf diese Art keine homogenen Schmelzen zu erhalten und seine Produkte erwiesen sich als teilweise paramagnetisch und teilweise ferromagnetisch. In neuester Zeit sind eine größere Zahl von klärenden Untersuchungen durchgeführt worden, die auch die Aufstellung eines Zustandsdiagramms erlauben und in „Mangan" C 6, 1976, S. 311/37, referiert sind.

Auf nassem Wege will C. A. Tibbals [7] im Jahre 1909 ein Mangantellurid erhalten haben: „Wirkt Natriumtellurid auf Mangan(II)-acetat in Gegenwart von Essigsäure ein, so bildet sich zunächst ein hellbrauner Niederschlag, dessen Farbe sich rasch zu einem dunkeln Grün ändert. Ist die Essigsäure im Überschuß, oder die Lösung heiß, so zersetzt sich das Tellurid unter Bildung von Tellurwasserstoff, der seinerseits zerfällt und Tellurium an den Gefäßwänden absetzt. Das dunkelgrüne Präzipitat wird an der Luft augenblicklich schwarz und wird durch verdünnte Säuren sehr zersetzt unter Freisetzen von Tellurwasserstoff."

Literatur:

[1] E. Wedekind, T. Veit (Ber. Deut. Chem. Ges. **44** [1911] 2663/70, 2667). – [2] J. J. Berzelius (Ann. Physik Chem. [2] **28** [1833] 392/401, 394). – [3] J. J. Berzelius (Ann. Physik Chem. [2] **32** [1834] 577/627, 595, 607). – [4] I. Oftedal (Z. Physik. Chem. **128** [1927] 135/53, 139). – [5] I. Oftedal (Z. Physik. Chem. **135** [1928] 291/99, 293).

[6] R. Ochsenfeld (Ann. Physik [4] **12** [1932] 353/84). – [7] C. A. Tibbals (J. Am. Chem. Soc. **31** [1909] 902/13, 910).

2.6 Mangan und Bor

Manganese and Boron

2.6.1 Manganboride

Manganese Borides

Die Ersten, die über Legierungsversuche mit Mangan und Bor berichteten, waren im Jahre 1876 L. Troost, F. Hautefeuille [1]; sie beobachteten dabei, daß sich Mangan leichter als das Eisen mit Bor verbindet, hier genüge es schon, Mangancarbid mit Borsäure in einem Tiegel zu erhitzen, um unmittelbar ein von ihnen „MnBo" formuliertes Manganborid in kleinen grauvioletten Kristallen zu erhalten. Die Verbindung enthielt 28% B, könnte also in Wirklichkeit MnB_2 gewesen sein, für das sie auch die Bildungswärme bestimmten. Fast 30 Jahre später erschien die nächste Veröffentlichung über diesen Gegenstand von A. Binet du Jassoneix [2], der verschiedene Manganoxide durch elementares Bor reduzieren konnte, aber auch im elektrischen Ofen Mangan-Bor-Schmelzen erhielt, angeblich frei von Kohlenstoff; aus seinen Produkten glaubte er eine Verbindung MnB isolieren zu können und beschrieb ihre physikalischen und chemischen Eigenschaften recht ausführlich. Ein Jahr später gaben C. Matignon, R. Trannoy [3] ihre aluminothermischen Versuche zur Herstellung verschiedener Mn-Legierungen aus Oxidgemischen bekannt; sie erhielten aus Mn_3O_4 und B_2O_3 einen aus prachtvollen, stark glänzenden Nadeln bestehenden Regulus. Durch diese Veröffentlichung veranlaßt, gab E. Wedekind [4] seine noch nicht ganz abgeschlossenen, in Gemeinschaft mit K. Fetzer unternommenen Versuche ähnlicher Art bekannt, bei denen er definierte Mn-B-Verbindungen erhalten haben wollte. Im Jahre 1912 erhob F. Heusler, der Entdecker der nach ihm benannten ferromagnetischen Manganlegierungen, den Anspruch [5], magnetische Mn-B-Legierungen schon vor A. Binet du Jassoneix und C. Matignon, R. Trannoy, nämlich in den Jahren 1901/03 in Händen gehabt und ihre besonderen Eigenschaften erkannt zu haben; eine Bemerkung von E. Wedekind [6] aus dem Jahre 1905 dürfte die Angabe Heuslers bestätigen. – Von den nach J. Hoffmann [7] theoretisch möglichen 6 verschiedenen Mn-B-Verbindungen – er selbst konnte aus seinen aluminothermischen Schmelzen nach sorgfältiger Reinigung nur die Verbindung MnB isolieren – schien nur noch die Verbindung MnB_2 präparativ hergestellt, aber ihre Existenz wegen der damals fehlenden röntgenographischen Untersuchungen unsicher zu sein [8]. Genauere Untersuchungen dieser Art sind erst im Jahre 1950 bekanntgegeben worden, sie stellten vier intermediäre Phasen, Mn_4B, Mn_2B, MnB und Mn_3B_4 fest [9]. – Daß der erstmals von F. Heusler, E. Take [5] beobachtete Magnetismus von Mn-B-Legierungen von ihrer Herstellungsart abhängt, beobachteten im Jahre 1945 R. Forrer, R. Baffie, P. Fournier [10], als sie sowohl metallurgisch hergestellte als auch elektrolytisch nach L. Andrieux [11] aus der ein Oxidgemisch enthaltenen Schmelze gelieferte Proben untersuchten.

Literatur:

[1] L. Troost, F. Hautefeuille (Ann. Chim. Phys. [5] **9** [1876] 56/78, 65/7). – [2] A. Binet du Jassoneix (Compt. Rend. **139** [1904] 1209/11). – [3] C. Matignon, R. Trannoy (Compt. Rend. **141** [1905] 190). – [4] E. Wedekind (Ber. Deut. Chem. Ges. **38** [1905] 1228/32). – [5] F. Heusler, E. Take (Trans. Faraday Soc. **8** [1912] 169/84, 181).

[6] E. Wedekind (Z. Elektrochem. **11** [1905] 850/1). – [7] J. Hoffmann (Z. Anorg. Allgem. Chem. **66** [1910] 361/99). – [8] M. Hansen (Der Aufbau der Zweistofflegierungen, Berlin 1936, S. 276). – [9] R. Kiessling (Acta Chem. Scand. **4** [1950] 146/59). – [10] R. Forrer, R. Baffie, P. Fournier (J. Phys. Radium [8] **6** [1945] 71/87, 78/80).

[11] L. Andrieux (Compt. Rend. **184** [1927] 91/2).

2.6.2 Manganborate

Manganese Borates

Die Färbung der Boraxperle und des Glases, s. S. 180, durch den Braunstein war für die Chemiker des 18. Jahrhunderts Veranlassung gewesen, im Braunstein nach einem Metall zu suchen. Versuche, wie sie damals mit Borax angestellt wurden, beschrieb S. Rinman [1] ausführlich: „Roher Braunstein wird mit verglasenden Körpern, so bald das Brausen aufhört, zu Glas. — a) Mit Borax giebt er vor dem Blasrohr [Lötrohr] ein rothes granatfarbenes Glas. — b) Mit einem Zusatz verschiedener eisenhaltiger Körper, als kalcinirtem Berlinerblau, Eisenkalch, Eisen mit Laugensalz aufgelöset, verliert das rothe Salz seine Farbe, wird goldbraun, fließt matter, und wird zähe. — c) Aber mit einem Zusatz von reinem Braunstein klärt es sich wieder auf, und wird flüssiger. — d) Mit dem Sale Fusibili [Natrium-Ammonium-Phosphat] giebt der Braunstein eine goldfarbige, dichte Schlacke. — e) Mit einem Theile Salis fusibilis und zween Theilen Borax giebt es ein durchsichtiges, dunkelrothes, granatfarbiges Glas; mit drey Theilen Borax wird es klarer und lichtroth. — f) Das Gemische (e) mit einem Zusatz von Urinerde verliert die Farbe, und — g) Eben so verliert es die Farbe mit geschlemmten Kiesel; aber — h) Wenn mehr Braunstein zugesetzt wird, so wird es wieder dunkelroth, und fällt in das Violette. Nach der Verschiedenheit der Zusätze und der Grade der Hitze verwandelt es sich in mehr oder weniger dunkelroth, bis die Farbe durch das heftige Gebläse gänzlich wieder verschwindet. Wenn nichts eisenhaltiges dabey wäre, so hielt sich die rothe Farbe länger." Eine ähnliche Beschreibung der Erscheinungen gab etwa 10 Jahre später auch T. Bergman [2] und G. v. Engeström [16], der insbesondere auf die abwechselnde Färbung und Entfärbung in den verschiedenen Flammenzonen eingeht. Vom Verhalten des Braunsteins mit Glasflüssen ganz allgemein sprach C. W. Scheele [3], worunter er Borat-, Silikat- und Phosphatschmelzen zusammenfaßte; für die Rotfärbung der Schmelzen hatte er eine besondere Erklärung: „Wahrscheinlich haben die feinen Partikelchen im Braunstein von Natur eine dunkelrothe Farbe, welche da sichtbar wird, wo die Theilchen von einander abgesondert sind, ohne doch vollkommen in einem Menstruo [Lösungsmittel] aufgelöst zu seyn". Dieses Verhalten der mit Mangansalzen geimpften Boraxperle erschien L. Gmelin in der ersten Auflage dieses *Handbuches* so bekannt, daß er, seinem System der letzten Stelle entsprechend, unter der Überschrift „Mangan und Natronium" nur schrieb: „Das Manganoxyd vereinigt sich mit Borax zu einem violetten Glase" [4]. In der dritten Auflage dieses Handbuchs gab L. Gmelin [5] dann erstmals eine etwas bessere Schilderung des Verhaltens: „Braunstein löst sich in schmelzendem Borax zu einem amethystrothen Glase auf, welches in der inneren Löthrohrflamme wasserhell wird", glaubt aber auch jetzt noch für so Bekanntes keine Quelle angeben zu müssen. Die Beobachtung des Verhaltens im reduzierenden Teil der Flamme scheint in dieser Form erstmals von P. Picot de la Peyrouse [8] angegeben worden zu sein.

Den ersten Versuch, ein definiertes Manganborat herzustellen, hat nach L. Gmelin [6] J. J. Berzelius unternommen: „Borax gibt mit Manganoxydulsalzen einen weißen Niederschlag; dieser erzeugt sich nicht, wenn zugleich ein Bittererdesalz vorhanden ist, so wie auch der erzeugte Niederschlag in wäßriger schwefelsaurer Bittererde löslich ist". Daß der Niederschlag sich rasch im Wasser zersetzt, berichtete im Jahre 1873 L. Joulin [7]. Eine beständige Lösung erhielt C. Tissier [9] durch Eintragen von „Manganoxydul" in heiße überschüssige Borsäurelösung. — Im Jahre 1903 schrieben H. Endemann, J. W. Paisley [10]: „Borsaures Manganoxydul ist ein Handelsartikel, welcher in ziemlich ausgedehntem Maße als Siccativ für [trocknende] Öle Verwendung findet, und zwar in den Vereinigten Staaten wohl mehr als sonstwo, infolge der ausgedehnten Verwendung des Holzes für die Verschalung der Häuser, was ein häufiges Anstreichen mit Ölfarben erheischt. Man sollte unter diesen Umständen erwarten, daß die als borsaures Manganoxydul verkauften Waren eine gewisse Gleichförmigkeit in der Zusammensetzung aufweisen würden." Daß auch in Deutschland im Jahre 1856 Manganborat als Sikkativ verwendet worden ist, darauf wies im Jahre 1938 W. Lambrecht [15] hin und gab selbst eine Vorschrift zur Herstellung eines „Manganextraktes" durch Fällung von „Abfallmanganchlorürlauge" mit heißer Boraxlösung, wobei der Zusatz einer geringen Menge Ammoniak die Bildung eines voluminösen Niederschlags fördern sollte; das Produkt sei jedem der sonst üblichen Bleitrockner vorzuziehen. Wahrscheinlich geht die Lambrechtsche Angabe über einen frühen Gebrauch von Manganborat als Sikkativ zurück auf einen Bericht von J. Hoffmann [17] aus dem Jahre 1857, der ein weißes „borsaures Manganoxydul" und ein „oxydhaltiges braunes Manganoxydul" zur Herstellung von Leinölfirnissen vorgeschlagen hat; die dunkle Substanz erhielt er durch Fällung aus heißer Lösung. – H. Endemann, J. W. Paisley [10] sahen sich jedoch in ihrer Erwartung, in den wohl amerikanischen Manganboraten des Handels eine gleichförmige Zusammensetzung anzutreffen, getäuscht, denn sie haben in den Präparaten Borsäuregehalte zwischen 11.09% und 40.88% gefunden und außerdem unerwünschte Zusätze wie Natriumsulfit und Harz. Sie versuchten, die Verbindung rein und in stets gleichmäßiger Zusammensetzung zu erhalten, was ihnen erst gelang, als sie an Borsäure arme Niederschläge „mit Borsäure und wenig Wasser zusammenrieben und eintrockneten, und so luftbeständige Salze erhielten, wenn die Borsäure nicht geringer war, als der Formel MnO · 3 B_2O_3 entsprach". „Es ist auf diese Weise auch möglich, das reine Salz herzustellen. Dasselbe stellt ein weißes, leicht rötliches Pulver dar und besitzt je nach der Herstellung verschiedene Zusammensetzung, bedingt durch die Gegenwart von mehr oder weniger Wasser. Als Rückstand bei der Eintrocknung bei gewöhnlicher Temperatur hat es die Zusammensetzung MnO B_4O_6 · 5 H_2O. Getrocknet bei einer Temperatur, die 120° C nicht überschreitet: MnO B_4O_6 · 3 H_2O. Dieses letztere Salz bindet Wasser und erhärtet damit wie gebrannter Gips." Sie beschrieben dann ein technisch brauchbares Verfahren zur Gewinnung beider Verbindungen.

Ein wasserfreies Mn(II)-Borat hatte E. Mallard [11] aus dem Nachlaß des Professsors der Probierkunde am Conservatoire des Arts et Métiers in Paris, J. J. Ebelmen (1814 bis 1852) beschrieben, ihm kam die Formel 3 MnO · B_2O_3 nach einer Analyse von Le Chatelier zu; die Kristalle hatte Ebelmen durch Zusammenschmelzen von Borsäure und Mn(II)-Oxid erhalten. Auf die gleiche Weise hatte er auch das Mangansesquiborat" 3 MnO · 2 B_2O_3 dargestellt. Das „Manganorthoborat" 3 MnO · B_2O_3 erhielt im Jahre 1900 L. Ouvrard [12] in Form durchsichtiger, mehr oder weniger intensivbrauner Nadeln aus einer Schmelze äquimolekularer Mengen $MnCl_2$, KHF_2 und B_2O_3 unter Ausschluß von Wasserdämpfen. Vier Jahre später stellte W. Guertler [13] durch Eintragen von $MnCO_3$ in geschmolzenes Bortrioxid das „Manganbiborid" MnO · 2 B_2O_3 dar, dessen Schmelzpunkt und Schmelzwärme bestimmt wurde [14]. – Der Versuch, durch die Methode des Zusammenschmelzens Borate der höheren Manganoxide zu erhalten, gelang nicht, nur die Verfärbung der Schmelze ins Bräunlichviolette deutete ihre Existenz an [13].

Literatur:

[1] S. Rinman (Kgl. Schwed. Akad. Wiss. Abh. Naturlehre **1765** 251/67, 253). – [2] T. Bergman (Diss. de Mineris Ferri Albis [1774] in: Opuscula Physica et Chemica, Bd. 2, Uppsala 1780, S. 208). – [3] C. W. Scheele (Vom Braunstein oder Magnesium und von dessen Eigenschaften [1774] in: Sämmtliche Physische und Chemische Werke, deutsch von S. F. Hermbstädt, Bd. 2, Berlin 1793, S. 72, 78/82). – [4] L. Gmelin (Handbuch der theoretischen Chemie, Bd. 2, Frankfurt a. M. 1817, S. 586). – [5] L. Gmelin (Handbuch der theoretischen Chemie, 3. Aufl., Bd. 1, Tl. 2, Frankfurt a. M. 1827, S. 908).

[6] J. J. Berzelius (in: L. Gmelin, Handbuch der Chemie, 3. Aufl., Bd. 1, Heidelberg 1827, S. 895). – [7] L. Joulin (Ann. Chim. Phys. [4] **30** [1873] 248/88, 272/3). – [8] P. Picot de la Peyrouse (J. Phys. Rozier **16** [1780] 156/9, 158). – [9] C. Tissier (Compt. Rend. **39** [1854] 192/4). – [10] H. Endemann, J. W. Paisley (Z. Angew. Chem. **1903** 175/6).

[11] E. Mallard (Compt. Rend. **105** [1887] 1260/5, 1263). – [12] L. Ouvrard (Compt. Rend. **130** [1900] 335/8). – [13] W. Guertler (Z. Anorg. Allgem. Chem. **40** [1904] 225/53, 244/5). – [14] W. Guertler (Z. Anorg. Allgem. Chem. **40** [1904] 268/79, 277). – [15] W. Lambrecht (Farbenchemiker **9** [1938] 293/4).

[16] G. v. Engeström (Kgl. Svenska Vetenskaps Akad. Handl. **35** [1774] 196/201; Neuesten Entdeckungen Chem. **1** [1781] 158/62). – [17] J. Hoffmann (Mitth. Nassau. Gewerbeverein **1857** 63 nach Dinglers Polytech. J. **145** [1857] 450/1).

Manganese and Carbon

2.7 Mangan und Kohlenstoff

Manganese Carbides

2.7.1 Mangancarbide

Der Erste, der auf eine Verbindung zwischen Mangan und Kohlenstoff hinwies, war im Jahre 1807 J. F. John [26], dem es aufgefallen war, daß „das mit Kohle geschmolzene Mangan bei Auflösung in Säuren allemal etwas Kohle hinterläßt, die sich wirklich damit verbunden befindet wie beim Roheisen". In einer ergänzenden Mitteilung [27] berichtete er, daß „das Mangan durch anhaltendes Schmelzen im Kohletiegel sich wirklich in Mangangraphit verwandeln" läßt. – Sechs Jahre später kam auch J. J. Berzelius [24] zur Annahme eines ‚Mangangraphids', als er bei der Untersuchung über die Oxidationsstufen des Mangans die Entwicklung eines „stinkenden Wasserstoffgases" bei der Behandlung eines angeblichen ‚Suboxydes' (erhalten aus einem an feuchter Luft zerfallenen, mit Kohle hergestellten Manganmetalls) mit Säuren beobachtete. Im Jahre 1824, in der zweiten Auflage seines Lehrbuches, sprach er dann schon von den „glänzenden Schuppen des Kohlenstoffmangans" [25]. Fünf Jahre später hat J. Bachmann [1] die Verbindung sowohl durch Zerfallenlassen von Manganmetall an feuchter Luft als auch durch Auflösen desselben in Salzsäure isoliert als „metallisch glänzende Schuppen von $1^1/_2$ Linien ($\approx$ 3 mm) Durchmesser", die sich „weder in Salz- noch Salpetersäure, auch nicht in Königswasser" auflösen ließen, aber verbrennbar waren. Er wies darauf hin, daß schon T. Bergman [2] fast 50 Jahre zuvor diese Schuppen aufgefallen sein müssen, denn er sprach bei der Schilderung des Auflösens von Manganmetall in Schwefelsäure davon, daß das dabei entstehende gelbe Pulver, das er mit einem „Bleischweif" verglich, „micaceus", das ist glimmerhaltig, sei; J. Bachmann hielt diese Schuppen für „Kohlenstoff-Mangan". J. J. Berzelius geht weder in der vierten [3] noch in der fünften Auflage seines Lehrbuchs [4] im Jahre 1844 näher auf das Mangancarbid ein, sondern betont lediglich die Ähnlichkeit des Mangans mit dem Eisen, obwohl er bereits im Jahre 1813 von der Möglichkeit des Auftretens eines „Mangangraphits" gesprochen hatte [5], vielleicht auf Grund der von J. F. John [6] im Jahre 1807 gemachten und im Jahre 1811 wiederholten und erweiterten Angaben [7]: „Mangan läßt sich durch anhaltendes Schmelzen im Kohletiegel wirklich in Mangangraphit verwandeln, d.h. zu einem so reichlich kohlehaltigen Mangan modifizieren, daß sich damit wie mit einem eigentlichen Graphit zeichnen läßt. Das Gefüge ist aber gröber und die Masse scheint aus lauter feinen Blättchen, die einen stärkeren Glanz als der Eisengraphit haben, zusammengesetzt zu seyn." – Im Jahre 1839 gab S. Brown [8] bekannt, daß es ihm gelungen sei, bei verschiedenen Metallen, darunter auch Mangan, zwei verschiedene Kohlenstoffverbindungen zu erhalten, ein „Carbür" durch die thermische Zersetzung des Metallrhodanids, und, ausgehend vom Cyanid, nach der gleichen Methode, ein „Doppelcarbür". Beide Verbindungen schildert er als unlösbar und unschmelzbar, wohl aber verbrennbar und dabei ein Carbonat bildend; ob er die Manganverbindungen auch als Oktaeder erhalten hat, wie er es für die entsprechenden Verbindungen des Eisens beschreibt, bleibt unklar. Im gleichen Jahre ließ sich J. M. Heat ein englisches Patent erteilen, in dem als Gegenstand der Erfindung die Verwendung eines „carburet of manganese" für die Herstellung von Gußstahl deklariert wurde [9].

Eine definierte Mn-C-Verbindung erhielten im Jahre 1875 L. Troost, P. Hautefeuille [10], indem sie ein aus einem Oxid mit Kohle im Kalktiegel reduziertes Mangan 2 Stunden lang nach der Methode von J. F. John im Fluß hielten; sie fanden einen Gehalt von maximal 6.7% C, entsprechend der Formel Mn_3C. Ein Vierteljahrhundert später gelang die Synthese dieser Verbindung aus dem Manganchlorid und Calciumcarbid im Schmelzfluß [11]. Die physikalischen und chemischen Eigenschaften der Verbindung sind mehrfach untersucht worden, so von H. Moissan [12], der sie im elektrischen Ofen aus Manganoxid und Zuckerkohle gewann. Die Zersetzung bei den Temperaturen dieses Ofens beobachteten Gin, Leleux [13], wobei Graphit entstand, das Metall abdampfte und zu braunrotem Rauch verbrannte. Daß die von den älteren Beobachtern der Verbindung zugeschriebene Härte nicht dieser selbst – sie soll weich sein wie Gips – sondern ihrer Lösung im Manganmetall zukommt, stellten im Jahre 1913 O. Ruff, E. Gersten [14] fest. Aus der Gasphase, mit Kohlenwasserstoff- oder Alkoholdämpfen, läßt sich Mangan nach G. Tammann, K. Schönert [15] nicht wie Eisen carburieren, wohl aber mit Methan, wobei das Mn_3C noch weitere 0.5% C aufnimmt und Anzeichen für das Auftreten noch anderer Carbide beobachtet wurden [16]. – Im Jahre 1908 stellte A. Stadeler [17] mit Mn_3C als einziger Phase ein Zustandsdiagramm auf, das 12 Jahre später K. Kido [18] glaubte verbessern zu können. Röntgenographische Untersuchungen [19] haben gezeigt, daß tatsächlich mehrere Mn-Carbide existieren, die in den neuen Zustandsdiagrammen [20] berücksichtigt worden sind. – Das ferromagnetische Verhalten des carbidhaltigen Mangans ist bereits im Jahre 1911 von E. Wedekind, T. Veit [21] erwähnt worden, doch tritt diese Eigenschaft nach S. Hilpert, J. Pannescu [22] nur bei einem C-Gehalt von 1 bis 7 Gew.-% (6.83 Gew.-% entsprechen 25 Atom-%) auf. Eine genauere Untersuchung des Magnetismus der Mn-Carbide unternahm im Jahre 1954 E. R. Morgan [23], wobei die Bedeutung dritter Elemente für das magnetische Verhalten binärer Manganlegierungen deutlich wurde.

Literatur:

[1] J. Bachmann (Z. Physik Math. Verwandte Wiss. Baumgartner **6** [1829] 172/99, 183; Schweiggers J. Chem. Physik **55** [1829] 74/96, 84/5). – [2] T. Bergman (De Cobalto, Niccolo, Platina et Magnesia eorumque per Praecipitationes Investigata Indole [1780] in: Opuscula Physica et Chemica, Bd. 4, Leipzig 1787, S. 371/80, 379). – [3] J. J. Berzelius (Lehrbuch der Chemie übersetzt von F. Wöhler, 4. Aufl., Bd. 3, Dresden-Leipzig 1836, S. 489). – [4] J. J. Berzelius (Lehrbuch der Chemie, 5. Aufl., Bd. 2, Dresden-Leipzig 1844, S. 771/2). – [5] J. J. Berzelius (Schweiggers J. Chem. Physik **7** [1813] 43/78, 76/8).

[6] J. F. John (J. Chem. Physik Gehlen **4** [1807] 134). – [7] J. F. John (Chemische Untersuchungen mineralischer, vegetabilischer und animalischer Substanzen, zweyte Fortsetzung des Laboratoriums, Berlin 1811, S. 137). – [8] S. Brown (J. Prakt. Chem. **17** [1839] 492/3). – [9] R. Hadfield (J. Iron Steel Inst. [London] **115** [1927] 211/361, 218). – [10] L. Troost, P. Hautefeuille (Compt. Rend. **80** [1875] 964/7, **81** [1875] 264/7).

[11] L. M. Bullien (D. P. 118177 [1899/1901] nach C. **1901** I 604). – [12] H. Moissan (Ann. Chim. Phys. [7] **9** [1896] 302/37, 320/3). – [13] Gin, Leleux (Compt. Rend. **126** [1898] 749/50). – [14] O. Ruff, E. Gersten (Ber. Deut. Chem. Ges. **46** [1913] 400/13, 402/3). – [15] G. Tammann, K. Schönert (Z. Anorg. Allgem. Chem. **122** [1922] 27/43, 29).

[16] R. Schenk, N. G. Schmahl, O. Ruetz (Z. Elektrochem. **42** [1936] 569). – [17] A. Stadeler (Metallurgie [Paris] **5** [1908] 260/7, 281/8). – [18] K. Kido (Sci. Rept. Tohoku Imp. Univ. I **9** [1920] 305/10). – [19] B. Jacobson, A. Westgren (Z. Physik. Chem. B **20** [1933] 361/7, 362). – [20] M. Hansen, K. Anderko (Constitution of Binary Alloys, New York-Toronto-London 1958, S. 367/70).

[21] E. Wedekind, T. Veit (Ber. Deut. Chem. Ges. **44** [1911] 2663/70). – [22] S. Hilpert, J. Pannescu (Ber. Deut. Chem. Ges. **46** [1913] 3479/86, 3485). – [23] E. R. Morgan (J. Metals **6** [1954] Trans. **200** 983/8). – [24] J. J. Berzelius (Schweiggers J. Chem. Physik **7** [1813] 43/78, 76/8). – [25] J. J. Berzelius (Lehrbuch der Chemie, aus dem Schwedischen übersetzt von K. Palmstedt, Bd. 2, Dresden 1824, S. 655/6).

[26] J. F. John (J. Chem. Phys. Mineral. Gehlen **3** [1807] 452/85, 462). – [27] J. F. John (J. Chem. Phys. Mineral. Gehlen **4** [1807] 134).

Manganese Carbonyls

2.7.2 Mangancarbonyle

Ein Mangancarbonyl ist erst 60 Jahre nach der Entdeckung dieser Verbindungsklasse beim Nickel durch L. Mond aufgefunden worden. Zwar hatte bereits im Jahre 1910 L. Mond zusammen mit H. Hirtz und M. D. Cowap [1] versucht, auf die gleiche Weise wie beim Nickel und Eisen ein Carbonyl auch des Mangans zu erhalten, indem er hochgradig pyrophores Mangan bei Temperaturen bis 450° C mit Kohlenmonoxid bei Drücken bis zu 500 atm behandelte, doch sind die Versuche ohne Ergebnis geblieben, diese Art Manganverbindungen waren offenbar auf einfache Weise nicht zu erhalten oder schienen überhaupt nicht zu existieren. Dann aber hat L. Pauling im Jahre 1931 [2] auf Grund quantentheoretischer Betrachtung der chemischen Bindung die Existenzmöglichkeit von Mangancarbonylverbindungen vorausgesagt; aber erst als es im Jahre 1941 W. Hieber, H. Fuchs [3] gelungen war, ein Carbonyl des dem Mangan homologen Rhenium darzustellen, scheint wieder nach dem Mangancarbonyl gesucht worden zu sein. Acht Jahre später gelang es dann D. T. Hurd, G. W. Sentell, F. J. Norton [4] wenigstens massenspektroskopisch ein flüchtiges Mangancarbonyl und ein von A. A. Blanchard [5] in einer kritischen Überschau über diese Verbindungsklasse vorhergesagtes Carbonylhydrid dieses Metalls nachzuweisen, als sie MnJ_2 in CO-Atmosphäre unter Druck mit Grignardschem Reagens reduzierten. Die Darstellung einer Verbindung $Mn_2(CO)_{10}$, allerdings in nur 1%iger Ausbeute erreichten im Jahre 1954 E. O. Brimm, M. A. Lynch, W. J. Sesny [6] auf einem ähnlichen Wege, indem sie MnJ_2 mit Magnesiumdiäthyläther unter CO-Drücken von 1000 bis 3000 psig reduzierten. Eine Erhöhung der Ausbeute auf 32% gelang einige Jahre später R. D. Closson, L. R. Buzbee, G. G. Ecke [7], als sie Natriumbenzophenonketyl als Reduktionsmittel in Hydrofuran oder Dioxan vor der Carbonylisierung bei 150° C und einem CO-Druck von 3000 psig (und höher) anwendeten.

Literatur:

[1] L. Mond, H. Hirtz, M. D. Cowap (J. Chem. Soc. **97** [1910] 798/810, 809). – [2] L. Pauling (J. Am. Chem. Soc. **53** [1931] 1367/400, 1399). – [3] W. Hieber, H. Fuchs (Z. Anorg. Allgem. Chem. **248** [1941] 256/68). – [4] D. T. Hurd, G. W. Sentell, F. J. Norton (J. Am. Chem. Soc. **71** [1949] 1899). – [5] A. A. Blanchard (Chem. Rev. **21** [1937] 3/38, 35).

[6] E. O. Brimm, M. A. Lynch, W. J. Sesny (J. Am. Chem. Soc. **76** [1954] 3831/5). – [7] R. D. Closson, L. R. Buzbee, G. G. Ecke (J. Am. Chem. Soc. **80** [1958] 6167/70).

Manganese Carbonates

2.7.3 Mangancarbonate

Das Ausfallen eines mehr oder weniger gefärbten Niederschlags aus Auflösungen des Braunsteins in Säuren beim Zusetzen von Laugen, etwa Pottaschelösung, gab Veranlassung, einerseits im Braunstein ein Metall zu vermuten und zu suchen, andererseits den Niederschlag als etwas längst bekanntes anzusehen und falsch zu deuten. C. W. Scheele [1] bemerkt dazu in seiner Abhandlung vom Braunstein: „§ 19. Wenn das Mittelsalz aus Vitriolsäure und Braunstein noch einmal in destillirtem Wasser aufgelöst wird und nach dem kristallisirt, so bekommt man ein ganz reines Salz, welches nichts von dem im vorgehenden § angeführten Beymischung [‚Eisenocher, Kieselerde'] enthält, und aus dem man durch Weinsteinalkali [K_2CO_3] einen Braunstein fällen kann, der mit Brennbarem [Phlogiston] gesättigt ist. Daß er mit dem Brennbaren gesättigt ist, erhellet daraus, weil er nicht mehr mit Brennbarem kann vereinigt werden, ohne etwas metallisches zu geben. Hätte Herr Westfeld [2] diesen Präcipitat etwas genauer untersucht, so wäre er sicherlich nicht von ihm für Alaunerde ausgegeben worden.

Diese Erde [das Mn-Carbonat] ist hier, ohne das geringste Eisen, und außerdem mit allen Eigenschaften ausgerüstet, welche die Mineralogen dem Braunstein beylegen; nur das Brennbare ist davon abzusondern, welches durch die Kalcination in freyer Luft geschiehet (§ 15.c.), ..." An der angegebenen Stelle sagt er: „[§15] c) eine Auflösung von Braunstein in reiner Vitriol- und Salpetersäure präzipitirt, behält die Farbe, aber in freyer Luft kalzinirt, wird sie schwarz (§14. No. 3)." Hier schreibt er: „[§14] 3) wenn der Braunstein sich mit dem Brennbaren gesättigt hat, verliert er seine Schwärze, und bekommt die weiße Farbe, die gleich wieder verschwindet, so bald sich das Brennbare davon abgesondert hat". C. W. Scheele hat auch die Bildung eines löslichen Bicarbonats, ohne es als solches zu erkennen, beobachtet: „§12. Braunstein und Luftsäure [CO_2]. Ich sättigte ein ganz kaltes Wasser, in dem noch etwas ungeschmolzener Schnee war, mit Luftsäure, und mengte etwas ganz feingeriebenen Braunstein darunter. Das Glas, in dem sich das Mengsel befand, wurde genau verstopft, und stand so einige Tage in der Kälte, während der Zeit wurde die Mischung dann und wann geschüttelt, nachgehends filtrirt; und da gab sie mit Alkali einen weißen Präcipitat. Der aufgelöste Braunstein sonderte sich auch schon von diesem Auflösungsmittel ab, als es einige Tage in freyer Luft stand." Noch im gleichen Jahre stellte T. Bergman [3] die Angaben Scheele's richtig: „Quod haec calx alba, vel rectius, magnesium aëratum album, non sit phlogisto satiatum facile elucet, nam regulina caret forma,& quin magnesium regulinum sub solutione inflammabilis principii portione privetur, eo minus in dubium vocari potest, quo certius constat, aërem heic prodire inflammabilem. [Daß dieser weiße Kalk, oder richtiger, dieses weiße luftsaure [kohlensaure] Mangan, nicht mit Phlogiston gesättigt ist, wird leicht klar, denn ihm fehlt die regulinische [metallische] Form, und daß das regulinische Mangan beim Auflösen [in Säuren] eines Anteils seines brennbaren Prinzips beraubt wird, kann umso weniger in Zweifel gezogen werden, als sicher feststeht, daß dabei brennbare Luft hervorgeht]." An einer anderen Stelle gibt T. Bergman [4] an, aus einer Lösung, die 100 Teile dieses Metalles enthalte, fälle ‚alkali minerale aëratum [Soda]' einen Niederschlag von 180 Teilen Gewicht aus. Die Darstellung der Verbindung aus Manganmetall mittels CO_2-haltigem Wasser sowohl als auch die Fällung aus Mn-Salzlösungen durch kohlensaure Alkalien beschrieb ausführlich J. F. John [4a] im Jahre 1807, er beschrieb auch das chemische Verhalten des Carbonats und gab an, der Kohlensäuregehalt betrüge 34.25%. Es scheint, daß erst E. Turner [5] im Jahre 1828 die genaue Zusammensetzung dieses Niederschlags im Zusammenhang mit Atomgewichtsbestimmungen untersucht hat. Schon F. F. Runge [6] hat die Carbonatfällung zur quantitativen Mn-Bestimmung herangezogen, jedoch darauf aufmerksam gemacht, daß der Niederschlag sich leicht in der Wärme zersetzt und bei langsamem und schwachem Erhitzen unter Abgabe von Wasser und Kohlensäure in ein schwarzes Pulver zerfalle, in ein braunes dagegen bei schnellem und starkem, bis zur Rotglut reichendem Erhitzen; in beiden Fällen werde „Manganoxydoxydul" gebildet. F. F. Runge entdeckte auch die Existenz eines „zweifach kohlensauren Manganoxyduls" [6] und konnte neun Jahre später angeben [7], daß 3840 Teile kohlensaures Wasser 1 Teil $MnCO_3$ löse: „Es kann daher nicht Wunder nehmen, daß es sich in mehreren Quell- und Mineralwässern findet"; das Münchener Leitungswasser habe damals eine solche Menge des Salzes enthalten, daß das aus seiner Zersetzung hervorgehende „Manganoxydoxydulhydrat" bleierne Leitungsrohre von 3/4 Zoll Durchmesser schon nach zwei Jahren vollkommen verstopfe. Es scheint, daß die Frage nach der Existenz eines Mn-Bicarbonats erst durch Löslichkeitsuntersuchungen im Jahre 1911 wieder aktuell wurde [8].

Wegen der Möglichkeit, das Carbonat zur quantitativen Bestimmung des Mangans zu benutzen, wurden in der Mitte des vorigen Jahrhunderts mehrfach die Fällungsbedingungen untersucht, so von Laming [9] und H. Rose [10]; diese und ältere Untersuchungen wurden, neben eigenen Versuchen im Jahre 1869 von E. Prior [11] geprüft. Obwohl R. Finkener [12] die Carbonatfällung zur quantitativen Analyse als unbrauchbar angesehen hat, schloß sich R. Fresenius [13] dem positiven Urteil von H. Tamm [14] an, der allerdings mit Ammoniumcarbonat fällte, während sonst meist Soda benutzt worden war.

Das gleichmäßige weiße Pulver, als das das Mn-Carbonat erhalten werden kann, ist auch als Malerfarbe vorgeschlagen worden. Unter der Bezeichnung *Braunsteinweiß* gab im Jahre 1857 C. H. Schmidt [15] ein angeblich von K. F. A. Hochheimer [16] übernommenes Herstellungsverfahren eines Mangancarbonatpulvers weiter zu einer „brauchbaren weißen Farbe", die „mehr Körper besitzt [d.h. besser deckt] als Zinkweiß"; bei K. F. A. Hochheimer findet sich indessen keine derartige Vorschrift. Auf den rötlichen Farbton dieses Farbkörpers wies J. G. Gentele [17] hin, der auch betonte, daß sich die Herstellung dieser Weißfarbe nur lohne, wenn billige Ablaugen aus der Chlorfabrikation mit Braunstein zur Verfügung ständen, auch dürfe die Fällung nicht mehr mit Pottasche, sondern mit der billigeren Soda geschehen. Ein modernes Farbenhandbuch muß jedoch feststellen, daß das inzwischen *Manganweiß* benannte Produkt ohne technische Bedeutung geblieben ist [18].

Wasserfreies Mangancarbonat kommt in der Natur als Manganspat vor und war als solcher schon A. G. Werner (1750 bis 1817) bekannt. J. F. L. Hausmann (1782 bis 1859) benannte ihn Rhodochrosit (griechisch *ῥοδόχροος* [rhodochroos] = rosenfarbig). Das Wort wurde von J. F. A. Breithaupt (1791 bis 1873) [19] als übelklingend und obendrein schwer auszusprechen getadelt. Breithaupt kennt 2 Varietäten: Carbonites rosans oder Rosenspat und Carbonites manganosus oder Himbeerspat [20]. Rosenspat ist nicht gebräuchlich geworden, während Himbeerspat als Synonym für Manganspat eine gewisse Gültigkeit erlangt hat. Im Schmucksteinhandel ist das Mineral ausschließlich unter dem Namen Rhodochrosit bekannt [21]. Kristalle dieses Manganspats erhielt im Jahre 1890 E. Weinschenk [22], indem er ein Gemenge von Mangansulfat mit Harnstoff während einiger Stunden auf 160 bis 180°C erhitzte. Dem Entdecker dieses Verfahrens der Züchtung wasserfreier Carbonatkristalle, L. Bourgeois [23], war dies vier Jahre zuvor nicht gelungen.

Literatur:

[1] C. W. Scheele (Vom Braunstein oder Magnesium und von dessen Eigenschaften [1774] in: Sämmtliche Physische und Chemische Werke, deutsch von S. F. Hermbstädt, Bd. 2, Berlin 1793, S. 33/90, 53, 47, 44/5). – [2] C. F. G. Westfeld (Mineralogische Abhandlungen, Bd. 1, Göttingen-Gotha 1767, S. 1/23). – [3] T. Bergman (Diss. de Mineris Ferri Albis [1774] in: Opuscula Physica et Chemica, Bd. 2, Uppsala 1780, S. 211). – [4] T. Bergman (De Cobalto, Niccolo, Platina et Magnesia, Eorumque per Praecipitationes Investigata Indole [1780] in: E. B. G. Hebenstreit, Opera Physica et Chemica, Bd. 4, Leipzig 1787, S. 378). – [4a] J. F. John (J. Chem. Physik Gehlen **3** [1807] 452/85, 463/8). – [5] E. Turner (Ann. Physik Chem. [2] **14** [1828] 211/227, 212; Phil. Mag. [2] **4** [1828] 22/35, 23).

[6] F. F. Runge (Technische Chemie der nützlichsten Metalle für Jedermann, Bd. 1, Berlin 1838, S. 61/5). – [7] F. F. Runge (Grundriß der Chemie, Theil 2, München 1847, S. 5). – [8] F. Ageno, E. Valla (Atti Reale Accad. Lincei [5] **20** II [1911] 706/12, 709). – [9] Laming (J. Chim. Med. Pharm. Toxicol. [3] **7** [1852] 706 nach C. **1852** 223/4). – [10] H. Rose (Ann. Physik Chem. [2] **84** [1851] 52/67, 52/9).

[11] E. Prior (Z. Anal. Chem. **8** [1869] 428/33). – [12] R. Finkener (in: H. Rose, Ausführliches Handbuch der analytischen Chemie, 6. Aufl., Bd. 2, S. 925 nach R. Fresenius, Z. Anal. Chem. **11** [1872] 290/8, 291). – [13] R. Fresenius (Z. Anal. Chem. **11** [1872] 425/7). – [14] H. Tamm (Chem. News **26** [1872] 37/8). – [15] C. H. Schmidt (Vollständiges Farben-Laboratorium, 3. Aufl., Weimar 1857, S. 88/9).

[16] K. F. A. Hochheimer (Chemische Farbenlehre oder ausführlicher Unterricht von Bereitung aller Farben zu allen Arten der Malerey, Leipzig 1792). – [17] J. G. Gentele (in: A. Buntrock, Lehrbuch der Farbenfabrikation, 3. Aufl., Bd. 2, Braunschweig 1909, S. 140). – [18] R. Haug (in: H. Kittel, Pigmente, Herstellung, Eigenschaften, Anwendung, Stuttgart 1960, S. 305). – [19] J. F. A. Breithaupt (Vollständiges Handbuch der Mineralogie, Bd. 1,

Dresden-Leipzig 1836, S. 427 nach [21]). – [20] J. F. A. Breithaupt (Vollständiges Handbuch der Mineralogie, Bd. 2, Dresden-Leipzig 1840, S. 228/9 nach [21]).

[21] H. Lüschen (Die Namen der Steine, Thun-München 1968, S. 271). – [22] E. Weinschenk (Z. Krist. **17** [1890] 486/504, 503). – [23] L. Bourgeois (Compt. Rend. **103** [1886] 1088/91).

2.7.4 Manganverbindungen der einfachen organischen Säuren

Manganese Compounds of Simple Organic Acids

2.7.4.1 Manganacetate

Manganese Acetates

Das erste Manganacetat dürfte im Jahre 1761 Johann Christian Jacobi, Medizinprofessor an der Universität Erfurt, hergestellt haben: „Sumatur Magnesia vitrariorum (germanice Braunstein), calcinetur cum aequali portione sulphuris communis per aliquot dies & noctes igne reverberii, elixiretur massa calcinata aceto destillato fortissimo, & obtinebitur liquor salinus saporis dulcissimi [Man nehme Magnesia der Glasmacher (deutsch Braunstein), kalziniere mit der gleichen Menge gewöhnlichen Schwefels einige Tage und Nächte im Reverberierfeuer, und lauge die kalzinierte Masse mit stärkstem, destilliertem Essig aus und man wird eine Salzflüssigkeit von sehr süßem Geschmack erhalten." Da er die Lösung (zusammen mit einem Wachspräparat) als Medikament gegen „hektische Schweißausbrüche" verwenden wollte, scheint er einen Kristallisationsversuch unterlassen zu haben [1]. Dreizehn Jahre später berichtete C. W. Scheele [2] von seinen Versuchen über das Verhalten des Braunsteins gegen Essigsäure: „§ 10. Braunstein und destillirter Essig. Beim Kochen hatte der destillirte Essig wenig Braunstein aufgelöst; aber nachdem Spir.[itus] aeruginis [lateinisch: Geist aus Grünspan = konzentrierte Essigsäure] einigemal über Braunstein destillirt wurde, war die Säure gesättiget ... Wenn die Auflösung zur Trockne abgedunstet wurde, zerfloß sie in freyer Luft." Auch T. Bergman [3], der bei seinen Versuchen sowohl von Braunstein als auch metallischem Mangan ausging, konnte keine Kristalle der Verbindung erhalten und berichtete ebenfalls, daß die eingetrocknete Masse schnell wieder flüssig werde. Die ersten Kristalle eines Acetats erhielt im Jahre 1789 J. J. Bindheim [4] aus einer hellbraunen Auflösung des Carbonates in Essigsäure als „flache spitzige lanzettförmige, an der Luft sich trocken erhaltende Krystalle". – Im Jahre 1807 schilderte J. F. John [5] das Ergebnis seiner Versuche etwas genauer, das Mangan(II)-acetat bestehe als „luftbeständige, blaßrote, durchsichtige, an zwei entgegengesetzten Enden zugeschärfte, rhombische Tafeln von metallischem Geschmack"; er bestimmte auch deren Löslichkeit in Wasser und Alkohol. Nach C. Frommherz [6] ist das Salz auch in farblosen Nadeln zu erhalten. Die Kristalle halten, wie H. Schröder [7] feststellte, hartnäckig freie Essigsäure zurück und verlieren bei 137° C unter einem Gewichtsverlust von 29.8% ihr Kristallwasser.

Als zimtbraunes, oft seideglänzendes Salz stellte im Jahre 1883 O. T. Christensen [8] ein Mangan(III)-acetat her; fast zwanzig Jahre später verbesserte er die Darstellungsmethode erheblich und gab einen neuen Weg zur Gewinnung der Verbindung bekannt, nämlich die Oxidation des Mangan(II)-acetats mittels Permanganat [9]. Wenig später benutzte dabei H. Copaux [10] das Chlor als Oxidationsmittel.

Bei der Einwirkung von Eisessig auf Kaliumpermanganat erhielten R. J. Meyer, H. Best [11] olivgrüne bis schwarze, wohl ausgebildete Kristalle, denen sie die Formel $3\ MnO_2 \cdot Mn_2(C_2H_3O_2)_6 + 2\ C_2H_4O_2$ zuordneten. Die Beobachtung der unterschiedlichen Löslichkeit von Mangan- und Eisenoxiden in Essigsäure schlug P. Picot de la Peyrouse [12] zur Trennung beider Metalle vor.

Literatur:

[1] J. C. Jacobi (Nova Acta Physico-medica Academiae Caesareae Leopoldinae Carolinae Naturae Curiosorum, Ephemerides [Nürnberg] **2** [1761], Observatio LXV, S. 245/8, 248). – [2] C. W. Scheele (Kgl. Svenska Vetenskaps Akad. Handl. **35** [1774] 89/116, 177/94 in: Sämmtliche Physische und Chemische Werke, deutsch von S. F. Hermbstädt, Bd. 2, Berlin 1793, S. 43/4, 63). – [3] T. Bergman (Diss. de Mineris Ferri Albis [1774] in: Opuscula Physica et Chemica, Bd. 2, Uppsala 1780, S. 219). – [4] J. J. Bindheim (Chem. Ann. Crell **1789** II 31/8, 35/6). – [5] J. F. John (J. Chem. Physik Gehlen **4** [1807] 436/48, 440).

[6] C. Frommherz (Schweiggers J. Chem. Physik **44** [1825] 327/40, 335). – [7] H. Schröder (Ber. Deut. Chem. Ges. **14** [1881] 1607/16, 1610). – [8] O. T. Christensen (J. Prakt. Chem. [2] **28** [1883] 1/37, 14). – [9] O. T. Christensen (Z. Anorg. Allgem. Chem. **27** [1901] 321/40, 323/8). – [10] H. Copaux (Compt. Rend. **136** [1903] 373/5).

[11] R. J. Meyer, H. Best (Z. Anorg. Allgem. Chem. **22** [1900] 169/91, 183/4). – [12] P. Picot de la Peyrouse (Observations Phys. Hist. Nat. Arts Rozier **16** [1780] 165 nach P. J. Macquer, Chymisches Wörterbuch, übersetzt von J. G. Leonhardi, 2. Aufl., Bd. 1, Leipzig 1788, S. 576).

Manganese Oxalates

2.7.4.2 Manganoxalate

Der Erste, der die von Scheele entdeckte Oxalsäure – anfangs nach der Gewinnungsmethode meist Zuckersäure genannt – mit Mangan verbinden wollte, war T. Bergman [1]: „Non tantum Magnesium regulinum acido sacchari suscipitur, sed etiam calx nigra, at solutio satiata pulverem album deponit, aqua vix solvendum, nisi acido acuata. Hic sal in igne nicrescit ... [Nicht nur das regulinische Mangan wird von der Zuckersäure aufgenommen, sondern auch sein schwarzer Kalk; die gesättigte Lösung aber verliert ein weißes Pulver, das in Wasser kaum löslich ist, wenn es nicht angesäuert ist. Dieses Salz wird im Feuer schwarz ...]". Etwas ausführlicher berichtete er zwei Jahre später in seiner großen Untersuchung [2] über die Zuckersäure: „Magnesium Saccharatum. Magnesia nigra cum acido sacchari effervescit, etiam sine calore; solutio autem saturata pulverem deponit albidum, aqua vix solubilem, nisi abundante acido. Hic sal igne nigrescit, sed affuso iterum acido in lacteum vertitur pulverem, qualem etiam, at subtilissimis granis crystallinis mixtum, ex magnesio, acidis vitrioli, nitri vel salis soluto, dejicit acidum sacchari [Manganoxalat. Braunstein braust mit Oxalsäure auf, sogar ohne Wärme; die gesättigte Lösung setzt ein weißliches Pulver ab, das im Wasser kaum löslich ist, außer bei einem Überschuß an Säure. Dieses Salz wird im Feuer schwarz, aber beim erneuten Zugießen von Säure in ein milchweißes Pulver aus sehr kleinen kristallinischen Körnchen umgewandelt, wie es die Oxalsäure auch ausfällt aus Lösungen des Braunsteins in Schwefel-, Salpeter- und Salzsäure]." Diesen Abschnitt aus Bergman's Abhandlung fügte, ihn nur leicht formal erweiternd, J. G. Leonhardi [3] in die 2. Auflage seiner Übersetzung des Macquerschen *Chymischen Wörterbuchs* ein. J. J. Berzelius [4] brachte in seinem Lehrbuch noch eine kleine Ergänzung, daß nämlich das Pulver „nach dem Trocknen einen Stich ins Rothe zeigt". Im Jahre 1790 berichtete B. G. Sage [19], er habe kristallisiertes Manganoxalat erhalten, als er gleiche Mengen Braunstein und Zucker mit Salpetersäure behandelt habe. – Was Bergman nur kurz als Aufbrausen beschrieben hatte, untersuchte im Jahre 1816 J. W. Döbereiner [5] etwas genauer, wobei es ihm allerdings nur um die chemische Zusammensetzung der Oxalsäure ging; er stellte – auch quantitativ – fest, daß das „tumultuarische" Aufbrausen bei der Reaktion zwischen Säure und Braunstein infolge der Entwicklung von Kohlensäure eintritt. – Die von Bergman ebenfalls nur kurz erwähnte thermische Zersetzung beschrieb im Jahre 1829 J. Bachmann [6] genauer; er nahm sie allerdings unter Luftabschluß vor und beobachtete: „Wird kleesaures Manganoxydul in einer kleinen Retorte durch Hitze zerlegt, so entweicht Kohlensäure, Kohlenoxydgas und Wasser, und es bleibt dabei ein schön pistaziengrünes Pulver zurück, welches aber doch dunkler ist als dasjenige, welches durch Oxydation des Metalles unter Wasser gewonnen wird". – Im Jahre 1859 bestätigte R. Schneider [7], der sich der Verbindung zur Äquivalentgewichtsbestimmung des Mangans bediente, die ein wenig ältere Feststellung von S. Hausmann, J. Löwenthal [8] und H. Croft [9], daß das weiße Salz wohl wasserhaltig ist, dieses aber auch bei 100° C nicht verliert. Nach J. Liebig [10] und A. Souchay, E. Lenssen [11] tritt völliger Verlust des Wassers erst zwischen 100 und 120° C ein. – In größeren Kristallen ist die Verbindung schwer zu erhalten, doch konnte A. Gorgeu [12] sie als gestauchte Oktaeder erhalten, wenn er zu einer Mangansulfatlösung wenig Oxalsäurelösung zugab; in der Kälte fielen auch schöne, rosenfarbene prismatische Nadeln aus. – Zu technischer Verwendung ist die Verbindung im Jahre 1888 von J. Castelaz [13] vorgeschlagen worden als Ausgangsstoff für die Herstellung von Mangan-Sikkativen.

Bei seinen Versuchen, das Manganoxalat einer technischen Verwendung zuzuführen, beobachtete Castelaz [13], daß beim Fällen der Verbindung mit neutralem Natrium- oder Kaliumoxalat sich leichtlösliche Doppelverbindungen bilden; er hat sie jedoch nicht näher untersucht. Eine definierte Verbindung, die $K_6Mn_2(C_2O_4)_6 \cdot 6\,H_2O$ formuliert wurde, hatte ein Jahr zuvor F. Kehrmann [14] isoliert und beschrieben, Doppelsalze mit Ammoniumoxalat sind schon im Jahre 1835 von C. Winkelblech [15] beobachtet und von A. Souchay, E. Lenssen [11] dargestellt und analysiert worden. – Eine in der Natur vorkommende, noch Magnesium enthaltende Manganoxalatverbindung erhielt im Jahre 1886 J. Kachler [16] als gelblich gefärbtes, schweres, sandiges Pulver aus dem Kambialsaft der gewöhnlichen Fichte (Pinus Abies L.; Abies excelsa DC.).

Ein Manganoxalat einer höheren Oxidationsstufe glaubte C. Frommherz [17] im Jahre 1825 mindestens als Zwischenstufe in Händen gehabt zu haben, als er beobachtete, daß höhere Manganoxide mit kalter konzentrierter Oxalsäure behandelt, eine braune Lösung ergaben, die sich auf Zusatz von Ätzkali schon purpurrot färbte; die Farbe verschwand, wenn schweflige oder salpetrige Säure zugesetzt wurde. Von lockerem Braunsteinerz ausgehend machte 7 Jahre später P. Berthier [18] ähnliche Beobachtungen.

Literatur:

[1] T. Bergman (Diss. de Mineris Ferri Albis [1774] in: Opera Physica et Chemica, Bd. 2, Uppsala 1780, S. 219). – [2] T. Bergman (Diss. de Acido Sacchari [1776] in: Opuscula Physica et Chemica, Bd. 1, Stockholm-Uppsala 1779, S. 251/78, 272). – [3] J. G. Leonhardi (in: P. J. Macquer, Chymisches Wörterbuch, deutsch von J. G. Leonhardi, 2. Aufl., Bd. 7, Leipzig 1791, S. 432 Fußnote). – [4] J. J. Berzelius (Lehrbuch der Chemie, deutsch von F. Wöhler, 4. Aufl., Bd. 4, Dresden-Leipzig 1836, S. 384). – [5] J. W. Döbereiner (Schweiggers J. Chem. Physik **16** [1816] 105/10).

[6] J. Bachmann (Z. Physik Math. Verwandte Wiss. Baumgartner **6** [1829] 172/99, 193). – [7] R. Schneider (Ann. Physik Chem. [2] **107** [1859] 605/15, 612). – [8] S. Hausmann, J. Löwenthal (Liebigs Ann. Chem. **89** [1854] 104/9, 108). – [9] H. Croft (Can. J. [2] **2** [1857] 30/2 nach [7]). – [10] J. Liebig (Liebigs Ann. Chem. **95** [1855] 116/8).

[11] A. Souchay, E. Lenssen (Liebigs Ann. Chem. **102** [1857] 41/54, 47/8). – [12] A. Gorgeu (Compt. Rend. **47** [1858] 929/30). – [13] J. Castelaz (Bull. Soc. Chim. France [2] **50** [1888] 645/7). – [14] F. Kehrmann (Ber. Deut. Chem. Ges. **20** [1887] 1594/6). – [15] C. Winkelblech (Liebigs Ann. Chem. **13** [1835] 253/83, 280/3).

[16] J. Kachler (Monatsh. Chem. **7** [1886] 410/5, 414). – [17] C. Frommherz (Schweiggers J. Chem. Physik **44** [1825] 327/40, 339). – [18] P. Berthier (Ann. Chim. Phys. [3] **51** [1832] 79/107, 88). – [19] B. G. Sage (Observations Phys. Hist. Nat. Arts Rozier **37** [1790] 28/32).

Manganese Compounds of Other Organic Acids

2.7.4.3 Manganverbindungen anderer organischer Säuren

Es sind eine Reihe Mangansalze organischer Säuren dargestellt worden, wobei es meist weniger um diese Salze, als um die Aufklärung der Konstitution der Säuren ging.

Mangancitrate. Sieht man davon ab, daß schon in der Antike Zitronensaft zum 'Weißen' der Magnesia verwendet wurde, s. S. 16, so hat die ersten Versuche, das Verhalten des Braunsteins gegen Citronensäure zu prüfen, C. W. Scheele [1] in seiner großen Braunsteinuntersuchung unternommen: „§11. Braunstein und Citronensäure. Zwey Drachmen feingeriebener Braunstein wurden mit einer Unze Citronensaft in Digestion gesetzt. Das Gemengsel bekam in der Kälte eine braune Farbe, aber in der Digestionswärme fieng der Saft an heftig aufzuwallen, bis die Säure gesättiget war, da er dann auch seine braune Farbe verlohren hatte. Ebenso wurde der überbliebene Braunstein aufgelöst. Man goß mehr Feuchtigkeit dazu, und da wurde er in einigen Stunden ganz und gar aufgelöst, bis auf etwas einer weißen Erde, welche zurückblieb." Für J. G. Leonhardi [2] ist das „ganz und ungefärbt" aufgelöst werden des Braunsteins durch die Citronensäure, das sie mit der „flüchtigen Schwefelsäure" (H_2SO_3) und der „phlogistisirten Salpetersäure" (HNO_2) gemeinsam habe, besonders auffällig. T. Bergman weiß den Scheeleschen Angaben nichts hinzuzufügen [3]. Es scheint, daß erst im Jahre 1843 wieder von W. Heldt [4] versucht worden ist, Mangancitrate herzustellen: „Eine Auflösung von citronensaurem Natron bringt in neutralen [Mangan-] Oxydulsalzen keinen Niederschlag hervor. Digerirt man kohlensaures Manganoxydul mit etwas überschüssiger Citronensäure, so erhält man das ... zweibasisch citronensaure Manganoxydul. Dieses Salz setzt sich als schweres, weißes, krystallinisches Pulver ab, welches ganz ohne Geschmack ist ... Bei 150° verliert das Salz noch nichts an Gewicht. Auf 220° erhitzt, verlor es ... 6.86% ... Zweibasisch citronensaures Natron löst kohlensaures Manganoxydul zu einer gelblichbraunen, klaren Flüssigkeit auf, welche zu einer gummiähnlichen, nicht krystallisirbaren Masse eintrocknet."– Wird Citronensäure mit Chlorwasserstoffsäure erhitzt, so erhält man die Diconsäure $C_7H_7O(OH)(COOH)_2$; ihr Mangansalz ist von Entdecker O. Hergt [5] als farblose, luftbeständige Verbindung geschildert worden, die in tafelförmigen, wahrscheinlich dem monoklinen System angehörenden Kristallen erhalten werden kann.

Mangantartrate. Das Verhalten des Braunsteins gegen Weinsteinsäure beschrieb C. W. Scheele [1]: „§9. Braunstein und Weinsteinsäure. Reine Weinsteinsäure machte in der Kälte mit dem Braunstein eine braune Auflösung, aber während der Digestionswärme wurde er stärker angegriffen und mit Aufwallen, doch werde der zugesetzte Braunstein nicht ganz und gar aufgelöst, sondern die Säure wurde endlich durch Zusatz mehreren Braunsteins gesättigt. Als Tart.[arus] tartarisatus [Weinstein] in die Auflösung des Braunsteins gethan wurde, ereignete sich auch die doppelte Zerlegung, wie §7.8. [d.h. wie bei Fluß- und Phosphorsäure, wo die Zugabe eines entsprechenden Alkalisalzes einen weißen Niederschlag hervorrief]." Die gleichen Angaben macht auch T. Bergman [3], allerdings fügt er als Erklärung für das beobachtete Aufwallen hinzu: „Pars itaque menstrui decomponitur & suum calci porrigit phlogiston ... [denn ein Teil des Lösungsmittels [Weinsäure] wird zersetzt und gibt sein Phlogiston dem Kalk [Braunstein] hin]"; außerdem bezeichnet er den bei Weinsteinzusatz erhaltenen Niederschlag als Magnesium tartarisatum [Mangantartrat]. In seiner berühmten Abhandlung über die „*Verwandtschaften*" faßte T. Bergman [6] die Beobachtungen über die Reaktionen des Braunsteins mit Citronen- und Weinsteinsäure kurz zusammen: „Calx nigra ... acidis ... natura pingue continentibus, ut citri et tartari, perfecte solvitur, eadem simul decomponens [der schwarze Kalk [Braunstein] ... wird durch Säuren ... die ihrer Natur nach Fettstoff [d.h. Phlogiston] enthalten, wie Citronen- und Weinsteinsäure, vollkommen gelöst, sie dabei zugleich zersetzend]". Das Ammonium-Doppelsalz des Mangantartrats stellte im Jahre 1819 M. Faraday [26] im Verlauf seiner Versuche zur Trennung von Mangan und Eisen her; er benutzte es, um durch seine thermische Zersetzung ein reines Metall zu erhalten, s. S. 59.

Das „Manganoxydulsalz" der Brenztraubensäure gibt nach J. J. Berzelius [7] „bei freiwilliger Abdunstung eine milchweiße unregelmäßig angeschossene Masse, bestehend aus kleinen Krystallschüppchen ... Einmal abgesetzt, ist das Salz sehr träglöslich in Wasser, und die Krystallschüppchen geben der Flüssigkeit beim Umrühren ein glimmerndes Aussehen. Das Salz löst sich leichter in warmem Wasser, und geht beim Abdunsten in eine gummiähnliche Modification über. Es wird leicht braun, aber der größte Theil des Gefärbten bleibt bei abermaliger Behandlung des Salzes mit Wasser ungelöst. Das gummiähnliche Salz ist leichtlöslich in Wasser."

Valerianate. Das Mangansalz des natürlichen Gemisches der Valeriansäuren untersuchte im Jahre 1833 als Erster J. B. Trommsdorff [8] und beschrieb es als unregelmäßige, zum Teil rhombische Tafeln; er hatte es erhalten durch Zugabe des Carbonats zur wäßrigen Lösung der Säuren; diese fällten das Mangan nicht aus einer Sulfatlösung. Das Salz der n-Valeriansäure gewannen im Jahre 1871 A. Lieben, A. Rossi [9] durch Neutralisieren der Säure mit „Manganoxydulhydrat" als schwach rosa gefärbte Lösung, die beim Eindunsten im Vakuum über konzentrierter Schwefelsäure kleine Kristalle ergab. Das Salz war in der Kälte löslicher als in der Wärme. Beim Erhitzen trat, auch in Lösung, Zersetzen des Salzes ein. Die Autoren betonten den Unterschied zwischen ihren Ergebnissen und dem Trommsdorffschen Salzgemisch.

Lactate und Fumarate. Ein Mangan(II)-lactat hat als Erster im Jahre 1813 H. Braconnot [10] hergestellt; er nannte allerdings seine durch Gärung von Reis- oder Runkelrübenwasser erhaltene Säure nach seinem Wirkungsort Nancy-Säure, da er die Gleichheit mit der im Jahre 1780 von C. W. Scheele entdeckten Milchsäure nicht erkannte. Die Verbindung beschrieb er als leicht in tetraedrischen Prismen kristallisierend und beim Erhitzen im Kristallwasser schmelzend. Zwanzig Jahre später bestätigten J. Gay-Lussac, J. Pelouze [11] die Beobachtungen von Braconnot und ergänzten seine Angaben durch Bestimmung der Menge des Kristallwassers, die sie mit fünf Molekülen angeben, und der Farbe des schwach rosaroten, leicht verwitternden Salzes. Sie verglichen die Gärungsmilchsäure mit der aus Milch erhaltenen, arbeiteten vor allem mit der letzteren, die sie durch Sublimation gereinigt hatten. – Mit Gärungsmilchsäure experimentierten im Jahre 1847 H. Engelhardt, R. Maddrell [12]; sie erhielten schwach amethystfarbene, stark glänzende, wohl ausgebildete Kristalle, die an der Luft vollkommen beständig waren, über konzentrierter Schwefelsäure aber eine beträchtliche Menge Wasser verloren. – Ein „fumarsaures Manganoxydul" schied im Jahre 1844 aus einer Lösung von Mangan(II)-acetat und Fumarsäure Th. Rieckher [13] als schwerlösliches, gelblich weißes Pulver ab, das bei 100° C sein Kristallwasser verlor.

Succinat, Benzoat und Maleat. „Das ... braunsteinhaltige Bernsteinsalz ist noch nicht bereitet worden", schrieb im Jahre 1790 J. G. Leonhardi [14] und diskutiert dann an Hand der Bergmanschen Verwandtschaftstafel das zu erwartende Verhalten der Verbindung, „wo fern anders Bergmans Verwandtschaftstafel etwas bestimmen könnte", und meint, „der bernsteinsaure Braunstein [werde zersetzt] durch alle Pflanzensäuren, außer der vom Essige; durch die drey Mineral- durch Flußspath-Phosphor- und Milchzuckersäure". Er fügt hinzu: „Aber Bergman selbst gesteht, daß diese Sachen noch zweifelhaft sind". Im Jahre 1807 schreibt M. H. Klaproth [15] ohne Quellenangabe in seinem *Chemischen Wörterbuch:* „Bernsteinsaures Manganesium. Mit dem Manganesoxyde geht die Bernsteinsäure eine Verbindung ein. Dieses Salz krystallisiert in sechsseitigen Tafeln mit zugeschärften Kanten, welche in's Blaßröthliche spielen und ziemlich leicht auflöslich sind." Im gleichen Jahre berichtete J. F. John [16], er habe das Salz aus der Säure und dem Carbonat als regelmäßige, farblose Kristalle, die aber einen Stich ins Rote zeigten, erhalten; auf die gleiche Weise habe er auch ein Manganbenzoat hergestellt. Erst fast vier Jahrzehnte später wurde die Herstellung aus dem Carbonat und einer heißen Lösung der aus dem Bernstein gewonnenen Säure noch einmal von O. Doepping [17] beschrieben; aus der fleischrot gefärbten Flüssigkeit schieden sich beim Abdunsten, „deutlich ausgebildete, glänzende Prismen ... ab, die amethystrote Farbe besitzen und das Kristallwasser bei 100° C vollständig verlieren". – Über Maleate des Mangan weiß im Jahre 1807 M. H. Klaproth [15] nur zu sagen, daß die Verbindungen der Äpfelsäure mit den meisten Metallen noch nicht bekannt seien. In der vierten Auflage seines *Lehrbuchs* schrieb J. J. Berzelius [18]: „Äpfelsaures Manganoxydul bildet ein neutrales, leicht auflösliches, nach dem Abdampfen gummiartiges Salz, und ein saures, im Wasser schwerer auflösliches, welches sich bei Versetzung des neutralen mit einem Überschuß von Säure, in Gestalt eines weißen Pulvers, absetzt, welches zu seiner Auflösung 41 Th.[eile] kaltes Wasser bedarf, und, aus einer kochendheiß gesättigten Auflösung, in durchsichtigen rosenrothen Krystallen anschießt. Es schmilzt nicht im Feuer und bläht sich beim Zersetzen unbedeutend auf."

Krokonat. Ein Mangansalz der Krokonsäure, der ersten synthetisch dargestellten organischen Verbindung [19], die Leopold Gmelin, der Begründer dieses Handbuchs, im Jahre 1825 entdeckt hatte [20], stellte 12 Jahre später J. F. Heller [21] aus der alkoholischen Lösung der Säure und einem Manganacetat her und beschrieb es als „schmuzig-gelbe, etwas blauglänzende Krystalle". Auch das Mangansalz der von ihm entdeckten Rhodizonsäure [$C_6(OH)_4O_2$, Tetroxychinon, Dihydrocarboxylsäure nach Lerch] beschrieb Heller als „roth und in Alkohol und Wasser mit gelber Farbe löslich", nachdem er es auf die gleiche Weise wie das Krokonat gewonnen hatte.

Das Mangansalz der Sylvinsäure, einer aus Fichtenharz gewonnenen Säure (Abietinsäure? [22]) stellte im Jahre 1827 O. Unverdorben [23] her und gab an, daß es sich ungefärbt in absolutem Alkohol löse, die Lösung aber an der Luft oxidiere und braunes Manganoxid ausfalle. – Ein Salz der Alloxansäure ($C_4H_4N_2O_5$) erhielt im Jahre 1845 A. Schlieper [24] durch Fällung einer Lösung von Manganacetat oder -sulfat mit alloxansaurem Kali als flockigen, weißen Niederschlag, der sich an der Luft braun färbte, dann zerfloß und schließlich zu einer braunen Gummimasse eintrocknete. Wurde der Niederschlag in einer Wasserstoffatmosphäre getrocknet, hinterblieb ein weißes amorphes Pulver, das sich an der Luft nicht mehr änderte. Die Zusammensetzung der Substanz war unklar, sie enthielt auf jeden Fall noch Kalium. Löste Schlieper aber Mangancarbonat in Alloxansäure, so erhielt er eine farblose Flüssigkeit, die bei freiwilligem Verdunsten ein Salz in kristallinen Körnern hinterließ. – Die Manganverbindung der Oxypikrinsäure (Trinitroresorcin) stellten im Jahre 1846 unter der Bezeichnung „styphninsaures Manganoxydul" R. Böttger, H. Will [25] her durch Umsetzen von „styphninsaurem Baryt" mit Mangan(II)-sulfat; sie erhielten ein sehr schönes Salz in großen, dicken, hellgelben, rhombischen Tafeln, die beim Erhitzen rot wurden, im Kristallwasser schmolzen und schließlich „ziemlich ruhig, ähnlich locker aufgestreutem Schießpulver" abbrannten.

Literatur:

[1] C. W. Scheele (Vom Braunstein oder Magnesium und von dessen Eigenschaften [1774] in: Sämmtliche Physische und Chemische Werke, deutsch von S. F. Hermbstädt, Bd. 2, Berlin 1793, S. 43/4). – [2] J. G. Leonhardi (in: P. J. Macquer, Chymisches Wörterbuch, übersetzt von J. G. Leonhardi, 2. Aufl., Bd. 1, Leipzig 1788, S. 568). – [3] T. Bergman (Diss. de Mineris Ferri Albis [1774] in: Opuscula Physica et Chemica, Bd. 2, Uppsala 1780, S. 219/20). – [4] W. Heldt (Liebigs Ann. Chem. **47** [1843] 157/98, 180/1). – [5] A. Geuther, O. Hergt (J. Prakt. Chem. [2] **8** [1873] 372/94, 389/90).

[6] T. Bergman (Disquisitio de Attractionibus Electivis [1775] in: Opera Physica et Chemica, Bd. 3, Uppsala 1783, S. 465). – [7] J. J. Berzelius (Ann. Physik Chem. [2] **36** [1835] 1/29, 18). – [8] J. B. Trommsdorff (Ann. Physik Chem. [2] **29** [1833] 154/62, 162).

– [9] A. Lieben, A. Rossi (Liebigs Ann. Chem. **159** [1871] 58/69, 65/6). – [10] H. Braconnot (Ann. Chim. Phys. **86** [1813] 89/100, 89).

[11] J. Gay-Lussac, J. Pelouze (Ann. Physik Chem. [2] **29** [1833] 108/19, 117; Ann. Chim. Phys. [2] **52** [1833] 410/24, 422). – [12] H. Engelhardt, R. Maddrell (Liebigs Ann. Chem. **63** [1847] 83/120, 107/9). – [13] Th. Rieckher (Liebigs Ann. Chem. **49** [1844] 31/56, 46). – [14] J. G. Leonhardi (in: P. J. Macquer, Chymisches Wörterbuch, übersetzt von J. G. Leonhardi, 2. Aufl., Bd. 5, Leipzig 1790, S. 424/5). – [15] M. H. Klaproth, F. Wolff (Chemisches Wörterbuch, Bd. 1, Berlin 1807, S. 316/7).

[16] J. F. John (J. Chem. Physik Gehlen **4** [1807] 436/48, 438/9). – [17] O. Doepping (Liebigs Ann. Chem. **47** [1843] 253/91, 275/6). – [18] J. J. Berzelius (Lehrbuch der Chemie, übersetzt von F. Wöhler, 4. Aufl., Bd. 4, Dresden-Leipzig 1836, S. 385). – [19] H. Bauer (Naturwissenschaften **65** [1978] 487/8). – [20] L. Gmelin (Ann. Physik Chem. [2] **4** [1825] 31/62).

[21] J. F. Heller (Über die Rhodizonsäure, eine neue Oxydationsstufe des Kohlenstoffs, und die Krokonsäure, dann die Salze beider, Prag 1837 nach J. Prakt. Chem. **12** [1837] 193/241, 228, 238). – [22] E. Schaer (in: H. v. Fehling, C. Hell, C. Haeussermann, Neues Handwörterbuch der Chemie, Bd. 7, Braunschweig 1905, S. 90). – [23] O. Unverdorben (Ann. Physik Chem. **11** [1827] 393/405, 400). – [24] A. Schlieper (Liebigs Ann. Chem. **55** [1845] 251/97, 280/1). – [25] R. Böttger, H. Will (Liebigs Ann. Chem. **58** [1846] 273/300, 288/9).

[26] M. Faraday (Quart. J. Sci. **6** [1819] 357/8).

2.7.5 Manganverbindungen der höheren Fettsäuren. Sikkative und Pflaster

Manganese Compounds of Higher Fatty Acids. Siccatives and Plasters

Es ist die Behauptung aufgestellt worden [1], schon die alten Ägypter hätten bei der Behandlung der Leichen Gebrauch gemacht von der Fähigkeit einiger Schwermetallverbindungen, trocknende Öle sehr rasch einzudicken, obwohl damals trocknende Öle überhaupt noch nicht bekannt waren [2] und außerdem bei der Untersuchung von Mumien keinerlei Spuren irgend eines Schwermetallsalzes nachgewiesen werden konnten [3]. Auch die Angabe [4], der berühmte Arzt Klaudios Galenos (129 bis 199 nach Chr.) hätte schon trocknende Öle gekannt und gewußt, daß sie durch Umbra und Bleiverbindungen verfestigt werden könnten, ist keineswegs aufrecht zu erhalten [2], da eine Stelle dieses Inhalts in den Werken Galens nicht aufgefunden werden kann [5]. Als einzige Stelle, die, mißverstanden, wohl die Ursache für diese Behauptung gewesen ist, fand bei der Nachprüfung der Werke Galens C. L. Eastlake [6] nur die Bemerkung: „... *τὸ δὲ λίνου σπέρμα ξηραίνειν δύναται* (to de linu sperma xärainein dynatai) [der Same des Leins kann austrocknen, d. h. keimunfähig werden]". Die Gewinnung von Leinöl und die Herstellung eines Harzfirnisses beschrieb erst im 10. Jahrhundert Theophilus Presbyter [7]. – Beim Firniskochen, das bald unter Zusatz von Bleiverbindungen geschah, deren beschleunigende Wirkung auf den Trockenvorgang den Malern wohl aufgefallen war, s. „Blei" A1, 1973, Geschichtliches, S. 87, hat man auch die in gleicher Art wirksame Umbra zugesetzt; dieser Zusatz galt aber noch im Jahre 1635 in einem Manuskript des Brüsseler Malers Pierre Lebrun [8] als großes Geheimnis. Da der Zusatz indessen nicht zu übersehende Vorteile brachte, scheint er bald recht bekannt geworden zu sein: Im Jahre 1772 jedenfalls berichtete der Apotheker am Hôtel-Dieu in Paris, J. F. de Machy [Demachy] der dortigen Akademie der Wissenschaften über diesen sehr zweckmäßigen Zusatz bei der Herstellung von Leinölfirnis. Um die gleiche Zeit lebte in Paris der Farbenhändler F. Watin, der sich rühmte, einen neuen, sehr rasch trocknenden und gut glänzenden, außerdem weniger stark riechenden Firnis herstellen zu können, wohl eben mittels Umbra und Bleiverbindungen, ein Verfahren, was dem berichterstattenden J. C. Wiegleb [9] ein großes Geheimnis blieb. In einem anderen seiner zahlreichen Bücher teilte F. Watin [10] dann die Vorschrift Demachy's mit, die schließlich von einem Firnisbuch ins andere übernommen wurde [5]. In diesen Rezeptbüchern werden unterschiedliche Mengenverhältnisse der Zusatzstoffe angegeben, so beispielsweise bei C. Coffignier [11], der die alten Maße in metrische umgerechnet haben will, je 193 g Umbra, Bleiglätte, geglühtes Bleiweiß und Gips auf 9.79 kg Leinöl, während nach einer italienischen Übersetzung von J. A. Chaptal's *Chimie Appliquée aux Arts* [französische Erstausgabe 1807] je eine halbe Unze dieser Stoffe (Unze = 1/12 Livre) auf 1 Livre (480 g) genommen werden sollen [12]; das französische Original enthält keine entsprechende Vorschrift. In der deutschen Übersetzung der zweiten Auflage des berühmten *Dictionnaire Chimique* von P. J. Macquer [13] wird eben dieses Mengenverhältnis angeführt, trotzdem möchte F. Fritz [5] den Zahlen von Coffignier die größere Wahrscheinlichkeit zusprechen. – Auf die Sinnlosigkeit des althergebrachten Gipszusatzes hat schon im Jahre 1803 F. Tingry [14] hingewiesen. – Firnisse für die Herstellung von wasserdichten Stoffen mit Umbra und Bleiverbindungen als gemeinsam anzuwendenden Trockenmitteln des Leinöls ließ sich schon im Jahre 1794 in England J. Bellamy (E. P. 1975/1794) patentieren, dann wieder im Jahre 1818 W. Benjamin (E. P. 4255/1818) und noch einmal 5 Jahre später J. Mills, W. Fairman (E. P. 4796/1823), wie F. Fritz [5] zu berichten weiß, und noch im Jahre 1861 wies in einem Patent C. Binks (E. P. 2013/1861) nachdrücklich auf die Vorteile des Umbrazusatzes bei Bleisikkativen für alle Verwendungszwecke hin. Bei der modernen Linoleumherstellung werden noch heute gemischte Mangan-Blei- und Kobalt-Sikkative eingesetzt [15].

Auf Mangansikkative, für sich allein, soll nach R. S. Morrell, H. R. Wood [4] als Erster M. Faraday aus theoretischen Gründen hingewiesen haben; leider geben die Autoren weder Quelle noch Zeitpunkt der Veröffentlichung Faraday's an, so daß die Behauptung nicht nachprüfbar bleibt [5]. Sicher ist, daß F. G. Hildebrandt schon im Jahre 1816 in seinem *Lehrbuch* [25] auf die Löslichkeit des Braunsteins in fetten Ölen hinwies mit der Bemerkung, daß „diese dabei durch Oxydation dicklich" würden, ferner ist sicher, daß im Jahre 1847 E. Murdoch (E. P. 11616/1847) die Herstellung von „Manganöl" bekannt machte; er kochte 200 Pfund Leinöl 6 bis 8 Stunden für sich allein, fügte dann 10 Pfund feinst gepulverten Braunstein zu und erhitzte weitere 5 bis 6 Stunden. Da er nach dem Abkühlen ein Filtrieren vorschrieb, kann sein Produkt nicht besonders dickflüssig ausgefallen sein. Von diesem Mangansikkativ setzte E. Murdoch je nach der gewünschten Trocknungsgeschwindigkeit entsprechende Mengen der Ölfarbe zu. Einige Jahre später stellte E. Murdoch (E. P. 913/1852) verbesserte Mangansikkative her, indem er benzoesaures, hippursaures oder harzsaures Mangan bereitete und diese Verbindungen zur Öltrocknung einsetzte. Für die Manganresinatherstellung hatte er in E. Prothero (E. P. 13067/1850) einen Vorgänger. Für die Herstellung derartiger Metallseifen hat noch im Jahre 1852 C. Binks (E. P. 1144/1852) den einfachen Zusatz von Manganoxiden zu den Ölen empfohlen, ging aber schon im folgenden Jahr, C. Binks (E. P. 1425/1853), zu dem Zusatz von „Manganoxydhydrat" über, das, noch im gleichen Jahre W. E. Newton (E. P. 1864/1853) durch Manganacetat ersetzt wissen wollte [5]. – In Deutschland gab im Jahre 1856 ein Anonymus [16] für die Herstellung eines schnelltrocknenden Leinölfirnis die Empfehlung, dem Öl entweder das freie Oxid, das 'Oxydhydrat' oder ein Manganborat in Mengen von 1/8% zuzusetzen und eine Viertelstunde zu kochen. – Die als Sikkative wichtig gewordenen N a p h t h e n a t e wurden erst im Jahre 1911 hergestellt und in die Praxis eingeführt [17]. – Die frühesten Messungen der Trockengeschwindigkeit von Ölfarbenanstrichen, die Mangansikkative enthielten, wobei sie den Einfluß des Lichtes auf die Trocknung bemerkten, scheinen im Jahre 1853 E. Barruell, F. Jean [18] unternommen zu haben; sie bestimmten quantitativ den beim Trocknen aufgenommenen Sauerstoff und die abgegebene Kohlensäure und kamen zu der Ansicht, daß das Borat der bessere Sauerstoffüberträger sei als die fettsauren Mangansalze.

Den ersten Versuch, eine Manganverbindung mit einer Fettsäure zu gewinnen, gab schon C. W. Scheele [19] in seiner großen Untersuchung über den Braunstein bekannt in dem Kapitel über „Verhalten des Braunsteins bey der Vereinigung mit dem allgemeinen Brennbaren ... §36. Ich habe auch das Verhalten des Braunsteins mit fetten Ölen und brennbaren Körpern untersucht. Ein Theil feingeriebener Braunstein mit vier Theilen Baumöl [Olivenöl] in Digestion gesetzt, litt keine Veränderung, sobald aber das Öl stärker erhitzt wurde, fieng es gewaltig an zu brausen, welches von der fixen Luft herrührte. Nachdem das Mengsel kalt geworden war, hatte sich der Braunstein aufgelöst, und war wie ein Pflaster." – Wenige Jahre später ging C. L. Berthollet [20] einen anderen Weg: Nach dem Vorgang des Apothekers J. B. L. Costel, der als Erster Kalkseife aus Seifenlösung und Kalkwasser dargestellt hatte, unternahm er den entsprechenden Versuch mit Mangan: „Die salzsaure Braunsteinauflösung setzt bey der Vermischung mit dem Seifenwasser ein anfangs weißes, an der Luft aber ins immer dunkler ausfallende pfirsischblüthfarbene übergehendes geronnenes Wesen ab, welches leicht trocknet, mit Brüchigkeit erhärtet und im Flusse dunkelbraun wird" [21]; der Berichterstatter J. G. Leonhardi kommentiert die Metallseifen: „Den Nutzen dieser Verbindungen kennt man noch nicht." An einer anderen Stelle berichtete J. G. Leonhardi [22] darüber, daß die für einheitlich gehaltene „Fettsäure", das ist das einer reinigenden Destillation unterzogene Produkt einer mit einer Destillation verbundenen thermischen Zersetzung tierischer Fette, „den Braunstein häufig [d.i. gut] löset und dabei helle bleibt", ohne etwas über das Aussehen der Verbindung hinzuzufügen. – Welche Bedeutung derartige Verbindungen erlangt haben, mag daraus hervorgehen, daß in einer modernen Encyklopädie der technischen Chemie [23] eine ausführliche Vorschrift zur Herstellung eines Manganlinoleats auf einem dem Costelschen Vorschlag ähnlichen Wege, ferner zwei Vorschriften gegeben werden für ein Manganresinat, einmal nach Costel und dann auf dem Weg einer Harzschmelze, in der Mangandioxid gelöst wird. Für den letzteren Fall wird angegeben, daß man eine tiefdunkle, aber klare Masse erhalte, für den ersteren, daß die Verbindung als fleischfarbenes lockeres Pulver in den Handel komme, das in Chloroform, heißem Leinöl und in Terpentinöl löslich sei. – Das Mangansalz der Laurinsäure $C_{11}H_{23}COOH$ hat im Jahre 1863 A. C. Oudemans [24] dargestellt und als rosafarbenes, deutlich kristallines Salz beschrieben, das bei 75° C schmilzt.

Literatur:

[1] A. C. Elm (Ind. Eng. Chem. **26** [1934] 386/8). – [2] F. Fritz (Farben-Ztg. **43** [1938] 775/6). – [3] W. A. Schmidt (Z. Allgem. Physiol. **7** [1907] 369/92). – [4] R. S. Morrell, H. R. Wood (The Chemistry of Drying Oils, London 1925, S. 13, 15 nach [5]). – [5] F. Fritz (Farbe Lack **1936** 375/6).

[6] C. L. Eastlake (Materials for a History of Oil Painting, Bd. 1, London 1847, S. 17 nach [5]). – [7] Theophilus Presbyter (Schedula Diversarum Artium, Buch 1, Kapitel 20, 21, herausgegeben von A. Ilg, Wien 1874, S. 44/51). – [8] P. Lebrun (Recueil des Essais des Merveilles de la Peinture 1635, Kapitel 8, 23 in: M. P. Merrifield, Original Treatises, Dating from the XIIth to XVIIIth Centuries on the Art of Painting, Bd. 2, London 1849, S. 766/841, 816). – [9] F. Watin (L'Art de Faire et Employer le Vernis, Paris 1772 nach J. C. Wiegleb, Geschichte des Wachsthums und der Erfindungen in der Chemie in der Neueren Zeit, Bd. 2, Berlin-Stettin 1791, S. 123/4). – [10] F. Watin (L'Art du Peintre, Doreur et Vernisseur 1773, S. 91, 197).

[11] C. Coffignier (Le Vernis, 1921, S. 431 nach [5]). – [12] J. A. Chaptal (Chimica Applicata alle Arti, Bd. 2, 1778, S. 546 nach [5]). – [13] P. J. Macquer (Chymisches Wörterbuch, nach der 2. Aufl. ins deutsche übersetzt von J. G. Leonhardi, 2. Aufl., Bd. 2, Leipzig 1788, S. 553). – [14] F. Tingry (Traité Théorique et Pratique sur les Vernis, Bd. 1, 1803, S. 117 nach [5]). – [15] F. Fritz (in: W. Foerst, Ullmanns Encyklopädie der technischen Chemie, 3. Aufl., Bd. 7, München-Berlin 1956, S. 720).

[16] Anonyme Veröffentlichung (Kunst-Gewerbe-Blatt **1856** 315 nach Dinglers Polytech. **142** [1856] 452). – [17] N. Chercheffsky (Seifensieder-Ztg. **38** [1911] 816/7). – [18] E. Barruell, F. Jean (Compt. Rend. **36** [1853] 577/80). – [19] C. W. Scheele (Sämmtliche

Physische und Chemische Werke, deutsch von S. F. Hermbstädt, Bd. 2, Berlin 1793, S. 67/71, 70). – [20] C. L. Berthollet (Hist. Mem. Acad. Roy. Sci. Paris **1780/84** 1/9 nach Chem. Ann. Crell **1786** I 532/8, 537).

[21] P. J. Macquer (Chymisches Wörterbuch, nach der 2. Aufl. deutsch von J. G. Leonhardi, 2. Aufl., Bd. 6, Leipzig 1790, S. 53). – [22] J. G. Leonhardi (in: P. J. Macquer, Chymisches Wörterbuch, nach der 2. Aufl. deutsch von J. G. Leonhardi, 2. Aufl., Bd. 2, Leipzig 1788, S. 480/1). – [23] W. Siegel (in: F. Ullmann, Encyklopädie der technischen Chemie, 2. Aufl., Bd. 7, Berlin-Wien 1931, S. 471, 474). – [24] A. C. Oudemans (J. Prakt. Chem. **89** [1863] 206/15, 213). – [25] F. G. Hildebrandt (Lehrbuch der Chemie als Wissenschaft und Kunst, Erlangen 1816, S. 324).

Organo-manganese Compounds

2.7.6 Manganorganische Verbindungen

Die erste manganorganische Verbindung, ein Phenylmanganjodid, dürfte im Jahre 1938 von H. Gilman, J. Clyde Bailie [1] nach den Anweisungen von M. M. Barnett aus wasserfreiem Manganjodid und Phenylmagnesiumjodid als schokoladefarbene unlösliche Substanz erhalten worden sein.

Literatur:

[1] H. Gilman, J. Clyde Bailie (J. Org. Chem. **2** [1938] 84/94, 87).

Manganese and Silicon

2.8 Mangan und Silicium

Manganese Silicides

2.8.1 Mangansilicide

Als Erster dürfte schon im Jahre 1788 der damals in Cornwall als Bergmann tätige R. E. Raspe (1736–1794) ein stark siliciumhaltiges Mangan in Händen gehabt haben; er beschrieb [26] nämlich seinen Braunsteinkönig, den er in einem Tiegel aus Porzellanerde und Sand mit Kohle bei so hohen Temperaturen erhalten hatte, daß der Tiegel zu schmelzen begann, als so beständig, daß er in 18 Monaten an feuchter Luft noch nicht zerfallen war. Die Zeitgenossen schrieben die hohe Haltbarkeit einem großen Eisengehalt zu, aber schon vor dem Jahre 1810 hat J. J. Berzelius [1] gezeigt, daß Kieselerde reduzierbar ist; bei seinen Versuchen hat er zweifellos siliciumhaltiges Mangan erhalten: „Die beiden letztverflossenen Jahre habe ich mich viel und emsig mit der Zersetzung der Alkalien und der Erden beschäftigt. Es ist mir gelungen, die Kieselerde durch Eisenfeile und Kohle zu reduciren, wodurch ich eine Legierung von Kiesel-Basis mit Eisen erhalten habe. Mit Hilfe des Kupfers und Manganes kann dieses ebenfalls sehr leicht bewerkstelligt werden." Auch N. G. Sefström muß siliciumhaltiges Mangan hergestellt haben, denn J. J. Berzelius [2] hat von ihm erfahren, daß Manganmetall, welches eine gewisse Menge „Kiesel" [Silicium] enthält, selbst in Königswasser unlöslich ist. Es werden hier aber keine Angaben gemacht, wie die Legierungen erhalten worden sind und welche Gehalte sie hatten. Doch ist in bezug auf die Berzeliussche Angabe [2] behauptet worden, Sefström habe „daraufhingewiesen, daß man durch Reduktion eines Gemischs von Manganoxyden und Kieselsäure mittels Kohle eine 8–10% Silicium enthaltende Legierung" erhielte [3]. – Die Beobachtung, daß auch mit Kohle in einem gewöhnlichen Tiegel hergestelltes Manganmetall – der Hersteller der untersuchten Probe war Pelletier gewesen – Silicium enthielt, hat im Jahre 1829 N. W. Fischer [4] gemacht; ihm war auch der Unterschied im Verhalten des siliciumhaltigen Metalls gegenüber dem carbidhaltigen gewöhnlicher Darstellung aufgefallen: Das erstere fällte Gold und Silber nur schwach aus ihren Lösungen, und Fischer meinte, die Fällung sei auf das Silicium zurückzuführen, was Berzelius durch Bekanntgabe der Sefströmschen Beobachtung richtig stellen wollte.

Die erste, die Aufmerksamkeit der Chemiker erregende Mn-Si-Legierung stellte im Jahre 1857 unabsichtlich C. Brunner [5] her, als er Manganfluorid oder Manganchlorid mittels Natriummetall unter einer Kochsalz-Flußspatdecke reduzierte mit dem Ziel, ein reineres Manganmetall herzustellen, als es bis dahin gelungen war. Dies schien ihm auch geglückt zu sein, da das Produkt entschieden luftbeständiger war als das Metall, das andere Forscher mit anderen Methoden erhalten hatten. F. Wöhler [6], dem dies und außerdem der niedrige Schmelzpunkt aufgefallen waren, untersuchte ein ihm überlassenes Stück des Brunnerschen Metalls und fand darin einige Prozent Silicium, dessen Herkunft er aus dem Tiegelmaterial annahm. C. Brunner bestätigte darauf den Si-Gehalt seines Manganmetalls, nachdem er selbst in seinen verschiedenen Proben 0.6 bis 6.4% Si gefunden hatte. Wöhler aber nahm sofort eigene Versuche zur Gewinnung von Mn-Si-Legierungen auf, indem er Gemische aus Manganfluorid, Wasserglas und Kryolith unter einer Salzdecke reduzierte; er erhielt so Legierungen mit 6.48, 11.7 und 13% Si und vermutete, im letzteren Falle eine Verbindung Mn_5Si in Händen gehabt zu haben. Mit dieser und der angeblich von Sefström [2] bekanntgegebenen Methode der Reduktion eines Gemisches von Manganoxiden und Kieselsäure durch Kohle, ließen sich, so schrieben im Jahre 1876 L. Troost, P. Hautefeuille [7], Legierungen mit Gehalten bis zu 30% Si herstellen; derartig hochprozentige Legierungen benutzten sie, um durch Zusammenschmelzen mit einem Manganmetall von möglichst niederem Kohlenstoffgehalt Legierungen mit 8.2 bis 12% Si (und etwa 1% C) herzustellen und die Bildungswärmen durch Zersetzen mit Hg_2Cl_2 zu bestimmen. Sie schlossen aus diesen Untersuchungen auf die Existenz von stabilen, den Mangancarbiden ähnlichen Mangansiliciden. – Durch Reduktion von Manganoxid mit „graphitoidem Silicium" stellte im Jahre 1898 H. N. Warren [8] gut geflossene, spröde und harte Mn-Si-Legierungen mit Gehalten bis zu 40% Si her; diese weiß-glänzenden Reguli wurden nur von Flußsäure angegriffen.

Die Existenz einer Verbindung Mn_2Si nahm E. Vigouroux [9] im Jahre 1895 auf Grund von Rückstandsanalysen von Legierungen an, die er durch Zusammenschmelzen der Elemente oder von Silicium mit Manganoxid und einem Reduktionsmittel im elektrischen Ofen erhalten hatte. Er extrahierte die Reguli nacheinander mit kochendem Wasser, verdünnter Salzsäure und Flußsäure und erhielt einen der angegebenen Formel entsprechenden Rückstand. Es gelang ihm später [10], die genannte Verbindung auch durch Reduktion eines Gemisches von Kieselsäure und Manganoxid mit Aluminiumpulver darzustellen und ihre Kristalle durch Behandeln des so erhaltenen Produkts mit verdünnter Salzsäure zu isolieren. – Ebenfalls Mn_2Si, allerdings nicht allein, sondern zusammen mit MnSi und $MnSi_2$ wollte im Jahre 1904 P. Lebeau [11] durch Rückstandsanalyse gefunden haben, wobei er von Legierungen ausging, die er entweder durch Zusammenschmelzen von Silicium, Mangan und Kupfer, durch Einwirken von Cu-Mn-Legierungen auf Silicium, oder anders, von Cu-Si-Legierungen auf metallisches Mangan, oder schließlich durch Reduktion von Kaliumsiliciumfluorid und „Manganoxyduloxyd" mittels Natrium bei Gegenwart von Kupfer erhalten hatte. Entsprechend der Zusammensetzung seiner Legierungen extrahierte er die gepulverten Proben abwechselnd mit verdünnter Salpetersäure und Sodalösung, bis er einen unter dem Mikroskop homogen erscheinenden Rückstand erhielt, den er analysierte mit dem oben angegebenen Resultat. Thermische Analysen von Mn-Si-Legierungen führte F. Doernickel [3] durch, sie schienen die Existenz der Verbindung zu bestätigen, ebenso die von L. Baraduc-Muller [12]; im Gegensatz dazu konnte R. Frilley [13] bei seinen Untersuchungen die Verbindung nicht entdecken. Dies gelang auch nicht bei späteren röntgenographischen [14], thermischen und strukturellen Untersuchungen, es stellte sich vielmehr heraus, daß der Verbindung die Formel Mn_5Si_3 zukommt [15].

Eine Verbindung mit der wahrscheinlichen Zusammensetzung MnSi gaben A. Carnot, G. Goutal [16] an, durch Auflösen technischen Manganmetalls in verdünnter Schwefelsäure unter Luftabschluß als amorphes Pulver erhalten zu haben. Drei Jahre später stellte P. Lebeau

[17] die Verbindung als stark glänzende Tetraeder aus einer Cu-Mn-Si-Schmelze entsprechenden Si-Gehaltes her; aluminothermisch gelang C. Matignon, R. Trannoy [18] zwei Jahre später die Darstellung der Verbindung. Ihre Kristalle wurden als hart, härter als die der Verbindung Mn_2Si beschrieben, sie seien beständig gegen Wasser und Luft, ebenso gegen verdünnte und konzentrierte Säuren, einzig die Halogene und gasförmige Hydrazide griffen sie leicht an [19]. F. Doernickel [3] wies sie bei Schmelzpunktuntersuchungen nach, genaue kristallographische Daten erhielt B. Bovén [14] im Jahre 1933.

Eine Verbindung Mn_3Si_2, die G. Gin [20] durch Reduktion des Rhodonit (Mangansilikat) im elektrischen Ofen im Jahre 1906 glaubte hergestellt zu haben und als schöne, prismatische, bis zu 5 cm lange Kristalle, härter als Glas und von starkem Glanz, mit einem bestimmten Schmelzpunkt oberhalb 1250° C beschrieb, konnte nicht bestätigt werden [21], bereits P. Lebeau [19] hat sie, schon wegen ihrer hohen Verunreinigung mit Eisen, für unsicher gehalten, und für ein Gemisch verschiedener Silicide.

Die Verbindung $MnSi_2$ vermutete G. de Chalmont [22] in seinen Produkten gefunden zu haben, die er im Jahre 1896 im elektrischen Ofen durch Reduktion von Quarz und Braunstein in Gegenwart von Kalk und Kohle erhalten hatte. Die gleiche Verbindung konnte P. Lebeau [19] bei seinen Untersuchungen (Rückstandsanalyse) isolieren und beschrieb sie als kleine, tiefgraue oktaedrische Kristalle. Aluminothermisch stellten C. Matignon, R. Trannoy [18] die Verbindung her; bei der thermischen Analyse konnte sie F. Doernickel [3] indessen nicht nachweisen. Später hat G. Phragmén [23] die Verbindung wieder dargestellt im Zusammenhang mit seinen Untersuchungen im System Fe-Si, konnte aber keine Analogie der Strukturen der einander entsprechenden Fe- und Mn-Verbindungen feststellen. Die Röntgenanalyse und die daraus ableitbaren Daten gab dann B. Bovén [14].

Eine hexagonale Verbindung Mn_3Si fand bei seinen Untersuchungen B. Bovén [14], deren Existenz von R. Vogel, H. Bedarff [15] bestätigt werden konnte.

Das erste, von F. Doernickel [3] im Jahre 1906 aufgestellte Zustandsdiagramm wurde im Jahre 1934 von R. Vogel, H. Bedarff [15] und anderen hier nur kurz angeführten Untersuchungen ergänzt, bedarf aber nach M. Hansen, K. Anderko [24] noch weiterer klärender Untersuchungen. – Im Jahre 1938 fand G. Foëx [25], daß im Gegensatz zu sehr vielen Manganlegierungen ähnlichen Typs die Mn-Si-Legierungen nicht ferromagnetisch sind; für die Verbindung MnSi wurde Paramagnetismus festgestellt.

Literatur:

[1] J. J. Berzelius (Ann. Physik **35** [1810] 269/77, 273). – [2] J. J. Berzelius (Jahresber. Fortschr. Phys. Wiss. **10** [1831] 122/3). – [3] F. Doernickel (Z. Anorg. Allgem. Chem. **50** [1906] 117/32). – [4] N. W. Fischer (Ann. Physik [2] **16** [1829] 124/9, 128/9). – [5] C. Brunner (Compt. Rend. **44** [1857] 630/2; Ann. Physik [2] **101** [1857] 264/71, 267).

[6] F. Wöhler (Liebigs Ann. Chem. **106** [1858] 54/9). – [7] L. Troost, P. Hautefeuille (Ann. Chim. Phys. [5] **9** [1876] 56/78, 63, 69). – [8] H. N. Warren (Chem. News **78** [1898] 318/9). – [9] E. Vigouroux (Compt. Rend. **121** [1895] 771/3; Ann. Chim. Phys. [7] **12** [1897] 153/96, 179/84). – [10] E. Vigouroux (Compt. Rend. **141** [1905] 722/4).

[11] P. Lebeau (Ann. Chim. Phys. [8] **1** [1904] 553/76). – [12] L. Baraduc-Muller (Rev. Met. [Paris] **7** [1910] 737/47). – [13] R. Frilley (Rev. Met. [Paris] **8** [1911] 468/75). – [14] B. Bovén (Arkiv Kemi Mineral. Geol. A **11** Nr. 10 [1933] 1/28, 11/7). – [15] R. Vogel, H. Bedarff (Arch. Eisenhüttenw. **7** [1933/34] 423/5).

[16] A. Carnot, G. Goutal (Ann. Mines [9] **18** [1900] 271). – [17] P. Lebeau (Compt. Rend. **136** [1903] 89/92). – [18] C. Matignon, R. Trannoy (Compt. Rend. **141** [1905] 190).

– [19] P. Lebeau (Ann. Chim. Phys. [8] **1** [1904] 553/76). – [20] G. Gin (Compt. Rend. **143** [1906] 1229/30).

[21] M. Hansen (Der Aufbau der Zweistoff-Legierungen, Berlin 1936, S. 899/902). – [22] G. de Chalmont (Am. Chem. J. **18** [1896] 536/40, 539). – [23] G. Phragmén (Jernkontorets Ann. **107** [1923] 121/31, 131 nach [14]). – [24] M. Hansen, K. Anderko (Constitution of Binary Alloys, New York-Toronto-London 1958, S. 953). – [25] G. Foëx (J. Phys. Radium [7] **9** [1938] 37/43).

[26] R. E. Raspe (Beytr. Chem. Ann. Crell **3** [1788] 482/5).

2.8.2 Mangansilikate

Manganese Silicates

2.8.2.1 Der Alabandicus niger des Plinius

The Alabandicus Niger of Plinius

Die Kenntnisse über natürliche und künstliche Mangansilikate haben sich erst im 19. Jahrhundert recht langsam entwickelt, obgleich der Braunstein als „Glasseife" und das Glas violett und rotfärbendes Reagens seit vielen Jahrhunderten bekannt war. Die Entwicklung spiegelt sich deutlich in den Angaben der frühen Auflagen dieses Handbuchs: In der ersten Auflage im Jahre 1817 weiß L. Gmelin [1] unter der Überschrift „Mangan und Silicium" nur zu berichten: „A. Das Manganoxydul scheint mit Glasflüssen eine farblose Verbindung zu bilden. B. Das Manganoxyd ertheilt dem Glase eine violette Farbe." In der zweiten Auflage des Jahres 1821 [2] sind die Angaben nur wenig geändert: „A. Kieselsaures Manganoxydul findet sich als Rothbraunsteinerz. B. Mit Gasflüssen liefert Manganoxydul ungefärbte oder blaßrothe, das rothe Oxyd violette Gläser." Offenbar erschienen dem Herausgeber die älteren Angaben, wie sie von C. R. Brandes, E. F. Germar [3] zusammengestellt worden sind, nicht gesichert genug; er muß die Veröffentlichung, mindestens aber die von J. J. Berzelius [4] über „Neue Analyse von rothem Mangankiesel aus Langbanshyttan" gekannt haben. Erst in der dritten Auflage des Jahres 1827 wird der Abschnitt „Mangan und Silicium" etwas umfangreicher; hier wird neben anderen Silikaten, aber ohne Quellenangabe, auch der „Schwarze Mangankiesel" angeführt und beschrieben als: „Unkrystallinisch, weich, eisenschwarz; schmelzbar" [5]. Den aber kannte offenbar schon die Antike unter der Bezeichnung Alabandicus niger. C. Plinius Secundus [6] berichtet nämlich über ein Mineral: „E diverso niger est Alabandicus terrae suae nomine, quamquam et Mileti nascens, ad purpuram magis aspectu declinante. Idem liquatur igni ac funditur ad usum vitri [Im Gegensatz (zum vorher besprochenen Mineral) ist schwarz der Alabandicus, nach seinem Herkunftsland benannt, doch kommt er auch in Milet vor, allerdings mehr zu einem dunkelroten Aussehen neigend. Dieser fließt im Feuer und wird bei der Herstellung des Glases geschmolzen]." Man hat vermutet, daß es sich bei diesem zur Glasherstellung verwendeten Stein um Braunstein handele, doch hält H. Kopp [7] die Wahrscheinlichkeit des Zutreffens dieser Interpretation für kleiner als beim magnes lapis, wenigstens in der Antike, für spätere Zeiten gesteht er sie allerdings zu, obwohl das Schmelzen im Feuer für keine der Braunsteinformen zutrifft. – Isidorus Hispalensis [Isidor von Sevilla], Bischof von Sevilla von 602 bis 636, zählt den Alabandicus niger [8] überraschenderweise unter den Marmorsorten auf, Plinius fast wörtlich zitierend: „E diverso niger Alabandicus terrae suae nuncupatus, purpurae adspectu similis; iste in oriente igni liquatur atque ad usum vitri funditur [Im Gegensatz (zum vorstehenden) ist schwarz der Alabandicus, der nach seinem Herkunftsland benannt worden ist; im Aussehen dem Purpur ähnlich; dieser fließt im beginnenden Feuer und wird bei der Herstellung des Glases geschmolzen]". Dieser Zuordnung des Alabandicus zum Marmor schloß sich überraschenderweise im Jahre 1799 der Technologe J. Beckmann [9] an, obwohl er einige Jahre zuvor bei der Besprechung des Werkes *„Über die Vitriole jeder Art"* des venetianischen Arztes P. M. Caneparius (um 1600) dessen Meinung, es handele sich bei diesem Mineral um Braunstein, „für so gar unwahrscheinlich ... nicht" gehalten hatte [10]. Camillus Leonardus, Anfang des 16. Jahrhunderts Arzt in Pesaro (Italien), hat in seinem im Jahre 1502 erstmals erschienenen *Speculum lapidum* den Alabandicus tatsächlich für Braunstein genommen und schrieb [11]: „... quidam lapis, ex quo nostri vitrarii vasa dealbant [ein Stein, durch den unsere Glasmacher die Gefäße weiß machen]", und an einer anderen Stelle: „Alabandicus niger in purpureum vergens lapis est a loco nomen sumens suae primae inventionis; ab igne colliquatur et funditur more metalli; utilis ad vitrariam artem, cum vitrum clarificet et albefacit. Reperitur in multis Italiae locis et a vitrariis Mangadesum dicitur [Der Alabandicus ist ein schwarzer violettstichiger Stein, der seinen Namen vom Ort seines ersten Auffindens erhalten hat; im Feuer wird er flüssig und schmilzt wie ein Metall; er ist nützlich bei der Glasmacherkunst, da er das Glas klärt und weiß macht. Er wird an vielen Orten Italiens gefunden und von den Glasmachern Mangadesum genannt]." Unter dem Stichwort „Magnesia" findet sich etwas später ganz eindeutig: „Magnesia sive Magnosia ex nigro colore in commodidate ad vitrariam artem. Idem atque Alabandicus [Magnesia oder Magnosia [ist] von schwarzer Farbe [und] von Vorteil in der Glasmacherkunst. Dasselbe wie Alabandicus]." Die Benennung ist demnach als reine Herkunftsbezeichnung „Stein aus Alabanda" aufzufassen, worauf auch unter Hinweis auf andere Wortformen, z. B. Almandin, in seinem *Glossarium* schon du Cange [12] aufmerksam machte: Nach C. Plinius Secundus [13] handele es sich um einen Stein aus Alabanda in Carien [Küstenlandschaft des südwestlichen Kleinasiens, zwischen dem Großen Mäander und dem Dalamon-Fluß]. Weil aber Plinius hier auch angibt, die geringste Sorte des Bergkristalls komme von dort her, hielt O. Lenz [14] den Alabandicus für Rauchtopas, und zwar für die fast schwarze Varietät desselben. Auch eine Art Carbunculus, die in Orthosia in Carien vorkam, aber in Alabanda verarbeitet wurde, und von der die besten Stücke als amethystizontas [amethystähnlich] bezeichnet wurden, hieß nach Plinius [15] ebenfalls Alabandicus, warum wohl viel später dieser Name auf die edlen Granate und Spinelle, die schön rot mit einem Stich ins Violette sind, übertragen wurde; dabei bildete sich aus der schon bei Isidorus Hispalensis [16] vorkommenden Form Alamandinus das moderne Almandin [17]. Mit diesem Wort bezeichnen die modernen Mineralogen indessen das sulfidische Manganerz MnS, Manganblende, Manganglanz [18, 19]. – Alle diese Deutungsversuche des Alabandicus niger, ebenso die Namensübertragungen lassen die in allen antiken Stellen so stark betonte auffallende Eigenschaft der Schmelzbarkeit außer acht. Diese kommt aber dem oben erwähnten, schon Klaproth und Berzelius bekannten [20] Schwarzen Mangankiesel zu, ebenso dem von F. v. Kobell untersuchten Klipsteinit [21], beide sind identisch [22] und als Zersetzungsprodukt eines anderen Mangansilikats, des Rhodonits, aufzufassen.

Daß es sich bei dem Alabandicus möglicherweise um eines der magmatischen Gesteine handeln könne, die als Rohstoff für die Glasherstellung einzusetzen möglich ist [23], erscheint nach F. Grenzer [24] auszuschließen, da der Gedanke, natürliches Silikatgestein als Zusatz zur Glasschmelze zu verwenden, erst in der zweiten Hälfte des 19. Jahrhunderts auftauchte.

Literatur:

[1] L. Gmelin (Handbuch der theoretischen Chemie, Bd. 2, Frankfurt am Main 1817, S. 586). – [2] L. Gmelin (Handbuch der theoretischen Chemie, 2. Aufl., Bd. 1, Frankfurt am Main 1821, S. 569). – [3] C. R. Brandes, E. F. Germar (Schweiggers J. Chem. Physik **26** [1819] 103/55). – [4] J. J. Berzelius (Schweiggers J. Chem. Physik **21** [1817] 254/7). – [5] L. Gmelin (Handbuch der theoretischen Chemie, 3. Aufl., Bd. 1, Tl. 2, Frankfurt am Main 1827, S. 909).

[6] C. Plinius Secundus (Naturalis Historiae Libri XXXVII, Buch 36, Kap. 13, 62 in: D. E. Eichholz, Pliny, Natural History, Bd. 10, London-Cambridge, Mass., 1962, S. 48/9). – [7] H. Kopp (Geschichte der Chemie, Bd. 4, Braunschweig 1847, S. 82/3). – [8] Isidorus Hispalensis (Etymologiarum sive Originum Libri XX, Buch 16, Kap. 5, 9, herausgegeben von W. M. Lindsay, Oxford 1911, Bd. 2). – [9] J. Beckmann (Beyträge zur Geschichte der

Erfindungen, Bd. 4, Leipzig 1799, S. 409/10). – [10] J. Beckmann (Vorrath kleiner Anmerkungen über mancherley gelehrte Gegenstände, Erstes Stück, Nr. 20, Göttingen 1795, S. 183/4).

[11] Camillus Leonardus (Speculum Lapidum, Turin 1516, fol. 23 v, 39 v [Erstausgabe 1502]). – [12] du Cange (Glossarium Mediae et Infimae Latinitatis, Bd. 1, neue Ausgabe von L. Favre 1883, Neudruck Graz 1954, S. 157). – [13] C. Plinius Secundus (Naturalis Historiae Libri XXXVII, Buch 37, Kap. 9, 23 in: D. E. Eichholz, Pliny, Natural History, Bd. 10, London-Cambridge, Mass., 1962, S. 180/1). – [14] O. Lenz (Mineralogie der Griechen und Römer, Gotha 1861, S. 142). – [15] C. Plinius Secundus (Naturalis Historiae Libri XXXVII, Buch 37, Kap. 25, 92/3 in: D. E. Eichholz, Pliny, Natural History, Bd. 10, London-Cambridge, Mass., 1962, S. 238/9).

[16] Isidorus Hispalensis (Etymologiarum sive Originum Libri XX, Buch 16, Kap. 14, 6, herausgegeben von W. M. Lindsay, Oxford 1911, Bd. 2). – [17] A. Nies (in: G. Wissowa, Paulys Real-Encyclopädie der classischen Altertumswissenschaften, Neue Bearbeitung, Bd. 1, Stuttgart 1894, S. 1270/1). – [18] Kenngott (in: H. v. Fehling, Neues Handwörterbuch der Chemie, Bd. 1, Braunschweig 1874, S. 205). – [19] J. D. Dana, E. S. Dana (The System of Mineralogy, 7. Aufl., New York-London 1961, S. 207/8). – [20] Th. Scheerer (in: J. Liebig, J. C. Poggendorff, F. Wöhler, Handwörterbuch der reinen und angewandten Chemie, Bd. 5, Braunschweig 1851, S. 99/101).

[21] Kenngott (in: H. v. Fehling, Neues Handwörterbuch der Chemie, Bd. 3, Braunschweig 1878, S. 977). – [22] H. Strunz (Mineralogische Tabellen, 4. Aufl., Leipzig 1966, S. 550). – [23] J. Jansen (Glastech. Ber. **49** [1976] 27/31). – [24] F. Grenzer (Glastech. Ber. **37** [1964] 126/8).

2.8.2.2 Mangan im Glas und in Glasuren

Manganese in Glass and Glazes

Vorbemerkung

General Remarks

Mangan hat in seinen am besten und lange Zeit einzigen bekannten, in der Natur vorkommenden, Braunstein genannten Formen schon sehr früh Verwendung gefunden in der Töpferei und bei der Glasherstellung, zur Färbung von Glas und Glasuren, vor allem aber als Entfärbungsmittel des Glases; eben diese Fähigkeit hat dem Braunstein den Namen „Glasseife", lateinisch: Sapo vitri, eingetragen. Völlige Durchsichtigkeit und Farblosigkeit des Glases erscheinen seit vielen Jahrhunderten als seine wesentlichsten Eigenschaften und unentbehrliche Voraussetzungen für die meisten seiner Anwendungszwecke. Das frühe und einfache Glas indessen war in den meisten Fällen opak, sei es durch seine Gasbläschen wegen unzureichender Schmelzungsdauer oder durch unaufgelöste Zusätze, und fast immer gefärbt durch die natürliche Beimischung der unterschiedlichsten Mineralien, zumeist grünlich oder, je nach der Feuerführung, gelblichbraun durch Eisenverbindungen, die den Glasrohstoffen anhafteten. Sehr früh schon lernte man durch praktische Erfahrung, dem Glase durch bestimmte Stoffe der Natur alle möglichen erwünschten Farbtönungen zu geben, etwa tiefblau durch Kobaltmineralien, s. „Kobalt" A Erg.-Bd., 1961, S. 6/10, oder hellblau (ägyptischblau) durch Kupferverbindungen [1]. Bei derartigen Färbeversuchen stieß man wohl auch auf den Braunstein, den man bald zum Violett- oder Rotfärben zu benutzen lernte. Durch Zufall, so meint W. Ganzenmüller [2], habe man dabei entdeckt, daß geringe Mengen des Erzes eine das Grün oder Braun des Glases beseitigende Wirkung ausüben können, jedenfalls werden in Ägypten und Assyrien schon in frühen Schichten farblose Gläser angetroffen. Solche assyrischen Gläser aus Nimrud (18. Jahrhundert vor Chr.) weisen nur kleine Mangangehalte auf, in babylonischen Gläsern aus Nippur (5. Jahrhundert vor Chr.) erreicht er indessen Werte bis zu 5%, doch ist es R. C. Thompson in seinen Untersuchungen der Texte der assyrischen Tontäfelchen (veröffentlicht im Jahre 1925) nicht gelungen, Braunstein als Entfärbungsmittel in den Glasrezepten nachzuweisen [11]. Eine andere Deutungsmöglichkeit für das frühe Auftreten farbloser Gläser ohne die Annahme einer bewußten Verwendung von Manganverbindungen eröffnen allerdings die Untersuchungen von W. Geilmann, T. Brückbauer [3], die darauf aufmerksam machen, daß der von den alten Glasmachern sehr häufig, vielleicht schon damals benützte Rohstoff Holzasche bis zu 10% Mn_3O_4 enthalten kann, durchaus hinreichend, ein farbloses Glas zu erzielen. Es ist darum gar nicht verwunderlich, wenn, beispielsweise, in allen farblosen und auch allen farbigen Gläsern des 12. und 13. Jahrhunderts aus dem Dom zu Erfurt und in den etwas jüngeren aus dem Dom zu Stendal (15. Jahrhundert) jeweils etwa 0.5% MnO gefunden worden sind [4], und man braucht auch nicht dem Schluß des Untersuchers dieser Gläser zu folgen, man habe damals bewußt die ‚Glasmacherseife' ganz generell zugesetzt. – Die Wirkung eines Manganzusatzes zum Glas ist sowohl beim Färben als auch beim Entfärben recht unsicher und nicht nur von der Menge des Mangans, sondern auch von der Zusammensetzung des Glassatzes und von der Art der Feuerführung beim Schmelzen und der Dauer des Flüssighaltens abhängig; bei sehr hohen Manganmengen, insbesondere bei hohem Eisengehalt des benutzten Braunsteins, erhält man braune bis schwarze Gläser, meist nur in Tonglasuren vorkommend [5]. – Lange Jahrhunderte hindurch waren jedoch die Braunsteinarten als Glasseife [6] das einzige Entfärbungsmittel des Glases und diese Verwendung hat seiner strahligen, dem ‚Spießglas' [Antimonsulfid] ähnelnden Form bei den Mineralogen die Benennnung Pyrolusit (von griechisch πῦρ [pyr] = Feuer, und λύειν [lyein] = lösen, reinigen, also: der im Feuer reinigt) eingetragen [7]. In der ersten Hälfte unseres Jahrhunderts ist jedoch seine „Heldenrolle" in der Glasindustrie immer stärker auf eine nebensächliche „Statistenrolle" eingeschrumpft, wie ein Anonymus [8] die Verdrängung des Mangans aus der Glasentfärbung durch das Selen beschreibt, das die bei dem Wannenbetrieb der modernen Glashütten besonders störende Empfindlichkeit des Braunsteins auf die Schmelzbedingungen nicht besitzt. Von weiteren „Emporkömmlingen", die den Braunstein verdrängen, dem Nickeloxid und den Seltenerdmetallen, berichtete L. Springer [10]. Die Bedeutung des Mangans für die Violettfärbung des Glases bleibt jedoch bestehen.

Die Färbung des Glases durch Braunstein war neben anderem ein Grund dafür, daß die Chemiker des 17. und 18. Jahrhunderts und wohl auch die Hüttenleute früherer Jahrhunderte in dem Erz ein Metall vermuteten. Wie solche Färbungsversuche durchgeführt wurden, ist von S. Rinman [9] ausführlich beschrieben worden in seinem *Versuch über den Braunstein,* den er im Jahre 1756 angestellt, aber erst neun Jahre später veröffentlicht hat. Nach seinem Bericht über die Färbung der Boraxperle, s. S. 158, zeigte er seinen Zeitgenossen, systematisch geordnet, was die alte Erfahrung von Töpfern und Glasmachern war und fuhr fort: „i.) Ungerösteter oder roher Braunstein 5 Theile, mit Geschlemmtem Kiesel 50 [Theile], Pottasche 75 [Theile] vor dem Gebläse 15 Minuten im Tiegel geschmolzen, wird ein helles violettes Glas. – k.) Ungerösteter oder roher Braunstein 5 Theile, mit Geschlämmtem Kiesel 50, Pottasche 70, Weißer Arsenik 4, 10 Minuten vor dem Gebläse geschmolzen, giebt ein helles opalfarbiges weißes Glas, und ein wenig Glasgalle. – l.) Braunstein, 6 Theile, mit Kieselmehl 50, Pottasche 70, Silberglätte [PbO] 10, 10 Minuten vor dem Gebläse geschmolzen, giebt ein klares Glas von dunkler Amethystfarbe, nebst einem Bleykönig von 50 Procent von der Silberglätte. – Es brausete im Schmelzen nicht, und auf dem Glase lag ein wenig Salz. – m.) Braunstein 6 Theile, Kiesel 50, Laugensalz 70, Kalch [CaO] 10, 10 Minuten vor dem Gebläse geschmolzen, giebt eine rein amethystfarbige Schlacke mit einzelnen Stückchen eines hellen durchsichtigen, und zum Theil goldfarbigen Krystallglases, das vermutlich von dem Kalch herkömmt. Obenauf liegt, wie auf dem vorigen, ein weißes Salz, das mit Scheidewasser nicht brauset und die Silberauflösung fast gar nicht niederschlägt. – n.) Braunstein 6 Theile, mit Laugensalz 50, Sale fusibili 20, Kieselstein 50. – o.) Eben dieses Gemisch (n) mit 50 Borax versetzt. – p.) Eben dieses Gemisch (n) mit 10 Theilen Bleyglas, geben alle, wenn sie 15 Minuten vor dem Gebläse gestanden haben, graue und dunkelbraune schaumige

Schlacken, mit rothen, granatfarbigen Adern im Grunde. – q.) Eben dieses Gemisch (n) in eine Zeichnung auf Porcellain geschmolzen, giebt eine braune Farbe."

Literatur:

[1] J. R. Partington (Origins and Development of Applied Chemistry, London-New York-Toronto 1935, S. 117/9). – [2] W. Ganzenmüller (Glashütte **69** [1939] 761/3; Beiträge zur Geschichte der Technologie und der Alchemie, Weinheim/Bergstr. 1956, S. 176/7). – [3] W. Geilmann, T. Brückbauer (Glastech. Ber. **27** [1954] 456/9). – [4] K. Kühne (Silikattechnik **11** [1960] 260/2). – [5] H. Thiene (Glas, Bd. 1, Jena 1931, S. 233).

[6] J. F. Henkel (Pyritologia oder Kieshistorie, 2. Aufl., Leipzig 1754, S. 98 [z. B.]). – [7] W. Haidinger (Ann. Physik Chem. [2] **14** [1828] 197/211). – [8] Anonyme Veröffentlichung: Z. (Keram. Rundschau **45** [1937] 297/8). – [9] S. Rinman (Versuch über den Braunstein, Kgl. Svenska Vetenskaps Akad. Handl. **1765** 241 nach Kgl. Schwed. Akad. Wiss. Abh. Naturlehre **27** [1767] 251/67, 254/5). – [10] L. Springer (Glashütte **61** [1931] 613/6).

[11] W. E. S. Turner (J. Soc. Glass Technol. **40** [1956] T39/T53, T48).

2.8.2.2.1 Mangan in antiken Gläsern

Manganese in Ancient Glasses

Obwohl in neueren [1 bis 6] und auch in älteren [7 bis 10] analytischen Untersuchungen antiker amethystfarbener Gläser unterschiedlichster Herkunft die durch Mangan hervorgerufene Färbung nachgewiesen ist, obwohl W. M. F. Petrie [11] bei seinen Ausgrabungen in Amarna in Ägypten vor 80 Jahren mehrere Glashütten fand, in denen violettes, durch Mangan gefärbtes Glas hergestellt worden ist, und obwohl Pseudo-Demokritus [12], angeblich im 1. Jahrhundert nach Chr. lebend, weiß, daß mit der Μαγνησία ὑελουργική [Magnesia hyëlurgike = Magnesia der Glasmacher] eine schöne Färbung hervorgebracht werden kann, wird gelegentlich, neuestens von H. Cassebaum [13] in Nachfolge von J. H. Pott [1692 bis 1777] die Bekanntschaft der Antike mit dem Braunstein als Glasfarbe und Entfärbungsmittel bestritten [14]. Die gleiche Behauptung hatte schon fast 200 Jahre zuvor M. Mercati [1541 bis 1593] in seinem im ersten Viertel des 18. Jahrhunderts im Druck wieder erschienenen und weitverbreiteten Buche *Metallotheca* [31] aufgestellt, allerdings ohne dafür eine Begründung zu geben. Einer der Anlässe zu dieser Behauptung war für J. H. Pott die Tatsache, daß C. Plinius Secundus [15] von magnes lapis, meist als Magneteisenstein zu verstehen, auch da spricht, wo nur Braunstein gemeint sein kann; s. S. 183. Es erregte auch Erstaunen, als im Jahre 1927 B. Neumann [16] in bunten römischen Mosaiksteinen aller Farben aus Salona, dem 2. nachchristlichen Jahrhundert entstammend, zwischen 0.74 und 1.38% Mn_2O_3 nachweisen konnte, ähnlich in bunten Gläsern aus dem ägyptischen Theben (XVIII. Dynastie, etwa 1500 vor Chr.), weiter in bunten und weißen mesopotamischen Gläsern aus der Mitte des 9. Jahrhunderts nach Chr., gefunden in der Kalifenstadt Samarra Mengen von rund 1% Mn_2O_3, während ein römisches, farbloses Glas, das, wie er ausdrücklich betonte, farbloseste aller untersuchten Gläser aus der Zeit von 1500 vor Chr. bis 850 nach Chr., kein Mangan enthielt, also offenbar aus gereinigten Ausgangsstoffen hergestellt war, die Schmelzer demnach die Ursache der Färbung erkannt hatten.

Die Frage, ob die Glasschmelzer der alten Welt zu allen Zeiten bewußt Manganerze ihren Schmelzen zugesetzt haben oder nicht, konnten W. Geilmann, T. Brückbauer [17] dadurch einer Lösung näher bringen, daß es ihnen gelang, in allen von ihnen untersuchten antiken Gläsern wechselnde Mengen von Phosphorsäure nachzuweisen, deren Herkunft nur durch die Mitverwendung von Pflanzenasche im Glassatz erklärbar ist, diese aber enthält wechselnde Mengen Mangan, s. S. 73. Die Ergebnisse ihrer Analysen sind für Gläser aus der Zeit um 1600 vor Chr. bis 500 nach Chr. in Tabelle Nr. 2 und 3 dargestellt:

Tabelle Nr. 2
Orientalische Gläser

Probe	Herkunft	Zeit	Farbe	Mn_3O_4 %	P_2O_5 %
Gefäß, Kammuster	Theben	1600 – 1400 v. Chr.	dunkelblau	0.173	0.213
Gefäß, weiße Streif.	Theben	1600 – 1200 v. Chr.	blaugrün	1.65	0.380
Gefäßrand	Medinet Habu	1200 v. Chr.	dunkelblau	0.33	0.053
Trübes Glas, 4 mm	Medinet Habu	1200 v. Chr.	hellblau	0.03	0.236
Gefäßrand	Medinet Habu	1200 v. Chr.	dunkelblau	0.167	0.226
Gefäßrest geblasen	Alexandria	200 – 300 n. Chr.	leicht grünlich	1.25	0.100
Geblasenes Gefäß	Alexandria	200 – 300 n. Chr.	fast farblos	1.00	0.320
Koptisches Glas	Medinet Habu	1200 – 1300 n. Chr.	leicht grün	0.043	0.173
Arabische Ampel	Kairo	1000 n. Chr.	schw. gelblich	0.32	0.220
Arabische Ampel	Kairo	1400 n. Chr.	schw. gelblich	2.12	0.341

Tabelle Nr. 3
Phosphor- und Mangangehalt römischer und fränkischer Gläser

Probe	Herkunft	Zeit	Farbe	Mn_3O_4 %	P_2O_5 %
Armreif, 4 mm stark	Rheinhessen	1. Jahrh. v. Chr.	dunkelblau	0.287	0.088
Gefäß, 1.5 mm stark	Bosenheim	1. Jahrh. n. Chr.	gelb-grün	0.050	0.095
Gefäß, 1 mm stark	Bosenheim	1. Jahrh. n. Chr.	bräunl.-gelb	0.065	0.153
Gefäß, 1 mm stark	Köln	1. – 2. Jahrh.	bräunl.-grün	0.288	0.210
Fläschchen, 2 – 3 mm	Köln	2. Jahrh.	blau-grün	0.203	0.194
Gefäßrest, 0.9 mm	Mainz	2. Jahrh.	farblos	0.494	0.103
Gefäßscherben	Hechtsheim	2. Jahrh.	schw. bläulich	0.297	0.134
Spielstein	Mainz	2. Jahrh.	schwarz	0.59	0.195
Scherben, 6 mm	Köln	2. Jahrh.	schw. blau-gr.	0.39	0.166
Bruchstück, 3 mm	Bonn	2. – 3. Jahrh.	blau-grünlich	0.424	0.192
Gefäßrand	Bonn	2. – 3. Jahrh.	schw. grünl.	0.190	0.150
Bruchstück, 6 – 8 mm	Bonn	2. – 3. Jahrh.	grünlich	0.075	0.099
Becherfragment	Köln	3. Jahrh.	grünlich	0.128	0.131
Gefäßhals	Bonn	3. Jahrh.	blau-grün	0.079	0.162
Dünnes Hohlglas	Köln	3. – 4. Jahrh.	farblos	0.216	0.09
Dünnes Bruchstück	Köln	3. – 4. Jahrh.	farblos	1.18	0.048
1 mm starkes Stück	Köln	3. – 4. Jahrh.	fast farblos	1.57	0.05
Scherben, 0.5 mm	Mainz	3. – 4. Jahrh.	fast farblos	0.727	0.052
0.5 mm st. Stück	Mainz	3. – 4. Jahrh.	schw. grünlich	1.01	0.109
Gefäßscherben	Köln	4. – 5. Jahrh.	blau-grünlich	0.050	0.132
Gefäßrest	Köln	4. – 5. Jahrh.	fast farblos	1.05	0.108
Dünnes Bruchstück	Köln	4. – 5. Jahrh.	gelbl., fast fbl.	0.526	0.056
Fränkische Schale	Nierstein	6. – 7. Jahrh.	schw. gelbl.-gr.	1.15	0.097
1 mm starkes Glas	Köln	6. – 7. Jahrh.	gelbgrün	0.033	0.120
Fränk. Sturzbecher	Rommersheim	6. – 7. Jahrh.	gelbgrün	0.96	0.274
Fränk. Glas	Rittersdorf	7. Jahrh.	gelblich-grün	1.55	0.136
Fränk. Becher	Trier	7. Jahrh.	fast farblos	0.633	0.102
Fränk. Becher	Alzey	7. Jahrh.	fast farblos	1.16	0.20
Römischer Krug	Trier	4. – 5. Jahrh.	grün	0.215	0.24

Aus den Analysen ist kaum ein direkter Zusammenhang zwischen den Gehalten an Phosphorsäure und Mangan zu erkennen, auch wenn gilt, daß bei hohem Mangangehalt auch ein höherer Gehalt an Phosphorsäure in Erscheinung tritt. Legt man, in Ermangelung antiker Vorschriften zur Glasherstellung etwa die bei G. Agricola [18] oder die in der *Schedula* des Theophilus Presbyter [19] für die Glasschmelze angegebenen Gemengesätze von Buchenasche und Sand einer Berechnung zu Grunde und benutzt dabei die nachgewiesenen Mangangehalte der Aschen, s. S. 74, so zeigt sich, daß die in den Gläsern gefundenen Mangangehalte ebenso wie ihre Schwankungen durch die unterschiedlichen Gehalte der benutzten Aschen zu erklären sind. Selbst hohe Mangangehalte können daher nicht als Beweis für einen absichtlichen Manganzusatz zur Schmelze als Entfärbungsmittel angesehen werden. Auffällig sind die Färbungen der untersuchten Gläser, die selten die für die Gegenwart größerer Manganmengen charakteristischen violetten oder rötlichen Farbtöne aufweisen. Selbst bei recht hohen Mangangehalten sind die Färbungen nicht besonders stark und in dickeren Schichten bräunlich-gelblich, gelbgrün, blaugrün oder sogar blau. Wie eine Reihe von Schmelzversuchen mit Gemischen aus Asche und Sand sowie den aus der Analyse berechneten Gemischen reiner Salze ergaben, sind durch bestimmte Schmelzbedingungen alle beobachteten Färbungen zu erreichen; verantwortlich für die Unterschiede sind unter anderem der richtige Kohlegehalt der Asche, die Ofenatmosphäre und die Schmelzdauer [17]. Es mag hier erwähnt werden, daß von seinen Beobachtungen über den Einfluß der Schmelzdauer auf die Farbe manganhaltiger Gläser schon im Jahre 1849 vor der British Association in Birmingham G. Bontemps [29] berichtet hat, und daß schon im Jahre 1795 C. Girtanner [30] über den Einfluß des Kohlenstoffs bemerkte: „Die rothe Farbe, welche diese Halbsäure [Braunstein] dem Glase mittheilt, verschwindet, wenn man dem Glase im Flusse etwas Kohlenstoff zusetzt, indem sich alsdann der Sauerstoff, von welchem die Farbe herkommt, mit dem Kohlenstoff verbindet".

Dabei muß aber die Tatsache festgehalten werden, daß die Antike die entfärbende Wirkung der Magnesia auf die Glasschmelze durchaus kannte und auch eine Erklärung dafür parat hatte. C. Plinius Secundus [20], der an einer Stelle davon spricht, daß „die Gläser in wundervoller Weise dem Bergkristall ähnlich geworden sind", und an einer anderen Stelle [28]: „Maximus tamen honos in candido tralucentibus, quam proxima crystalli similitudine [die höchste Wertschätzung genießen die weiß durchsichtigen, die möglichst nah dem Bergkristall gleichen]", kennt auch das dazu angewendete Mittel [15], wenn er bei der Glasbereitung berichtet: „Mox, ut est ingeniosa sollertia, non fuit contenta, nitrum miscuisse; coeptus addi et magnes lapis, quoniam in se liquorem vitri quoque ut ferrum trahere creditur [Bald war die menschliche Erfindungskraft, kunstsinnig wie sie ist, nicht damit zufrieden, Nitrum [natürliche Soda] beizumischen, man hat auch begonnen, magnes lapis [das ist: Magnetstein] zuzugeben, weil man glaubt, er ziehe die Flüssigkeit [liquorem] des Glases ebenso wie das Eisen an sich]". Daß dieser Satz zwei Irrtümer enthält, ist schon J. Black aufgefallen: M. H. Klaproth [21] berichtete in seinem *Chemischen Wörterbuch* unter dem Stichwort Glas als Kommentar zu dem Plinius-Zitat: „Sehr scharfsinnig vermutet Black, daß unter magnes lapis das Manganesium [Braunstein] verstanden werde, und schlägt ebenso sinnreich vor, statt liquorem [das als Schreibfehler gewertet wird] livorem [Mißfärbung, eigentlich die grünblaue und gelbbraune Verfärbung bezeichnend, die Druck oder Stoß am menschlichen Körper hervorbringt] zu lesen". Diese einfache Erklärung des sonst nicht sehr sinnvollen Satzes hat, wie K. C. Bayley [22] zusammenstellend berichtete, nicht immer Beifall gefunden und ist Veranlassung zu oft recht fragwürdigen Deutungen gewesen, auf die hier nicht näher im einzelnen eingegangen zu werden braucht, über die jüngste ist S. 96 berichtet worden. Spezialisten der Glasforschung wie A. Kisa [26] und E. Dillon [27] sind von der Verwendung von Braunstein durch die antiken Glasmacher und der Richtigkeit der Deutung der Plinius-Stelle durch J. Black überzeugt. Außerdem kannte man in der Antike sehr wohl die Bedeutung der Magnesia, die Plinius offenbar bei der Ähnlichkeit der antiken Benennungen mit dem Magnetstein verwechselte, für die Glasmacher, tauchte doch damals schon die Bezeichnung ‚Magnesia der Glasmacher' auf, s. S. 17, so in den Schriften des (Pseudo-)Moses [23], den C. Plinius Secundus [24] wahrscheinlich meinte, wenn er von einem Moses als dem „Schöpfer einer neuen Sekte der Magie" berichtete; Moses sagte über die Magnesia, die das Kupfer weiß färbt, aus, daß „diese auch das Glas erweiche, so daß sie es weiß werden mache", s. S. 16.

Die oben zitierte Angabe des Plinius über die Wirkung des ‚Magneten' auf das Glas ist häufig zitiert worden und hat wesentlich zu der Unsicherheit des Wissens über den Braunstein beigetragen; eines der frühesten Zitate, allein durch das Wort „liquorem" seine Herkunft beweisend, findet sich in der Enzyklopädie des gesamten theologischen und profanen Wissens seiner Zeit des Bischofs Isidorus von Sevilla (Isidorus Hispalensis) [560 bis 636], der im Kapitel *De Lapidibus Insignoribus* [Über die bedeutenderen Steine] vom Magnetstein schrieb [25]: „Liquorem quoque vitri at ferrum trahere creditur [Auch die Flüssigkeit des Glases soll er wie das Eisen anziehen]".

Es soll nicht verschwiegen werden, daß auch versucht worden ist, die Behauptung des Plinius unter der Annahme, daß magnes = Magnetit sei, experimentell nachzuprüfen. So hat schon D. F. d'Arclay de Montamy [1702 bis 1764] in seinem Buch über *Farben zum Porcellan- und Emailmalen* nach J. Beckmann [32] nur schmutzige Farbtöne damit erhalten. H. Blümner [33] meinte darum, der Magnetstein werde nur für dunkles Glas zugesetzt, und sieht sich bestätigt durch die Angabe von H. O. Lenz [34], daß Magnetstein leicht mit der Glasmasse zusammenschmelze und sie, in einiger Menge zugesetzt, dunkelschwarz färbe. H. Blümner beruft sich auch noch auf eine andere Stelle bei C. Plinius Secundus [35]: „Hic lapis et in Cantabria nascitur, non utille magnes verus cantes continua, sed sparsa bullatione, ita appellant, nescio an vitro fundendo utilis, nondum expertus est quisquam [Dieser Stein wird auch in Cantabrien gefunden, nicht wie der echte Magnetstein als zusammenhängende Felsmasse, sondern als vereinzelte Brocken, so erzählt man, und ich weiß nicht ob er zum Glasschmelzen brauchbar ist, es hat es noch keiner versucht]." Größere Untersuchungen ließ A. Kisa [36] durchführen: „Auf meine Veranlassung unterzog 1898 Dr. Hilburg sämtliche im Museum Wallraf-Richartz in Köln vertretenen Sorten antiker Gläser der chemischen Analyse namentlich in Rücksicht auf die Färbemittel. Er stellte fest, daß den Alkalien, um den Fluß des Glases zu fördern, Magneteisenstein, sowie der Schmelze vielfach gepulverte Kieselsteine, zu Gläsern von farbigem Glanze auch gepulverte Muscheln und fossiler Sand zugesetzt wurden. Man erzielte so eine dunkle, schmutzige Fritte, welche aufs neue zu wiederholten Malen so lange geschmolzen wurde, bis sie rein und zur Aufnahme der färbenden Bestandteile geeignet war. Das Hauptfärbemittel bestand in einer Erhöhung des Gehaltes von Eisenoxyden durch Zusatz von Eisenerde. Je nach ihrer Quantität, nach der Dauer des Schmelzprozesses, der Dicke der Wandung erzielte man verschiedene Arten von Rot, Violett und Gelb, auch Blau in durchsichtigem oder undurchsichtigem Zustande." Das Fehlen genauerer Angaben läßt nicht erkennen, ob hier die Erkenntnisse von W. Geilmann, T. Brückbauer [17] teilweise schon vorweggenommen sind, allerdings als durch die Zugabe von Eisenoxiden verursacht angesehen wurden.

Literatur:

[1] M. Farnsworth, P. D. Ritchie (Spectrographic Studies of Ancient Glass in: Tech. Stud. Field Fine Arts **6** [1938] 155/68, 167). – [2] W. E. S. Turner (J. Soc. Glass Technol. **40** [1956] 162T/186T). – [3] A. Lucas (Ancient Egyptian Materials and Industries, 3. Aufl., London 1948, S. 296). – [4] B. Neumann (Z. Angew. Allgem. Chem. **51** [1938] 203/4). – [5] B. Neumann (Z. Angew. Allgem. Chem. **42** [1929] 835/8).

[6] B. Neumann, B. Kotyga (Z. Angew. Allgem. Chem. **38** [1925] 776/80). – [7] J. Quicherat (Rev. Archéol. [2] **28** [1874] 73/82, 75). – [8] H. C. v. Minutoli (Über die

Anfertigung und Nutzanwendung der farbigen Gläser bei den Alten, Berlin 1836, S. 36). – [9] O. A. Rhousopoulos (Beitrag zum Thema über die chemischen Kenntnisse der alten Griechen in: P. Diergart, Beiträge aus der Geschichte der Chemie dem Gedächtnis von Georg W. A. Kahlbaum, Leipzig-Wien 1909, S. 172/94, 178). – [10] J. F. John (Die Malerei der Alten, Berlin 1834, S. 34 nach A. Kisa, Das Glas im Altertume, Bd. 1, Leipzig 1908, S. 282).

[11] W. M. F. Petrie (Tell el Amarna, London 1898, S. 25). – [12] Demokritos (Physica et Mystica nach E. O. v. Lippmann, Entstehung und Ausbreitung der Alchemie, Berlin 1919, S. 43). – [13] H. Cassebaum (Sudhoffs Arch. Geschichte Med. Naturwissenschaften **63** [1979] 136/53, 137). – [14] J. H. Pott (Miscellanea Berolinensia **6** [1740] 40/54). – [15] C. Plinius Secundus (Naturalis Historiae Libri XXXVII, Buch 36, Kap. 66, 192 in: D. E. Eichholz, Pliny, Natural History, Bd. 10, London-Cambridge, Mass., 1952, S. 150/1).

[16] B. Neumann (Z. Angew. Allgem. Chem. **40** [1927] 963/7). – [17] W. Geilmann, T. Brückbauer (Glastech. Ber. **26** [1953] 259/63, **27** [1954] 456/9). – [18] G. Agricola (De Re Metallica Libri XII, Buch 12, Basel 1621, S. 470 [Erstauflage 1556]). – [19] Theophilus Presbyter (Schedula Diversarum Artium, Buch 2, Kap. 4, herausgegeben von A. Ilg, Wien 1874, S. 102/9). – [20] C. Plinius Secundus (Naturalis Historiae Libri XXXVII, Buch 37, Kap. 10, 29 in: D. E. Eichholz, Pliny, Natural History, Bd. 10, London-Cambridge, Mass., 1962, S. 184/5).

[21] M. H. Klaproth, F. Wolff (Chemisches Wörterbuch, Bd. 2, Berlin 1807, S. 472/3). – [22] K. C. Bayley (The Elder Pliny's Chapters on Chemical Subjects, Bd. 2, London 1932, S. 281/2). – [23] M. Berthelot, C.-É. Ruelle (Collection des Anciens Alchimistes Grecs, Paris 1888, Texte Grec, S. 305, Traduction, S. 293). – [24] C. Plinius Secundus (Naturalis Historiae Libri XXXVII, Buch 30, Kap. 2, 11 in: W. H. S. Jones, Pliny, Natural History, Bd. 8, London-Cambridge, Mass., 1963, S. 284/5). – [25] Isidorus Hispalensis (Etymologiarum sive Originum Libri XX, Buch 16, 4, 1/2, Bd. 2, herausgegeben von W. M. Lindsay, Oxford 1911, unpaginiert).

[26] A. Kisa (Das Glas im Altertume, Bd. 1, Leipzig 1908, S. 262). – [27] E. Dillon (Glass **1907** 77). – [28] C. Plinius Secundus (Naturalis Historiae Libri XXXVII, Buch 36, Kap. 67, 198 in: D.E.Eichholz, Pliny, Natural History, Bd.10, London-Cambridge, Mass., 1962, S. 156/7). – [29] G. Bontemps (Phil. Mag. [3] **50** [1850] 439/46, 441/2). – [30] C. Girtanner (Anfangsgründe der antiphlogistischen Chemie, 2. Aufl., Berlin 1795, S. 283).

[31] M. Mercati (Metallotheca, Kap. 5, herausgegeben von J. M. Lancisius, Rom 1717, S. 148). – [32] D. F. d'Arclay de Montamy (Traité des Couleurs pour la Peinture en Émail et sur la Porcelaine, Paris 1765, deutsche Übersetzung, Leipzig 1767, S. 82 nach J. Beckmann, Beyträge zur Geschichte der Erfindungen, Bd. 1, Leipzig 1783, S. 378/9). – [33] H. Blümner (Technologie und Terminologie der Gewerbe und Künste bei Griechen und Römern, Bd. 4, Leipzig 1887, S. 389/90). – [34] H. O. Lenz (Mineralogie der Griechen und Römer, Gotha 1861, S. 156, Anmerkung 574). – [35] C. Plinius Secundus (Naturalis Historiae Libri XXXVII, Buch 34, Kap. 42, 148 in: H.Rackham, Pliny, Natural History, Bd. 9, London-Cambridge,Mass., 1952, S. 234/5).

[36] A. Kisa (Das Glas im Altertume, Bd. 1, Leipzig 1908, S. 282).

2.8.2.2.2 Mangan in mittelalterlichen Gläsern

Manganese in Medieval Glasses

In mittelalterlichen Gläsern aller Art ist von den Analytikern stets Mangan nachgewiesen worden, s. dazu die im vorstehenden aufgeführte Literatur, da die Glasmacher in der antiken Tradition mit Holzasche als Alkali arbeiteten. Auch hier erhebt sich die Frage, ob in den Glashütten bewußt Braunstein zugesetzt wurde, die W. Geilmann, T. Brückbauer [1] mit der Untersuchung über die Parallelität des Phosphatgehaltes und des Mangangehaltes zu lösen versuchten. Ihre Ergebnisse an mittelalterlichen Kirchenfenstern und einigen Gebrauchsgläsern waren:

Tabelle Nr. 4

Phosphor- und Mangangehalt mittelalterlicher Gläser

Probe	Herkunft	Zeit	Farbe	Mn_3O_4 %	P_2O_5 %
Scheibe, 2.5 mm st.	Lorsch	um 800	schw. bläul.-grün	2.62	3.80
Scheibe, 1.5 mm st.	Lorsch	774–1090	gelblich-grün	2.75	3.88
Scheibe, 2 mm st.	Lorsch	774–1090	hellgrün	1.96	3.78
Scheibe, 2.5 mm st.	Lorsch	774–1090	gelblich	2.68	4.05
Scheibe, verwittert	Schladen	10.–11. Jahrh.	hell grünlich	1.39	3.10
Scheibe, 2 mm st.	Weeze	um 1120	bläulich-grün	1.65	3.80
Scheibe, 2.5 mm st.	Weeze	um 1350	gelbgrün	2.10	3.80
Windschiefe Scheibe	St. Quentin	1500–1533	grünl.-bläul.	0.93	3.83
Scheibe, 8 mm st.	St. Quentin	1500–1533	schw. bläul.-grün	1.10	3.87
Rotes Überfangglas	St. Quentin	14.–17. Jahrh.	Unterlage grünlich	1.06	4.13
Scheibe, 4 mm st.	St. Quentin	14.–17. Jahrh.	hellblau	0.79	3.47
Windschiefe Scheibe	St. Quentin	14.–17. Jahrh.	dunkelblau	1.20	2.56
Scheibe, 1.9 mm st.	St. Quentin	16.–18. Jahrh.	hellblau	2.42	0.11
Scheibe, 2 mm st.	Hannover	14.–15. Jahrh.	hellgrün	1.35	2.36
Schmelzkuchen	Cordel	9.–10. Jahrh.	hellblaugrün	1.30	3.70
Schmelzkruste	Cordel	9.–10. Jahrh.	gelb-grün	3.56	1.10
Gefäßreste	Alzey	12. Jahrh.	gelb-grün	2.52	4.07
Flaschenrest	Alzey	12. Jahrh.	hellblaugrün	1.27	2.31
Gefäßfuß	Alzey	12. Jahrh.	blau-grün	2.51	3.92
Becherfuß	Hannover	vor 1420	tief braun	1.26	2.54
Röhrenstück	Trier	15. Jahrh.	grün	0.89	3.40
Rippenbecher	Trier	15. Jahrh.	gelbgrün	0.95	3.51
Mundstück	Trier	15. Jahrh.	hellgrün	1.61	3.68
Mundstück	Trier	15. Jahrh.	blau-grün	0.89	3.24
Römerart. Becher	Trier	15. Jahrh.	gelb-grün	1.05	2.96
Schalenrand	Mainz	15. Jahrh.	grün	1.42	3.44
Flaschenscherben	Hannover	etwa 1500	grün	0.87	2.65
Becherstück	Trier	15.–16. Jahrh.	grün	0.86	3.41
Becherstück	Trier	15.–16. Jahrh.	stark blaugrün	0.56	0.53
Gefäßboden	Köln	15.–16. Jahrh.	farblos	0.15	0.05

Zur Beurteilung gilt das vorstehend über antike Gläser Gesagte. – Unter dem Titel *Technische Abhandlungen und Vorschriften* hat M. Berthelot eine Zusammenstellung zahlreicher einzelner „industrieller Methoden" und „Atelier-Rezepte" veröffentlicht, die er den verschiedensten Stellen der von ihm herausgegebenen griechischen und byzantinischen Schriften entnahm; sie stammen alle aus der Zeit vom 8. bis zum 13. Jahrhundert. Aus ihnen geht hervor, daß man im Osten Europas das Glas in allen Farben herstellte und zur Entfärbung die *Μαγνησία τῶν ὑελίνων* [magnesia ton hyëlınon] oder *Μαγνησία ὑελουργική* [magnesia hyëlurgike], beides: Glasmachermagnesia, benutzte [17]. Anders sieht es mit der Kenntnis von der Wirkung der Magnesia in der Literatur des europäischen Westens aus:

In dem frühmittelalterlichen Werkstattbuch des Heraclius mit dem Titel: *De Coloribus et Artibus Romanorum* [2], das teils aus dem 10., teils aus dem 12. bis 13. Jahrhundert stammt, findet sich bei der Glasherstellung keinerlei Hinweis auf den Braunstein; zwar beginnt er offensichtlich C. Plinius Secundus [3] zu zitieren, s. dazu S. 183, nennt aber den Zusatz des ‚Magnetsteins' nicht: „Mox, ut ingeniosa [hominum] solertia non fuit contenta solo vitro ... [Bald, als die Erfindungskraft [der Menschen] nicht zufrieden war mit dem Glas allein ...]". Dies läßt vermuten, daß der Verfasser sich an sein literarisches Vorbild halten wollte, aber aus seiner Erfahrung keinen weiteren Zuschlag zum Glassatz kannte und er das Unverständliche einfach unterschlug. – Ein weiteres, wahrscheinlich um das Jahr 1100 verfaßtes Werkbuch, die *Schedula Diversarum Artium* des Theophilus Presbyter [4], kennt den Braunstein ebenfalls nicht, wohl aber wird die Herstellung eines purpurfarbenen Glases gelehrt, wobei sich zeigt, daß die im vorstehenden erwähnte Beeinflußbarkeit der Farbe eines mit Holzasche arbeitenden Glassatzes durch die Art der Schmelzführung bekannt war: „De purpureo vitro. Si vero perspexeris quod se forte vas aliquod in fulvum colorem convertat, qui carni similis est, hoc vitrum pro membrana habeto, et auferens inde quantum volueris, reliquum coque per duas horas, videlicet a prima usque ad tertiam, et habebis purpuream levem, et rursum coque a tertia usque ad sextam, erit purpurea rufa et perfecta. [Vom Purpurglas. Wenn du aber gewahr würdest, dass das Glas (im Gefäß) etwa einigermaßen in's Röthliche spiele, ähnlich der Fleischfarbe, dies Glas soll für nackte Theile gebraucht werden, nimm davon so viel du willst weg, das Uebrige koche zwei Stunden lang, nämlich von der ersten bis zur dritten, und du hast eine leichte Purpurfarbe, koche es dann wieder von der dritten bis zur sechsten und der Purpur wird roth und vollkommen.]"

Daß dabei die Art der verwendeten Asche von Bedeutung war – manche Pflanzen sind Mangansammler, s. S. 73, – scheint Vincentius von Beauvais [21], der seinen *Speculum Naturale* nicht vor dem Jahre 1250 geschrieben hat, gekannt zu haben; er nannte die ihm als Zusatz zur Eisenschmelze bekannte Magnesia bei der Glasherstellung nicht, sondern schrieb: „... factum semper est decoloratum [vitrum] quod autem fit ex plumbo et terra arenosa subtile aut ex cinere filicis coloratum [... immer farblos wird [das Glas], das aus Blei und feinem Sand gemacht wird, aber aus Farnasche wird es farbig]". – Genau Bescheid über die Verwendung des Braunsteins bei den Glasmachern weiß Albertus Magnus (Graf von Bollstädt, etwa 1206 bis 1280), der in seiner sicher echten Schrift *De Mineralibus et Rebus Metallicis* [18] schrieb: „Manesia, quem quidam Magnosiam vocant, lapis est niger, quo frequenter utuntur vitrarii, hic lapis distillat & fluit in magno & forti igne, & alitur, & tunc immistus vitro ad puritatem vitri deducit substantiam [Manesia, die manche Magnosia nennen, ist ein schwarzer Stein, dessen sich die Glasmacher häufig bedienen. Dieser Stein tropft ab und kommt ins Fließen in einem großen und heftigen Feuer, und wird verzehrt, und dabei dem Glase einverleibt, bringt er die Glassubstanz zur Klarheit]." Aber schon in einer ihm unterschobenen Schrift *De Mirabilibus Mundi* [19] findet sich die völlige Unwissenheit des Verfassers über die Magnesia beweisende Bemerkung: „Magnes trahit ferrum ... et alius lapis trahit vitrum [der Magnetstein zieht das Eisen an ... und ein anderer Stein zieht das Glas an]". J. Beckmann [20], der diese Schrift noch für echt hielt, möchte unter dem Hinweis, daß Albertus Magnus ja auch sonst die Magnesia erwähne, diese Angabe auf den Braunstein beziehen. – Konrad von Megenberg [1309 bis 1374] sprach in seinem großen Werk mit dem Titel *Buch der Natur* [5], der ersten deutsch geschriebenen Naturgeschichte, nicht vom Glas, zitiert aber in dessen sechstem Buche *Von den edlen Stainen* in der Abhandlung über den Magnetstein den oben angegebenen, ihm durch Isidor von Sevilla überlieferten, Verwirrung stiftenden Satz des C. Plinius Secundus. – Anders findet sich in einer Handschrift des British Museum (Ms 3661, fol. 135, aus der Sloane Collection), die eine Kopie eines, der Herkunft nach unbekannten Manuskripts aus dem Jahre 1372 ist, das Wort Magnesia für einen Stoff, der Glas violett färbt [6].

Bei den italienischen Glasmachern sind die Glas färbenden und Glas reinigenden Eigenschaften des Braunsteins gut aus der Antike überliefert worden. So steht in einer anonymen Handschrift, verfaßt um etwa 1300, mit dem Titel: *De Arte Metallica seu de Metallorum Conversione in Aurum et Argentum* [7] die Bemerkung, daß die Magnesia „omnia et ipsum ferrum et vitrum dealbat [alles, sogar das Eisen und das Glas weiß macht]"; diese Handschrift stammt aus Süditalien und dürfte byzantinischem Einfluß zu verdanken sein. Im Norden Italiens, einem alten Zentrum der Glasherstellung, weiß man genauer Bescheid: In einem Manuskript des Archivs der Stadt Assisi (Ms 692) aus dem Ende des 13. Jahrhunderts mit dem Titel: *Secreti per lavorar li vetri Secondo la Dottrina di Maro Antonio da Pisa, singolare in tal'arte* [8]: „... ch'el vetro ... è verde per sua natura. E vogliendo fare che'l sia bianco, i fornazari vi mecteno dendro de una pietra che se chiama aregavense, la quale pietra adoprano quelli che fanno li boccali de terra, si che metendone alla fornace la giusta ragione et proportione deventa bianco come noi vedeno, e mectendovene alquanto più che la sua ragione e misura fa uno colore incarnato. E mectendovene anco un poco più che sua mesura fa un colore da lacca. La sopra detto pietra vien de Catalogna [... und merke, daß das Glas von Natur aus grün ist. Und will man machen, daß es weiß sei, so legen die Brenner einen Stein hinein, den man *aregavense* nennt. Diesen Stein verwenden auch die, welche Pokale aus Ton machen, so daß, wenn man davon in den Ofen das richtige Maß, die rechte Proportion, einsetzt, so wird es weiß, wie wir sehen, und wenn du etwas über das Maßverhältnis hinaus dazu tust, so machst du eine Fleischfarbe, und wenn du noch ein wenig mehr als sein Maß daran tust, so wird es eine Lackfarbe [rotviolette Farbe]; der oben angegebene Stein kommt aus Katalonien]" [9]. Was in dem Manuskript nach Antonio da Pisa nur angedeutet ist, findet sich in einem anonymen Kodex aus dem Florenz des Jahres 1443 genauer ausgeführt: Hier werden die Mengen des Manganzusatzes zur Herstellung von violettem Glas (Vorschrift V), von braunem Glas (Vorschrift VII), für fleischfarbenes Glas (Vorschrift VIII) und granatfarbenes Glas (Vorschrift XVI) genau angegeben [10]. Im späteren Teil des Florentiner Kodex wird dann noch von „fliore di manganese [Braunsteinblüte]" gesprochen, „cioè lo migliore della manganese [das ist das Beste des Braunsteins]", sie wird besonders präpariert und erhalten durch Erhitzen und Behandeln mit Essig [11]; vielleicht hat es sich bei dieser „Blüte" um Salze des zweiwertigen Mangan gehandelt. – Daß damals in Italien die Verwendung von Mangan bei den Glasmachern allgemein üblich war, zeigen die Schriften des Schweden Peder Månsson [etwa 1462 bis 1534], Bischof von Västerås, der im Jahre 1508 eine Reise nach Rom unternahm und über seine Beobachtungen technischer Art genau zum Nutzen seiner Landsleute in schwedischer Sprache berichtete; ein Kapitel handelt über Glaskunst und enthält unter vielem anderen auch Glassätze mit Mangan [12]; er schrieb: „Es gibt einen schwarzen Stein, der Manganes heißt. Stoße diesen und mache ihn fein. Gib hiervon zwei Besmarmark in jedes Gefäß [Tiegel mit dem Glassatz], das im Ofen steht. Davon wird das Glas sehr weiß und klar, obgleich der Stein schwarz ist" [13]. Daß man sich damals bei den italienischen Töpfern um eine sorgfältige Abstufung der mit der „Manghanese" erzielbaren Glasurfarben bemühte, zeigt ein Bologneser Manuskript [22] aus dem 15. Jahrhundert, wo unter dem Titel: Incipiunt diversi colores, quibus vasarii utuntur pro vasorum pulchritudine [Es beginnen (die Vorschriften für) verschiedene Farben, wie sie die Töpfer gebrauchen zum Schmuck der Töpfe] im Rezept 311 einem Glassatz zur Herstellung eines Blauviolett [azzuro violato] zu einem Pfund Zaffera, s. „Kobalt" Erg.-Bd. A, 1961, S. 14, eine Unze „Manghanese" oder, wenn die Farbe nicht so violett sein soll, nur eine halbe Unze zuzusetzen empfohlen wird. Wie gut die italienischen Glasmacher über die Bedeutung des Mangans Bescheid wußten, zeigt weiterhin V. Biringuccio in seiner im Jahre 1540 erschienenen *Pirotechnia* [14]: „DELA SIMIL natura anchor si troua un altro mezzo minerale, qual si chiama manganese, del quale oltre a quel che vien dela Almagna, sene troua in Toschana nele montagne di Viterbo, & nela Salodiana rivera, a Montecastello in vicino a Cara sene ritroua, questo e di color ferrigno scuro. Non fonde in modo che sene caui metallo, ma accompagnato con cose disposte a vetrificare le tegne in bellissimo color pauonazzo, & con questo li maestri vetrari tegnano li lor vetri in bellissimo pauonazzo, & li maestri di vase di terra che voglian mostrar pavonazzo lor pitture, anchor si seruen di questo. Ha di piu anchora in se certa proprieta che mescolandone fra il vetro fuso il purga, & di verde o giallo il fa bianco, & lui per il longo fuocho vapora come fa il piombo al cenneracio delaqual cosa alla prattica del vetro, & ancho poi alla figulina vene diro piu amblamente. [Es gibt noch ein Halbmineral gleicher Art [wie die zuvor abgehandelte Zaffera = Kobalterz], das man Manganese nennt. Diese kommt aus Deutschland, findet sich aber auch in der Toskana, in den Bergen von Viterbo, und am Salodiana-Fluß, bei Montecastello, nahe bei Cara. Diese ist dunkelrostbraun. Sie schmilzt nicht so, daß man daraus ein Metall schmelzen kann. Aber wenn man ihr Stoffe zusetzt, die verglasbar sind, so färbt sie sie im schönsten violett. Und darum färben mit ihr die Glasmeister ihre Gläser sehr schön violett. Auch die Töpfermeister benutzen sie für ihre violetten Malereien. Außerdem hat sie die besondere Eigenschaft, beim Mischen mit dem geschmolzenen Glas es zu reinigen, und macht grünes oder gelbes [Glas] weiß. Bei anhaltendem Feuer verdampft sie wie Blei im Aschentiegel [Kupelle]. Darüber werde ich bei der Glasfabrikation und später bei der Töpferkunst ausführlicher reden]" [15]. Biringuccio interpretiert den von W. Geilmann, s. S. 183, beobachteten Einfluß der Feuerführung auf manganhaltige Gläser als ein Verdampfen des Braunsteins. Sein Versprechen, später mehr über den Braunstein zu berichten, hat er leider nicht eingehalten, bei der Glasherstellung sagt er nur, daß man „nach Gutdünken eine beliebige Menge Braunstein" dem Glassatz zufüge [16].

Literatur:

[1] W. Geilmann, T. Brückbauer (Glastech. Ber. **26** [1953] 259/63, **27** [1954] 456/9). – [2] Heraclius (De Coloribus et Artibus Romanorum, herausgegeben von A. Ilg, Wien 1873, S. 52/3). – [3] C. Plinius Secundus (Naturalis Historiae Libri XXXVII, Buch 36, Kap. 66, 192 in: D. E. Eichholz, Pliny, Natural History, Bd. 10, London-Cambridge, Mass., 1952, S. 150/1). – [4] Theophilus Presbyter (Schedula Diversarum Artium, Buch 2, Kap. 8, herausgegeben von A. Ilg, Wien 1874, S. 108/9). – [5] Konrad von Megenberg (Buch der Natur, Buch 6, Kap. 50, herausgegeben von F. Pfeiffer, Stuttgart 1861, S. 451/2).

[6] R. Hadfield (J. Iron Steel Inst. London **115** [1927] 211/361, 253). – [7] O. Zuretti (Catalogue des Manuscrits Alchimiques Grecs, Bd. 2, Brüssel 1930, S. 221). – [8] P. E. M. Giusto (Le Vetrate di San Francesco in Assisi, Mailand 1911, S. 324 nach L. Zecchin, Tecnica Vetraria **1956**, Nr. 4, S. 21/6, 23). – [9] R. Bruck (Repert. Kunstwiss. **25** [1902] 240/69, 258/9). – [10] L. Zecchin (Tecnica Vetraria **1956**, Nr. 4, S. 21/6, 24).

[11] L. Zecchin (Tecnica Vetraria **1956**, Nr. 6, S. 22/5). – [12] J. E. Anderbjörk (Glastek. Tidskr. **8** [1953] Nr. 3, S. 81/3). – [13] O. Johannsen (Peder Månssons Schriften über technische Chemie und Hüttenwesen, Berlin 1941, S. 185). – [14] V. Biringuccio (Dela Pirotechnia Libri X, Buch 2, Kap. 9, Venedig 1540, fol. 36v). – [15] O. Johannsen (Biringuccios Pirotechnia, Braunschweig 1925, S. 133).

[16] V. Biringuccio (Dela Pirotechnia Libri X, Buch 2, Kap. 14, Venedig 1540, fol. 42r). – [17] E. O. v. Lippmann (Entstehung und Ausbreitung der Alchemie, Berlin 1919, S. 112/3). – [18] Albertus Magnus (De Mineralibus et Rebus Metallicis Libri V, Buch 2, Kap. 11, Köln 1569, S. 161/2). – [19] Albertus Magnus (De Mirabilibus Mundi in: De Secretis Mulierum, Amsterdam 1669, S. 158/203, 174/5). – [20] J. Beckmann (Beyträge zur Geschichte der Erfindungen, Bd. 4, Leipzig 1799, S. 414 Fußnote).

[21] Vincentius von Beauvais (Speculum Naturale, Buch 7, 77, Nürnberg 1485 nach J. M. Stillman, The History of Early Chemistry, New York-London 1924, S. 244). – [22] M. P. Merrifield (Original Treatises Dating from the XIIth to the XVIIIth Centuries on the Art of Painting, Bd. 2, London 1849, S. 541).

Manganese in Modern Glasses

2.8.2.2.3 Mangan in Gläsern der Neuzeit

Die Ergebnisse der Analysen von Gebrauchs- und Fenstergläsern aus dem 16. bis 19. Jahrhundert durch W. Geilmann, T. Brückbauer [1] gibt die nachstehende Tabelle:

Tabelle Nr. 5
Phosphor- und Mangan-Gehalt neuerer Gläser

Probe	Herkunft	Zeit	Farbe	Mn_3O_4 %	P_2O_5 %
verwitterte Scheibe	Hannover	vor 1500	fast farblos	1.60	3.16
Scheibe, 1.5 mm st.	Hannover	vor 1650	schw. grünlich	0.80	2.97
Scheibe, 1 mm st.	Hannover	um 1600	hellgrün	1.39	2.94
Scheibe, 2.5 mm st.	Straßburg	vor 1871	bräunlich-rot	0.014	0.132
Scheibe, 2 mm st.	Straßburg	vor 1871	farblos	0.009	0.03
Scheibe, 2 mm st.	St. Quentin	19. Jahrh.	leucht. hellblau	0.46	0.08
Nuppenbecher	Trier	1600	grün	1.32	2.33
Nuppenbecher	Trier	1600	schw. grünlich	0.25	0.30
Hohlglas	Hannover	1600	schw. grün-gelb	0.84	2.94
Pokalfuß	Alzey	1600	fast farblos	0.86	1.14
Flaschenboden	Hallgarten	1600–1650	apfelgrün	0.63	2.95
Becherboden	Thomas-hügel	1610	braun	5.86	3.63
Flaschenrest	Hannover	1700	hellgrün	1.26	1.66
Hohlglas, 3 mm	Hannover	vor 1750	bräunlich-grün	0.98	2.60
blasiges Glas	Hannover	16.–17. Jahrh.	tief grün	2.11	2.54
Hohlglasstück	Hannover	16.–17. Jahrh.	grün	1.95	2.26
Hohlglasscherben	Hannover	17.–18. Jahrh.	gelblich	1.18	2.84
blasiges Hohlglas	Hannover	17.–18. Jahrh.	grün	1.22	2.51
dünner Scherben	Hannover	17.–18. Jahrh.	hell gelbgrün	1.14	2.52
1 mm starkes Hohlglas	Venedig	16. Jahrh.	schw. grünlich	0.89	1.00
Schalenstück	Venedig	17.–18. Jahrh.	völlig farblos	0.11	1.88
Schalenstück	Venedig	17.–18. Jahrh.	völlig farblos	0.42	0.31
Schale m. Goldrand	Böhmen	1735	völlig farblos	0.09	0.031

Für die daraus zu ziehenden Folgerungen kann auf das vorstehende, S. 183, verwiesen werden.

Die berühmten Autoren chemisch-technischer Werke der beginnenden Neuzeit, wie etwa V. Biringuccio [1480 bis 1539], s. im vorstehenden, oder G. Agricola [1494 bis 1555] berichten, soweit sie technische Angaben machen, über die traditionsgebundene Arbeitsweise ihrer Zeitgenossen und auch ihre von Plinius geprägten Vorstellungen. G. Agricola [2] bestätigt dies bei seiner Beschreibung der Glasherstellung ausdrücklich: „Ad quas adjiciatur minuta magnetis particula: certe singularis illa vis nostris etiam temporibus aeque ac priscis ita in se liquorem vitri trahere creditur, ut ad se ferrum allicit: tractum autem purgat, & ex viridi vel luteo candidum facit: sed magnetem postea ignis consumit [Dazu [zum Sand-Salzegemisch] bringt man kleine Stücke vom Magnetstein. Wie in früheren Zeiten glaubt man auch in unseren Tagen an die außerordentliche Fähigkeit des Magnetsteines, die flüssige Substanz des Glases an sich zu ziehen, wie er das Eisen anzieht. Und diese Substanz, die er anzieht, reinigt er auch und macht aus grünem und gelbem Glas weißes. Der Magnetstein selbst wird dann vom Feuer verzehrt]." In dem folgenden Glassatz, in dem Buchen- oder Eichenholzasche verwendet wird, fährt er fort: „... & addunt modicum salem, ex aqua salsa vel marina factum, atque exiguam magnetis particulam [Man setzt etwas Salz hinzu, das aus Sole oder Meerwasser gewonnen ist, und ein kleines Stück Magnetstein]." – Auch J. Mathesius [1504 bis 1565/8] hält sich in der 15. Predigt, *Vom Glaßmachen*, seiner *Bergpostilla oder Sarepta* [3] an Plinius: „... ist man auß erfahrung weiß worden / das der Magnet die glaserichte materien im feur auß dem sand an sich ziehe / wie er das eisen annimpt / vnnd daß er vom Magneten lauterer vnnd klarer werde / drumb hat man dem sand auch Magneten zugeschlagen". Über das italienische Glas weiß er zu berichten: „Ihr eigenen sand haben hierzu die Venediger / vnd brennen ihr eigen asch / vnd brauchen jhr zusatz / vnnd halten jhr kunst heimlich. Ich höre sagen / man brenne asch aus schilfwurzel. Cardanus schreibet / sie haben jhr eigen Erde / die den sand lautere / damit sie auch das glaß ferben ..." Er dürfte also den Braunstein nicht gekannt haben. Er fährt fort: „Die Wahlen [Welschen] haben lust vnd gefallen zu schönen vnnd klaren glesern ...", kritisiert aber: „Vor alters / da noch liechte hertzen / vnnd finstere kirchen waren / hat man die kirchenfenster mit allerley farben gemaltem Glaß verglaset. Jetzt werden die weissen Gläser gemein ...". – Es ist also gar nicht verwunderlich, wenn M. Rulandus [1552 bis 1602] in seinem *Lexicon Alchemiae* [4] nur die Pliniussche Formulierung bringt und von der Magnesia als Zusatz zum Glase überhaupt nichts weiß.

Anders bei den gleichzeitigen italienischen Autoren. Camillus Leonardus [5] schrieb in seinem erstmals im Jahre 1502 erschienenen *Speculum Lapidum*: „Magnasia sive magnosia ex nigro colore in commoditate ad vitrariam artem. Idem atque Alabandicum. [Magnasia oder Magnosia, von schwarzer Farbe ist vorteilhaft in der Glasmacherkunst. Ist das gleiche wie Alabandicus, s. S. 177]." Und unter Alabandicus sagt er: „... utilis ad vitrarium artem, cum vitrum clarificet et albefacit ... et a vitrariis Mangadesum dicitur [... ist brauchbar in der Glasmacherkunst, weil er das Glas glänzend und weiß macht, ... und die Glasmacher nenen ihn Mangadesus]." – J. C. Scaliger [1484 bis 1558] schrieb in seiner gegen H. Cardanus gerichteten Schrift [6]: „Siderea, quum Manganensem vocant Itali, terra est repurgando vitro aptissima: illud tingens caeruleo colore. Haec tua verba sunt. Mihi, fateor, ignota res est. In libello tamen sufflatorio manuscripto, qui fuerat Augustini Panthei Veneti, hunc admodum scriptum fuit: Zaffera tingi vitrum caeruleo colore, Manganesi purpureum evadere. Fides sit penes autores. Illud etiam num in memoriam habeo. Me puero apud maternos avos agente Ladroni, ad Salodianos, nisi fallor, montes effossum nescio quid, quod aiebant avehi Venetias: unde vitrum candidissimum redderetur, ad eam adeo puritatem, ut Crystallini tueretur appellationem. Docebat Ioannes Iucundus, praeceptor noster, omnium bonarum artium vetus, novaque bibliotheca, ferruginei coloris miscella candescere vitrum, propter utriusque substantiae vehementem cohaesionem. Quam ob rem compositis materiarum partibus colores quoque inter se mutue subire. Ferrugineam naturam illam ignis inpatientem exhalare, secumque vitri sordes illas auferre haud secus atque lixivium, quo lintea emaculantur. ... Non exhalare tamen ferruginem illam, si metallis admisceatur, propterea quod minore igni, aut minus diu excoquatur. [Siderea, wie man in Italien die Manganese nennt, ist eine zur Reinigung des Glases sehr geeignete Erde, sie färbt es in himmelblauer Farbe. Das sind Deine [des Cardanus] Worte. Mir, ich muß es gestehen, ist diese Tatsache unbekannt. Aber in einem kleinen, handgeschriebenen Gebläse-[Ofen]-Büchlein, das dem Venetianer Augustinus Pantheus gehört hatte, steht dazu folgendes geschrieben: Durch die Zaffera werde das Glas himmelblau gefärbt, durch die Manganese werde es purpurfarben. Man sollte den Autoren Vertrauen schenken. Außerdem habe ich noch etwas in Erinnerung: Als ich als Kind bei den mütterlichen Großeltern lebte in Ladronium (bei Salodiana), wurde, wenn ich mich nicht täusche, ein Ich-weiß-nicht-was aus den Bergen gefördert, von dem man sagte, es werde nach Venedig verfrachtet, und davon sollte das Glas sehr hell werden, und zwar von einer solchen Reinheit, daß es die Bezeichnung ,Kristall' verdiene. Es lehrte uns Johannes Jucundus, unser Lehrer, in allen schönen Künsten erfahren, und Besitzer einer modernen Bibliothek, daß eine rostfarbene Zumischung das Glas weiß macht wegen der heftigen Anziehungskraft beider Substanzen. Deswegen würden nach der Zusammenziehung der Teilchen der [beiden] Stoffe die Farben sich gegenseitig auslöschen. Jener rostfarbene Stoff könne das Feuer nicht ertragen und verdampfe und nehme den Schmutz des Glases mit sich, nicht anders als eine Waschlauge, mit der Leinentücher gereinigt werden ... Jener rostfarbene Stoff verdampfe nicht, wenn er metallischen Stoffen zugemischt werde, weil [dann] mit kleinerem Feuer oder zu kurz geschmolzen werde]." Scaliger gibt hier eine neue Begründung der Klärung der Glasfarbe durch Verdampfen nach zusammenziehender (magnetischer) Wirkung, und sein Vergleich mit der Waschlauge ist der Ursprung der Bezeichnung ,Sapo vitri = Glasseife' für den Braunstein. Was den Angriff auf die Meinung des H. Cardanus [1501 bis 1576] angeht [11], so hätte J. C. Scaliger ihn erweitern können, denn nur wenige Seiten hinter der zitierten Stelle behauptet Cardanus: „Constat vitrum ex tribus lapidibus lucidis, vel arena, sale chali & syderea horum memini superius natura recitasse [Es besteht das Glas aus drei [Stoffen], hellen Steinen oder Sand, Alkali und Syderea, über deren Natur ich mich erinnere, oben berichtet zu haben]"; er hält also den Braunstein für einen Hauptbestandteil des Glases.

Die Abtrennung des Braunstein vom Magneten beginnt bei U. Aldrovandus [1527 bis 1602], der in seinem *Musaeum Metallicum* [7] schrieb: „Aliam Magnetis speciem proponant, quae vitro in fornace permiscetur, vulgo vocatur Manganese, Alberto dicitur Magnesia, lapis est nigro magneti similis, et vitrarii libenter utantur, cum vitrum ab alienis coloribus purget, illudque clarius reddat, sed si in majuscula quantitate addatur, vitrum colore purpureo tingit. Huius modi genus ex Germania defertur et etiam apud Italos in montibus Viterbii effoditur. An haec species sit pseudo magnes apud Plinium, non audemus affirmare ... [Für eine andere Art Magnetstein hält man auch die, welche dem Glas im Ofen beigemischt wird, und meist Manganese genannt wird, bei Albertus [Magnus] Magnesia heißt; es ist ein dem schwarzen Magneten ähnlicher Stein, und die Glasmacher verwenden ihn gern, weil er das Glas von unbeliebten Färbungen reinigt und es heller macht. Aber wenn er in etwas größerer Menge zugesetzt wird, färbt er das Glas purpurfarben. Diese Sorte wird aus Deutschland herbeigebracht und auch in Italien in den Bergen von Viterbo gefördert. Ob diese Sorte der Pseudomagnes des Plinius ist, wage ich nicht zu bestätigen ...]." Ganz ähnlich formuliert sein Wissen über die Wirksamkeit des Braunsteins auf das Glas A. Caesalpinus [1519 bis 1603] in seinem Buch *De Metallicis* [8] und Ferrante Imperato in seiner 1599 gedruckten *Historia Naturale* [9] oder der Spanier B. Perez de Vargas in seinem Buche *De Re Metallica* [10], das im Jahre 1569 erschien; gelegentlich wird auch ganz allgemein festgestellt, daß „Manganese" überall in Italien gefunden und gebraucht werde, wo immer man Glas machte, wie in der wahrscheinlich in den Jahren 1556/59 von C. Piccolpasso, einem Militärarchitekten und Bruder eines Töpfers verfaßten ersten Monographie über die Töpferei in einer europäischen Sprache *Li Tre Libri dell'Arte del Vasaio* [15], mindestens aber wußte man wie J. B. Porta [1538 bis 1615] in seiner *Magia Naturalis* [16], daß mit ihm ein amethystfarbenes Glas hergestellt wurde.

Am Beginn des 17. Jahrhunderts (1612) steht die Veröffentlichung des für die Glasgeschichte wichtigen Buches des italienischen Priesters Antonio Neri, der wahrscheinlich in Murano gearbeitet hat, mit dem Titel *De Arte Vitraria* [12], in der Mitte etwa (1662) der Kommentar zu diesem Buch von dem englischen Arzt C. Merret [13], und im letzten Viertel (1779), auf ihnen aufbauend und sie enthaltend. J. Kunckels berühmte *Ars Vitraria Experimentalis* [14], des auf Jahrhunderte hinaus maßgebenden Lehrbuchs der Glasmacherkunst. In ihnen nehmen zwar Vorschriften für farbiges Glas den größten Raum ein, denn das Luxusbedürfnis der Fürsten des Barock zielte auf farbige Pasten und künstliche Edelsteine, die Verbindung von Malerei und Architektur des Barock verlangte aber in kirchlichen und weltlichen Räumen volles Licht, d. h. farblose Fenster. Noch eine andere Luxusneigung des

Barock kam der Herstellung farblosen Glases zugute, die Vorliebe für Spiegelscheiben größten Ausmaßes. Auch das böhmische und venetianische Kristall für Hohlglas und für Kronleuchter erlebte seine größte Zeit im 17. Jahrhundert.

A. Neri lehre im 9. Kapitel seines Buches, schrieb in seinem Kommentar dazu J. Kunckel [14, S. 55/6], „wie und auff was Weise man die Magnesia soll zusetzen. Magnesia aber ist eben diß / was die Glasmacher Braunstein nennen / und unter diesem Nahmen ihnen allen genugsam bekannt ist; sie solte billig des Glases Seiffe genannt werden. Es thut diejenige / die in denen Meißnischen Ertzgebirgen / sonderlich bey Schneeberg häuffig gefunden und gegraben wird / ingleichen eine Art so aus Böhmen kommt / auch beyderley umb sehr billigen Preiß zu haben seyn / ebenmäßig und ja so wohl das ihrige / als die Piemontanische; können derowegen wir Teutschen derselben / nemlich der Piemontanischen Magnesiae gar wohl und füglich entrathen. So man demnach ein Glas / das sich zur Grüne neiget / mit der Magnesia oder unsern Braunstein versetzet / so sticht solche Farbe / nach dem der Braunstein wieder vergangen / etlicher massen nach der Schwärtze / erlangt also eine hellere Farbe und verliert die Grüne; doch / daß solches deßwegen einem rechten Crystall solte ähnlichen / wie wir Teutschen ietz und an unterschiedenen Orten machen / ist noch umb ein gutes gefehlet. Es wird zwar ein gar schön Glas / vor vielen andern / die man nemlich damahls zu des Autoris [A. Neri] Zeit mag gemacht haben; aber ietziger Zeit macht mans auff eine viel bessere Art / welche ich denn auch sehr gerne denen Liebhabern communiciren und mittheilen wolte / wenn ichs nicht aus sonderbaren Ursachen unterlassen müste. In dessen können die / welche gleichwohl gerne ein schön Glas nach der Venediger Art haben wollen / gar füglich des Autoris Lehre folgen / sonderlich mit dem Ableschen / wie die Glasmacher ohne diß zum öfftern thun und zu thun gewohnet sind." J. Kunckel gibt hier eine eigenwillige Deutung der Wirkung des Braunsteins auf die Glasfarbe, „nach dem der Braunstein vergangen". — Im 13. Kapitel seines Buches befaßte sich A. Neri [14, S. 16] in ähnlicher Weise damit, *„Wie die Magnesie zum Glaßfärben bereitet werde".* Es müsse die Piemontische Magnesia sein, „als welche von allen Glaßmachern vor die beste gehalten und häufig in Venedig zu bekommen ist; diese Magnesie nur allein gebrauchen die Muranen / ob aber solche schon / auch in Toscan und Lygurien in grosser Menge angetroffen wird / so hält doch selbige viel Eisen / und gibt eine schwartze und schmutzigte Farbe; hergegen machet die Piemontische aus der schwartzen eine sehr schöne Farb / und lässet das Glaß / von aller Grüne befreyet / gantz weiß liegen". Dann gibt er Anweisung, die Magnesia vom Eisengehalt durch Glühen und Besprengen mit Essig und folgendem Auslaugen zu befreien; dies kommentiert J. Kunckel [14, S. 48]: „Das Ablöschen mit Essig thut nichts zur Sache / wann sie nur wohl gebrannt ist". „Sie muß aber", sagte andernorts A. Neri [14. S. 13/4), „sparsam / und mit Verstand hinzugegeben werden, sonst giebet sie dem Crystall eine eisenhafte und rostige Farbe / welche endlich gar schwarz wird". Es folgen eine Reihe von Vorschriften zur Herstellung von farbigen Gläsern, von denen die Braunstein enthaltenden hier kurz mitgeteilt werden sollen, da sie die Arbeitsweise der damaligen Glasmacher erkennen lassen. In seinem 3. Buch, Kapitel 47, *Eine Granat-Farbe zu machen,* verlangt A. Neri [14, S. 79] auf 100 Pfund Glasmasse „1 Pfund Piemontesische Magnesie und 2 Loth Zaffera" [s. „Kobalt" Erg.-Bd. A, 1961, S. 14/7] zu geben und das Glas nach vier Tagen Fließen zu verarbeiten. J. Kunckel [14, S. 86] kommentiert: „Macht noch lange keine Granatfarbe (als wozu mehr gehört), sondern vielmehr ein Spinell / wie ich auf solche Art sehr schön verfertiget habe". Im 48. Kapitel, *Eine Amethystfarbe zu machen,* empfiehlt A. Neri [14, S. 80] auf ein Pfund Glasmasse 2 Loth eines Gemisches aus 1 Pfund Piemontesischer Magnesie und 3 Loth Zaffera zu geben; J. Kunckel [14, S. 86] meinte, die Zaffera-Menge hinge von deren Färbekraft ab, man müsse vorsichtig sein, sonst würde die schöne Amethystfarbe zu blaustichig. Auch zu einer „Sapphier-Farbe" wollte A. Neri [14, S. 80/1] der Zaffera eine kleine Menge Braunstein zugesetzt wissen; ganz besonders gut gelinge sie, wenn man von einer Kristallglasfritte ausgehe. J. Kunckel [14, S. 86/7] kritisiert: „So man ein recht schön Crystall-

Glaß hat / das keinen grünen Stich hat / sondern gantz klar und mit der Magnesia oder Braunstein bestens gereiniget ist / so darff man nichts als bloß Zaffera oder Cobalt zusetzen". – *„Eine schwarze Farbe zu machen"*, dazu läßt im Kapitel 51 A. Neri [14, S. 81] „Farbige Glasstücke" nehmen, „zu solchen thut man Magnesiam und Zafferam, und zwar der Magnesia halb so viel als der Zaffera, was J. Kunckel [14, S. 87] als „sehr gut" bewertet. Die Vorschrift A. Neris [14, S. 81], *„Eine noch schönere schwarze Farbe zu machen"* des Kapitels 53: „Auf 100 Pfund Glaß, 2 Pfund Weinstein und 12 Loth Magnesie" zu geben, hält J. Kunckel [14, S. 87] nicht für ganz richtig: „zuwenig Braunstein, muß ein Pfund seyn". Dagegen hält J. Kunckel [14, S. 85/6] die Braunsteinmenge in einem Rezept für ein durch Kohle gefärbtes „güldenes" Glas [14, S. 78] für viel zu groß und die zugesetzte Menge „Roten Weinstein" für viel zu klein. Auch für Milchgläser empfahl A. Neri [14, S. 82/3, 85] den Zusatz von „Magnesia", deren Menge von J. Kunckel [14, S. 88] korrigiert wurde; Neri brachte auch eine Vorschrift, *„Ein Pfirsisch-Blüht-Farb / dem Milch-färbigen Glaße zugeben"*, was er mit einem erhöhten Braunsteinzusatz erreichte.

Christopher Merret wirft Magnesia und Zaffera im 9. Kapitel seines Kommentars durcheinander [14, S. 262], macht aber eine Bemerkung, die erkennen läßt, daß ihm der Einfluß der Behandlung der Schmelze auf die Glasfarbe bekannt ist: „Diese ist die Ursach so unterschiedlicher Qvalitäten und Veränderung der Farben / als deren etliche völlig / einige aber heller sind. Man befindet anietzo / daß die Magnesie und der Zaffera, nur der Güte nach unterschieden sind / als da diese in ihren Vermögen etwas arm / jene aber desto reicher ist. [Absatz] Es ist zwar noch ein Mittel-Unterschied zwischen beyden / solches aber kan von keinem / auch von dem allerkünstlichsten und erfahrnesten Glasmacher nicht unterschieden werden / es sey denn / daß sie des Ofens vorhero wohl kundig sind. [Absatz] Über dieses / so verändern die Metallen ihre Farben / ungeachtet sie auff einerley Art / und gleichen Ingredientibus bereitet worden / je nach Art der Töpffe / in welchen sie ausgekochet werden; Derohalben folget der Glasmacher den Gutdüncken der Augen / indeme er seine Farben / nicht nach dem Gewicht oder Maas / sondern nach und nach / Absatz-weise / beymischet / folgends das Metall rühret / und nach genommener Prob von der Qualität der Farben urtheilet; und im Fall er solche gar zu hell befindet / so thut er noch so viel darzu / biß es die Farb / so er verlanget / erreichet." – Dafür ist C. Merret sehr interessiert an der Frage, woher die aufhellende Wirkung des Braunsteins komme [14, S. 245/7]. Nachdem er die Ansichten der älteren Schriftsteller dargelegt hat, fährt er kritisch fort und gibt eine neue ‚atomistische' Deutung der Entfärbung: „In diesen obigen Discurs nun sind zweyerley Sachen in acht zu nehmen / als die Attraction oder Anziehung / und die Reinigung-Krafft / damit die behandelte Magnesie ihre Würckung vollbringet: Betreffend das erste / als die Attraction, so finde ich kein ander Fundament / als daß solche Eigenschafft / aus freyen Willkühr / wegen deß Nahmens der Materie / ist beygeleget worden; denn so man gleich ein grosses Theil der Magnesie / zu einem wenigen Theil deß zerbrochenen oder geschmeltzten Glases thut / so wird man in derselben weder Attraction noch Bewegung spühren: Wollen sie aber / an statt deß glaßhafftigen Liquors, das Alcali, oder ein Theil deß Glases verstehen / so ist gewiß / daß die grüne Farb auch dem wohlverschaumten Metall [das ist: Glasschmelze] anhängig / und wann man alsdann einige Magnesie darzu thut / so ists auch richtig / daß es das Glaß reinige: Verstehen sie aber durch den Liquor deß Glases nichts anders / als ein geschmeltztes Glaß / so reden sie vergeblich von der Sach / indem sie solches nicht / wie sichs gebühret / mit einem Beweiß-Grund / oder einiger Erfahrungs-Prob erörtern. [Absatz] Sonsten aber wie obscur und verborgen diese Attraction, so offenbar ist hingegen die Glaß-Reinigung / die Art und Weise aber / wie solches geschehe / ist gäntzlich verborgen. Vorerwähnter Scaliger hält / samt seinem Lehrmeister / dafür / daß solche Operationes der Magnesie / in Attrahirung und Reinigung des Glases / vermittels einer Art der Exhalation geschehe: Plinius und Cæsalpinus verstehen durch dieselbe Attraction vielleicht nichts anders / als die Reinigung / allein sie geben davon keinen gebührlichen und sattsamen Bericht.

[Absatz] Einmal / aber ist gewiß / daß vermittels der Magnesie die Unreinigkeiten und fremden Dinge von dem geschmoltzenen Glaß-Metall abgeschieden werden / es mag nun gleich durch die Præcipitation oder Exhalation geschehen; durch die Præcipitation aber kan solches nicht geschehen / denn wann das Metall beweget würde / so würde seine gehabt Farb wiederum kommen / oder es würde solche in Form eines Pulvers / gleichwie in allen Præcipitationen geschiehet / auf deß Topffes Boden zu finden seyn. [Absatz] Die Exhalation ist noch weniger warscheinlich; dieweiln man an dem gereinigten Glaß keinen Abgang deß Gewichts spühret: und wie sollte sich der fixe Cörper der Magnesie / samt der klebrichten Substantz deß Glases vermischet / also erheben und ausrauchen können? und könte auch wohl eine grössere Unbeständigkeit der Magnesie beygemessen werden / als daß man sagen wolte / sie dämpffe unvermercket / nachdem sie die grüne Farb deß Glaß-Metalls an sich genommen / in die Lufft auf / und davon? [Absatz] Ich vor meinen Theil halte dafür / daß hieran nichts anders / als die formliche Veränderung des Cörpers / und der kleinesten metallischen Particuln / die Haupt-Ursach solcher Operation sey: Dann indem die Magnesie vom Feuer geschmoltzen / auch durch dessen Vermittlung / mit den allerkleinsten Atomis deß Metalls durchaus vermischet wird / so formiret das Feuer / vermittels der mannigfaltigen Herumtreibung / atomialische Figuren / welche alsdann tüchtig werden / den meisten Theil desjenigen Lichtes / welches wir hell und weiß nennen / reflectirend fürzustellen. [Absatz] Diese Lehr von der Farben Herfürbringung / nur aus ihrer Theil-Verwechßlung / noch weitläufftiger zu erörtern / könten noch unterschiedliche Instanzen oder Einwürffe auf die Bahn gebracht werden." Nun bringt er einige, ihm geeignet scheinende Beispiele und führt dann fort: „Mit diesen Einwürffen nun wird ja die Exhalation der Magnesie hoffentlich genugsam widerleget worden seyn / mit augenscheinlicher Erweisung daß die vielmals erwähnte Glaß-Reinigung / eintzig und allein von Mannigfaltigkeit der Metallischen Theil Textur oder Gewürck / und deroselben Disposition / welche die darzugethane Magnesie würcket / herrühre. Und was könte wohl für eine andere Ursach gegeben werden / warum das Glaß-Metall von zwey weissen Cörpern / nemlich Sand und Saltz / eine gantz andere Farb erlange? oder warum die Zaffera, und die Magnesie / eine schwartze Farbe geben?" Es soll noch erwähnt werden, daß von ihm später [14, S. 352, 394] noch Vorschriften für braune Glasuren und violette Farben für Majolika angegeben werden.

Die Kenntnis der Bedeutung des Braunsteins für die Glasherstellung scheint damals in England nicht allgemein verbreitet gewesen zu sein, so schrieb der berühmte Arzt Sir Thomas Browne [1605 bis 1682] – wohl in einer im Jahre 1686 erschienenen Ausgabe seiner Werke: „in making glass it hath been ancient practice to cast in pieces of magnesite, or perhaps manganese", ohne den Grund dafür angeben zu können [17]. Auch R. Boyle [18], der ungefähr im Jahre 1661 in England als Erster eine Braunsteinlagerstätte fand, was J. J. Becher [19] ein besonders erwähnenswertes Ereignis schien, machte zunächst nur einen Töpfer auf seinen Fund aufmerksam: „... I made a discovery of manganese, or magnesia, whereof I gave the potter an advertisement, which he afterwards thank fully made use of, having found the mineral very proper for the glazing and colouring of his vessels." Erst später [20], als er sich mit den Farben beschäftigte, konnte er schreiben: „It is likewise though a familiar yet a remarkable practice among those, that deal in the making of glass, to employ (as some of themselves have informed me) what they call manganess, and some authors call Magnesia (of which I make particular mention in another treatise) to exhibit in glass not only other colours than its own (which is so like in darkness or blackishness to the loadstone, that is given by mineralists for one of the reasons of its Latin name) but colours differing from one another. For though they use it (which is somewhat strange) to clarify their glass, and free it from that blueish greenish colour, which else it would too often be subject to; yet they also employ it in certain proportions, to tinge their glass both with red colour, and with a purplish or murry; and putting in a greater quantity, they also make with it that deep obscure glass, which is wont to pass for black, which agrees very well with, and may serve to confirm what we noted near the beginning of the 44th experiment, of the seeming blackness of those bodies, that are over-charged with the corpuscles of such colours, as red, or blue, or green, etc. And as by several metals and other minerals we can give various colours to glass, so on the other side, by the differing colours, that mineral ores, or other mineral powders, being melted with glass, disclose in it, a good conjecture may be oftentimes made of the metal or known mineral, that the ore proposed either holds, or is most of kin to. And this easy way of examining ores may be in some cases of good use, and is not ill delivered by *Glauber*, to whom I shall at present refer you for a more particular account of it: unless your curiosity command also what I have observed about these matters. Only I must here advertise you that great circumspection is requisite to keep this way from proving fallacious, upon the account of the variations of colour, that may be produced by the differing proportions, that may be used betwixt the ore and the glass, by the richness or poorness of the ore itself, by the degree of fire, and especially by the length of time, during which the matter is kept in fusion; as you will easily gather from what you will quickly meet within the following annotation upon this 48th experiment." Auf eine weitere Erklärung der Phänomene ließ er sich nicht ein.

Im Jahre 1677 machte C. Brummet [Grummet], J. Kunckels ehemaliger Assistent in Dresden, die Beobachtung [21], daß beim Aufschmelzen von Glas unter Zusatz von Salpeter das Glas eine rote Farbe annahm; erst glaubte der Alchemist, einen Zugang zur roten Tinktur, nach alchemistischer Vorstellung der Tinktur des Goldes, gefunden zu haben, dann aber vermeinte er zu erkennen, daß der Salpeter, den er auch darum „Blut der Natur" benennen wollte, die alleinige Ursache dieser Farberscheinung sei; nachdem er berichtet hatte, daß er mit Mineralien „mehrentheils Metallische coleuren / auff grün / blau / und gelbe sich ziehende / mit nichten aber auff eine Blut- oder Purpurröthe / als eine perfecte Feuer-Farbe" erhalten habe, fuhr er fort: „Darunter ich zwar Anfangs / in so vielen Untersuchen derer Mineralien / mich gleichwohl einmahl mit grossen güldenen Berges Einbildungen gewiß überredet / als könte ich die wahre / in allen Metallen und Mineralien liegende Purpurrothe Tinctur, vermittelst einer Solutione vel præcipitatione cum Nitro, eigentlich extrahiren und per vitrificationem vor Augen stellen. Insonderheit so fiele das darzu / daß sich viel hohe und niedere Stand-Personen / Gelehrte und Ungelehrte / nicht allein vor sich gäntzlich einbildeten / als wenn die bekannte ammulirte oder geschmeltzte Purpur- oder Goldbraun-Farbe bei denen Gold-Arbeitern / nicht allein eine wahre Vitrificatio, sondern auch Tinctura Auri, seye: Als ich aber nachmahlen diesen letztern Ruff mit meiner vorigen Experientz per Vulcanum hin und wieder überlegte / und durch allerhand gewisse Proben untersuchte / so wurden mir meine Verstandes-Augen geöffnet / und erkannte dahero / daß alle diejenigen Purpur-Tincturen gar nicht aus denen Metallen und Mineralien / sondern blosser Dinge / und nirgends anders her / als einig und alleine aus dem Nitro, gekommen waren." Es war J. Kunckel [22] leicht, nachzuweisen, daß die Rotfärbung nur eintritt, wenn das Glas stark manganhaltig war, und so die eigenartigen Vorstellungen über das „Blut der Natur" zu zerstören.

In seiner großen Untersuchung des Jahres 1740 über die Magnesia vitrariorum [Glasmacher-Magnesia] ging J. H. Pott [23] natürlich auch auf die Färbungseigenschaften des Minerals ein und lehnte die Vorstellungen einiger älterer Forscher ab, so die von J. C. Scaliger [6], der meinte, der verdampfende Braunstein reiße das Eisen mit, was nicht zutreffen könne, „... cum ipsum sit corpus in igne etiam intensissimo satis constans & fixum, nulla tenus exhalabile [... da gerade dieser Körper auch im intensivsten Feuer hinreichend beständig und fest ist und keineswegs verdampfbar]", ferner die von A. Kircher [24], der im Jahre 1665 die Meinung des Plinius von der magnetischen Wirkung wiederholt hatte, und schließlich die C. Merrets, s. im vorstehenden, daß die Magnesia die atomistische Struktur des Glases ändere. J. H. Pott selbst meint: „Qua ratione autem depuratio haec perficiatur, vix satis liquet: Plerique subtilem arreptionem & praecipitationem ferrearum particularum, quae in silicum rimis latuerant, pro causa adducunt ... fundus certe Tigilli paulo accuratius hic inquirendus esset, ubi non dubito reliquias ejus praecipitando adhaerentes reperiri [Wodurch diese Reinigung erfolgt, ist nicht hinreichend klar: Die Mehrzahl (der Gelehrten) führen als Grund dafür ein subtiles Ansichreißen und eine Fällung an der Eisenteilchen, die in den Ritzen der Kieselsteine verborgen waren ... sicherlich müßte der Boden des Tiegels ein wenig genauer danach untersucht werden, wo man ohne Zweifel die Reste der Fällung finden würde]", und zitiert damit J. Juncker [25], Professor der Medizin in Halle, fast wörtlich. – Im Jahre 1765 veröffentlichte D. F. d'Arclay de Montamy [26] eine „physikalische" Theorie der Glasentfärbung durch Braunstein, die schon von A. Neri, s. oben, angedeuteten Vorstellungen wiederholend: „Der Braunstein nimmt ... gerade eben deswegen dem Glase sein grünes und olivenfarbenes Ansehen, weil er selbst dem Glase eine Purpurfarbe mittheilt. Denn indem sich die Purpurfarbe des Braunsteins mit den gedachten Schattierungen vermischt, so entsteht aus allen zusammengenommen eine schwärzlicht braune dunkle Farbe. Nun erscheint aber das Schwarze bekanntermaßen nur deswegen schwarz, weil es die farbigen Stralen, anstatt sie zurück zu werfen, in sich nimmt; und es muß demnach ein durch die vorgedachte Beymischung etwas braungewordenes Glas auch weniger Stralen zurückwerfen, und demnach weniger gefärbt erscheinen als vorher." Der Berichterstatter J. G. Leonhardi bemerkt in einer Fußnote, daß L. B. Guyton de Morveau [27] die durch den Braunstein „verursachte Entziehung der grünen Farbe von der nämlichen Ursache wie Montamy" ableite. – Auch T. Bergman [28] hat sich in einer seiner Untersuchungen über Braunstein zur Glasentfärbung geäußert, er bespricht sie allerdings an den Erscheinungen an der Phosphorsalzperle und kommt zu dem Schluß, daß der Grund für die beobachteten Farbwechsel in der unterschiedlichen Menge des aufgenommenen Phlogiston zu suchen sei und die Farblosigkeit von der richtigen Menge des aufgenommenen Phlogiston abhänge. Auch C. W. Scheele [29] hat sich mit dieser Erscheinung befaßt und eine sehr große Zahl Versuche darüber angestellt. Seine Ergebnisse faßte J. G. Leonhardi [30] zusammen: „... Wenn dieses Metall [Eisen aus den Verunreinigungen der Rohstoffe] in der Glasmasse selbst mit eingehen soll, so muß es seiner metallischen Natur beraubt werden, und folglich etwas von seinem Brennbaren [= Phlogiston] absetzen. Indessen behält es noch überaus viel Brennbares bey sich, und von diesem Brennbaren rührt die grüne Farbe her, die es dem Glase mittheilt, so wie es dergleichen grüne Farbe auch auf dem nassen Wege, z.B. im grünen Vitriole, zeigt. So wie aber der grüne Vitriol durch öftere Auflösungen nach und nach immer reiner an Brennbarem wird, und diese Farbe endlich ganz ablegt, zuletzt aber roth wird, so verliert auch das Eisen auf dem trockenen Wege sein Brennbares, und seine Kraft, die Glasmassen grün zu färben, wenn man dem Glasflusse in zureichendem Verhältnisse Braunstein zusetzt. Denn der Braunstein besitzt die Kraft das Brennbare anzuziehen, und wenn derselbe mit diesem Brennbaren gesättiget wird, so wird nicht nur dem Eisenkalche das Grüne, sondern ihm selbst seine eigene Farbe entzogen, und das Glas fällt ganz ungefärbt und wasserhell aus. Setzt man zuwenig Braunstein hinzu, so wird die Farbe zwar ausgebleicht, aber nicht ganz vertrieben. Nimmt man endlich gar zu viel dazu, so erhält das Glas die Purpurröthe oder violette Farbe, welche der Braunstein dem Glase für sich zu geben im Stande ist. Es ist also alle Zeit besser zu wenig als zu viel Braunstein zu nehmen, weil eine geringe grüne Farbe nur in einem sehr erhitzten Glase merklich wird, und bey dem Abkühlen wieder verschwindet; so wie dieses auch der Fall bey der gelben Farbe des Glases ist, die von einem seines Brennbaren zu stark beraubten Eisen herrührt, und durch den Zusatz des Braunsteins nicht gehoben werden kann."

Wie die Antiphlogistiker die entfärbende Wirkung des Braunsteins erklären wollten, erfährt man von J. Beckmann [31], der eine ihn verblüffende Beobachtung gemacht hatte: „Beym Ankaufe neuer Weingläser wurden einige Stücke ausgesucht und zurückgegeben, welche hin und wieder inwendig violette Flecke hatten, die Adern oder Wolken glichen. Der Verkäufer versicherte, die Gläser wären erst kürzlich gemacht worden, und würden diese Flecken bald verliehren. Weil mir dies unwahrscheinlich war, so nahm ich sie, zeichnete die Gränzen ihrer

Flecken, stellte sie vor das Fenster neben meinem Schreibtische, wohin nie die Sonne scheint, und behielt sie beständig unter meiner Aufsicht. Da sah ich nach wenigen Tagen mit Verwunderung die Wolken blasser und kleiner werden, und endlich dergestalt vergehen, daß auch nicht das geringste davon übrig blieb, so wenig von denen, welche in dem dünnen Kelche waren, als von denen, welche tief in dem dichten dicken Fuße der Gläser vorher jedem in die Augen fielen. Daß diese farbichten Wolken von dem zugesetzten Braunstein herrührten, weil das Glas nicht so lange im Flusse erhalten war, bis er sich gleichförmig in demselben hätte vertheilen können, das leidet wohl keinen Zweifel. Aber wie soll man die Verschwindung in der längst festgewordenen Glasmasse erklären? Hat sich denn die färbende Materie in diesem Körper noch nach der Erkältung so sehr vertheilen können, daß sie dem Auge unmerklich geworden ist? Oder darf man eine Verdünstung derselben durch das Glas vermuthen? Gewiß waren die Wolken im Fuße des einen Glases nicht an der Oberfläche, sondern mindestens drey Linien tief innerhalb der Glasmasse. Oder hat der Braunstein, der, wenn er der Fritte im Übermaaße zugemischt wird, das Glas färbt, sich in demselben, noch längst nach der Gewinnung, mit dem brennbaren Wesen [Phlogiston], was doch in dem weißen oder farbenlosen Glase gar gering sein kan, bis zur gänzlichen Entfärbung sätigen können? Oder ist hier so etwas, was man seit einiger Zeit mineralischen Chamäleon nennet? Nach der neumodigsten Hypothese, nach welcher der Braunstein eine Halbsäure heißt, verschwindet die Röthe, wenn dem Glase im Flusse etwas Kohlenstoff zugesetzt wird, indem sich alsdann der sogenante Sauerstoff, welcher die Farbe verursachen soll, mit dem Kohlenstoffe verbindet. Darf man denn auch in dem festgewordenen Glase diesen Kohlenstoff und diese Verbindung glauben?" – Vier Jahre später, als er, wohl angeregt durch die beschriebene Beobachtung, eine Abhandlung über die Geschichte des Braunsteins in Druck gab [32], konnte er noch nichts anderes schreiben als: „Zufall, aber gewiß nicht Theorie, hat den Braunstein brauchen gelehrt; denn über die Frage, wie er dem Glase die schmutzige Farbe nimt, wissen wir, wenn wir ohne Scheu die Wahrheit gestehen wollen, nichts mehr als Hypothesen, unter denen die altmodige das Phlogiston, die neumodige das Oxygen zu Hülfe nimt". – Dem belesenen Technologen Beckmann war im übrigen bekannt, daß P. J. Macquer [33] den umgekehrten Fall, eine Violettfärbung weißen Glases durch Wärme beschrieben hat, wenn er im Anschluß an die Bemerkung von D. F. d'Arclay de Montamy [26], man könne die Anwesenheit von Braunstein in weißen Gläsern durch Aufschmelzen zusammen mit etwas Salpeter nachweisen, wobei sie dann violett würden, berichtete: „Ich habe sogar eine Art sehr weißen Krystall gesehen, den man nur bis zu einem gewissen Grad erwärmen durfte, wenn er recht schön violett werden sollte". Im Jahre 1824 erst findet sich die nächste, ähnliche Beobachtung: M. Faraday [34] war es aufgefallen, daß ursprünglich weiße Fensterscheiben durch den Einfluß des Sonnenlichtes violett geworden waren und meinte: „... il paraît que les rayons du soleil exercent une action chimique, même sur un composé aussi compacte et aussi permanent que le verre". Um die gleiche Zeit etwa beobachtete G. Bontemps [35] die gleiche Erscheinung, die er als „photogenische" Eigenschaft bezeichnet wissen wollte, als er im Auftrag von A. Fresnel ein sehr weißes Glas zur Herstellung der ersten polyzonalen [später: Fresnel-]Linsen erschmolzen hatte, wie er im Jahre 1849 in Birmingham der British Association berichtete. Eine Erklärung des Phänomens hatte er nicht, sie führte ihn nur zu einer systematischen Untersuchung des Lichteinflusses auf Farbgläser aller Art [36].

Die vorstehend von J. Beckmann [31] gegebene Begründung der Glasentfärbung durch Braunstein als Wirkung seines Sauerstoffgehaltes auf den im Glas gelösten Kohlenstoff dürfte er aus den *Anfangsgründen der antiphlogistischen Chemie* des Göttinger Chemieprofessors C. Girtanner [37] übernommen haben. Sie findet sich 75 Jahre später wieder, erweitert um den Zusatz, daß außerdem das „Protoxyd" des Eisens, das als Silikat die Mißfarbe des Glases hervorrufe, noch in das farblose Silikat des Eisen-„Peroxyds" umgewandelt werde, in dem offenbar verbreiteten *Playbook of Metals* des Metallurgen J. H. Pepper [38]. Doch hatte schon im Jahre 1854 J. Liebig [39] im Widerspruch zu der in der 5. Auflage dieses *Handbuchs* [40] zusammengefaßten, mit dem eben erwähnten identischen Meinung der Zeitgenossen eine andere, physikalische Deutung dargestellt: „... ich halte es für höchst wahrscheinlich, daß das Mangan des Braunsteins als Oxydul durch die Farbe, die es dem Glase für sich ertheilt, wirkt, so zwar, daß die grüne Färbung durch Eisenoxydul aufgehoben wird, indem es seine eigene Farbe damit gleichzeitig einbüßt. Von dieser Wirkung kann man sich leicht durch einen Versuch überzeugen, der sich ganz gut für eine Vorlesung eignet. Setzt man einer concentrirten Lösung von schwefelsaurem Manganoxydul (von rother Farbe) eine Lösung von Eisenchlorür oder schwefelsaurem Eisenoxydul (von grüner Farbe) zu, so enthält man, bei richtig getroffenem Verhältniß, eine ganz farblose Mischung. Die grüne Farbe des Eisenoxydul- und die rothe des Manganoxydulsalzes sind complimentäre Farben, die einander aufheben"; er war darauf gekommen, weil sich der Braunstein beim Glasentfärben weder durch Salpeter noch durch ein anderes Oxidationsmittel ersetzen läßt. Auch soll F. Körner in Jena schon im Jahre 1836 durch Zusammenschmelzen von grünem Eisenglas und rötlichem Manganglas ein farbloses erhalten haben [41]. Mit J. Liebigs Veröffentlichung ist eine zahllose Beiträge umfassende, auch in neuester Zeit noch nicht beendete [42] Diskussion über die Wirkung des Mangans bei der Glasentfärbung, ob chemisch-oxidativ oder physikalisch, entstanden, die durch den Ersatz des Mangan durch das (nicht oxidierende, aber) rotfärbende Selen zu Gunsten der Liebigschen Vorstellung entschieden sein dürfte. Im Verlaufe der Diskussion ist unter anderem auch festgestellt worden, daß der durch Mangan erzielbare Farbton stark von der Zusammensetzung des Grundglases abhängt [44], wodurch die oft unterschiedlichen Farbangaben für Mangangläser verständlich werden. Außerdem sind reine Mn^{2+} und Mn^{3+}-Gläser hergestellt und ihre Eigenschaften untersucht worden [45]. — Eine Klärung vieler der anstehenden Fragen versuchten neue analytische und ausgedehnte spektroskopische Untersuchungen [46] an sogenannten Waldgläsern zu geben, die durch Herstellung von Modellgläsern ergänzt wurden, welche die von W. Geilmann, T. Brückbauer [47] beobachtete Bedeutung der Herstellungsbedingungen bestätigten und präzisierten. Untersucht wurden Überreste einer Spessartglashütte, die an der Quelle des Bieber („Glasborn") lag, Gläser einer spätmittelalterlichen Glashütte im Hils („Hilsborn") bei Grünenplan (bei Ahlfeld) und Proben verschiedener Hütten aus dem Ederkreis und nach der Durchschnittszusammensetzung der Spessartgläser Modellgläser mit verschiedenen Gehalten an Fe_2O_3 und MnO hergestellt und unterschiedlichen Bedingungen ausgesetzt, s. Tabelle Nr. 6.

Tabelle Nr. 6

Durchschnittszusammensetzung von Spessartgläsern und dazu verwendete Gehalte an x Fe_2O_3 und y MnO bei den Modellgläsern:

Spessartgläser				Modellgläser		
Bestandteil	Massengehalt in %	Bestandteil	Massengehalt in %	Modellglas Nr.	Massengehalt in % x Fe_2O_3	y MnO
SiO_2	58.4 − x − y	Na_2O	1.2	I	0	0
Al_2O_3	5.5	MgO	3.3	II	0.7	0
P_2O_5	2.0	BaO	0.5	III	0	1.7
CaO	20.5	Fe_2O_3	x	IV	0.7	1.7
K_2O	8.6	MnO	y			

Alle Gläser wurden mit p.a.-Substanzen im Platintiegel bei 1620 bis 1670 K an gewöhnlicher Luft im Mittelfrequenzofen erschmolzen. Die Gußstücke wurden anschließend bei oxidierender Atmosphäre ($p_{O_2} \approx 1$ bar) aufgeschmolzen. Die Reduktion erfolgte mit Hilfe eines CO_2-CO-Gasgemisches in einer luftdicht abgeschlossenen Apparatur; es wurden zwei reduzierende Atmosphären mit den Sauerstoffpartialdrücken $p_{O_2} \approx 10^{-9}$ und $p_{O_2} \approx 10^{-4}$ bar eingestellt. Die Dauer der Oxidation und der Reduktion betrug jeweils 7 Stunden bei 1625 K. Aus der Untersuchung des Modellglases II, das Eisen als Farbelement enthielt, ergaben sich je nach der eingestellten Ofenatmosphäre verschiedene Farbtöne: hellblau ($p_{O_2} \approx 10^{-9}$ bar), grün (Normalbedingung), gelblich-grün ($p_{O_2} \approx 1$ bar). Das Modellglas III mit Mangan als Farbelement war bei normaler und oxidierender Atmosphäre violett, konnte aber nach Behandlung bei stark reduzierender Atmosphäre ($p_{O_2} \approx 10^{-9}$ bar) in den farblosen Zustand überführt werden. Behandelte man bei verschiedenen Atmosphären das Modellglas IV, das die Farbelemente Mangan und Eisen gleichzeitig enthielt, so bekam man eine breite Farbskala, die von hellblau ($p_{O_2} \approx 10^{-9}$ bar) über hellgrün ($p_{O_2} \approx 10^{-4}$ bar), braun (Normalbedingung) bis zu violettbraun ($p_{O_2} \approx 1$ bar) reichte. Es ist damit die ganze Farbskala erreicht worden, wie sie in den Waldgläsern vorliegt, und die spektroskopischen Messungen und die Ergebnisse der Elektronenspinresonanz zeigten, daß die beiden Hauptfarbelemente Mangan und Eisen in den Oxidationsstufen Mn^{3+}, Mn^{2+}, Fe^{3+} und Fe^{2+} in verschiedenen Konzentrationen die unterschiedlichen Farbtöne hervorrufen, ein Redoxgleichgewicht $Mn^{3+} + Fe^{2+} \rightleftharpoons Mn^{2+} + Fe^{3+}$ bildend, das von den Konzentrationsverhältnissen und vor allem von der Schmelzatmosphäre abhängt.

Angemerkt soll nur noch werden, daß die Entfärbungswirkung des Mangan von den europäischen Glashüttenleuten auch nach Übersee gebracht wurde. So berichtete der deutsche Arzt Thaddäus Haenke (1761 bis 1816) in seiner *Historia Natural de Cochabamba*, daß damals in den primitiven Glashütten Boliviens der Braunstein unter der Benennung Negrillo in kleinsten Mengen benutzt wurde, um unerwünschte Glasfärbungen zu verhindern, in größerer Menge werde es verwendet, wenn man die Gläser färben will, insbesondere „maulbeerfarben" [43].

Literatur:

[1] W. Geilmann, T. Brückbauer (Glastech. Ber. **26** [1953] 259/63, **27** [1954] 456/9). – [2] G. Agricola (De Re Metallica Libri XII, Buch 12, Basel 1621, S. 471 [Erstausgabe 1556]). – [3] J. Mathesius (Bergpostilla oder Sarepta, Nürnberg 1587, fol. 177r, 178v). – [4] M. Rulandus (Lexicon Alchemiae sive Dictionarium Alchemisticum, Frankfurt a. M. 1612, S. 314/7). – [5] Camillus Leonardus (Speculum Lapidum, Turin 1516, fol. 39v, 23v.).

[6] J. C. Scaliger (Exotericarum Exercitationum Libri XV, De Subtilitate ad Hieronymum Cardanum, Exercitatio CIV, Frankfurt a. M. 1607, S. 399). – [7] U. Aldrovandus (Musaei Metallici Libri IV, Buch 4, Kap. 2, De Magnete, Bologna 1648, S. 562). – [8] A. Caesalpinus (De Metallicis Libri Tres, Buch 2, Kap. 55, Nürnberg 1602, S. 152 [Erstausgabe Rom 1596]). – [9] Ferrante Imperato (Dell'Historia Naturale Libri XXVIII, Buch 26, Neapel 1599, S. 704). – [10] B. Perez de Vargas (De Re Metallica en el Qual se Tratan Muchos y Diversos Segretos del Conoscimiento de Toda Suerte de Minerales etc., Madrid 1559/68 nach J. R. Partington, A History of Chemistry, Bd. 2, London-New York 1961, S. 65).

[11] H. Cardanus (De Subtilitate Libri XXI, Buch 5, Lyon 1554, S. 232, 245). – [12] A. Neri (L'Arte vetraria distinata in Libri Sette, Florenz 1612, S. 1/144 nach J. R. Partington, A History of Chemistry, Bd. 2, London-New York 1961, S. 368). – [13] A. Neri (The Art of Glass, translated into English with some Observations of the Autor by C. Merret, London 1662 nach J. R. Partington, A History of Chemistry, Bd. 2, London-New York 1961, S. 368). – [14] J.

Kunckel (Ars Vitraria Experimentalis oder Vollkommene Glasmacher-Kunst, Frankfurt-Leipzig 1689, S. 1 [Nachdruck Hildesheim-New York 1972]). – [15] C. Piccolpasso (Li Tre Libri dell'Arte del Vasaio [1556/59] herausgegeben von B. Rackham, A. van de Put, London 1934, S. 34 nach J. R. Partington, A History of Chemistry, Bd. 2, London-New York 1961, S. 78).

[16] J. B. Porta (Magiae Naturalis Libri XX, Buch 6, Kap. 5, Leiden 1651, S. 272 [Erstausgabe 1588]). – [17] R. Hadfield (J. Iron Steel Inst. **115** [1927] 213/87, 218). – [18] R. Boyle (A Previous Hydrostatical Way of Estimating Ores, in: The Works of the Honourable Robert Boyle, Bd. 1, Neue Ausgabe, London 1772, S. 489/507, 500). – [19] J. J. Becher (Närrische Weißheit und Weise Narrheit, Teil 2, Frankfurt a. M. 1707, S. 37). – [20] R. Boyle (The Experimental History of Colours, Part III, Experiment XLVIII, Annotation III, in: The Works of the Honourable Robert Boyle, Bd. 1, Neue Ausgabe, London 1772, S. 779/80).

[21] C. Brummet [Grummet] (Das Blut der Natur, aus Eigener Erfahrung handgreiflich angewiesen [Erstausgabe 1677] Frankfurt a. M. 1721, angebunden an: J. Kunkel v. Löwenstern, V. Chymische Traktätlein, Frankfurt-Leipzig 1721, S. 488/512, 497). – [22] J. Kunckel v. Löwenstern (Oeffentliche Zuschrift von dem Phosphoro Mirabili und dessen leuchtenden Wunder-Pilulen. Sammt angehängtem Discurs von dem weyland recht benahmten Nitro. Jetzt aber unschuldig genannten Blut der Natur [Erstausgabe 1677] Frankfurt-Leipzig 1721, S. 313/26, 318/9). – [23] J. H. Pott (Miscellanea Berolinensia **6** [1740] Nr. 8, S. 40/53, 51/2). – [24] A. Kircher (Mundus Subterraneus, Bd. 2, Tl. 3, Kap. 1, Amsterdam 1665, S. 451). – [25] J. Juncker (Conspectus Chemiae Theoretico-Practicae, Tabula XIX, Observatio VII, 10, Halle an der Saale 1730, S. 453).

[26] D. F. d'Arclay de Montamy (Traité des Couleurs pour la Peinture en Émail et sur la Porcelaine [Paris 1765] deutsche Übersetzung, Leipzig 1767, S. 231 ff. nach J. G. Leonhardi in: P. J. Macquer, Chymisches Wörterbuch, 2. Aufl., Bd. 6, Leipzig 1790, S. 665/6). – [27] L. B. Guyton de Morveau (Anfangsgründe der Chemie, Th. 1, S. 145 nach J. G. Leonhardi in: P. J. Macquer, Chymisches Wörterbuch, 2. Aufl., Bd. 6, Leipzig 1790, S. 667 Fußnote q). – [28] T. Bergman (Diss. de Mineris Ferri Albis [1774] in: Opuscula Physica et Chemica, Bd. 2, Uppsala 1780, S. 184/230, 207). – [29] C. W. Scheele (Vom Braunstein oder Magnesium und dessen Eigenschaften [1774] in: Sämmtliche Physische und Chemische Werke, deutsch von S. F. Hermbstädt, Bd. 2, Berlin 1793, S. 78/85). – [30] J. G. Leonhardi (in: P. J. Macquer, Chymisches Wörterbuch, 2. Aufl., Bd. 6, Leipzig 1790, S. 666/7 Fußnote q).

[31] J. Beckmann (Vorrath kleiner Anmerkungen über mancherley gelehrte Gegenstände, Bd. 1, Göttingen 1795, S. 109/11). – [32] J. Beckmann (Beyträge zur Geschichte der Erfindungen, Bd. 4, Leipzig 1799, S. 405). – [33] P. J. Macquer (Chymisches Wörterbuch, deutsch von J. G. Leonhardi, 2. Aufl., Bd. 1, Leipzig 1788, S. 565). – [34] M. Faraday (Ann. Chim. Phys. [2] **25** [1824] 99/100). – [35] G. Bontemps (Phil. Mag. [3] **35** [1849] 439/46, 441/2).

[36] G. Bontemps (Compt. Rend. **69** [1869] 1075/8). – [37] C. Girtanner (Anfangsgründe der antiphlogistischen Chemie, 2. Aufl., Berlin 1795, S. 283). – [38] J. H. Pepper (Playbook of Metals, Kap. 23, neue Aufl. 1869 nach R. Hadfield, J. Iron Steel Inst. [London] **115** [1927] 210/87, 217). – [39] J. Liebig (Liebigs Ann. Chem. **90** [1854] 112/4). – [40] L. Gmelin (Handbuch der anorganischen Chemie, 5. Aufl. mit aus dem Englischen des Dr. Watts übersetzten und eigenen Zusätzen bis auf die neueste Zeit ergänzt von Dr. K. List, Bd. 2, Heidelberg 1853, S. 343).

[41] F. Rose (Die Mineralfarben und die durch Mineralstoffe erzeugten Färbungen, Leipzig 1916, S. 248). – [42] D. Dingleday (J. Chem. Educ. **42** [1965] 160/1). – [43] R. Gickelhorn (Glastech. Ber. **44** [1971] 372/7, 375/6). – [44] P. P. Fedotieff, A. Lebedeeff (Z. Anorg. Allgem. Chem. **134** [1924] 87/101, 95/6). – [45] H. Salmang (Die physikalischen und chemischen Grundlagen der Glasfabrikation, Berlin-Göttingen-Heidelberg 1957, S. 269/70).

[46] C. Sellner, H. J. Oel, B. Camara (Glastech. Ber. **52** [1979] 255/64). – [47] W. Geilmann, T. Brückbauer (Glastech. Ber. **26** [1953] 259/63, **27** [1954] 456/9).

Manganese in Arabic Glasses

2.8.2.2.4 Mangan in arabischen Gläsern

Im Verhältnis zu den zahlreichen Gläsern der klassischen Antike sind in den Museen alte islamische Gläser sehr selten. Der Grund dafür ist darin zu suchen, daß islamische Völker ihren Toten keine Beigaben ins Grab geben. Nur bei Völkern mit anderer Einstellung, die mit den Arabern in Handelsbeziehungen standen, sind islamische Gläser gefunden worden, etwa vergoldete und emaillierte Becher aus dem 13. und 14. Jahrhundert in den tartarischen Hügelgräbern Südrußlands, in den jüdischen und koptischen Gräbern Syriens bzw. Ägyptens. Daneben sind allerdings in manchen berühmten Glassammlungen einige besonders wertvolle Gebrauchsstücke erhalten geblieben, deren Wert eine Analyse verhindert [14]. Es muß jedoch zu allen Zeiten zahlreiche arabische Glashütten gegeben haben, rühmen doch nicht weniger als sieben arabische und christliche Reiseberichte über den Vorderen Orient aus den Jahren 950 bis 1162 die Glashütten der syrischen Städte, vor allem die von Tyrus [15], ferner die von Antiochia, wo es in dem zuletzt genannten Jahre nicht weniger als 10 Glashütten gab, dann die von Alexandria, zahlreichen Hütten in Persien und in Damaskus, von wo der Mongolenherrscher Timur Lenk nach der Eroberung im Jahre 1401 viele Glásmacher nach Samarkand bringen ließ, um dort Glashütten einzurichten [16]. Überhaupt scheint man in arabischen Städten so häufig Glashütten angetroffen zu haben, daß Hasan ben 'Abdi'llah in seinem im Jahre 1309 dem Sultan Baibars II von Ägypten gewidmeten Buch *Ātār al-uwal fi tartib al-duwal* [Merkmale aus der Vergangenheit zur Ordnung des Staates] den Rat erteilte: ,,Es ist für die Grundlage und Organisation einer Stadt notwendig ... und vor allem wichtig, daß die Geschäfte der in ihrer Ausübung schmutzigen Gewerbe wie ... Schmelzhütten für Glas und Eisen ... vom Zentrum der Stadt entfernt, in ihren äußeren Teilen liegen'' [15]. – Da keine Analysen vorliegen, sondern nur einige Beschreibungen manganroter Gläser syrischer Herkunft aus dem 13. Jahrhundert oder von geschliffenen Gläsern, die als ,Kristallglas' aus dem 9. Jahrhundert bezeichnet werden können und ihre Farblosigkeit vielleicht dem Mangan verdanken [14, 15], beschränkt sich das folgende auf die Betrachtung der arabischen Literatur.

Die hohe Meinung, die arabische Gelehrte vom Braunstein hatten, zeigt sich schon in dem ältesten Dokument der arabischen Mineralogie, dem für eine Übersetzung aus dem antiken Griechischen gelten wollenden *Steinbuch des Aristoteles* [1], das in Wirklichkeit kurz vor dem Jahre 850 nach Chr. von einem mit der griechischen und persischen Literatur wohlvertrauten Syrer in arabischer Sprache verfaßt worden ist. Darin steht von dem Stein *Magnisiya*, ,,die Herstellung des Glases werde nicht vollendet außer durch ihn'', und unter dem Titel *Der Stein Glas* erläutert der unbekannte Verfasser genauer: ,,Vom Glas gibt es steinartiges und sandiges [wohl die Fritte]. Wenn über ihm Feuer gemacht und der Stein Magnesia hinzugetan wird, so vereinigt er seine Substanz zu einer Masse vermittels des Bleigehaltes, der [im Braunstein vorausgesetzt wird und] den Stein [Glas] festmacht ...''. Offenbar ist hier die entfärbende Wirkung des Zusatzes nicht erkannt, sondern die Magnesia als Wesensbestandteil des Glases aufgefaßt worden; in einer der jüngeren der überlieferten Handschriften wird allerdings diese Auffassung von der Bedeutung des Braunsteins in der Glasherstellung stark abgeschwächt in folgendem Zusatz: ,,Die alten Weisen irren darin, daß die Wurzel [das Prinzip] dieses Steines die des Glases sei, und das ist nicht richtig''. – Den gleichen Text wie oben findet man noch einmal in dem als Steinbuch anzusprechenden Teil der im 13. Jahrhundert verfaßten *Kosmographie* des Zakarijâ Ibn Muhammed Ibn Mahmûd al-Kazwini [2], doch sind die färbenden Eigenschaften der Magnesia beim Glas bereits in dem im 10. oder 11. Jahrhundert abgefaßten und 200 Jahre später von einem nicht näher bekannten Johannes aus dem Arabischen ins Latein übertragenen *Liber Sacerdotum* (MS 6514, Bibliothèque Nationale de Paris) ausdrücklich erwähnt worden [3]. Auch Jābir Ibn Hāyyam, der im 10. Jahrhundert lebte, soll in seinem *Großen Buch der Eigenschaften* die Verwendung des Braunsteins bei der Glasherstellung kennen [13]. – Daß für diese bedeutsame Substanz Decknamen geprägt und benutzt worden sind, darf nicht verwundern: In einer seiner in Jahren zwischen 685 und 704 nach Chr. verfaßten Schriften läßt Chālid Ibn Jazid Ibn Mu'awija [4], den die arabische Überlieferung als den ersten bezeichnet, der sich mit der Alchemie erfolgreich befaßt habe, einem über die Vielzahl der Decknamen in Verzweiflung Geratenen durch einen Engel die Belehrung erteilen: „Auch die Kenner der Kunst haben die Stoffe immer wieder anders benannt; der eine nannte z. B. die Magnesia bei ihrem richtigen Namen, ein anderer nannte sie den ‚Großen Stein' [F(u)Lūdīnūs], ein dritter den ‚Großen Andardamas' [Androdamas, als Deckname für Arsensulfide [5] bekannt], ein anderer Harasq̌ad [vielleicht [6] Übertragung des griechischen Chrysokolla], wieder ein anderer ‚Wasser des Eisens', noch ein anderer ‚Uzza des Goldwassers' [wofür J. Ruska [6] keine Erläuterung hat], jeder anders als sein Vorgänger" [7].

Über die entfärbende Wirkung des Braunsteins auf das Glas, das noch Muqaddasi, der um das Jahr 985 herum seine Schriften verfaßte, als in der Regel grünfarbig beschrieb [8], waren sich die Mitglieder der „Treuen Brüder", eines gegen das Jahr 950 in Basra gegründeten Geheimbundes, klar, wie F. Dieterici [9] in ihren Schriften fand; dort wird zwar noch von „einer anderen beistehenden Natur" des Braunstein und des Kali gesprochen, „welche dazu mithelfe, Kies und Sand in Fluß zu bringen", doch fährt die Übersetzung fort: „... und sie zu reinigen, damit durchsichtiges Glas daraus werde." – Es hat aber den Anschein, als sei die Anwendung des Braunsteins als Glasseife nicht überall bekannt gewesen, oder man habe nicht überall ihn in der richtigen Weise anzuwenden verstanden, denn Al-Rāzī sah sich veranlaßt, das syrische Glas wegen seiner kristallartigen Durchsichtigkeit besonders zu loben [10].

Daß auch die Farbwirkung des Braunsteins bekannt war, geht aus dem im Jahre 1301 (700 nach der Hedschrah) von Abu 'l-Quasim 'Abdallāh ben 'Ali ben Muhammed ben Abī Tāhir al-Qasani verfaßten Werk Ǧawāhir al-'ara 'is wa 'atājib annafā 'is [*Buch von den Edelsteinen und Spezereien*] hervor [11], in dem bei den Färbevorschriften für Glas angegeben wird, daß die Magnesia, zugesetzt zu blauem Kobaltglas, entweder eine schwarze Farbe hervorrufe, wenn man viel von ihr nehme, oder eine rote wie die der Auberginen, wenn man es bei wenig belasse. – Die nur ganz allgemein gehaltene Bemerkung, mit der Magnesia werde allein das Glas verfertigt, das verschiedene Farbe habe, findet sich in dem ausführlichen Wörterbuch des im Jahre 1248 verstorbenen Ibn al-Baitar [12], der die Magnesia klar vom Magnetstein unterscheidet.

Literatur:

[1] J. Ruska (Das Steinbuch des Aristoteles, Heidelberg 1912, S. 160, 161 Fußnote 1, S. 171). – [2] J. Ruska (Das Steinbuch aus der Kosmographie des Zakarijâ Ibn Muhammed Ibn Mahmûd al-Kazwini, Jahresber. Oberrealsch. Heidelberg **1895/96** Beilage, S. 24). – [3] M. Berthelot (La Chimie au Moyen Âge, Bd. 1, Paris 1893, S. 187). – [4] J. Ruska (Arabische Alchemisten I, Chālid Ibn Jazid Ibn Mu 'awija, Heidelberg 1924, S. 19/20). – [5] E. O. v. Lippmann (Entstehung und Ausbreitung der Alchemie, Berlin 1919, S. 327).

[6] J. Ruska ([3] S. 20 Fußnote 2). – [7] M. Berthelot (La Chimie au Moyen Âge, Le Livre de Crates, Traduction, Bd. 3, Paris 1893, S. 50). – [8] E. O. v. Lippmann (Entstehung und Ausbreitung der Alchemie, Berlin 1919, S. 377 Fußnote 12). – [9] F. Dieterici (Schriften der Lauteren Brüder, Bd. 2, Die Naturanschauung und Naturphilosophie der Araber im X. Jahrhundert, 2.Ausg., Leipzig 1876, S. 120). – [10] J. Ruska (Al-Rāzī's Buch Geheimnis der Geheimnisse, in: Quellen Studien Geschichte Naturwissenschaften Med. **6** [1937] 87).

[11] H. Ritter, J. Ruska, F. Sarre, R. Winderlich (Orientalische Steinbücher und Persische Fayence-Technik, Istanbuler Mitt. **1935** Heft 3, S. 45 nach K. Röder, Z. Deut. Morgenländ. Ges. **14** [1935] 225/42, 231/2). – [12] Ibn al-Baitar (Große Zusammenstellung über die Kräfte der bekannten einfachen Heilmittel von Abu Mohammed Abdallah ben Ahmed aus Malaga, bekannt unter dem Namen Ebn Baithar, aus dem Arabischen übersetzt von J. v. Sontheimer, Bd. 2, Stuttgart 1842, S. 523). – [13] Jābir Ibn Hāyyam (Great Book of Properties, Sect. 38

nach E. J. Holmyard, Chemistry to the Time of Dalton, London 1925, S. 20). – [14] C. J. Lamm (Glastech. Ber. **10** [1932] 65/71). – [15] C. J. Lamm (Mittelalterliche Gläser und Steinschnittarbeiten aus dem Nahen Osten, Bd. 1, Berlin 1930, S. 488, 491, 118/9).

[16] Grässe (Dinglers Polytech. J. **229** [1878] 193).

Manganese in Glazes. Black Glazes

2.8.2.2.5 Mangan in Glasuren. Manganschwarz-Technik

Daß der Braunstein seinen Namen erhalten haben soll, weil die Töpfer mit seiner Hilfe eine schöne dunkelbraune Glasur herzustellen imstande waren, ist S. 91 berichtet worden, doch scheint es, als sei die alte Technik zu Gunsten leichter fließender Beschichtungen aufgegeben worden. Als man gegen Ende des 18. Jahrhunderts die Gefährlichkeit derartiger, stets Blei enthaltender Glasuren für die menschliche Gesundheit erkannt hatte, s. „Blei" A 1, 1973, S. 194, besann man sich wieder auf den Braunstein. G. C. B. Busch [33] berichtete aus dem *Reichsanzeiger 1795*, Nr. 220, S. 2103, daß Professor Reich in Erlangen die Technologen wieder auf die Brauchbarkeit des Braunsteins und des sogenannten Knopfsteins aufmerksam gemacht habe: „Das Creußner Geschirr wurde schon ehedem mit Braunstein glasiert, wodurch es eine dunkelbraune Farbe erhielt, die sich zwar für manchen nicht zu gut ausnahm, aber dafür war das Geschirr desto unschädlicher für die Gesundheit. Billig sollte man also darauf denken, die alte Bereitung des Creußner Geschirres allgemeiner zu machen. Die unschädlichste Glasur würde man indessen nach dem Urteil des Prof. Reich mit dem sog. Knopfstein erhalten, der im Feuer für sich selbst fließt ..." G. C. B. Busch konnte weiter berichten, daß nach dem *Reichsanzeiger* 1795, Nr. 242, S. 2436, „der Herr Apotheker Frischmann in Erlangen die nöthigen Versuche hierrüber anstellte" und die Glasuren die an sie gestellten Ansprüche befriedigt haben. – Daß der Braunstein schon in der Antike zu ähnlichem Zweck benützt worden ist, darauf hat als Erster der französische Archäologe A. P. C. de Tubières de Grimoard de Pestels de Levis, Comte de Caylus [1692 bis 1756] im Jahre 1731 aufmerksam gemacht, als er nach der Untersuchung farbiger, schwarzgrundiger griechischer Keramik von der schwarzen Glasur behauptete: «Cette couverte était faite avec une terre bolaire très martiale [eisenhaltig]; la même que celle que nous employons dans notre faïence, connue sous le nom de Manganèse ou Magnesia vitrariorum [1, 2, 3]. Ähnlich meinte 40 Jahre später der Direktor der Bergwerke im Languedoc und in der Franche-Comté, C. de Genssanne [4], der Braunstein sei auch bei den alten Etruskern zur Bemalung ihrer tönernen Gefäße benutzt worden. Diesen Meinungen schloß sich auch C. M. Grivaud [5] an. Einer der ersten Berichterstatter über die technologische Verwendung des Braunsteins, J. Beckmann [6], zeigte sich diesen Angaben der älteren Forscher gegenüber ziemlich skeptisch, hatte doch P.-F.-H. d'Hancarville [7], „aventurier, publiciste et antiquaire français" [8], von „Blei und Magnesiakalk" gesprochen, die dazu verwendet worden seien, wobei H. Blümner [2] meinte, jener habe unter ‚Blei' den Graphit = Reißblei verstanden und unter ‚Magnesiakalk' nicht Magnesiumcarbonat, sondern „nach der chemischen Terminologie seiner Zeit" gebrannte Magnesia, wobei keineswegs klar ist, was man darunter verstehen soll. B. G. Sage [9] meinte, es handele sich bei den genannten antiken schwarzen Glasuren um eine Bleiglasur mit „gebrannter Magnesia"; dem widersprach aber J. A. C. Chaptal, Comte de Canteloup [10] mit dem Hinweis, daß die Antike die Bleiglasur nicht gekannt habe, s. dazu „Blei" A 1, 1973, S. 189/91, und behauptete, daß eine glasige Lava die Grundlage jener schwarzen Überzüge bilde, deren natürliche Schmelzbarkeit durch Zusatz irgendeines Salzes als Flußmittel erhöht worden sei. Scheerer glaubte entsprechend seiner damals (1797) schon überholten Vorstellungen über den Unterschied von ‚Erden' und Metallen [11], der „Firnis" der fraglichen Tongefäße bestehe nicht aus metallischen Substanzen, sondern aus einer bestimmten Erdart [12], und im Jahre 1810 hielt L. N. Vauquelin [13] das Schwarz der antiken Töpfereien für eine Färbung mit Graphit oder Kohlenstoff; der letzteren Ansicht schloß sich im Jahre 1823 J. L. F. Hausmann [14] an. Spätere Forscher, so H.

T. P. J. Duc de Luynes [15], J. F. John [16] und J. Davy [3] im Jahre 1842 hielten Eisenoxid für die Ursache der schwarzen Glasuren. – Der Erste, der Analysen von entsprechenden ‚Firnissen' angeben konnte, war der damalige Direktor der Porzellanmanufaktur in Sèvres, A. Brongniard [17]; eine der von ihm untersuchten Schichten enthielt neben 16.70% Eisenoxid auch 2.30% „Magnesia", wie der Berichterstatter H. Blümner [2] übersetzte, die anderen Eisenoxid allein. Eine weitere Stelle von Brongniard's *Traité des Arts Céramiques* zitierend, gibt J. R. Partington [18] an, der berühmte Keramiker sei der Ansicht gewesen, die antike schwarze Glasur sei mittels eines Gemisches von Magnetit und Braunstein erhalten worden, das aber nicht aus gleichen Teilen beider Stoffe bestanden habe, wie L. A. Salvétat, der Chefchemiker der genannten Manufaktur glaube. Keinesfalls, so hielt H. Blümner [2] fest, könne man S. Birch [19] zustimmen, der behauptete, die schwarze Glasur bestehe hauptsächlich aus einem Alkali – Pottasche oder Soda –, Eisenoxid und Kalk. – Den Mengenanteil Braunstein in der Glasur hielt L. Franchet [20] für so gering, daß er nur für eine zufällige Verunreinigung angesehen werden könne. Da zahlreiche Untersuchungen antiker Glasuren, die hier nicht aufgeführt werden sollen, unterschiedliche Ergebnisse über deren Zusammensetzung erbrachten, ist es verständlich, wenn im Jahre 1909 H. N. Fowler, J. R. Wheeler [21] in ihrem Buch *Greek Archaeology* schrieben: „The nature of the glaze which is to be seen on the finished vase in both the black- and red-figured styles, and the method of its application, raize puzzling questions about which there is as yet no general agreement". – Erst die sich über 40 Jahre hin erstreckenden Bemühungen zahlreicher Forscher ergaben schließlich, daß, gültig für die meisten Fälle und vor allem für die griechische Keramik der klassischen Zeit, die roten und schwarzen Farben mittels wäßriger Aufschwemmungen eisenreicher Tone als „Malschlicker" und durch einen Wechsel zwischen reduzierender und oxidierender Ofenatmosphäre während des keramischen Brandes erzeugt wurden [22].

Es zeigte sich jedoch, daß dieses schwierige, nur die unterschiedliche Färbung zweier verschiedener Eisenoxide unterschiedlichen Oxidationsgrades ausnutzende Verfahren nicht das einzige zur Herstellung schwarzer Keramik war und die alte Beobachtung von Braunstein in manchen Glasuren zu Recht bestand: Im Jahre 1912 fanden nämlich A. J. B. Wace, M. S. Thompson [23] bei ihren Ausgrabungen in Thessalien an Scherben der vormykenischen Zeit schwarze und braune Glasuren, deren Analysen durch A. Holt und M. Hutchinson den Schluß nahelegten, sie seien entstanden aus „a mixture of iron and manganese, probably derived from a powdered pyrolusite". Auch anderwärts sind schwarze und braune, manganhaltige Glasuren gefunden worden, etwa in Ägypten der VI. Dynastie (2625 bis 2475 vor Chr.) an Perlen [30] und Töpferwaren der XVIII. Dynastie, etwa aus dem Grabe Tut-Ankammons [31]. Eine neuere spektroskopische Untersuchung einer größeren Anzahl glasierter Scherben aus dem griechischen Kulturraum durch M. Farnsworth, J. Simmons [24] machte dann auf die große Bedeutung des Mangangehaltes für die Farbe von Malereien auf antiker Keramik aufmerksam; sie haben gefunden, daß nicht nur in Thessalien während der neolithischen Periode II Glasuren in schwarzen und dunkelbraunen Tönen mit einem Gehalt von 1.3 bis 5.3% MnO_2 hergestellt wurden, sondern noch etwas höhere Gehalte in Glasuren von Scherben aus dem Magonla, Aegina und Lerna der mittelhelladischen Kultur angetroffen werden können, daß ähnliche Mengen Mangan auch auf früheisenzeitlichen Scherben aus Zypern enthalten sind, während mittelminoische, korinthische und athenische Scherben der klassischen Zeit nur Spuren von Mangan aufwiesen – sie eben sind nach dem oben beschriebenen Verfahren hergestellt – und daß ein Scherben aus Gordion in seiner Glasur den sehr hohen Gehalt von 27.8% MnO_2 aufwies. Die beiden Forscher sahen sich durch die Farbunterschiede der Glasuren veranlaßt, zu untersuchen, ob ein Einfluß der Feuerführung auf die Farbe der Glasur auch bei manganhaltigen Glasuren besteht.

Neueste Untersuchungsmethoden erlaubten W. Noll, R. Holm, L. Born [25] die Aufklärung der Frage nach den alten manganhaltigen Glasuren. Neben zahlreichen eisengefärbten Glasuren fanden sie manganhaltige Schwarz- und Braunpigmentierungen, bei denen die

Malschichten definierte Manganoxid-Phasen enthielten. Es zeigte sich, daß es sich bei den Malereien weder um Engoben noch um echte Silikatglasuren handelt, sondern um eine Technik, die nach einem Vorschlag von R. Hampe (Heidelberg) als Sinterschicht [26] bezeichnet werden sollte. Die Technik zur Erzeugung dieser Sinterschicht bestand darin, daß an Mangan angereicherter Tonschlicker als Farbpaste auf den getrockneten Gefäßkörper aufgetragen und mit ihm zusammen oxidierend eingebrannt wurde. Diese Arbeitsweise läßt sich aus den analytischen Befunden rekonstruieren. Aus einem dem Tonschlicker zugeschlagenen MnO_2 und Fe_2O_3-haltigen Manganerz entstehen bei kleineren Mangan-Eisen-Verhältnissen unter oxidierenden Bedingungen in der Sinterschicht beim keramischen Brand Manganspinelle, bei größeren Verhältnissen Bixbyit (Mn_2O_3) und Hausmannit (Mn_3O_4) in Übereinstimmung mit dem Zustandsdiagramm von $Fe_2O_3-Mn_2O_3$ nach A. Muan, S. Somiya [27], so daß das Auftreten der verschiedenen Phasen als „archäologisches Thermometer" benutzt werden kann; im Falle der Proben von Sesklo/Dimini etwa muß die Brenntemperatur zwischen 900 und 1000°C gelegen haben. Diese Manganschwarztechnik ermöglicht auch die Herstellung schwarzer und roter Bemalung nebeneinander aus der Verwendung von einerseits MnO_2-, andererseits Fe_2O_3-haltigen Tonschlicker im oxidierend geführten Brand [25, 28]. – Durch die Untersuchung der Glasuren alter Scherben unterschiedlichster Herkunft – die Ergebnisse sind in der folgenden Tabelle Nr. 7 zusammengestellt –

Tabelle Nr. 7
Mn/Fe-Verhältnisse der Schwarzmalschichten
(Die Farbtöne schwanken zwischen Schwarz und Braun)

Fundort	Alter	Gattung der Ware	Mn/Fe (Fe = 100)
Thessalien			
Pyrgos	Neolithikum	Dimini IV (Otzaki C)	41
Sesklo	Neolithikum	Dimini spätneolith.	23; 28
Sesklo	Neolithikum	Dimini III/IV (Otzaki A/C)	58
Magoula Mati b. Velestino	Neolithikum	Dimini II (Arapi)	50; 56; 58
Sesklo	Neolithikum	Dimini II (Arapi)	50
Zypern			
Politiko-Lambertis (Tamassos)	Mittelbronze	Whitepainted II/III	0
Enkomi	Mittelbronze	Red on Black	0
Enkomi	Mittelbronze	Whitepainted IV/V	0
Enkomi	Spätbronze	Whitepainted	13
Enkomi	Spätbronze	Whitepainted	92
Kition	Früh. Eisenzeit	Protowhitepainted	90
Politiko (Tamassos)	7. Jahrh. v. Chr.	Whitepainted III	34; 67
Politiko (Tamassos)	6. Jahrh. v. Chr.	Whitepainted IV	420; 440
Mavrovouni	6. Jahrh. v. Chr.	Bichrom IV	200; 320
Mavrovouni	6. Jahrh. v. Chr.	Bichrom IV	97
Syrien			
Ras Schamra (Ugarit)	14. Jahrh. v. Chr.	Whiteslip I/II	20
Anatolien			
Bogazköy	7. Jahrh. v. Chr.	Phrygisch-Geometr. (polychrom)	70

erkannte man, daß diese brenntechnisch einfache, aber einen besonderen Stoff, nämlich irgendeine Form des Braunsteins, erfordernde Manganschwarzmalerei eine sehr alte Technik ist, deren bisher bekannter Raum in **Fig. 7** wiedergegeben ist. Die Ursprünge dieser sehr speziellen Arbeitsweise dürften, so weit jetzt zu übersehen ist, in Çatal Hüyük und Mersin in Südost-Anatolien liegen und dem 6. bis 5. Jahrtausend vor Chr. angehören – einige Funde im Iran können noch nicht gedeutet werden. Im 4. und 3. Jahrtausend ist sie in Thrakien, Thessalien und Attika, sowie im Donau-Moldau-Gebiet zu finden. Im 2. Jahrtausend taucht sie auf Ägina (sogenannte Mattmalerei) und auf Thera (nicht aber auf Kreta) und auf Zypern auf. Hier setzte sie erst relativ spät, etwa um 1600 vor Chr., ein, obwohl die Insel Manganerzvorkommen besitzt, allerdings hielt sich hier die Technik lange, sie kann bis ins 7. Jahrhundert vor Chr. verfolgt werden. Für die Frage nach der Herkunft und Verbreitung des Wissens um diese Technik bietet sich durch das in der Fig. 7 erkenntliche Zeitgefälle als Lösung die Vorstellung

Fig. 7

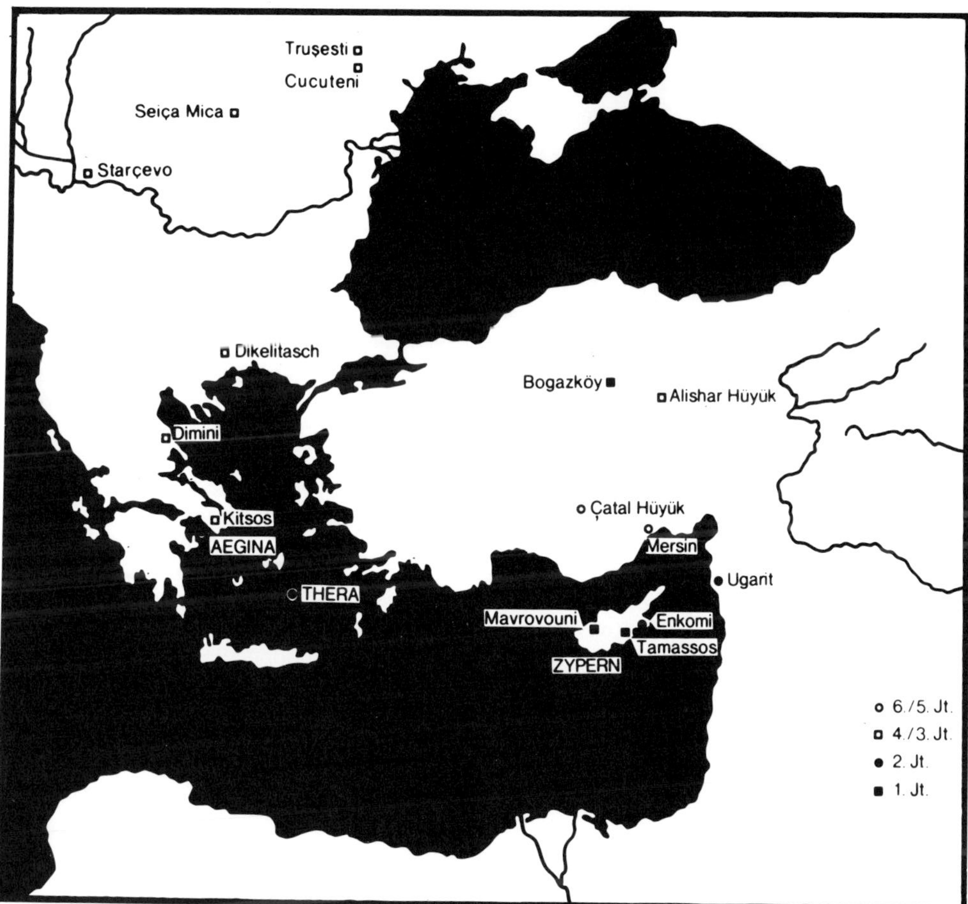

Verbreitung der Manganschwarz-Technik vom 6. bis 1. Jahrtausend vor Chr. auf dem Balkan, im östlichen Mittelmeerraum und Anatolien.

der „Kulturtriften" von F. Schachermayr [29] an, der ähnliche Wanderungen aus der wechselnden Verwendung von Stilelementen der Bemalung von Keramiken abgeleitet hat. – In Ägypten ist sie über vier Jahrtausende hin angewendet worden [32].

Literatur:

[1] A. C. P. de Tubières de Grimoard de Pestels de Levis, Comte de Caylus (Recueil d'Antiquités Égyptiennes, Étrusques, Grecques, Romaines et Gauloises, Bd. 1, Paris 1731, S. 86 nach J. Beckmann, Beyträge zur Geschichte der Erfindungen, Bd. 4, Leipzig 1799, S. 412). – [2] H. Blümner (Technologie und Terminologie der Gewerbe und Künste bei Griechen und Römern, Bd. 2, Leipzig 1879, S. 76/8). – [3] W. Foster (J. Chem. Educ. **10** [1933] 270/7, 270/1). – [4] C. de Genssanne (Traité de la Fonte des Mines par le Feu du Charbon de Terre, Bd. 1, Paris 1770, S. XV nach J. Beckmann, Beyträge zur Geschichte der Erfindungen, Bd. 4, Leipzig 1799, S. 412). – [5] C. M. Grivaud de la Vincelle (Antiquités Gauloises et Romaines, Paris 1807, S. 216 nach [2]).

[6] J. Beckmann (Beyträge zur Geschichte der Erfindungen, Bd. 4, Leipzig 1799, S. 401/20, 412). – [7] P.-F.-H. d'Hancarville (Antiquités Étrusques, Grecques et Romaines, Bd. 2, Paris 1785, S. 148 nach [2]). – [8] P. Augé (Nouveau Larousse Universel, Bd. 1, Paris 1948, S. 901). – [9] B. G. Sage nach L. G. Brugnatelli (Annali Chim. Storia Natur. [Paris] **3** [1791/92] 146/65, 151). – [10] J. A. C. Chaptal (Ann. Chim. Phys. [1] **70** [1809] 22/31, 29).

[11] H. v. Fehling (in: J. v. Liebig, J. C. Poggendorff, F. Wöhler, Handwörterbuch der reinen und angewandten Chemie, 2. Aufl., Bd. 2, 3. Abtheilung, Braunschweig 1862, S. 812/3). – [12] Scheerer (in: K. A. Böttiger, Griechische Vasengemälde, Weimar 1797, Bd. 1, Heft 2, S. 35/6 nach [2]). – [13] L. N. Vauquelin (in: A. L. Millin de Grandmaison, Peintures des Vases Antiques, Paris 1810, Tl. VII, Nr. 47 nach [2]). – [14] J. L. F. Hausmann (De Confectione Vasorum Antiquorum Fictilium in: Comment. Soc. Reg. Sci. Götting. Recent. **5** [1823] 117 nach [2]). – [15] H. T. P. J. Duc de Luynes (De la Poterie Antique in: Annali del Istituto **4** [1832] 138, 142 nach [2]).

[16] J. F. John (Die Malerei der Alten, Berlin 1836 nach [2]). – [17] A. Brongniard (Traité des Arts Céramiques ou des Poteries, Considérés dans leur Histoire, leur Pratique et leur Théorie, 2. Aufl., Paris 1854, S. 550 nach [2]). – [18] A. Brongniard (Traité des Arts Céramique ou des Poteries, Considérés dans leur Histoire, leur Pratique et leur Théorie, 2. Aufl., Paris 1854, S. 554 nach J. R. Partington, Origins and Development of Applied Chemistry, London-New York-Toronto 1935, S. 113). – [19] S. Birch (History of Ancient Potery, Bd. 1, London 1858, S. 247 nach [2]). – [20] L. Franchet (Céramique Primitive, Paris 1911, S. 75, 98, 105/6 nach J. R. Partington, Origins and Development of Applied Chemistry, London-New York-Toronto 1935, S. 113).

[21] H. N. Fowler, J. R. Wheeler (A Handbook of Greek Archaeology, London 1909 nach [3]). – [22] W. Noll, R. Holm, L. Born (Z. Angew. Allgem. Chem. **87** [1975] 639/51, 640). – [23] A. J. B. Wace, M. S. Thompson (Prehistoric Thessaly, Cambridge 1912, S. 259). – [24] M. Farnsworth, J. Simmons (Am. J. Archaeol. **67** [1963] 389/96, 392). – [25] W. Noll, R. Holm, L. Born (Naturwissenschaften **59** [1972] 511/2).

[26] W. Noll, R. Holm, L. Born (Z. Angew. Allgem. Chem. **87** [1975] 639/51). – [27] A. Muan, S. Somiya (Am. J. Sci. **260** [1962] 230/40). – [28] W. Noll, R. Holm, L. Born (Ber. Deut. Keram. Ges. **50** [1973] 328/33). – [29] F. Schachermayr (Die ältesten Kulturen Griechenlands, Stuttgart 1955, S. 53). – [30] W. M. F. Petrie, G. Brunton (Sedment, Bd. 1, London 1924, S. 6).

[31] A. Lucas (Ancient Egypt, Materials and Industries, 3. Aufl., London 1948, S. 441). – [32] W. Noll (Neues Jahrb. Mineral. Abhandl. **133** [1978] 227/90, 278/81). – [33] G. C. B. Busch (Almanach der Fortschritte in Wissenschaft, Künsten, Manufakturen, Handwerken, Erfurt 1797, S. 343/4).

2.9 Mangan und Phosphor

Manganese and Phosphorus

2.9.1 Manganphosphide

Manganese Phosphides

Erste Versuche zur Herstellung von Verbindungen des Mangans mit dem Phosphor unternahm im Jahre 1792 B. Pelletier [1], der sowohl aus den Elementen als auch beim Glühen von metallischem Mangan mit Phosphorsäure und Kohlenstaub helle, wie ihm schien, leichter als das Metall fließende, körnige Reguli erhielt; über ihre Zusammensetzung machte er keine Aussagen. Diese fehlen auch bei H. Rose [2], der 40 Jahre später über erwärmtes Manganchlorid einen Strom von Phosphorwasserstoff leitete und nach Entfernen des unzersetzten $MnCl_2$ durch Wasser eine schwarze, metallglänzende Mn-P-Verbindung erhielt, die in Salzsäure unlöslich war und vor dem Lötrohr keine Phosphorflämmchen zeigte. Sicher uneinheitlich war auch das Produkt mit 18% P, das im Jahre 1853 F. Wöhler, Merkel [3] nach längerem Glühen „bei Roheisenschmelzhitze" eines Gemischs aus Braunstein, Knochenasche, Sand und Kohle unter Luftabschluß als wohlgeflossenen, grauen, sehr spröden Regulus beschrieben; auf der Oberfläche zeigte er „verwebte Kristallnadeln", im Innern zuweilen Höhlungen mit glänzenden, unbestimmbaren Kristallen. Ähnlich war ihr Ergebnis, wenn sie geglühtes „phosphorsaures Manganoxydul" mit Kienruß und kalziniertem Borax im Windofen glühten. Aus dem Verhalten der Schmelzen schlossen sie auf die Verbindungen Mn_3P_2 und Mn_7P_2. – In einem dem letztgenannten Wöhlerschen Verfahren ähnlichen Prozeß bereitete H. Struve [4] einen dem grauen Gußeisen ähnlichen, sehr spröden, an der Luft unveränderlichen, gut geflossenen Regulus, der nach seiner Meinung ein Gemisch aus Mn_3P_2 und Mn_4P_2 darstellte. Undefinierbare, metallreiche Phosphide, die Aluminium als Verunreinigung enthielten, ergaben sich aus Versuchen, bei denen C. Matignon, R. Trannoy [5] in den Jahren 1902/03 $Mn_3(PO_4)_2$ nach dem aluminothermischen Verfahren behandelten. Mit Aluminium reduzierte auch A. Colani [6] mit Phosphor gemischtes Manganoxid, er erhielt einen Regulus mit 28.4% P (27.3% P entspräche der Verbindung Mn_3P_2) und 4.4% Al. – Die Bildungswärme von Mn-P-Verbindungen versuchten L. Troost, P. Hautefeuille [7] zu messen; sie stellten die Verbindungen auf eine nicht näher beschriebene Methode aus Mangancarbid her und gaben an, daß sie von feuchtem Hg_2Cl_2 nicht angegriffen worden seien.

Eine erste definierte Verbindung Mn_3P glaubte im Jahre 1849 A. Schrötter [8] unter Feuererscheinung beim Erhitzen von Mangan im Phosphordampf erhalten zu haben, ihre Existenz schien jedoch durch neuere Untersuchungen des Zustandsdiagramms [9, 10, 11] in Frage gestellt, ist aber im Jahre 1938 bestätigt worden [12]. – Wöhlers [3] und Struves [4] Mn_3P_2 ist im Jahre 1897 von A. Granger [13] in Form kleiner, dünner Nadeln von starker Lichtbrechung durch Erhitzen von $MnCl_2$ mit Phosphor in H_2-Gas im zugeschmolzenen Hartglasrohr dargestellt worden, 10 Jahre später auf einfachere Weise von E. Wedekind, T. Veit [14], die in H_2-Atmosphäre im Tiegel metallisches Mangan und roten Phosphor erhitzten; sie beschrieben auch die physikalischen Eigenschaften der Legierung. Thermische Analysen [9, 10, 11] und röntgenographische Untersuchungen [12] schienen gegen die Existenz der Verbindung zu sprechen, doch wurde sie durch neuere Untersuchungen [15] bestätigt. – Mn_5P_2 stellten E. Wedekind, T. Veit [14] nach der Methode von Granger [13] her, sie hielten die Verbindung für den Hauptbestandteil der Mn-P-Legierungen und verantwortlich für deren magnetische Eigenschaften; S. Żemcźużny, N. Efremov [9] bestätigten die Verbindung in ihrem Zustandsschaubild, doch konnte sie durch neuere Untersuchungen nicht bestätigt werden [12, 16]. – Mn_2P ist, wie W. Biltz, F. Wiechmann [10] feststellten, erstmals von K. E. Fylking [17] beobachtet worden, die thermische Analyse [11] sowohl als auch röntgenographische Untersuchungen [12] haben seine Existenz bewiesen. – Zur Annahme der Verbindung MnP führten im Jahre 1908 thermische Untersuchungen des Systems [9], nach M. Hansen [18] haben magnetische Untersuchungen von L. F. Bates [19] die Verbindung bestätigt. Kurz zuvor hatte B. G. Whitmore [20] diese Verbindung nach der Methode von

S. Hilpert, T. Dieckmann [21] aus schwarzem, aus dem Amalgam erhaltenem Mangan mit äquivalenten Mengen P_{rot} im evakuierten, zugeschmolzenen Rohr bei 600° C dargestellt und ihre spezifische Wärme bestimmt. – Aus den vorliegenden magnetischen, einander teilweise widersprechenden Untersuchungen von S. Hilpert, T. Dieckmann [21], H. Nowotny [22], C. Guillaud, H. Creveaux [23] möchten K. H. Sweeny, A. B. Scott [24] schließen, daß nur eine Mn-P-Verbindung mit ferromagnetischen Eigenschaften existiert und die übrigen Legierungen Gemische dieser Verbindung mit nichtferromagnetischen Formen darstellen.

Literatur:

[1] B. Pelletier (Ann. Chim. [Paris] **13** [1792] 127/43, 137/9). – [2] H. Rose (Ann. Physik Chem. [2] **24** [1832] 295/350, 335). – [3] F. Wöhler, Merkel (Liebigs Ann. Chem. **86** [1853] 371/6, 371/3). – [4] H. Struve (Bull. Acad. St. Petersbourg [3] **1** [1860] 239/44; C. **1860** 143 nach S. Źemcźuźny, N. Efremov, Z. Anorg. Allgem. Chem. **57** [1908] 241/52, 241). – [5] C. Matignon, R. Trannoy (Compt. Rend. **141** [1905] 190).

[6] A. Colani (Compt. Rend. **141** [1905] 33/5). – [7] L. Troost, P. Hautefeuille (Ann. Chim. Phys. [5] **9** [1876] 56/70, 68). – [8] A. Schrötter (Sitz.-Ber. Kaiserl. Akad. Wiss. Wien Math. Naturw. Kl. **2** [1849] 301/6, 305). – [9] S. Źemcźuźny, N. Efremov (Z. Anorg. Allgem. Chem. **57** [1908] 241/52). – [10] W. Biltz, F. Wiechmann (Z. Anorg. Allgem. Chem. **234** [1937] 117/29).

[11] F. Wiechmann (Z. Anorg. Allgem. Chem. **234** [1937] 130/41). – [12] O. Årstad, H. Nowotny (Z. Physik. Chem. B **38** [1938] 356/8). – [13] A. Granger (Compt. Rend. **124** [1897] 190/1). – [14] E. Wedekind, T. Veit (Ber. Deut. Chem. Ges. **40** [1907] 1259/69, 1268/9). – [15] J. Berak, T. Heumann (Z. Metallk. **41** [1950] 19/23).

[16] M. Hansen, K. Anderko (Constitution of Binary Alloys, 2. Aufl., New York-Toronto-London 1958, S. 941). – [17] K. E. Fylking (Arkiv Kemi Mineral. Geol. B **11** Nr. 48 [1934] 1/6, 2). – [18] M. Hansen (Der Aufbau der Zweistofflegierungen, Berlin 1936, S. 893/4). – [19] L. F. Bates (Phil. Mag. [7] **8** [1929] 714/32, 726/8). – [20] B. G. Withmore (Phil. Mag. [7] **7** [1929] 125/9).

[21] S. Hilpert, T. Dieckmann (Ber. Deut. Chem. Ges. **44** [1911] 2831/5). – [22] H. Nowotny (Z. Elektrochem. **49** [1943] 254/60). – [23] C. Guillaud, H. Creveaux (Compt. Rend. **224** [1947] 266/8). – [24] K. H. Sweeny, A. B. Scott (J. Chem. Phys. **22** [1954] 917/21).

Manganese Phosphates

2.9.2 Manganphosphate

Daß das „Glas" des geschmolzenen Sal microcosmicum [Natrium-Ammonium-Phosphat] durch Braunstein in eigenartiger Weise gefärbt wird, war schon früh bekannt und einer der Gründe, weswegen man im Braunstein ein Metall vermutete. T. Bergman [1] beschrieb seine Beobachtungen darüber entsprechend der Bedeutung, die ihnen damals zukam, recht ausführlich: „Ponamus salis microcosmici globulum in carbone fusum, cui addatur calcis nigrae pauxillum. Ope flammae interioris caeruleae hic fluat per aliquot, sed pauca, momenta, & habebimus vitrum perlucidum ex caeruleo rubescens, quod tamen majori quantitate rubineum adquirit colorem saturatum. Iterum fundatur, sed paullo diutius, & sub exigua effervescentia omnem tinctum deleri observabimus. Globulus instar aquae colore privatus jam emolliatur exteriore & vaga flamma, mox redibit color, denuo fugandus justa fusionis mora. Colorem rubrum extempore quoque restituit minima nitri mocula, vitro addita, deletionem autem juvant sulphur & sales, qui acido gaudent vitriolico, itemque calces metallicae, quamvis singulae idonea dosi sibi proprium substituant. [Absatz] Globulus vitreus omni colore spoliatus, si e carbone in cochlear transferatur argenteum & ibidem fundatur, rubedinem recuperat, eamdemque servat, non obstante diuturniore fusione. Additamenta phlogistica tinctum quidem exstinguunt, sed fusione facile restituendum, nec iterum fugandum, nisi nova additione. [Absatz] Hae mutationes oculum delectant & per se valde sunt notabiles ... [Wir nehmen ein auf einer Kohle geschmolzenes Kügelchen des Sal microcosmicum und geben ein Wenig von dem schwarzen Kalk [Braunstein] zu. Mit Hilfe der inneren blauen [Lötrohr-]Flamme wird es hier in einigen, aber wenigen Augenblicken in Fluß geraten, und dann werden wir [beim Abkühlen] ein durchsichtiges, rötlich blaues Glas erhalten, welches jedoch durch eine größere Menge [Braunstein] eine satte rote Farbe annimmt. Bringt man erneut zum Schmelzen, [hält] aber ein Wenig länger [geschmolzen], so wird man beobachten, daß unter geringem Aufbrausen alle Färbung zerstört wird. Erweicht man das seiner Farbe beraubte, wasserähnliche Kügelchen im äußeren [Teil der] flackernden Flamme, so wird die Farbe bald zurückkehren, um kurz nach dem Schmelzen erneut zu verschwinden. Die rote Farbe stellt sich auch sofort wieder ein, wenn ein kleines Körnchen Salpeter dem Glas zugefügt wird, die [Farb-]Zerstörung fördern dagegen Schwefel und die Salze der Schwefelsäure, ebenso die Metallkalke [Oxide], obwohl einige in geeigneter Dosis die ihnen eigentümliche [Färbung] hervorrufen. [Absatz] Wenn man das seiner Farbe völlig beraubte Glaskügelchen von der Kohle in einen silbernen Löffel überträgt und dort schmilzt, gewinnt es seine rote Farbe wieder und behält sie auch, trotz längerem Geschmolzenhalten. Phlogistonhaltige Zusätze löschen die Farbe aus, sie läßt sich aber durch Schmelzen wiederherstellen, und kann nicht erneut vertrieben werden, außer durch neue Zugabe (phlogistonhaltiger Stoffe). [Absatz] Dieses Wechselspiel erfreut das Auge und ist für sich selbst schon bemerkenswert...]." T. Bergman versuchte anschließend eine Erklärung der Phänomene, die hier nicht gebracht werden kann. – C. W. Scheele [2] geht nicht speziell auf die Erscheinungen in der Phosphorsalzperle ein, sondern faßt das „Verhalten des Braunsteins mit Glasflüssen" zu einem Kapitel zusammen, s. dazu auch S. 157 und 180. Doch hat er das Verhalten des Braunsteins gegen Phosphorsäure untersucht: „§ 8. Braunstein und Phosphorsäure. Eine Drachme Phosphorsäure wurde mit einer halben Drachme zerriebenen Braunstein gekocht, es löste aber sehr wenig davon auf; und ob es gleich bis zur Trockne abgeraucht wurde, schmeckte doch das Überbleibsel sehr sauer. Gleichwohl wurde endlich die Säure, durch Zusatz mehreren Braunsteins gesättiget. Als ich Sal microcosmicum in die Auflösung des Braunsteins that, entstand eben eine solche Zerlegung, wie mit der Flußspatsäure [d.h., es fiel ein schwerlösliches Doppelsalz aus]"; weiter geht er nicht auf den Niederschlag ein. Die Bildung eines schwerlöslichen Salzes beim Zufügen einer Lösung des Sal microcosmicum zu einer Auflösung von Mangan in irgendeiner Säure berichtete auch T. Bergman [1]; er hat übrigens auch Manganmetall in Phosphorsäure aufgelöst, aber nichts über einen Versuch zur Gewinnung des zu erwartenden Salzes ausgesagt. Dies geschah erst im Jahre 1789 durch J. J. Bindheim [3], Apotheker und Professor in Moskau, der Mangan(II)-carbonat in „flüssiger Knochensäure" auflöste und beim Eindampfen der Lösung eine „gummiartige Masse" erhielt. – Die von den frühen Beobachtern mit dem Natrium-Ammonium-Phosphat erhaltene schwerlösliche Verbindung scheint erst im Jahre 1832 von F. J. Otto [4] genauer untersucht worden zu sein.

Auf die Geschichte der Mangansalze der zahlreichen Säuren des Phosphors kann hier nicht eingegangen werden, es soll nur erwähnt werden, daß, nachdem P. Berthier [20] im Jahre 1807 ein erstes Phosphat des Mangans beschrieben hatte, in dem berühmten Lehrbuch von J. J. Berzelius [5] im Jahre 1836 neben der erwähnten schwerlöslichen Verbindung noch das ebenfalls schwerlösliche „phosphorsaure Manganoxydul", das „phosphorigsaure Manganoxydul" und das „unterphosphorigsaure Manganoxydul" aufgeführt werden. Ein Hinweis auf die Existenz höherer Manganphosphate findet sich in der im Jahre 1827 erschienenen 3. Auflage dieses Handbuchs: „C. Phosphorsaures Manganoxyd? – Das Manganoxyduloxyd löst sich in concentrierter wäßriger Phosphorsäure mit carminrother Farbe" [6]. Möglicherweise handelt es sich bei dieser Notiz ohne Autorenangabe um eine Beobachtung L. Gmelins, zumal eine ausführliche Darstellung der Verbindungen in der nächsten Auflage [7] ihn als

Urheber erkennen läßt. Systematische Versuche zur Gewinnung von Phosphaten des Mangan in den verschiedenen Oxidationsstufen unternahm im Jahre 1857 L. C. A. Barreswil [8]; er beobachtete dabei die Möglichkeit, geschmolzene farblose Mangan(II)-phosphate durch oxidierende Stoffe (Nitrate, Chlorate, Arsenate) in violette, höherwertige Verbindungen umzuwandeln, was ihm als Nachweisreaktion geeignet schien. Ein violettes Manganphosphat gab er an isoliert zu haben, machte aber keine weiteren Angaben darüber.

Manganviolett. Nürnberger Violett. Permanentviolett. Um ein recht undefiniertes Manganphosphat handelt es sich bei dem meist als Manganviolett bezeichneten Farbkörper. Im Jahre 1868 gab E. Leykauf aus Nürnberg die Herstellung eines von ihm nach seiner Heimatstadt benannten violetten Farbstoffs bekannt, der aus feingepulvertem Braunstein oder, besser noch, aus den Rückständen der Chlorbereitung, durch Zusammenschmelzen mit sirupdicker Phosphorsäure bereitet werden sollte. Die erkaltete Schmelze wurde mit Ammoniak oder Ammoncarbonat mit genügend Wasser zum Sieden erhitzt, das dabei sich abscheidende überschüssige Manganoxid abgetrennt, die Lösung zur Trockne eingedampft und das Produkt erneut zum Schmelzen gebracht. Durch Auskochen dieser zweiten Schmelze mit Wasser erhielt man die Farbe als feines violettes Pulver neben einer roten Flüssigkeit, von der es durch Auswaschen zu befreien war. Sowohl zu wenig wie zu viel Phosphorsäure im ersten Ansatz schadete der Ausbeute, da im ersten Fall das Gemisch zu schwierig, im zweiten aber zu rasch schmolz. Ein Zusatz von Eisensalzen zum ersten Ansatz gestattete nach des Erfinders Angaben das Abtönen des Violetts nach dem Blauen hin [9]. Der französische Berichterstatter [10], nach dem Leykauf das französische Brevet Nr. 79189 erhalten hat, fügt seinem Bericht die Bemerkung hinzu, daß vor etwa 10 Jahren L. C. A. Barreswil, Chemieprofessor an der höheren Handelsschule in Paris (École de Turgot), bereits die Herstellung eines ähnlichen Violetts vorgeschlagen habe; seiner Erinnerung nach habe dieser Manganperoxid, Salpetersäure und Calciumbiphosphat bis zum Schmelzen erhitzt und so ein schönes, wasserlösliches Violett erhalten. Tatsächlich hat im Jahre 1857 Barreswil einige Untersuchungen über Manganphosphate veröffentlicht, s. dazu oben, und dabei eine weitere, nicht auffindbare Arbeit angekündigt, darin auch die von L. Gmelin [7] schon nach eigenen Versuchen beschriebene Violettfärbung erneut beobachtet und ihr Auftreten für analytische Nachweise vorgeschlagen (Barreswilsche Probe auf Mangan [11]); es fehlt jedoch in dieser Veröffentlichung jeder Hinweis auf einen brauchbaren Farbkörper und die Einführung des Ammonium, die zu seiner Bildung notwendig ist. – Im Jahre 1919 ließen sich die Farbenfabriken vorm. F. Bayer u. Co [12] ein neues Herstellungsverfahren des Farbkörpers patentieren, bei dem ein höheres Manganoxid mit Ammoniumphosphat und konzentrierter Phosphorsäure zusammengeschmolzen wurde und so der Farbstoff in einem einzigen Arbeitsgang erhältlich war.

Noch in neuester Zeit wird der Farbstoff sehr gerühmt: Sein reiner leuchtender Farbton zeichne es aus, ebenso seine vollkommene Lichtechtheit, es eigne sich für alle Zwecke der Ölmalerei und der Lacktechniken, auch für den Tapetendruck, als Ammoniumverbindung sei es allerdings alkaliempfindlich und nicht kalkecht [13]. – Für die Zusammensetzung liegen unterschiedliche Annahmen vor: Als Mn^{III}-Phosphat betrachteten den Farbstoff J. G. Gentele, Buntrock [14], als Mn-meta-phosphat G. Zerr, R. Rübencamp [15], als Ammonium-Mangan-Doppelsalz, und zwar als Pyrophosphat $(NH_4)Mn(P_2O_7)$ sprach F. Rose [16] das Violett an, während R. Haug [17] es für wahrscheinlich hielt, daß es sich um ein Komplexsalz mit einem Mangan-Ammoniumradikal analog den Polyaminsalzen des Typs $(Me(Am)_n)X_m$ handelt.

Einen weiteren blauvioletten, Mangan und Phosphorsäure enthaltenden Farbkörper hat nach H. C. Schmidt [19] schon vor dem Jahre 1857 Boulaye-Marillac dadurch erhalten, daß er Braunstein, Natriumphosphat mit Tonerdehydrat gut vermischt, einer Kalzination unterwarf.

Manganviolett ist auch Bezeichnung für eine nicht absolut beständige keramische Unterglasurfarbe; sie entsteht in „reizvoll wechselnden" Nuancen durch Braunsteinzusatz zu Zinnglasuren. Ein recht beständiges Braunviolett besteht aus 65% Manganphosphat, das auf Zinnoxid niedergeschlagen und bei 1300° C geglüht wird [18].

Literatur:

[1] T. Bergman (Diss. de Mineris Ferri Albis [1774] in: Opuscula Physica et Chemica, Bd. 2, Uppsala 1780, S. 206/80, 219). – [2] C. W. Scheele (Vom Braunstein oder Magnesium und dessen Eigenschaften [1774] in: S. F. Hermbstädt, Sämmtliche Physische und Chemische Werke, Bd. 2, Berlin 1793, S. 43). – [3] J. J. Bindheim (Chem. Ann. Crell **1789** II 31/8, 35/6). – [4] F. J. Otto (Schweiggers J. Chem. Physik **66** [1832] 283/96). – [5] J. J. Berzelius (Lehrbuch der Chemie, deutsch von F. Wöhler, 4. Aufl., Bd. 4, Dresden-Leipzig 1836, S. 382/3).

[6] L. Gmelin (Handbuch der theoretischen Chemie, 3. Aufl., Bd. 1, 2. Abtheilung, Frankfurt a. M. 1827, S. 896). – [7] L. Gmelin (Handbuch der Chemie, 4. Aufl., Bd. 2, Heidelberg 1844, S. 645). – [8] L. C. A. Barreswil (Compt. Rend. **44** [1857] 677/9; J. Prakt. Chem. **79** [1857] 317/9). – [9] E. Leykauf (Deut. Ind. Ztg. **1868** 376, 428 nach F. Rose, Die Mineralfarben und die durch Mineralstoffe erzeugten Färbungen, Leipzig 1916, S. 254/5). – [10] Ch. L. [Ch. Lauth?] (Bull. Soc. Chim. France [2] **10** [1868] 67/8).

[11] H. Laspeyres (J. Prakt. Chem. [2] **15** [1877] 320/2). – [12] Farbenfabriken vorm. F. Bayer u. Co. (D. P. 344156 [1919/21]nachC. **1922** II 207). – [13] A. Goeb (in: W. Foerst, Ullmanns Encyklopädie der technischen Chemie, 3. Aufl., Bd. 13, München–Berlin 1962, S. 800). – [14] J. G. Gentele, Buntrock (Lehrbuch der Farbenfabrikation, Bd. 2, Braunschweig 1909, S. 236). – [15] G. Zerr, R. Rübencamp (Handbuch der Farbenfabrikation, 4. Aufl., Berlin 1930, S. 595).

[16] F. Rose (Die Mineralfarben und die durch Mineralstoffe erzeugten Färbungen, Leipzig 1916, S. 255). – [17] R. Haug (in: H. Kittel, Pigmente, Herstellung, Eigenschaften, Anwendung, Stuttgart 1960, S. 305). – [18] H. Kohl (in: W. Foerst, Ullmanns Encyklopädie der technischen Chemie, 3. Aufl., Bd. 9, München–Berlin 1957, S. 434). – [19] H. C. Schmidt (Vollständiges Farbenlaboratorium, 3. Aufl., Weimar 1857, S. 319). – [20] P. Berthier (J. Mines **22** [1807] 413/30. 422).

2.10 Mangan und Arsen

Manganese and Arsenic

2.10.1 Manganarsenide

Manganese Arsenides

Im Jahre 1789 glaubte J. J. Bindheim [1], Professor in Moskau, ein Manganarsenid als Zwischenstufe für eine Darstellung des „Braunsteinkönigs" durch Zusammenschmelzen von Mangancarbonat und Arsen mit Kohle als einen schwarzen ‚König' herstellen zu können, der bei Behandlung mit dem Lötrohr auf Kohle sein Arsen verlieren und reines Mangan liefern sollte. Diese Angaben sind recht anzweifelbar, und so ist bis in die 6. Auflage dieses Handbuchs [2] unter Manganarseniden nur das im Jahre 1830 von R. J. Kane [3] als „Manganerz aus Sachsen" beschriebene natürliche Manganarsenid aufgeführt; dieses besitzt aber etwas andere Eigenschaften als der Bindheimsche ‚König', brennt mit blauer Flamme vor dem Lötrohr, schmilzt auf Platinblech, legiert sich dabei mit der Unterlage und entspricht in etwa der Formel MnAs. – Von einer leichten Vereinigung des Mangan mit dem Arsen hatte T. Bergman [4] schon 9 Jahre vor Bindheim's Veröffentlichung zu berichten gewußt, das leichte „Fließen" einer solchen Verbindung besonders hervorhebend, und festgestellt, daß bei einem gewissen Gehalt an Arsen das Metall „dem Magneten nicht mehr folge". F. A. C. Gren [5] fügte seinem Bericht über Bergman's Versuche hinzu, das „Gemisch" sei aber noch nicht näher beschrieben.

Erst zu Beginn dieses Jahrhunderts tauchen in der Literatur wieder Angaben über Mn-As-Verbindungen auf, und zwar in Zusammenhang mit den sogenannten Heuslerschen Legierungen. Im Jahre 1905 gab E. Wedekind [6] die aluminothermische Herstellung von MnAs bekannt, das, „an sich unmagnetisch", durch Erhitzen an der Luft magnetisierbar wurde; das unmagnetische MnAs soll dabei in die magnetische Verbindung Mn_2As übergehen [7], eine Ansicht, die von P. Schoen [8] nicht geteilt wurde. Dieser unternahm die thermische Analyse einer Reihe von Mn-As-Legierungen (im offenen Tiegel, unter Verwendung einer Vorlegierung mit 42.7% Mn), wonach das Auftreten von zwei Verbindungen Mn_2As und MnAs zu erwarten war. Die letztgenannte Verbindung allein erhielten S. Hilpert, T. Dieckmann [9] beim Zusammenschmelzen der Ausgangsstoffe im Schießrohr bei 750° C, auch bei Anwendung der unterschiedlichsten Manganverhältnisse. G. Arrivaut [10] wies darauf hin, daß Mn-As-Legierungen erhalten werden können durch Überleiten von $AsCl_3$-Dampf über metallisches Mangan bei 400° C. Die Verbindung MnAs kristallisiert nach I. Oftedal [11] im NiAs-Typ, während K. E. Fylking [12] rhombisches Kristallisieren wie FeAs behauptete; Oftedals Angaben sind bestätigt worden, ebenso der nach den unklaren Wedekindschen Angaben des Jahres 1905 zu erwartende, schon früh [13] beobachtete magnetische Umwandlungspunkt der Verbindung [14].

Literatur:

[1] J. J. Binhdheim (Chem. Ann. Crell **1789** II 31/8, 34/5). – [2] L. Gmelin (Handbuch der anorganischen Chemie, 6. Aufl., herausgegeben von K. Kraut, A. Hilger, Bd. 2, 2. Abtlg. Metalle, Heidelberg 1897, S. 748). – [3] R. J. Kane (Quart. J. Sci. **1830** II 381 nach Ann. Physik Chem. [2] **19** [1830] 145/7). – [4] T. Bergman (Kgl. Vetenskaps. Acad. Nya Handl. **1** [1780] 282/93 nach Neuesten Entdeckungen Chem. **8** [1783] 191/206, 204). – [5] F. A. C. Gren (Systematisches Handbuch der gesammten Chemie, Bd. 3, 2. Aufl., Halle 1795, S. 698).

[6] E. Wedekind (Z. Elektrochem. **11** [1905] 850/1). – [7] E. Wedekind (Physik. Z. **7** [1906] 805/6). – [8] P. Schoen (Metallurgie [Halle] **8** [1911] 737/41). – [9] S. Hilpert, T. Dieckmann (Ber. Deut. Chem. Ges. **44** [1911] 2378/85). – [10] G. Arrivaut (Chim. Ind. [Paris] **14** [1925] Sonder-Nr. Sept., S. 284 nach K. N. Sweeny, A. B. Scott, J. Chem. Phys. **22** [1954] 917/21, 918).

[11] I. Oftedal (Z. Physik. Chem. **132** [1928] 208/16). – [12] K. E. Fylking (Arkiv Kemi Mineral. Geol. B **11** Nr. 48 [1935] 1/6). – [13] T. Bates (Proc. Roy. Soc. [London] A **117** [1928] 680/91). – [14] C. Guillaud (J. Phys. Radium [8] **12** [1951] 223/7).

Manganese and Mercury

2.11 Mangan und Quecksilber

Manganese Amalgam

2.11.1 Manganamalgam

Daß sich metallisches Mangan (oder was man anfänglich für reines Metall hielt) nicht leicht mit Quecksilber benetzt oder verbindet, ist schon früh aufgefallen und von J. F. John [1] auch beschrieben worden. M. H. Klaproth [2] empfahl sogar in seinem *Chemischen Wörterbuch*, man solle das recht unbeständige Metall am besten unter Quecksilber aufbewahren, fügte aber hinzu: „Da jedoch [dabei] das Quecksilber mit einer starken dickflüssigen Haut bedeckt wird, muß durch Versuche ausgemittelt werden, ob nicht eine Amalgamation unter diesen Metallen erfolgt." J. S. C. Schweigger [3] schien sie für unmöglich zu halten, wies er doch im Jahre 1814 darauf hin, daß das „Manganesium" wie alle magnetischen Metalle „die am meisten (außer [unter dem Einfluß] einer galvanischen Kette vielleicht ganz) unamalgamierbaren" Stoffe seien [4]. Eine direkte Vereinigung der beiden Metalle versuchte noch im

Jahre 1893 vergebens O. Prelinger [5], dem sie auch nicht durch Reinigen der Oberflächen (wie beim Löten) mit verdünnter Schwefelsäure oder Salmiaklösung gelang. Eine „fast vollkommene" Benetzung der Oberfläche von Manganmetall gelang erst im Jahre 1927 G. Tamman, J. Hinnüber [6], als sie das Mangan unter Quecksilber zerbrachen und so die momentan erfolgende Bildung einer Oxidschicht verhinderten; bei längerem Liegen an der Luft zog sich das benetzende Quecksilber schließlich zu Tropfen zusammen, weil sich Oxidschichten zwischen Metall und Quecksilber schoben.

Auf einem Umweg versuchte darum im Jahre 1834 R. Boettger [7], damals in Mülhausen (Elsaß) tätig, ein Manganamalgam zu erhalten, nämlich durch Umsetzung von Natriumamalgam mit konzentrierter Mangansulfatlösung, doch mißlang der Versuch vollständig: „... es trat augenblicklich eine heftige Hydrogengasentwicklung ein, das sich ausscheidende, mit Manganoxyd mechanisch gemischte, schwefelsaure Natron trübte als ein schmuzig gelbgrauer, flockiger Niederschlag die Flüssigkeit, und um das Quecksilber lagerte sich ein feines schwärzliches Pulver". Erst drei Jahre später, als er zum gleichen Versuch „eine vollkommen gesättigte Lösung von krystallisiertem Manganchlorür" benutzte, hatte er Erfolg [8]: „Das Manganamalgam ist überaus dickflüssig, hat eine höckerige und pilzartig aussehende Oberfläche und entsteht [bei den genannten Bedingungen] unter Wasserstoffgasentwicklung". Den Rat, auf diese Weise ein Amalgam des Mangans zu bereiten, soll nach H. Moissan [9], der die Methode nicht sehr gut fand, C. F. Schönbein [1799 bis 1868] in Basel gegeben haben. Die Beständigkeit der so von Boettger erhaltenen Legierung war nicht gut: „Befreit man das Amalgam mittels Fließpapiers von der ihm anhängenden Flüssigkeit und erhitzt es auf einem Porcellanschälchen bei Zutritt von Luft, so nimmt es sehr bald eine mit Violett, Gelb und Braun untermischte, sehr schöne blaue Farbe an, wird ... immer dickflüssiger ... und hinterläßt nach Verflüchtigung allen Quecksilbers eine große Menge eines schmutzig braunen Pulvers, das sich als ein Gemenge von Oxyd und Oxyduloxyd erwies ... Überschüttet man das wohl ausgebildete Amalgam mit destilliertem Wasser, so zeigen sich nach einiger Zeit auf seiner Oberfläche Gasbläschen, die noch stärker hervortreten, wenn man das Wasser mit etwas Schwefelsäure ansäuert. Berührt man es unter der verdünnten Säure mit einem Platindrahte, so tritt eine tumultuarische Wasserstoffgasentwicklung an diesem ein, gerade so wie dies mit dem Zinkamalgame der Fall ist, wenn solches mit Platin in Contakt gebracht wird" [8].

Einen anderen Weg zur Herstellung eines Manganamalgams schlug im Jahre 1879 H. Moissan [9] ein, als ihm die Darstellungsversuche über Natriumamalgam nur unbefriedigende Ergebnisse brachten: Er elektrolysierte Manganchloridlösungen mit Quecksilber als Kathode und erhielt so ein reiches Amalgam, das ihm zur Darstellung von Manganmetall diente, s. S. 59; aus diesem Grunde wohl untersuchte er seine Amalgame nicht näher, berichtete aber, in einigen Fällen hätte er das Manganamalgam nadelförmig kristallisiert beobachten können. Er dürfte also schon damals die im Jahre 1893 von O. Prelinger [5] auf die gleiche Weise erhaltene und durch Abpressen des überschüssigen Quecksilbers isolierte intermetallische Verbindung Mn_2Hg_5 (mit 9.87% Mn) in Händen gehabt haben. Sie war wenig haltbar und zersetzte sich schon bei 100° C (wohl im Vakuum). – E. Kuh [10] schrieb im Jahre 1911, nach dem Abpressen hinterbleibe „eine feste Kugel, die einige Kraft erfordert, um entzweigebrochen zu werden; die Bruchstücke fühlen sich feinkörnig an, können aber zu einer glatten Fläche verschmiert werden." Im Vakuumexsikkator war die Verbindung unter $CaCl_2$ unbegrenzt haltbar, wenn sie in dünner Schicht war, große Stücke verloren nicht schnell genug ihre anhaftende Feuchtigkeit und zeigten nach einiger Zeit Oxidflecke. – Guerteler [11] meinte, der Rückstand könne beim Abpressen nicht ganz frei von der flüssigen Phase (Quecksilber) geblieben sein und wollte darum der Verbindung die Zusammensetzung $MnHg_2$ (12.04% Mn) zusprechen, doch bestätigten H. D. Royce, L. Kahlenberg [12] den Befund Prelingers und beobachteten, daß diese Phase oberhalb 90° C nicht mehr stabil ist und zwischen 86 und 100° C eine Verbindung MnHg (21.5% Mn) vorliegt, die selbst bei Zimmertemperatur instabil ist. H. Novotny [13] hielt auf Grund seiner Untersuchungen im System Mg-Mn-Hg manganreiche Phasen für fraglich. – Die Verbindung Mn_2Hg_5 jedoch konnte J. F. de Wet [14] in schönen Kristallnadeln isolieren und Dichte und Kristalldaten bestimmen, beobachtete allerdings einen etwas niedereren Zersetzungspunkt als oben angegeben; auch die Struktur der Phase MnHg konnte bestimmt werden. – Als erste Bildungsphase bei der elektrolytischen Amalgamherstellung haben J. F. de Wet, R. A. W. Haul [15] eine Verbindung $MnHg_4$ durch Aufrahmen im Schwerefeld isolieren können. – Ein Amalgam mit einem Gehalt von 22% Mn will F. Pawlek [16] erhalten haben; es war unmagnetisch und sein Debyeogramm zeigte die Anwesenheit von freiem α-Mn an, in welches das Amalgam übergeht, wenn das Quecksilber bei 450° C im Vakuum entfernt wird. – Die Frage nach der Existenz der Mn-Hg-Verbindungen warf im Jahre 1953 F. Lihl [17] wieder auf; er hatte aus einem völlig neutralen Elektrolyten, in diesem Zustand durch Auflösen von Reinstmangan während der Operation gehalten, Amalgame mit maximal 4% Mn präpariert, die bei Zimmertemperaturen fest und hart waren, beim Erwärmen auf 75° C sich verflüssigten und fast so leicht beweglich waren wie reines Quecksilber; Erweichen und sogar Verflüssigen trat auch beim Kneten ein, wobei eine beträchtliche Menge Quecksilber entfernt werden konnte und der Gehalt der Amalgame auf 5 bis 6% Mn erhöht wurde; das eigentümliche Verhalten konnte röntgenographisch nicht geklärt werden und die Frage, ob Manganamalgam eine Suspension von elementarem Mangan in Quecksilber darstellt, wie dies für die „Amalgame" des Eisens und Kobalts zutrifft, ist offen geblieben. Neuere Untersuchungen gestatten die Aufstellung eines provisorischen Zustandsdiagramms [20].

Die sehr geringe Löslichkeit des Mangans in Quecksilber ist erstmals im Jahre 1924 von A. N. Campbell [18] gemessen und später nach verschiedenen Methoden nachgeprüft worden [6, 12, 15, 19].

Literatur:

[1] J. F. John (Chemische Untersuchungen mineralischer, vegetabilischer und animalischer Substanzen. Zweyte Fortsetzung des Laboratoriums, Berlin 1811, S. 134). – [2] M. H. Klaproth, F. Wolff (Chemisches Wörterbuch, Bd. 3, Berlin 1808, S. 463). – [3] J. S. C. Schweigger (Schweiggers J. Chem. Physik **10** [1814] 355/81, 367, 368 Fußnote 2). – [4] J. S. C. Schweigger (J. Prakt. Chem. **1** [1834] 308/18, 309). – [5] O. Prelinger (Monatsh. Chem. **14** [1893] 353/70, 359).

[6] G. Tammann, J. Hinnüber (Z. Anorg. Allgem. Chem. **160** [1927] 249/70, 264/5). – [7] R. Boettger (J. Prakt. Chem. **3** [1834] 278/85, 284). – [8] R. Boettger (J. Prakt. Chem. **12** [1837] 350/2). – [9] H. Moissan (Ann. Chim. Phys. [5] **21** [1880] 199/255, 236; Compt. Rend. **88** [1879] 180/3). – [10] E. Kuh (Diss. Polytech. Schule Zürich 1911, S. 1/75, 25).

[11] Guerteler (nach M. Hansen, Der Aufbau der Zweistofflegierungen, Berlin 1936, S. 789). – [12] H. D. Royce, L. Kahlenberg (Trans. Electrochem. Soc. **59** [1931] 121/33). – [13] H. Novotny (Z. Metallk. **37** [1946] 130/6, 132). – [14] J. F. de Wet (Angew. Chem. **67** [1955] 208). – [15] J. F. de Wet, R. A. W. Haul (Z. Anorg. Allgem. Chem. **277** [1954] 96/112, 103).

[16] F. Pawlek (Z. Metallk. **41** [1950] 451/3). – [17] F. Lihl (Z. Metallk. **44** [1953] 160/6, 161). – [118] A. N. Campbell (J. Chem. Soc. **125** [1924] 1713/6). – [19] N. M. Irvin, A. S. Russel (J. Chem. Soc. **1932** 891/8, 896). – [20] F. Lihl (Monatsh. Chem. **86** [1955] 186/90).

Table of Conversion Factors

Force	N	dyn	kg
1 N (Newton)	1	10^5	0.1019716
1 dyn	10^{-5}	1	1.019716×10^{-6}
1 kg	9.80665	9.80665×10^5	1

Pressure	Pa	bar	kg/m^2	at	atm	Torr	lb/in^2
1 Pa (Pascal) = 1 N/m^2	1	10^{-5}	1.019716×10^{-1}	1.019716×10^{-5}	0.986923×10^{-5}	0.750062×10^{-2}	145.038×10^{-6}
1 bar = 10^6 dyn/cm^2	10^5	1	10.19716×10^3	1.019716	0.986923	750.062	14.5038
1 kg/m^2 = 1 mm H_2O	9.80665	0.980665×10^{-4}	1	10^{-4}	0.967841×10^{-4}	0.735559×10^{-1}	1.42233×10^{-3}
1 at = 1 kg/cm^2	0.980665×10^5	0.980665	10^4	1	0.967841	735.559	14.2233
1 atm = 760 Torr	101 325	1.01325	1.033227×10^4	1.033227	1	760	14.69595
1 Torr = 1 mm Hg	133.3224	1.333224×10^{-3}	13.59510	1.359510×10^{-3}	1.315789×10^{-3}	1	19.3368×10^{-3}
1 lb/in^2 = 1 psi	6.89476×10^3	68.9476×10^{-3}	703.070	70.3070×10^{-3}	68.0460×10^{-3}	51.7128	1

Work, Energy, Heat	J	kWh	kcal	Btu	MeV
1 J (Joule) = 1 Ws = 1 Nm = 10^7 erg	1	2.778×10^{-7}	2.388×10^{-4}	9.478×10^{-4}	6.242×10^{12}
1 kWh	3.6×10^6	1	859.845	3412.14	2.247×10^{19}
1 kcal	4186.8	1.163×10^{-3}	1	3.96832	2.614×10^{16}
1 Btu (British thermal unit)	1055.06	2.931×10^{-4}	0.251996	1	6.586×10^{15}
1 MeV	1.602×10^{-13}	4.45×10^{-20}	3.82×10^{-17}	1.518×10^{-15}	1

Power	kW	PS	kg m/s	kcal/s
1 kW = 10^{10} erg/s	1	1.35962	101.9716	0.238846
1 PS	0.735499	1	75	0.1757
1 kg m/s	9.807×10^{-3}	0.0133333	1	2.342×10^{-3}
1 kcal/s	4.1868	5.692	426.939	1

according to: Kraftwerk Union Information. Technical and Economic Data on Power Engineering. Mülheim (Ruhr) 1978.

References:

1) International Union of Pure and Applied Chemistry. Manual of Symbols and Terminology for Physicochemical Quantities and Units. Butterworth, London 1970.
2) The International System of Units (SI). National Bureau of Standards Specl. Publ. 330, 1972 Edition.
3) H. Ebert, Physikalisches Taschenbuch, 5th Ed., Vieweg, Wiesbaden 1976.
4) F. W. Küster, A. Thiel, K. Fischbeck, Logarithmische Rechentafeln, 101st Ed., W. de Gruyter, Berlin 1972.
5) E. Padelt, H. Laporte, Einheiten und Größenarten der Naturwissenschaften, 3rd Ed., VEB Fachbuchverlag, Leipzig 1976.
6) H. J. Gray, A. Isaacs, A New Dictionary of Physics, 2nd Ed., Longman, London 1975, p. 587/98.
7) Balser, Kayser, Das internationale System der Einheiten. Umrechnungsfaktoren aller englischen und deutschen Maßeinheiten in das SI. Verlag Heisler, Stuttgart 1967.
8) J. F. Cordes, Das neue internationale Einheitensystem, Naturwissenschaften **59** [1972] 177/82.